现代数学丛书

线性随机系统：一种关于建模、估计和辨识的几何方法

下册

[瑞典] 林德奎斯特　　[意大利] 皮奇　**著**

赵延龙　　赵文虓 **译**

上海科学技术出版社

目　录

第 12 章
有限区间和部分随机实现理论

在第 11.2 节, 我们给出了用由无穷协方差序列 $(\Lambda_0, \Lambda_1, \Lambda_2, \cdots)$ 构成的 Hankel 矩阵 H_∞ 来计算平稳过程 y 的三元组 $(A, C, \bar{C})$ 的具体过程. 由此过程并求解相关的线性矩阵不等式 (6.102) 可得全部最小随机实现.

然而在辨识和信号平滑的实际例子里, 仅可获得有限的协方差序列

$$(\Lambda_0, \Lambda_1, \cdots, \Lambda_T). \tag{12.1}$$

从理论角度说, 这等价于假设仅可获得 (零均值)m 维向量过程 y 的有限窗宽数据

$$\{y(0), y(1), y(2), \cdots, y(T)\} \tag{12.2}$$

供观测与分析并且 $\Lambda_k = \mathrm{E}\{y(t+k)y(t)'\}$. 在本章我们讨论仅利用部分数据 (12.1) 和 (12.2) 来构造平稳过程 y 的 (最小) 随机实现, 此处假定部分数据是精确的, 即随机过程 (12.2) 是给定的. 这构成了第 13 章子空间辨识和第 15 章平滑问题的基础.

然而在应用中, 协方差序列 (12.1) 一定是从有限观测数据中估计出来的, 并且系统的维数一般未知, 在此情形下上述方法可能失效. 此时应该研究的问题是有理协方差扩张 问题, 我们将在第 12.5 节讨论.

§12.1 有限区间上的 Markov 表示

假设给定线性随机系统的输出 y 的有限个数据 (12.2)

$$(\Sigma) \quad \begin{cases} x(t+1) = Ax(t) + Bw(t), \\ y(t) = Cx(t) + Dw(t), \end{cases} \tag{12.3}$$

假设 $(\mathcal{S})$ 为整个 $\mathbb{Z}$ 上的一个 n 维最小随机实现, 其不必为纯非确定性过程, 则

$$\operatorname{rank} \mathcal{H} = n, \tag{12.4}$$

此处 $\mathcal{H}$ 为 Hankel 算子 (7.15), 其中 (11.42) 为其伴随 $\mathcal{H}^*$ 的矩阵表示.

设 t 为时刻 0 和 T 之间的任意 "现在时刻", 定义

$$Y_t^- := H_{[0,t]}, \qquad Y_t^+ := H_{[t,T]}, \tag{12.5}$$

其中 $H_{[\tau,t]}$ 如 (6.123) 所定义. 下面定义有限区间 Hankel 算子

$$\mathcal{H}_t := \mathrm{E}^{Y_t^+}|_{Y_{t-1}^-}, \tag{12.6}$$

并考虑标准分解

$$
\begin{array}{ccc}
Y_t^+ & \xrightarrow{\mathcal{H}_t^*} & Y_{t-1}^- \\
\mathcal{O}_t^* \searrow & \nearrow \mathcal{C}_t, & \mathcal{H}_t^* = \mathcal{C}_t \mathcal{O}_t^*, \\
& \hat{X}_t &
\end{array}
$$

其中 $\mathcal{O}_t := \mathrm{E}^{Y_t^+}|_{\hat{X}_t}$ 和 $\mathcal{C}_t := \mathrm{E}^{Y_{t-1}^-}|_{\hat{X}_t}$ 为相应的可观测性和可构造性算子. 由命题 2.4.2 (vi) 可得

$$Y_{t-1}^- \perp Y_t^+ \mid \hat{X}_t, \tag{12.7}$$

即 $\hat{X}_t$ 为 (Y_{t-1}^-, Y_t^+) 的分裂子空间. 若如下条件成立, 我们则称 $\hat{X}_t$ 为 (Y_{t-1}^-, Y_t^+) 的 Markov 分裂子空间

$$Y_{t-1}^- \vee \hat{X}_t^- \perp Y_t^+ \vee \hat{X}_t^+ \mid \hat{X}_t, \tag{12.8}$$

其中 $\hat{X}_t^- := \vee_{s=0}^t \hat{X}_s, \hat{X}_t^+ := \vee_{s=t}^T \hat{X}_s$. 注意实现 (12.3) 的状态空间 $X := \{a'x(0) \mid a \in \mathbb{R}^n\}$ 为 (H^-, H^+) 的 Markov 分裂子空间, 因此先验地知道 $X_t := \mathcal{U}'X$ 为 (Y_{t-1}^-, Y_t^+) 的 Markov 分裂子空间 (参考引理 2.4.1). 然而尽管 $(\mathcal{U}'H^-, \mathcal{U}'H^+)$ 的任意 Markov 分裂子空间同时也是 (Y_{t-1}^-, Y_t^+) 的 Markov 分裂子空间, 反之则不一定成立. 事实上, 我们接下来就将看到 (Y_{t-1}^-, Y_t^+) 的 Markov 表示族同时也包含非平稳模型.

定理 12.1.1 前向和后向预测空间

$$\hat{X}_-(t) := \mathrm{E}^{Y_{t-1}^-} Y_t^+, \quad \hat{X}_+(t) := \mathrm{E}^{Y_t^+} Y_{t-1}^-, \tag{12.9}$$

是 (Y_{t-1}^-, Y_t^+) 的最小 Markov 分裂子空间.

证 为符号上的简便, 定义 $X_t := \hat{X}_-(t)$, 我们要证明 (12.8) 成立. 利用命题 2.4.3 可知 X_t 满足 (12.7) 且为 (Y_{t-1}^-, Y_t^+) 的包含于 Y_{t-1}^- 的最小分裂子空间. 由引理 2.2.5 可得

$$Y_{t-1}^- \ominus X_t = Y_{t-1}^- \cap (Y_t^+)^\perp. \tag{12.10}$$

据此, 同时注意子空间 Y_{t-1}^- 和 $(Y_t^+)^\perp$ 在时间上非降, 因而有 $Y_{t-1}^- \ominus X_t \subset Y_{s-1}^- \ominus X_s \perp X_s$ 对 $s = t, t+1, \cdots, T$ 都成立, 以及

$$Y_{t-1}^- \ominus X_t \perp X_t^-. \tag{12.11}$$

由此并注意命题 2.4.2 (v) 和 $X_t \subset Y_{t-1}^-$ 等价于 (12.8), 从 (12.10) 和 (12.11) 就得 $Y_{t-1}^- \ominus X_t \perp Y_t^+ \vee X_t^-$. 这就证明了 $\hat{X}_-(t)$ 的相关结论. 对称分析可证 $\hat{X}_+(t)$ 的相关结论. □

鉴于平稳实现 (12.3) 的状态空间 X_t 对任意 t 都有维数 $n = \operatorname{rank} \mathcal{H}$, $\hat{X}_-(t)$ 和 $\hat{X}_+(t)$ 显然在区间 $[0, T]$ 的端点处有更低维数. 事实上有

$$\operatorname{rank} \mathcal{H}_t^* = \min(\operatorname{rank} \mathcal{C}_t, \operatorname{rank} \mathcal{O}_t) \leqslant \operatorname{rank} \mathcal{H}^* = n. \tag{12.12}$$

可观测性算子 $\mathcal{O}_t$ 的秩当 t 从 0 开始增加时单调递增, 在 τ_o 步之后达到极大值 n, τ_o 称为可观测性指标. 类似地, 可构造性算子的秩当 t 从 T 开始递减时单调递增, τ_c 步之后达到极大值 n, 其中 τ_c 称为可构造性指标. 因而在区间 $[\tau_o, T - \tau_c]$ 上有 $\operatorname{rank} \mathcal{H}_t = n$.

为了更好地理解, 我们引入如下随机向量

$$y_t^- = \begin{bmatrix} y(t-1) \\ y(t-2) \\ \vdots \\ y(0) \end{bmatrix}, \qquad y_t^+ = \begin{bmatrix} y(t) \\ y(t+1) \\ \vdots \\ y(T) \end{bmatrix} \tag{12.13}$$

来表示在时间 t 的过去与将来. 从而有

$$H_t := \mathrm{E}\{y_t^+ (y_t^-)'\} = \begin{bmatrix} \Lambda_1 & \Lambda_2 & \cdots & \Lambda_t \\ \Lambda_2 & \Lambda_3 & \cdots & \Lambda_{t+1} \\ \vdots & \vdots & \ddots & \vdots \\ \Lambda_{T-t+1} & \Lambda_{T-t+2} & \cdots & \Lambda_T \end{bmatrix} \tag{12.14}$$

为 $\mathcal{H}_t^*$ 的矩阵表示. 注意 (12.12), 有 $r := \operatorname{rank} H_t \leqslant n$. 设

$$H_t = \Omega_t \bar{\Omega}_t' \tag{12.15}$$

为 H_t 的秩分解, 即其矩阵因子 Ω_t 和 $\bar{\Omega}_t$ 有 r 个线性独立的行. 易知 Ω_t 和 $\bar{\Omega}_t$ 为 $\mathcal{O}_t^*$ 和 $\mathcal{C}_t^*$ 的矩阵表示. 注意命题 2.2.3 可得

$$\mathcal{H}^* b' y_t^+ = b' H_t (T_t^-)^{-1} y_t^- = b' \Omega_t \xi, \quad \text{其中 } \xi = \bar{\Omega}_t' (T_t^-)^{-1} y_t^-, \tag{12.16}$$

并且

$$T_t^- := \begin{bmatrix} \Lambda_0 & \Lambda_1 & \dots & \Lambda_t \\ \Lambda_1' & \Lambda_0 & \dots & \Lambda_{t-1} \\ \vdots & \vdots & \ddots & \vdots \\ \Lambda_t' & \Lambda_{t-1}' & \cdots & \Lambda_0 \end{bmatrix}. \tag{12.17}$$

此处 $\mathrm{E}\{\xi\xi'\} = \bar{\Omega}' T^{-1} \bar{\Omega} > 0$ 且 r 维向量过程 ξ 为 $\hat{\mathrm{X}}_-(t)$ 中的基底, 其中 $\hat{\mathrm{X}}_-(t)$ 是包含于 Y_{t-1}^- 的对 $(\mathrm{Y}_{t-1}^-, \mathrm{Y}_t^+)$ 的唯一最小分裂子空间.

下面考虑 (平稳) 最小随机实现 (12.3) 及其后向的对应实现

$$(\bar{\mathcal{S}}) \quad \begin{cases} \bar{x}(t-1) = A' \bar{x}(t) + \bar{B} \bar{w}(t), \\ y(t) = \bar{C} \bar{x}(t) + \bar{D} \bar{w}(t), \end{cases} \tag{12.18}$$

其中

$$\{a' x(0) \mid a \in \mathbb{R}^n\} = \mathrm{X} = \{a' \bar{x}(-1) \mid a \in \mathbb{R}^n\} \tag{12.19}$$

为 $(\mathrm{H}^-, \mathrm{H}^+)$ 对应的最小 Markov 分裂子空间. 回忆之前结论, 三元组 $(A, C, \bar{C})$ 在最小 Markov 分裂子空间 X 的完备类 $\mathcal{X}$ 中不变的充分条件是存在一个一致选择基底 (参考定理 8.7.3) 并且

$$CPA' + DB' = \bar{C}, \quad \bar{C}\bar{P}A + \bar{D}\bar{B}' = C, \tag{12.20}$$

其中 $P := \mathrm{E}\{x(t)x(t)'\}, \bar{P} := \mathrm{E}\{\bar{x}(t)\bar{x}(t)'\} = P^{-1}$ (定理 8.3.1).

定理 12.1.2 假设 $\tau_o \leqslant t \leqslant T - \tau_c$. 若 X 由 (12.19) 给出, 则 $\mathrm{X}_t := \mathcal{U}' \mathrm{X}$ 为 $(\mathrm{Y}_{t-1}^-, \mathrm{Y}_t^+)$ 的最小 Markov 分裂子空间, 并且

$$\hat{\mathrm{X}}_-(t) = \mathrm{E}^{\mathrm{Y}_{t-1}^-} \mathrm{X}_t, \quad \hat{\mathrm{X}}_+(t) = \mathrm{E}^{\mathrm{Y}_t^+} \mathrm{X}_t. \tag{12.21}$$

反之, 对 $(\mathrm{H}^-, \mathrm{H}^+)$ 的任意最小 Markov 分裂子空间 X 以及任意 $\hat{\mathrm{X}}_-(t)$ 中的基底 $\hat{x}(t)$, 存在 X 中的唯一基底 x 使得

$$\hat{x}_k(t) = \mathrm{E}^{\mathrm{Y}_{t-1}^-} x_k(t), \quad k = 1, 2, \cdots, n, \tag{12.22}$$

其中 $x_k(t) := \mathcal{U}^t x_k, k = 1, 2, \cdots, n.$ 使得表示 (12.22) 成立的所有 x 构成了一致选择基底. 对偶地, 对每个 X 和 $\hat{X}_+(t)$ 中的每组基底 $\hat{\bar{x}}(t-1)$, 存在 X 中的唯一基底 $\bar{x}$ 使得

$$\hat{\bar{x}}_k(t) = \mathrm{E}^{\mathrm{Y}_{t+1}^+} \bar{x}_k(t), \quad k = 1, 2, \cdots, n, \tag{12.23}$$

其中 $\bar{x}_k(t) := \mathcal{U}^{t+1}\bar{x}_k, k = 1, 2, \cdots, n.$ 使 (12.23) 成立的所有 $\bar{x}$ 也构成了一致选择基底. 若 $\bar{x}$ 和 x 为对偶基底且 $(A, C, \bar{C})$ 为前向随机实现的最小三元组, 则 $(A', \bar{C}, C)$ 为后向实现的最小三元组.

证 从后向系统 (12.18) 可见

$$y_t^- = \bar{\Omega}_t \bar{x}(t) + \text{与 } \mathrm{X}_t \text{ 正交的项},$$

因而由命题 2.2.3 的投影公式可得

$$\mathrm{E}^{\mathrm{Y}_{t-1}^-} a' x(t) = a' \mathrm{E}\{x(t)\bar{x}(t-1)'\}\bar{\Omega}_t'(T_t^-)^{-1} y_t^- = a' \xi,$$

其中利用了 (8.57). 所以有 $\mathrm{E}^{\mathrm{Y}_{t-1}^-} \mathrm{X}_t = \{a'\xi \mid a \in \mathbb{R}^n\} = \hat{\mathrm{X}}_-(t)$, 第一个等式 (12.21) 得证. 第二个等式对称可得.

表示 (12.22) 由作为 $(\mathrm{Y}_{t-1}^-, \mathrm{Y}_t^+)$ 分裂子空间的 X_t 的最小性即得, 且使得可构造性算子

$$\mathcal{C}_t := \mathrm{E}^{\mathrm{Y}_{t-1}^-} |_{\mathrm{X}_t} : \mathrm{X}_t \to \hat{\mathrm{X}}_-(t)$$

为单射. 即对任意 $k = 1, 2, \cdots, n$ 都存在唯一的随机变量 $x_k(t) \in \mathrm{X}_t$, 其到 Y_{t-1}^- 上的投影为 $\hat{x}_k(t) \in \hat{\mathrm{X}}_-(t)$. 为证当 X 在 $\mathcal{X}$ 中变化时 $x(0)$ 构成一致选择基底, 首先选择 X 为 X_+, 并选择 $x_+(t)$ 为 $\mathcal{U}^t \mathrm{X}_+$ 中唯一的基底使得对任意 $a \in \mathbb{R}^n$ 都有 $a'\hat{x}(t) = \mathrm{E}^{\mathrm{Y}_{t-1}^-} a' x_+(t)$. 任意选定一个最小平稳子空间 $\mathrm{X} \in \mathcal{X}$, 注意 X_t 同样也是 $(\mathrm{Y}_{t-1}^-, \mathcal{U}^t \mathrm{X}_+)$ 的分裂子空间 (引理 2.4.1) 并使下式成立

$$a'\hat{x}(t) = \mathrm{E}^{\mathrm{Y}_{t-1}^-} a' x_+(t) = \mathrm{E}^{\mathrm{Y}_{t-1}^-} \mathrm{E}^{\mathrm{X}_t} a' x_+(t), \quad \forall \, a \in \mathbb{R}^n.$$

则根据表示 (12.22) 的唯一性就有 $a'x(t) = E^{\mathrm{X}_t} a' x_+(t)$ 成立, 或等价地有 $a'x(0) = E^{\mathrm{X}} a' x_+(0)$, 其为一致选择基底(7.78)的刻画. 对后向情形作对称的分析可得(12.23).

$\square$

§12.2　Kalman 滤波

定理 12.1.2 说明 $\hat{\mathrm{X}}_-(t)$ 中的任意基底为最小平稳模型 (12.3) 的状态的 Kalman 滤波估计, 对偶地, $\hat{\mathrm{X}}_+(t)$ 中的任意基底为最小平稳后向模型 (12.18) 的状态的反

因果 Kalman 滤波估计. 为了内容的完备性, 我们给出各种形式的 Kalman 滤波器并证明最小三元组 $(A, C, \bar{C})$ 如何从相应的公式推导出.

定理 12.2.1 $\hat{X}_-(0)$, $\hat{X}_-(1)$, $\cdots$, $\hat{X}_-(T)$ 中基底 (12.22) 的序列 $(\hat{x}(0), \cdots, \hat{x}(T))$ 可从 Kalman 滤波递推地得到

$$\hat{x}(t+1) = A\hat{x}(t) + K(t)[y(t) - C\hat{x}(t)], \quad \hat{x}(0) = 0, \tag{12.24}$$

其中 K 为 Kalman 增益

$$K(t) = (AQ(t)C' + BD')(CQ(t)C' + DD')^{\dagger}. \tag{12.25}$$

此处 Q 为矩阵 Riccati 方程 的解

$$\begin{aligned} Q(t+1) &= AQ(t)A' - (AQ(t)C' + BD')(CQ(t)C' + DD')^{\dagger}(AQ(t)C' + BD')' \\ &\quad + BB', \\ Q(0) &= P, \end{aligned} \tag{12.26}$$

$\dagger$ 表示 Moore-Penrose 伪逆. 依同样方式, $\hat{X}_+(0)$, $\hat{X}_+(1)$, $\cdots$, $\hat{X}_+(T)$ 中基底 (12.23) 的序列 $(\hat{\bar{x}}(-1), \hat{\bar{x}}(0), \ldots, \hat{\bar{x}}(T-1))$ 由后向 Kalman 滤波 递推给出

$$\hat{\bar{x}}(t-1) = A'\hat{\bar{x}}(t) + \bar{K}(t)[y(t) - \bar{C}\hat{\bar{x}}(t)], \quad \hat{\bar{x}}(T) = 0, \tag{12.27}$$

其中 $\bar{K}$ 为

$$\bar{K}(t) = (A'\bar{Q}(t)\bar{C}' + \bar{B}\bar{D}')(\bar{C}\bar{Q}(t)\bar{C}' + \bar{D}\bar{D}')^{\dagger}, \tag{12.28}$$

$\bar{Q}$ 满足后向矩阵 Riccati 方程

$$\begin{aligned} \bar{Q}(t-1) &= A'\bar{Q}(t)A - (A'\bar{Q}(t)\bar{C}' + \bar{B}\bar{D}')(\bar{C}\bar{Q}(t)\bar{C}' + \bar{D}\bar{D}')^{\dagger}(A'\bar{Q}(t)\bar{C}' + \bar{B}\bar{D}') \\ &\quad + \bar{B}\bar{B}', \\ \bar{Q}(T) &= \bar{P}. \end{aligned} \tag{12.29}$$

若 y 为满秩过程, 各处的伪逆 ($\dagger$) 可用普通逆运算代替.

证 给定平稳随机实现 (12.3), 子空间 $V_t := Y_t \ominus Y_{t-1}^-$ 是由下式给出的 m 维过程 $\tilde{y}$ 扩张而成

$$\tilde{y}_k(t) := y_k(t) - E^{Y_{t-1}} y_k(t), \quad k = 1, 2, \cdots, m, \tag{12.30}$$

注意 (12.22), 上式也可写为

$$\tilde{y}(t) = y(t) - C\hat{x}(t) = C\tilde{x}(t) + Dw(t), \tag{12.31}$$

其中 $\tilde{x}(t) := x(t) - \hat{x}(t)$. 易知 $\tilde{y}$ 为白噪声过程, 并且

$$\mathrm{E}\{\tilde{y}(s)\tilde{y}(t)'\} = (CQ(t)C' + DD')\delta_{st}, \tag{12.32}$$

其中 $Q(t) := \mathrm{E}\{\tilde{x}(t)\tilde{x}(t)'\}$. 注意 $\hat{x}_k(t+1) = \mathrm{E}^{Y_{t-1}} x(t+1) + \mathrm{E}^{V_t} x(t+1)$, 由命题 2.2.3 的投影公式可得

$$\hat{x}(t+1) = A\hat{x}(t) + K(t)\tilde{y}(t), \quad \hat{x}(0) = 0, \tag{12.33}$$

其中

$$K(t) = \mathrm{E}\{x(t+1)\tilde{y}(t)'\}(\mathrm{E}\{\tilde{y}(t)\tilde{y}(t)'\})^{\dagger}. \tag{12.34}$$

从而由 (12.3) 和 (12.31) 就得 (12.25), 而 (12.24) 可从 (12.33) 和 (12.31) 得到. 从 (12.3), (12.33) 和 (12.31) 就有

$$\tilde{x}(t+1) = [A - K(t)C]\tilde{x}(t) + [B - K(t)D]w(t), \quad \tilde{x}(0) = x(0), \tag{12.35}$$

由此就得

$$Q(t+1) = [A - K(t)C]Q(t)[A - K(t)C]' + [B - K(t)D][B - K(t)D]', \quad Q(0) = P,$$

此式即为 (12.26). 经由对称的分析可证后向情形的对应结论. 最后, 若 y 为满秩过程, 则 (12.32) 非奇异, 所以可逆.　　　　　　　　　　　　　　　　　　　□

12.2.1　Kalman 滤波的不变型

定理 12.2.1 的 Kalman 滤波公式是文献中的标准形式. 然而矩阵 Riccati 方程 (12.26) 依赖于 B 和 D, 它们依赖于特定的随机实现 (12.3), 这个实现不能唯一地从协方差数据决定. 事实上, 具有相同一致选择基底的 y 的最小随机实现 (12.3) 构成的完备族类有相同的 Kalman 滤波器 (12.24). 对 Kalman 增益我们需要一些公式, 在最小 Markov 分裂子空间的族类 $\mathcal{X}$ 上增益不变.

推论 12.2.2　设 $(A, C, \bar{C})$ 为对应于 Kalman 滤波器 (12.24) 的最小三元组, 定义 $\Lambda_0 := \mathrm{E}\{y(t)y(t)'\}$ 以及

$$P_-(t) := \mathrm{E}\{\hat{x}(t)\hat{x}(t)'\}, \quad \bar{P}_+(t) := E\{\hat{\bar{x}}(t)\hat{\bar{x}}(t)'\}. \tag{12.36}$$

Kalman 增益 (12.25) 由下式给出

$$K(t) = (\bar{C}' - AP_-(t)C')(\Lambda_0 - CP_-(t)C')^{\dagger}, \tag{12.37}$$

其中 $P_-(t)$ 为矩阵 Riccati 方程的解

$$P_-(t+1) = AP_-(t)A' + (\bar{C}' - AP_-(t)C')(\Lambda_0 - CP_-(t)C')^\dagger(\bar{C}' - AP_-(t)C')',$$
$$P_-(0) = 0, \tag{12.38}$$

类似地, (12.28) 中后向 Kalman 增益由下式给出

$$\bar{K}(t) = (C' - A'\bar{P}_+(t)\bar{C}')(\Lambda_0 - \bar{C}P_-(t)\bar{C}')^\dagger, \tag{12.39}$$

其中 $\bar{P}_+(t)$ 为

$$\bar{P}_+(t-1) = A'\bar{P}_+(t)A + (C' - A'\bar{P}_+(t)\bar{C}')(\Lambda_0 - \bar{C}\bar{P}_+(t)\bar{C}')^\dagger(C' - A'\bar{P}_+(t)\bar{C}')',$$
$$\bar{P}_+(T) = 0. \tag{12.40}$$

若 y 为满秩过程, 各处的伪逆 ($\dagger$) 可用普通的逆运算代替. 此外, 当 $t \to \infty$ 时 $P_-(t)$ 单调 (非降) 收敛于 $P_- := \mathrm{E}\{x_-(0)x_-(0)'\}$, 当 $t \to -\infty$ 时 $\bar{P}_+(t)$ 单调 (非增) 收敛于 $\bar{P}_+ := \mathrm{E}\{\bar{x}_+(-1)\bar{x}_+(-1)'\}$, 其中 $x_-(0)$ 和 $\bar{x}_+(-1)$ 为第 6.6 节定义的 (平稳) 预测空间的基底. 所以有

$$P_-(t) \leqslant P_- \leqslant P, \quad \bar{P}_+(t) \leqslant \bar{P}_+ \leqslant \bar{P} := P^{-1} \tag{12.41}$$

对最小随机实现 (12.3) 的族类中任意 $P := \mathrm{E}\{x(0)x(0)'\}$ 都成立.

证 注意 $E\{x(t)x(t)'\} = \mathrm{E}\{\hat{x}(t)\hat{x}(t)'\} + \mathrm{E}\{\tilde{x}(t)\tilde{x}(t)'\}$, 有

$$Q(t) = P - P_-(t),$$

同时注意 P 满足 (6.108), 将上式分别代入 (12.25) 和 (12.26) 就得 (12.37) 和 (12.38). 将 $P_-(t)$ 视为第 6.9 节中的 $\Pi(t)$, 从定理 6.9.3 就得当 $t \to \infty$ 时 $P_-(t) \to P_-$, 从引理 6.9.2 就得收敛性具有所要证明的单调性. 利用对称的分析可得后向的相关结论. □

12.2.2　快速 Kalman 滤波算法

Riccati 方程 (12.26) 或其不变对应公式 (12.38) 给出用 $n(n+1)/2$ 个变量决定 Kalman 增益 $K(t)$ 中 mn 个分量的递推式. 下面我们给出另外一组递推式, 其数量为 mn 的阶. 当 $m \ll n$ 时此算法更快速, 且其在最小随机实现 (12.3) 的完备族上不变.

为此首先考虑任意给定的 m 维满秩平稳随机过程 $\{y(t)\}_{t\in\mathbb{Z}}$, 有谱密度 Φ 和估计误差过程

$$\tilde{y}_k(t) := y_k(t) - \mathrm{E}^{\mathrm{H}[0,t-1]} y_k(t), \quad \tilde{y}_k^*(t) := y_k(0) - \mathrm{E}^{\mathrm{H}[1,t]} y_k(0). \tag{12.42}$$

则依谱表示公式 (3.20), 存在 $m \times m$ 维矩阵 $\Psi_{t0}, \Psi_{t1}, \cdots, \Psi_{t,t-1}$ 和 $\bar{\Psi}_{t1}, \bar{\Psi}_{t2}, \cdots, \bar{\Psi}_{tt}$ 使得

$$\tilde{y}(t) = \sum_{k=0}^{t} \Psi_{tk}' y(k) = \int_{-\pi}^{\pi} \Psi_t(\mathrm{e}^{\mathrm{i}\theta})' \mathrm{d}\hat{y}, \tag{12.43a}$$

$$\tilde{y}^*(t) = \sum_{k=0}^{t} \bar{\Psi}_{tk}' y(k) = \int_{-\pi}^{\pi} \bar{\Psi}_t(\mathrm{e}^{\mathrm{i}\theta})' \mathrm{d}\hat{y}, \tag{12.43b}$$

其中 $\Psi_{tt} = I, \bar{\Psi}_{t0} = I, \Psi_t$ 和 $\bar{\Psi}_t$ 为矩阵多项式

$$\Psi_t(z) = \sum_{k=0}^{t} z^k \Psi_{tk}, \quad \bar{\Psi}_t(z) = \sum_{k=0}^{t} z^k \bar{\Psi}_{tk}. \tag{12.44}$$

由于 y 为满秩过程, 所以如下 $m \times m$ 维矩阵

$$R_t := \mathrm{E}\{\tilde{y}(t)\tilde{y}(t)'\}, \quad \bar{R}_t := \mathrm{E}\{\tilde{y}^*(t)\tilde{y}^*(t)'\} \tag{12.45}$$

非奇异. 这些矩阵连同如下矩阵

$$S_t := \mathrm{E}\{y(t+1)\tilde{y}^*(t)\} \tag{12.46}$$

在接下来的引理里起到了重要作用.

注意 (12.42), (12.43a) 和 (12.45) 就得

$$\sum_{j=0}^{t} \Lambda_{k-j}\Psi_{tj} = \mathrm{E}\{y(k)\tilde{y}(t)'\} = \begin{cases} 0, & k = 0, 1, \cdots, t-1, \\ R_t, & k = t. \end{cases} \tag{12.47}$$

由此就得正则方程组

$$\begin{bmatrix} \Lambda_0 & \Lambda_1 & \cdots & \Lambda_{t-1} \\ \Lambda_{t-1}' & \Lambda_0 & \cdots & \Lambda_{t-2} \\ \vdots & \vdots & \ddots & \vdots \\ \Lambda_{t-1}' & \Lambda_{t-2}' & \cdots & \Lambda_0 \end{bmatrix} \begin{bmatrix} \Psi_{t,t-1} \\ \Psi_{t,t-2} \\ \vdots \\ \Psi_{t0} \end{bmatrix} = - \begin{bmatrix} \Lambda_1' \\ \Lambda_2' \\ \vdots \\ \Lambda_t' \end{bmatrix}, \tag{12.48}$$

注意系数矩阵 T_{t-1}^{-} 正定并且下式成立, 所以上式有唯一解

$$R_t = \sum_{j=0}^{t} \Lambda_{t-j}\Psi_{tj}, \tag{12.49}$$

其中 $\Lambda_t = \mathrm{E}\{y(t)y(0)'\}$. 此外

$$\mathrm{E}\{\tilde{y}(t)\tilde{y}(s)'\} = R_t\delta_{ts}, \tag{12.50}$$

然而相似的结论对 $\tilde{y}^*$ 并不成立, 为此我们需要在时间上做后向的正交化来构造下面的 (12.56) 式并使其满足 (12.57). 从 (12.50) 可得

$$\int_{-\pi}^{\pi} \Psi_t(\mathrm{e}^{\mathrm{i}\theta})\mathrm{d}F(\theta)\Psi_s(\mathrm{e}^{-\mathrm{i}\theta}) = R_t\delta_{ts}, \quad \text{其中 } \mathrm{d}F(\theta) := \Phi(\mathrm{e}^{\mathrm{i}\theta})\frac{\mathrm{d}\theta}{2\pi}. \tag{12.51}$$

事实上, 在标量情形下 $(m = 1), \Psi_0(z), \Psi_1(z), \Psi_2(z), \cdots$ 即为在单位圆周上相互正交的 Szegö 多项式.

引理 12.2.3 设 Γ_t 和 $\bar{\Gamma}_t$ 为下式唯一定义的 $m \times m$ 维矩阵

$$R_t\Gamma_t = S_t = (\bar{R}_t\bar{\Gamma}_t)', \tag{12.52}$$

其中

$$S_t = \sum_{k=0}^{t} \Lambda_{t-k+1}'\bar{\Psi}_{tk}, \tag{12.53}$$

R_t 和 $\bar{R}_t$ 满足递推公式

$$R_{t+1} = R_t - \bar{\Gamma}_t'\bar{R}_t\bar{\Gamma}_t, \quad R_0 = \Lambda_0, \tag{12.54a}$$

$$\bar{R}_{t+1} = \bar{R}_t - \Gamma_t'R_t\Gamma_t, \quad \bar{R}_0 = \Lambda_0, \tag{12.54b}$$

则矩阵多项式 (12.44) 满足矩阵值的 Levinson 算法

$$\Psi_{t+1}(z) = z\Psi_t(z) - \bar{\Psi}_t(z)\bar{\Gamma}_t, \quad \Psi_0 = I, \tag{12.55a}$$

$$\bar{\Psi}_{t+1}(z) = \bar{\Psi}_t(z) - z\Psi_t(z)\Gamma_t, \quad \bar{\Psi}_0 = I, \tag{12.55b}$$

证 为证 (12.53), 首先将 (12.43b) 代入 (12.46) 从而得到

$$S_t = \sum_{k=0}^{t} \mathrm{E}\{y(t+1)\tilde{y}(k)'\}'\bar{\Psi}_{tk} = \sum_{k=0}^{t} \Lambda_{t-k+1}'\bar{\Psi}_{tk}.$$

为证 (12.55a), 首先定义 m 维过程 $\tilde{y}^*(s;t)$, 其分量为

$$\tilde{y}_k^*(s;t) := \mathcal{U}^{t-s}\tilde{y}_k^*(s), \quad k = 1, 2, \cdots, m, \tag{12.56}$$

上面各分量通过将始于时刻 t 的 $H_{[0,t]}$ 后向正交化得到. 事实上, 分量 $\tilde{y}_k^*(0;t), \tilde{y}_k^*(1;t),$
$\cdots, \tilde{y}_k^*(t;t)$ 张成 $H_{[0,t]}$, 并且满足

$$\mathrm{E}\{\tilde{y}_k^*(s;t)\tilde{y}_k^*(\tau;t)'\} = \bar{R}_s\delta_{s\tau}. \tag{12.57}$$

因而存在 $m \times m$ 维矩阵 G_{ts}, $s = 0, 1, \cdots, t$ 使得

$$\tilde{y}(t+1) = y(t+1) + \sum_{s=0}^{t} G_{ts}'\tilde{y}^*(s;t). \tag{12.58}$$

注意 $\tilde{y}(t+1)$ 的各分量与 $H_{[0,t]}$ 正交, 从而 $\mathrm{E}\{\tilde{y}(t+1)\tilde{y}^*(s;t)'\} = 0$, 进而有 $\mathrm{E}\{y(t+1)\tilde{y}^*(k;t)'\} + G_{tk}'\bar{R}_k = 0, k = 0, 1, \cdots, t$. 另一方面,$\mathrm{E}\{y(t+1)\tilde{y}^*(k;t)'\} = \mathrm{E}\{y(k+1)\tilde{y}^*(k)'\} = S_k$, 因此 $G_{tk} = \bar{\Gamma}_k$. 此外

$$\tilde{y}^*(s;t) = \int_{-\pi}^{\pi} \mathrm{e}^{\mathrm{i}(t-s)\theta}\bar{\Psi}_s(\mathrm{e}^{\mathrm{i}\theta})'\mathrm{d}\hat{y}.$$

所以

$$\tilde{y}(t+1) = \int_{-\pi}^{\pi} \left[\mathrm{e}^{(t+1)\theta}I + \sum_{s=0}^{t} \mathrm{e}^{\mathrm{i}(t-s)\theta}\bar{\Psi}_s(\mathrm{e}^{\mathrm{i}\theta})\bar{\Gamma}_s\right]'\mathrm{d}\hat{y},$$

这意味着

$$\Psi_{t+1}(z) = z^{t+1}I + \sum_{s=0}^{t} z^{t-s}\bar{\Psi}_s(z)\bar{\Gamma}_s. \tag{12.59}$$

进而计算 $\Psi_{t+1}(z) - z\Psi_t(z)$ 就得 (12.55a).

类似的分析可得 (12.55b). 事实上存在 $m \times m$ 维矩阵 $\bar{G}_{t0}, \bar{G}_{t0}, \cdots, \bar{G}_{tt}$ 使得

$$\tilde{y}^*(t+1) = y(0) + \sum_{s=0}^{t} \bar{G}_{ts}'\tilde{y}^*(1;s), \tag{12.60}$$

其中 $\tilde{y}^*(1;s)$ 的如下各个分量张成 $H_{[1,t+1]}$

$$\tilde{y}_k(1;s) = \mathcal{U}\tilde{y}_k(s), \quad s = 0, 1, \cdots, t.$$

注意 $\tilde{y}^*(t+1)$ 的分量正交于 $H_{[1,t+1]}$, 我们可得 $\mathrm{E}\{\tilde{y}^*(t+1)\tilde{y}^*(1;k)'\} = 0, k = 0, 1, \cdots, t$, 因而有 $\mathrm{E}\{y(0)\tilde{y}^*(1;s)'\} + \bar{G}_{tk}'R_k = 0$. 注意到

$$\mathrm{E}\{y(0)\tilde{y}^*(1;s)'\} = \mathrm{E}\{\tilde{y}^*(s)\tilde{y}^*(1;s)'\} = \mathrm{E}\{\tilde{y}^*(s)y(s+1)'\} = S_k',$$

从而可得 $\bar{G}_{tk} = \Gamma_k$. 由此即得

$$\tilde{y}^*(t+1) = \int_{-\pi}^{\pi} \left[I + \sum_{s=0}^{t} e^{i\theta} \Psi_s(e^{i\theta}) \Gamma_s \right]' d\hat{y},$$

基于上式进一步可知

$$\bar{\Psi}_{t+1}(z) = I + \sum_{s=0}^{t} z \Psi_s(z) \Gamma_s. \tag{12.61}$$

因而 (12.55b) 得证.

在 (12.58) 中取 $G_{ts} = \bar{\Gamma}_s$, 将其右乘 $y(t+1)'$ 并取期望, 可得

$$R_{t+1} = \Lambda_0 + \sum_{s=0}^{t} \Gamma_s' S_s',$$

由此 (12.54a) 立得. 事实上, 有 $\mathrm{E}\{\tilde{y}^*(s;t)y(t+1)'\} = \mathrm{E}\{\tilde{y}^*(s)y(s+1)'\} = S_s'$. 依同样方式, 在 (12.60) 中取 $\bar{G}_{ts} = \Gamma_s$ 并右乘 $y(0)'$ 再取期望可得 (12.54b). □

注 12.2.4 注意矩阵值的 Levinson 算法 (12.55) 给出了求解正规方程 (12.48) 的一个快速算法. 标量情形下 $(m = 1)$ 引理 12.2.3 的递推公式得到了极大简化, 其中 $\bar{\Gamma}_t = \Gamma_t, \bar{R}_t = R_t$. 此外, $\bar{\Psi}_t(z) = z^t \Psi(z^{-1})$. 称 (Γ_t) 为 Schur 参数 或反射系数.

定理 12.2.5 Kalman 增益 (12.25) 由下式给出

$$K(t) = X_t R_t^{-1}, \tag{12.62}$$

其中

$$X_{t+1} = AX_t - \bar{X}_t \bar{R}_t^{-1} \bar{X}_t' C', \quad X(0) = \bar{C}', \tag{12.63a}$$

$$\bar{X}_{t+1} = \bar{X}_t - AX_t R_t^{-1} X_t' C', \quad \bar{X}(0) = \bar{C}', \tag{12.63b}$$

$$R_{t+1} = R_t - C\bar{X}_t \bar{R}_t^{-1} \bar{X}_t' C' \quad R_0 = \Lambda_0, \tag{12.63c}$$

$$\bar{R}_{t+1} = \bar{R}_t - \bar{X}_t' C' R_t^{-1} C\bar{X}_t \quad \bar{R}_0 = \Lambda_0, \tag{12.63d}$$

证 注意 (12.34), 若如下定义 $X(t)$

$$X_t := \mathrm{E}\{x(t+1)\tilde{y}(t)'\}, \tag{12.64}$$

且如 (12.45) 来定义 R_t, 则 (12.62) 成立. 将 (12.43a) 代入 (12.64) 可得

$$X_t = \sum_{k=0}^{t} \mathrm{E}\{x(t+1)y(k)'\} \Psi_{tk} = \sum_{k=0}^{t} A^{t-k} \mathrm{E}\{x(k+1)y(k)'\} \Psi_{tk},$$

其中利用到由 (12.3) 所得的如下关系

$$x(t+1) = A^{t-k}x(k+1) + \sum_{j=k+1}^{t} A^{t-j}Bw(j),$$

而最后一项正交于 $y(k)$. 由平稳性和 (8.70) 可得

$$E\{x(k+1)y(k)'\} = E\{x(1)y(0)'\} = \bar{C}',$$

因此有

$$X_t = \sum_{k=0}^{t} A^{t-k}\bar{C}'\Psi_{tk}. \tag{12.65}$$

定义

$$\bar{X}_t := \sum_{k=0}^{t} A^{t-k}\bar{C}'\bar{\Psi}_{tk}. \tag{12.66}$$

从 (12.55) 可得

$$X_{t+1} = AX_t - \bar{X}_t\bar{\Gamma}_t, \quad X_0 = \bar{C}', \tag{12.67a}$$

$$\bar{X}_{t+1} = \bar{X}_t - AX_t\Gamma_t, \quad \bar{X}_0 = \bar{C}'. \tag{12.67b}$$

为确定 Γ_t 和 $\bar{\Gamma}_t$, 将 (6.60) 代入 (12.53) 就得

$$S_t = C\bar{X}_t. \tag{12.68}$$

因此, 据 (12.52) 就得 $\Gamma_t = R_t^{-1}C\bar{X}_t$ 和 $\bar{\Gamma}_t = \bar{R}_t^{-1}\bar{X}_t'C'$, 据此并结合 (12.67) 和 (12.54) 就得 (12.63), 定理证毕. □

标量情形下 $(m=1)$ 递推式 (12.63) 可以如下简化.

推论 12.2.6 设 $m=1$, 则 Kalman 滤波增益 $K(t)=K_t$ 满足递推式

$$K_{t+1} = \left[1 - (C\bar{K}_t)^2\right]^{-1}(AK_t - \bar{K}_t\bar{K}_t'C'), \quad K_0 = \Lambda_0^{-1}\bar{C}', \tag{12.69a}$$

$$\bar{K}_{t+1} = \left[1 - (C\bar{K}_t)^2\right]^{-1}(\bar{K}_t - AK_tK_t'C'), \quad K_0 = \Lambda_0^{-1}\bar{C}', \tag{12.69b}$$

证 设 $\bar{K}_t := \bar{X}_t\bar{R}_t^{-1}$ 并利用注记 12.2.4, 经过简单的计算即得 (12.69). □

§12.3　有限区间预报器空间的实现

设 y 为满秩过程, 通过正则化白噪声过程 (12.30) 来定义如下新息过程 v

$$v(t) := D_-(t)^{-1}[y(t) - C\hat{x}(t)], \tag{12.70}$$

其中对任意 $t = 0, 1, \cdots, T, D_-(t)$ 由满秩分解

$$D_-(t)D_-(t)' = \Lambda_0 - CP_-(t)C' \tag{12.71}$$

确定. 定义 $B_-(t) := K(t)D_-(t), \hat{x}$ 为过程 y 限制于有限时间区间 $0 \leqslant t \leqslant T$ 上的 (非平稳) 随机实现的状态过程

$$\begin{cases} \hat{x}(t+1) = A\hat{x}(t) + B_-(t)v(t), & \hat{x}(0) = 0, \\ y(t) = C\hat{x}(t) + D_-(t)v(t). \end{cases} \tag{12.72}$$

v 满足 $\mathrm{E}\{v(s)v(t)'\} = I_m \delta_{st}$, 且对 $s \leqslant 0$ 有 $\mathrm{E}\{v(t)\hat{x}(s)'\} = 0$, 定义 (12.72) 为前向随机实现.

同样地定义后向新息过程

$$\bar{v}(t) := \bar{D}_+(t)^{-1}[y(t) - \bar{C}\hat{\bar{x}}(t)], \tag{12.73}$$

其中 $\bar{D}_+(t)$ 为下式中的满秩因子

$$\bar{D}_+(t)\bar{D}_+(t)' = \Lambda_0 - \bar{C}\bar{P}_+(t)\bar{C}'. \tag{12.74}$$

则 y 有后向随机实现

$$\begin{cases} \hat{\bar{x}}(t-1) = A'\hat{\bar{x}}(t) + \bar{B}_+(t)\bar{v}(t), & \hat{\bar{x}}(T) = 0, \\ y(t) = \bar{C}\hat{\bar{x}}(t) + \bar{D}_+(t)\bar{v}(t), \end{cases} \tag{12.75}$$

其中 $\bar{B}_+(t) := \bar{K}(t)\bar{D}_+(t), \mathrm{E}\{\bar{v}(s)\bar{v}(t)'\} = I_m \delta_{st}$, 并且对 $s \geqslant 0$ 有 $\mathrm{E}\{\bar{v}(t)\hat{\bar{x}}(s)'\} = 0$.

对应于有限区间随机实现 (12.72) 和 (12.75) 的协方差矩阵 (12.36) 分别起到了在平稳 (无穷区间) 实现理论中 P_- 和 $\bar{P}_+$ 的作用. 事实上, 对 $t \leqslant \tau_c$ 有 $\bar{P}_+(t)$ 非奇异, 且对最小随机实现 (12.3) 的族类中任意 $P := \mathrm{E}\{x(0)x(0)'\}$ 有

$$P_-(t) \leqslant P \leqslant P_+(t) := \bar{P}_+(t)^{-1}, \quad t = 0, 1, \cdots, T - \tau_c, \tag{12.76}$$

上式可与无穷区间理论中的 (6.9.18) 作对比. 此结论从 (12.41) 直接可得. 类似地有

$$\bar{P}_+(t) \leqslant \bar{P} \leqslant \bar{P}_-(t) := P_-(t)^{-1}, \quad t = \tau_o, \tau_o + 1, \cdots, T, \tag{12.77}$$

证明上式只须注意 $P_-(t)$ 在此区间上非奇异.

Kalman 滤波器中的状态估计 $\hat{x}(t)$ 包含了重构最小三元组 $(A, C, \bar{C})$ 所需的全部信息, 同样结论也对后向 Kalman 滤波估计 $\hat{\bar{x}}(t)$ 成立. 我们将在下一章中见到这个事实对子空间辨识十分重要.

命题 12.3.1 设 $\hat{x}(t)$ 为 Kalman 滤波状态估计 (12.22), 设 $P_-(t)$ 为相应的协方差矩阵 (12.36), 则

$$A = \mathrm{E}\{\hat{x}(t+1)\hat{x}(t)'\}P_-(t)^{-1}, \tag{12.78a}$$

$$C = \mathrm{E}\{y(t)\hat{x}(t)'\}P_-(t)^{-1}, \tag{12.78b}$$

$$\bar{C} = \mathrm{E}\{y(t)\hat{x}(t+1)'\}, \tag{12.78c}$$

其中 (12.78a) 和 (12.78b) 对 $t \in \{\tau_o, \tau_o + 1, \cdots, T\}$ 都成立, (12.78c) 对 $t \in \{0, 1, \cdots, T\}$ 都成立. 类似地, 设 $\hat{\bar{x}}(t)$ 为后向 Kalman 滤波状态估计 (12.23), 设 $\bar{P}_+(t)$ 为相应的协方差矩阵 (12.36), 则

$$A' = \mathrm{E}\{\hat{\bar{x}}(t-1)\hat{\bar{x}}(t)'\}\bar{P}_+(t)^{-1}, \tag{12.79a}$$

$$C = \mathrm{E}\{y(t)\hat{\bar{x}}(t-1)'\}, \tag{12.79b}$$

$$\bar{C} = \mathrm{E}\{y(t)\hat{\bar{x}}(t)'\}\bar{P}_+(t)^{-1}, \tag{12.79c}$$

其中 (12.79a) 和 (12.79c) 对 $t \in \{0, 1, \cdots, T-\tau_c\}$ 都成立, (12.79b) 对 $t \in \{0, 1, \cdots, T\}$ 都成立.

证　公式 (12.78a) 和 (12.78b) 从 (12.72) 直接可得. 为证 (12.78c), 考虑最小实现 (12.3) 并注意 $\tilde{x}(t+1) := x(t+1) - \hat{x}(t+1)$ 的分量正交于 $y(t)$ 的分量, 同时注意 (8.70) 就得

$$E\{y(t)\hat{x}(t+1)'\} = E\{y(t)x(t+1)'\} = E\{y(0)x(1)'\} = \bar{C}.$$

依同样方式利用 (12.75) 和 (8.68) 即证 (12.79). □

值得注意的是 (12.72) 和 (12.75) 非对偶随机实现. 事实上, (12.72) 为预测空间 $\hat{\mathrm{X}}_-(t)$ 的前向实现, (12.75) 为后向预测空间 $\hat{\mathrm{X}}_+(t)$ 的后向实现. 为得到 $\hat{\mathrm{X}}_+(t)$ 的前向实现, 定义状态过程

$$\hat{x}_+(t) := \bar{P}_+(t-1)^{-1}\hat{\bar{x}}(t-1) = P_+(t-1)\hat{\bar{x}}(t-1). \tag{12.80}$$

从而可以利用第 6.2 节的方法得到对 $t \in \{0, 1, \cdots, T - \tau_c\}$ 成立的前向实现, 记为

$$\begin{cases} \hat{x}_+(t+1) = A\hat{x}_+(t) + B_+(t)v_+(t), & \hat{x}_+(0) = \xi_+, \\ y(t) = C\hat{x}_+(t) + D_+(t)v_+(t), \end{cases} \tag{12.81}$$

其中 v_+ 为标准的白噪声, $\xi_+ := \bar{P}_+(-1)^{-1}\hat{\bar{x}}(-1)$, 状态协方差由下式给出

$$\mathrm{E}\{\hat{x}_+(t)\hat{x}_+(t)'\} = P_+(t-1) = \bar{P}_+(t-1)^{-1}. \tag{12.82}$$

为证此结论, 定义

$$z(t) := \begin{bmatrix} \hat{x}_+(t+1) \\ y(t) \end{bmatrix},$$

构造状态向量 $\hat{z}(t)$, 其各个分量为

$$\hat{z}_k(t) = \mathrm{E}^{\hat{X}_+(t-1)} z_k, \quad k = 0, 1, \cdots, T - \tau_c.$$

从而依据命题 2.2.3 的投影公式可得

$$\hat{z}(t) = \begin{bmatrix} \mathrm{E}\{\hat{x}_+(t+1)\hat{x}_+(t)'\} \\ \mathrm{E}\{y(t)\hat{x}_+(t)'\} \end{bmatrix} P_+(t-1)^{-1}\hat{x}_+(t) = \begin{bmatrix} A \\ C \end{bmatrix}\hat{x}_+(t). \tag{12.83}$$

注意 (12.82), 就有

$$\mathrm{E}\{\hat{x}_+(t+1)\hat{x}_+(t)'\}P_+(t-1)^{-1} = \bar{P}_+(t)^{-1}\,\mathrm{E}\{\hat{\bar{x}}(t)\hat{x}(t-1)'\},$$

据 (12.79a) 可知上式等于 A. 类似地由 (12.79b) 就得

$$\mathrm{E}\{y(t)\hat{x}_+(t)'\}P_+(t-1)^{-1} = \mathrm{E}\{y(t)\hat{x}(t-1)'\} = C.$$

注意 $\hat{\mathrm{X}}_t := \hat{\mathrm{X}}_+(t)$ 满足分裂性质 (12.8), 就有

$$\hat{z}_k(t) = \mathrm{E}^{\mathrm{S}_+(t-1)} z_k,$$

其中 $\mathrm{S}_+(t) := \mathrm{Y}_{t-1}^- \vee \hat{\mathrm{X}}_t^-$. 因此 $\tilde{z} := z - \hat{z}$ 为白噪声过程, 我们可以将其如同第 6.2 节那样正则化从而得到

$$\tilde{z} = \begin{bmatrix} B_+(t) \\ D_+(t) \end{bmatrix} v_+(t), \tag{12.84}$$

系统方程 (12.81) 可从 (12.83) 和 (12.84) 得到. 通过构造可知 (12.81) 为前向随机实现.

依类似方式并利用 (12.78), 我们可构造一个与 (12.72) 对偶的后向实现. 具体说来,

$$\hat{\bar{x}}_-(t) := P_-(t+1)^{-1}\hat{x}(t+1) = \bar{P}_-(t+1)\hat{x}(t+1) \tag{12.85}$$

由下面系统方程得到

$$\begin{cases} \hat{\bar{x}}_-(t-1) = A'\hat{\bar{x}}_-(t) + \bar{B}_-(t)\bar{v}_-(t), \quad \hat{\bar{x}}_-(T) = \bar{\xi}_-, \\ y(t) = \bar{C}\hat{\bar{x}}_-(t) + \bar{D}_-(t)\bar{v}_-(t). \end{cases} \tag{12.86}$$

其中 $t \in \{\tau_o, \tau_o + 1, \cdots, T\}$, $\bar{v}_-$ 为标准白噪声, 状态协方差由下式给出

$$\mathrm{E}\{\hat{\bar{x}}_-(t)\hat{\bar{x}}_-(t)'\} = \bar{P}_-(t+1) = P_-(t+1)^{-1}, \tag{12.87}$$

并且 $\bar{\xi}_- := P_-(T+1)^{-1}\hat{x}(T+1)$.

实现 (12.81) 和 (12.86) 在辨识中不起作用, 但它们在第 15 章的平滑内容中是必须的. 相应的协方差 $P_+(t)$ 和 $\bar{P}_-(t)$ 在序 (12.76) 和 (12.77) 中起到了上极限的作用.

§12.4　部分实现理论

从命题 12.3.1 可知, 为了计算任意一个最小随机实现 (12.3) 的三元组 $(A, C, \bar{C})$ 及其相应的后向实现(12.18), 从有限区间的输出数据, 仅需确定两个连续的Kalman 状态估计. 换句话说, 我们需要一个过程来构造在两个连续预测空间 $\hat{\mathrm{X}}_-(t)$ 和 $\hat{\mathrm{X}}_-(t+1)$ (或等价地,$\hat{\mathrm{X}}_+(t)$ 和 $\hat{\mathrm{X}}_+(t-1)$) 中适当的基向量.

这里需要重点指出对两个连续的预测空间一般无法像命题 11.2.2 那样确定标准基底. 事实上, 从 (12.78) 和 (12.79) 可见, 此过程一般得到的是时变矩阵 A, C 和 $\bar{C}$. 我们需要选取随着 t 在时间区间中变化时, 使得 A, C 和 $\bar{C}$ 为常值的 $\hat{\mathrm{X}}_-(t)$ 和 $\hat{\mathrm{X}}_+(t)$ 中的基底. 有此性质的基底称为连贯的.

12.4.1　协方差序列的部分实现

给定 $m \times m$ 维协方差阵的有限序列

$$(\Lambda_0, \Lambda_1, \cdots, \Lambda_T), \tag{12.88}$$

最小有理协方差扩张问题 是指确定三元组 $(A, C, \bar{C}) \in \mathbb{R}^{n \times n} \times \mathbb{R}^{m \times n} \times \mathbb{R}^{m \times n}$ 使得下述条件成立

(i) $CA^{k-1}\bar{C}' = \Lambda_k$, $k = 1, 2, \cdots, T$,

(ii) $\Phi_+(z) = C(zI - A)^{-1}\bar{C}' + \frac{1}{2}\Lambda_0$ 为正实的,

(iii) n 为最小.

若 (iii) 成立, 显然 $n = \deg \Phi_+$. 条件 (ii) 保证了 $\Phi(z) := \Phi_+(z) + \Phi_+(z^{-1})'$ 是协方差为 $\mathrm{E}\{y(k)y(0)'\} = \Lambda_k$, $k = 0, 1, 2, \cdots$ 的平稳随机过程 y 的谱密度. 无穷序列

$$\Lambda_k = CA^{k-1}\bar{C}', \quad k = 0, 1, 2, \cdots \tag{12.89}$$

即为有理协方差扩张，若条件 (iii) 成立则其为最小. 相应的 $\Phi_+(z)$ 被称为 (12.88) 的最小部分随机实现，最小的 n 被称为 (12.88) 的正度.

若问题去掉正实条件 (ii)，我们要处理的是附录 A 讨论的正规确定性部分实现问题. 所得的最小 n 被称为 (12.88) 的代数度，相应的 $\Phi_+(z)$ 为最小部分实现 (没有"随机"特质). 易见代数度小于或等于正度，但注意在本章接下来以及第 13 章的方法都基于 Hankel 分解和确定性部分实现问题，因而需要求如下条件成立.

条件 12.4.1 (12.88) 的正度和代数度相等.

假设条件 (ii) 自动满足，则条件 12.4.1 是子空间辨识文献中很多情形下默认的条件，因此需要理解何种环境下此假设条件确为合理.

命题 12.4.2 设 (12.88) 为 n 维的最小随机系统 (12.3) 输出过程的精确协方差序列，若 $T \geqslant 2n$，则条件 12.4.1 成立.

证 设 $(A, C, \bar{C})$ 为对应于最小随机系统 (12.3) 的三元组，有此命题所述的性质，构造有理矩阵函数 $\Phi_+(z) = C(zI - A)^{-1}\bar{C}' + \frac{1}{2}\Lambda_0$ 及其 Laurent 级数

$$\Phi_+(z) = \frac{1}{2}\Lambda_0 + \Lambda_1 z^{-1} + \Lambda_2 z^{-2} + \Lambda_3 z^{-3} + \cdots. \qquad (12.90)$$

则 Φ_+ 的 McMillan 度为 n. 此外，由假设条件知 $(\Lambda_0, \Lambda_1, \cdots, \Lambda_T)$ 即为给定序列 (12.88) 且其正度为 n. 定义 $T = 2t - 1$ 并构造块状 Hankel 矩阵

$$H_t := \begin{bmatrix} \Lambda_1 & \Lambda_2 & \cdots & \Lambda_t \\ \Lambda_2 & \Lambda_3 & \cdots & \Lambda_{t+1} \\ \vdots & \vdots & \ddots & \vdots \\ \Lambda_t & \Lambda_{t+1} & \cdots & \Lambda_{2t-1} \end{bmatrix}. \qquad (12.91)$$

若 $T := 2t - 1 \geqslant 2n$，则 $t > n$，因此从引理 A.1.1 和推论 A.1.4 就知 $\operatorname{rank} H_t = n$，再次利用引理 A.1.1 就知其为给定协方差序列 (12.88) 的代数度 (在应用推论 A.1.4 时需注意 $r \leqslant n$). □

换句话说，若我们知道数据由已知度的真实系统产生，若又有充分多的 (精确) 协方差数据，则条件 12.4.1 成立. 然而我们须注意对一般数据而言没有此类结论. 我们可举一维 $m = 1$ 的例子，此情形下依 [43, 定理 2.2] 可证对每个整数 $p \in [T/2, T]$，存在协方差序列 (12.88) 的非空集，其在 $\mathbb{R}^{T+1}$ 中为开集且 p 为其正度，然而代数度的一般值为 $(T + 1)/2$ 的整数部分. 若上极限被达到，则存在给出正扩张的无穷多非等价三元组 $(A, C, \bar{C})$，其中之一为极大熵扩张. 我们将在第 12.5 节再次回到这个问题.

命题 12.4.2 或许会让人推测仅通过选取充分大的 T 就可使条件 12.4.1 成立. 文献 [207] 中的如下结论说明一般说来上述推测并不成立, 在此我们仅重述结论而不给出证明.

定理 12.4.3　设 $n \in \mathbb{Z}_+$ 固定, 则对任意一个充分大的 $p > n$, 存在一个度为 n 的稳定有理函数 $\Phi_+(z)$, 使得由 Laurent 级数 (12.90) 的系数经如 (12.17) 所构造的 Toeplitz 矩阵 T_p^- 为正定, 而 T_{p+1}^- 为不定. 特别地, 存在代数度为 n 和正度为 p 的协方差序列 (12.88).

据上面结论, 显然 Φ_+ 的正实性等价于无穷 Toeplitz 矩阵 T_∞^- 为正定, 但无论假定其维数多大, 我们都不能通过检查有限 Toeplitz 矩阵的正性来考察 (12.88) 的有理扩展的正性. 这说明有限协方差数据 (12.88) 不会包含足够的新息来建立一个 "真实" 的潜在系统. 不过存在过程来测试是否给定的三元组 $(A, C, \bar{C})$ 会得到一个正实 $\Phi_+(z)$.

命题 12.4.4　考虑 Riccati 方程 (12.38) 和 (12.40), 则条件 (ii) 成立的充分必要条件是当 $t \to \infty$ 时 $P_-(t)$ 收敛于极限 $P_\infty > 0$, 或等价地, 当 $t \to \infty$ 时 $\bar{P}_+(t)$ 收敛于极限 $\bar{P}_\infty > 0$.

证　若条件 (ii) 成立, 则由推论 12.2.2 可得当 $t \to \infty$ 时 $P_-(t) \to P_-$. 反之, 若 $P_-(t) \to P_\infty > 0$, 则 P_∞ 满足代数 Riccati 方程 (6.122), 因此也满足线性矩阵不等式 (6.102). 因此由定理 6.7.4 知 Φ_+ 为正实的.　　　　　□

推论 12.4.5　条件 (ii) 成立的充分必要条件是快速 Kalman 滤波算法 (12.63) 当 $t \to \infty$ 时收敛.

12.4.2　有限协方差序列的 Hankel 分解

为符号简单起见我们定义 $T := 2t - 1$, 为与连贯基底的构造相一致, 我们扩展带有一个额外协方差的协方差序列 (12.88) 来得到

$$(\Lambda_0, \Lambda_1, \cdots, \Lambda_{2t}). \tag{12.92}$$

在区间 $[0, T]$ 的中点选择时刻 t 仅是为了方便, 结论对 $t \in [\tau_o, T - \tau_c]$ 都成立. 如附录 A 已解释的那样, (12.92) 的代数度 n 等于 (12.91) 的秩. 设

$$H_t = \Omega_t \bar{\Omega}_t' \tag{12.93}$$

为 (12.91) 的任意秩分解, 由此得到了秩为 n 的满秩矩阵因子 Ω_t 和 $\bar{\Omega}_t$, 从而三元组 $(A, C, \bar{C})$ 可由定理 A.1.3 计算而得. 然而, 为保证连贯性, 我们将从基本原理开

始. 为此我们定义扩展分块 Hankel 矩阵

$$H_{t,t+1} := \begin{bmatrix} \Lambda_1 & \Lambda_2 & \cdots & \Lambda_{t+1} \\ \Lambda_2 & \Lambda_3 & \cdots & \Lambda_{t+2} \\ \vdots & \vdots & \ddots & \vdots \\ \Lambda_t & \Lambda_{t+1} & \cdots & \Lambda_{2t} \end{bmatrix} = \begin{bmatrix} H_t E_1 & \sigma H_t \end{bmatrix}, \tag{12.94a}$$

以及

$$H_{t+1,t} := \begin{bmatrix} \Lambda_1 & \Lambda_2 & \cdots & \Lambda_t \\ \Lambda_2 & \Lambda_3 & \cdots & \Lambda_{t+1} \\ \vdots & \vdots & \ddots & \vdots \\ \Lambda_{t+1} & \Lambda_{t+2} & \cdots & \Lambda_{2t} \end{bmatrix} = \begin{bmatrix} E_1' H_t \\ \sigma H_t \end{bmatrix}, \tag{12.94b}$$

其中 $E_k := (0,\cdots,0,I,0,\cdots,0)' \in \mathbb{R}^{mt \times m}$ 为 $m \times m$ 维的分块矩阵, 在位置 k 为单位阵、其他位置均为零, 如同 (A.24) 的构造, σH_t 为移位 Hankel 矩阵, 与 H_t 维数相同但其中所有分量移位了一个时间单位, 即将所有的 Λ_k 替换为 Λ_{k+1}.

下面是确定性部分实现理论中的一个标准结论, 它同样应用于条件 12.4.1 成立时的有理协方差扩张问题.

定理 12.4.6 序列 (12.92) 有唯一的最小度为 n 的有理扩张的充分必要条件是

$$\operatorname{rank} H_t = \operatorname{rank} H_{t,t+1} = \operatorname{rank} H_{t+1,t} = n. \tag{12.95}$$

此处的唯一性须理解为在模下面变换的意义下

$$(A, C, \bar{C}) \mapsto (T^{-1}AT, CT, \bar{C}(T')^{-1}), \tag{12.96}$$

其中 T 为 $n \times n$ 维矩阵.

定理的证明需要下面四个引理.

引理 12.4.7 设 H_t 有秩分解 (12.93), 其中 $\Omega_t, \bar{\Omega}_t \in \mathbb{R}^{tm \times n}$, 设 $H_{t,t+1}$ 和 $H_{t+1,t}$ 由 (12.94) 给出. 若 (12.95) 成立, 则存在唯一的三元组 $(A, C, \bar{C})$ 使得

$$\sigma H_t = \Omega_t A \bar{\Omega}_t', \quad H_t E_1 = \Omega_t \bar{C}', \quad E_1' H_t = C \bar{\Omega}_t'. \tag{12.97}$$

此外,

$$H_{t,t+1} = \Omega_t \bar{\Omega}_{t+1}', \quad H_{t+1,t} = \Omega_{t+1} \bar{\Omega}_t', \tag{12.98}$$

其中 Ω_{t+1} 和 $\bar{\Omega}_{t+1}$ 为如下定义的 $(t+1)m \times n$ 维矩阵

$$\Omega_{t+1} = \begin{bmatrix} C \\ \Omega_t A \end{bmatrix}, \quad \bar{\Omega}_{t+1} = \begin{bmatrix} \bar{C} \\ \bar{\Omega}_t A' \end{bmatrix}. \tag{12.99}$$

证 回忆 (12.93) 为 H_t 的秩 n 分解, 其中 Ω_t 和 $\bar{\Omega}_t$ 均有 n 个线性独立的列. 所以 Moore-Penrose 伪逆 $\Omega_t^\dagger$ 和 $\bar{\Omega}_t^\dagger$ 均为左逆, 即 $\Omega_t^\dagger \Omega_t = I, \bar{\Omega}_t^\dagger \bar{\Omega}_t = I$. 设秩条件 (12.95) 成立, 注意 H_t 和 $H_{t,t+1}$ 的列张成相同的空间, 从而存在唯一的矩阵 $\bar{C}$ 和 $\bar{\Delta}$ 使得

$$H_t E_1 = \Omega_t \bar{C}', \quad \sigma H_t = \Omega_t \bar{\Delta}. \tag{12.100}$$

注意 H_t 和 $H_{t+1,t}$ 的行张成相同的空间, 与上面类似可知存在唯一的矩阵 C 和 Δ 使得

$$E_1' H_t = C \bar{\Omega}_t', \quad \sigma H_t = \Delta \bar{\Omega}_t'. \tag{12.101}$$

这就证明了 (12.97) 的最后两式. 为证存在唯一的 A 使得第一式成立, 首先注意到 $\sigma H_t = \Delta \bar{\Omega}_t'$ 意味着 σH_t 的行张成的空间包含于 $\bar{\Omega}_t'$ 的行张成的空间, 因此存在唯一的 A 使得

$$\bar{\Delta} = \Omega_t^\dagger \sigma H_t = A \bar{\Omega}_t'.$$

因此从 (12.100) 就知 $\sigma H_t = \Omega_t \bar{\Delta} = \Omega_t A \bar{\Omega}_t'$. 基于此并结合 (12.94), 从 (12.97) 就得 (12.98), 其中 Ω_{t+1} 和 $\bar{\Omega}_{t+1}$ 由 (12.99) 给出. □

现在设 $\sigma \Omega_t$ 和 $\sigma \bar{\Omega}_t$ 分别为将 Ω_{t+1} 和 $\bar{\Omega}_{t+1}$ 的第一个行块去掉后得到的 $mt \times n$ 维矩阵. 则由 (12.99) 可得

$$\sigma \Omega_t = \Omega_t A, \qquad \sigma \bar{\Omega}_t = \bar{\Omega}_t A', \tag{12.102}$$

进而由 (12.97) 有

$$\sigma H_t = (\sigma \Omega_t) \bar{\Omega}_t' = \Omega_t (\sigma \bar{\Omega}_t)'. \tag{12.103}$$

引理 12.4.8　引理 12.4.7 的三元组 $(A, C, \bar{C})$ 由下式给出

$$A := \Omega_t^\dagger \sigma(\Omega_t) = \left[\bar{\Omega}_t^\dagger \sigma(\bar{\Omega}_t) \right]', \quad C = E_1' \Omega_t, \quad \bar{C} = E_1' \bar{\Omega}_t, \tag{12.104}$$

其中 Moore-Penrose 伪逆 $\Omega_t^\dagger$ 和 $\bar{\Omega}_t^\dagger$ 为左逆, 即 $\Omega_t^\dagger \Omega_t = I, \bar{\Omega}_t^\dagger \bar{\Omega}_t = I$.

证 A 的表达式可从 (12.102) 的公式分别左乘 $\Omega_t^\dagger$ 和 $\bar{\Omega}_t^\dagger$ 直接获得. 依同样方式, C 和 $\bar{C}$ 可从 (12.97) 将 H_t 的表达式 (12.93) 代入后得到. 对于 Moore-Penrose 相关结论可参考引理 12.4.7 的证明. □

注意公式 (12.102) 有唯一解 A, 任何左逆都能用于引理 12.4.8.

引理 12.4.9　设 $(A, C, \bar{C}) \in \mathbb{R}^{n \times n} \times \mathbb{R}^{m \times n} \times \mathbb{R}^{m \times n}$ 为引理 12.4.8 的三元组, 则

$$CA^{k-1} \bar{C}' = \Lambda_k, \quad k = 1, 2, \cdots, 2t. \tag{12.105}$$

证 首先知 $A^{j-1}\bar{C}' = \bar{\Omega}_t' E_j$ 当 $j = 1$ 时成立. 利用归纳法, 对 $j = 1, 2, \cdots, t-1$ 假设 $A^{j-1}\bar{C}' = \bar{\Omega}_t' E_j$, 我们证明 $A^j \bar{C}' = \bar{\Omega}_t' E_{j+1}$. 事实上, 有

$$A^j \bar{C}' = \Omega_t^\dagger \sigma(\Omega_t) \bar{\Omega}_t' E_j = \Omega_t^\dagger \Omega_t \sigma(\bar{\Omega}_t)' E_j = \sigma(\bar{\Omega}_t)' E_j = \bar{\Omega}_t' E_{j+1},$$

其中我们利用了 (12.103). 因此

$$A^{j-1}\bar{C}' = \bar{\Omega}_t' E_j, \quad j = 1, 2, \cdots, t.$$

依同样方式我们可证

$$CA^{i-1} = E_i' \Omega_t, \quad i = 1, 2, \cdots, t,$$

因而有

$$CA^{i+j-2}\bar{C}' = E_i' \Omega_t \bar{\Omega}_t' E_j = E_i' H_t E_j = \Lambda_{i+j-1}, \quad i, j = 1, 2, \cdots, t,$$

这就证明了 (12.105) 对 $k = 1, 2, \cdots, 2t-1$ 都成立. 利用 (12.98) 和 (12.99) 即可证明当 $k = 2t$ 时也成立. □

引理 12.4.10 若存在三元组 $(A, C, \bar{C}) \in \mathbb{R}^{n \times n} \times \mathbb{R}^{m \times n} \times \mathbb{R}^{m \times n}$ 使得 (12.105) 成立, 则可观测性和可构造性矩阵

$$\Omega_k = \begin{bmatrix} C \\ CA \\ \vdots \\ CA^{k-1} \end{bmatrix}, \quad \bar{\Omega}_k = \begin{bmatrix} \bar{C} \\ \bar{C}A' \\ \vdots \\ \bar{C}(A')^{k-1} \end{bmatrix}, \quad k = t, t+1 \tag{12.106}$$

为 (12.93) 和 (12.98) 的满秩因子, 在模等价关系 (12.96) 下唯一, 因而有 (12.95) 成立.

证 由 (12.93) 和 (12.98) 立得. □

由此定理 12.4.6 得证.

注 12.4.11 需要注意的是, 在 (12.95) 的相同秩的假设条件下, 每个秩分解 (12.93) 都对应一个唯一三元组 $(A, C, \bar{C})$. 在某种程度上, 确定一个秩分解就确定了在部分实现的 (确定性) 状态空间中的基底.

此结论总结如下.

命题 12.4.12 假设 (12.92) 为具有阶数 n 的最小随机实现的随机过程的协方差序列, 则秩条件 (12.95) 成立. 有限 Hankel 矩阵 H_t 的每个秩分解 (12.93) 诱导出 $H_{t,t+1}$ 和 $H_{t+1,t}$ 的秩分解 (12.98), 其中因子 $\bar{\Omega}_{k+1}$ 和 Ω_{k+1} 由 (12.99) 唯一确定.

我们称 $H_{t,t+1}$ 和 $H_{t+1,t}$ 的诱导分解与 H_t 的分解连贯. 我们要强调连贯的分解唯一.

12.4.3　有限区间预测空间中的连贯基底

我们将证明存在 Hankel 矩阵 H_t 的满秩分解 (12.93) 与有限记忆预测空间 $\hat{X}_-(t)$ 和 $\hat{X}_+(t)$ 中一致选择基底之间的一一映射. 这个映射将有限区间随机实现的几何理论与前面讨论过的部分实现方法联系了起来.

命题 12.4.13　给定 Hankel 矩阵 (12.91), 存在 H_t 的秩分解 (12.93) 与有限区间预测空间 $\hat{X}_-(t)$ 和 $\hat{X}_+(t)$ 中一致选择基底之间的一一映射, 即给定秩分解 (12.93), 如下随机 n 维向量

$$\hat{x}(t) := \bar{\Omega}_t'(T_t^-)^{-1}y_t^-, \qquad \hat{x}(t) := \Omega_t'(T_t^+)^{-1}y_t^+ \tag{12.107}$$

为第 8.7 节意义下属于相同一致选择基底的 $\hat{X}_-(t)$ 和 $\hat{X}_+(t)$ 中的基底. 此处 y_t^- 和 y_t^+ 由 (12.13) 给出, 且 T_t^- 和 T_t^+ 为分块 Toeplitz 矩阵

$$T_t^- = \mathrm{E}\{y_t^-(y_t^-)'\}, \qquad T_t^+ = \mathrm{E}\{y_t^+(y_t^+)'\}. \tag{12.108}$$

反之, 给定两个此类基底 $\hat{x}(t)$ 和 $\hat{x}(t)$, 存在矩阵 Ω_t 和 $\bar{\Omega}_t$ 使得

$$\mathrm{E}^{Y_{t-1}^-}y_t^+ = \Omega_t\hat{x}(t), \qquad \mathrm{E}^{Y_t^+}y_t^- = \bar{\Omega}_t\hat{x}(t), \tag{12.109}$$

并且 $H_t = \Omega_t\bar{\Omega}_t'$ 为 H_t 的秩分解 (12.93). 因子 Ω_t 和 $\bar{\Omega}_t$ 为对应于由分解 (12.93) 唯一确定的三元组 $(A, C, \bar{C})$ 的可观测性和可构造性矩阵 (12.106), 分解 (12.93) 由注记 12.4.11 给出.

证　利用 (12.107) 定义的 $\hat{x}(t)$, 由命题 2.2.3 和秩分解 (12.93) 就得

$$\mathrm{E}^{Y_{t-1}^-}y_t^+ = H_t(T_t^-)^{-1}y_t^+ = \Omega_t\bar{\Omega}_t'(T_t^-)^{-1}y_t^+ = \Omega_t\hat{x}(t),$$

这就证明了 (12.109) 的第一式. 为证 $\hat{x}(t)$ 是 $\hat{X}_-(t)$ 中的基底, 注意由定义,$\mathrm{E}^{Y_{t-1}^-}y_t^+$ 的各个分量张成 $\hat{X}_-(t)$ 且 Ω_k 的各列线性独立. 因此 $\hat{x}(t)$ 的各个分量张成 $\hat{X}_-(t)$. 注意 $\mathrm{E}\{\hat{x}(t)\hat{x}(t)'\} = \bar{\Omega}_t'(T_t^-)^{-1}\bar{\Omega}_t > 0$, 就知 $\hat{x}(t)$ 为 $\hat{X}_-(t)$ 中的基底. 经过类似的分析就知 $\hat{x}(t)$ 为 $\hat{X}_+(t)$ 中的基底并且 (12.109) 的第二式成立. 依注记 12.4.11, 对每个秩分解 (12.93) 存在唯一三元组 $(A, C, \bar{C})$ 使得 Ω_t 和 $\bar{\Omega}_t$ 由 (12.106) 给出, 所以 $\hat{x}(t)$ 和 $\hat{x}(t)$ 属于相同的一致选择基底.

逆命题, 即 H_t 的秩分解 (12.93) 从 (12.109) 可得, 可以由分裂性推出

$$Y_t^+ \perp Y_{t-1}^- \mid \hat{X}_-(t),$$

上式如 (2.26) 可改写为

$$\mathrm{E}\left\{\mathrm{E}^{\hat{X}_-(t)}y_t^+(\mathrm{E}^{\hat{X}_-(t)}y_t^-)'\right\} = \mathrm{E}\{y_t^+(y_t^-)'\}. \tag{12.110}$$

注意 $\hat{x}(t)$ 的分量包含于 $\hat{X}_-(t)$, 从而有

$$\mathrm{E}^{\hat{X}_-(t)} y_t^+ = \mathrm{E}^{Y_{t-1}^-} y_t^+ = \Omega_t \hat{x}(t).$$

此外, 存在矩阵 Δ_t 使得

$$\mathrm{E}^{\hat{X}_-(t)} y_t^- = \Delta_t \hat{\bar{x}}(t-1),$$

其中 $\hat{\bar{x}}(t-1)$ 为 $\hat{X}_-(t)$ 中具有如下性质的对偶基底 (12.85)

$$\mathrm{E}\{\hat{x}(t)\hat{\bar{x}}(t-1)'\} = I.$$

所以从 (12.110) 就得

$$\Omega_t \Delta_t' = H_t,$$

上式为 H_t 的秩分解, 因此从上面已证得的结论就知 $\mathrm{E}^{Y_t^+} y_t^- = \Delta_t \hat{x}(t)$. 然而依假设条件知 (12.109) 的第二式成立, 因此必然有 $\Delta_t = \bar{\Omega}_t$, 证毕.   □

命题 12.3.1 可用于确定对应于 H_t 的秩分解 (12.93) 的唯一三元组 $(A, C, \bar{C})$. 然而, 为此我们同样需要用连贯的方式选定 $X_-(t+1)$ 中的基 $\hat{x}(t+1)$ 或 $X_+(t-1)$ 中的基 $\hat{\bar{x}}(t-1)$. 回顾命题 12.4.13 的证明, 我们可见并不需要 t 为区间 $[0, T]$ 的中点. 的确, 做适当的细节修改相同的公式可用于确定 $\hat{x}(t+1)$ 和 $\hat{\bar{x}}(t-1)$. 然而为保证如此选择的基底是连贯的, 需要如同引理 12.4.7 来构造秩分解. 事实上, 并不需要做新的秩分解. 适当的可观测性矩阵 Ω_{t+1} 和可构造性矩阵 $\bar{\Omega}_{t-1}$ 可从 (12.98) 直接确定. 上述结论总结如下.

命题 12.4.14 基于命题 12.4.13 的符号和定义, 定义 Ω_{t+1} 和 $\bar{\Omega}_{t+1}$ 如下

$$\Omega_{t+1} := H_{t+1,t}(\bar{\Omega}_t')^\dagger, \quad \bar{\Omega}_{t+1} := H_{t,t+1}'(\Omega_t')^\dagger, \tag{12.111}$$

其中 $H_{t,t+1}$ 和 $H_{t+1,t}$ 由 (12.94) 给出, 则

$$\hat{x}(t+1) := \bar{\Omega}_{t+1}'(T_{t+1}^-)^{-1} y_{t+1}^-, \qquad \hat{\bar{x}}(t-1) := \Omega_{t+1}'(T_{t-1}^+)^{-1} y_{t-1}^+ \tag{12.112}$$

分别为 $X_-(t+1)$ 和 $X_+(t-1)$ 中的基底, 并分别与 $\hat{x}(t)$ 和 $\hat{\bar{x}}(t)$ 连贯, 并且

$$\mathrm{E}^{Y_t^-} y_{t+1}^+ = \Omega_{t+1}\hat{x}(t+1), \qquad \mathrm{E}^{Y_{t-1}^+} y_{t-1}^- = \bar{\Omega}_{t+1}\hat{\bar{x}}(t-1). \tag{12.113}$$

12.4.4　基于标准相关分析的有限区间实现

有限过去 Y_{t-1}^- 与有限未来 Y_t^+ 之间的标准相关系数

$$1 \geqslant \sigma_1(t) \geqslant \sigma_2(t) \geqslant \cdots \geqslant \sigma_n(t) > 0 \tag{12.114}$$

定义为 (12.6) 所定义的 Hankel 算子 $\mathcal{H}_t$ 的奇异值. 在当前框架下, 不变性条件 (11.26) 变为

$$\{\sigma_1(t)^2, \sigma_2(t)^2, \cdots, \sigma_n(t)^2\} = \lambda\{P_-(t)\bar{P}_+(t)\}, \tag{12.115}$$

其中 $P_-(t)$ 和 $\bar{P}_+(t)$ 由 (12.36) 定义. 然而我们想从有限协方差串 (12.92) 来直接计算标准相关系数. 为此, 我们需要在某些正交基下 $\mathcal{H}_t$ 的矩阵表示. 利用瞬态新息过程的定义对 (12.70) 和 (12.73), 类似于 (11.41) 来构造正交基, 我们可得正则化 Hankel 矩阵

$$\hat{H}_t = (L_t^+)^{-1} H_t (L_t^-)^{-\mathrm{T}}, \tag{12.116}$$

其中 L_t^- 和 L_t^+ 分别为 L_- 和 L_+ 的有限区间对应, 即 Toeplitz 矩阵 (12.108) 的下三角 Cholesky 因子.

奇异值分解可得

$$\hat{H}_t = U_t \Sigma_t V_t', \tag{12.117}$$

其中 $U_t U_t' = I = V_t V_t', \Sigma_t$ 为标准相关系数构成的对角阵. 如第 11 章可证

$$z(t) = \Sigma_t^{1/2} V_t' (L_t^-)^{-1} y_t^-, \qquad \bar{z}(t) = \Sigma_t^{1/2} U_t' (L_t^+)^{-1} y_t^+ \tag{12.118}$$

分别为 $\hat{X}_-(t)$ 和 $\hat{X}_+(t)$ 中的基底, 这些标准基有如下性质

$$E\{z(t)z(t)'\} = \Sigma_t = E\{\bar{z}(t)\bar{z}(t)'\}, \tag{12.119}$$

因此有限区间均衡性质 成立

$$P_-(t) = \Sigma_t = \bar{P}_+(t). \tag{12.120}$$

奇异值分解 (12.117) 提供了一个秩分解

$$\hat{H}_t = \hat{\Omega}_t \hat{\bar{\Omega}}_t', \tag{12.121}$$

其中

$$\hat{\Omega}_t := U_t \Sigma_t^{1/2}, \qquad \hat{\bar{\Omega}}_t := V_t \Sigma_t^{1/2}, \tag{12.122}$$

因此有表达式

$$z(t) = \hat{\bar{\Omega}}_t' (L_t^-)^{-1} y_t^-, \qquad \bar{z}(t) = \hat{\Omega}_t' (L_t^+)^{-1} y_t^+. \tag{12.123}$$

则本节的上述结论经适当修改后, 对正则化 Hankel 矩阵 $\hat{H}_t$ 也成立

$$\hat{H}_{t,t+1} := (L_t^+) H_{t,t+1} (L_{t+1}^-)^{-\mathrm{T}}, \quad \hat{H}_{t+1,t} := (L_{t-1}^+)^{-1} H_{t+1,t} (L_t^-)^{-\mathrm{T}}. \tag{12.124}$$

特别地, 由命题 12.4.14 可得

$$z(t+1) = \hat{\bar{\Omega}}'_{t+1}(L^-_{t+1})^{-1}y^-_{t+1}, \qquad \bar{z}(t-1) = \hat{\Omega}'_{t+1}(L^+_{t-1})^{-1}y^+_{t-1}, \tag{12.125}$$

其中

$$\hat{\bar{\Omega}}_{t+1} = \hat{H}_{t,t+1}(\hat{\Omega}'_t)^\dagger, \qquad \hat{\Omega}_{t+1} = \hat{H}'_{t+1,t}(\hat{\bar{\Omega}}'_t)^\dagger. \tag{12.126}$$

因此我们不需作新的奇异值分解来更新标准基.

注意如下白噪声向量

$$v^-_t := (L^-_t)^{-1}y^-_t, \qquad \bar{v}^+_t := (L^+_t)^{-1}y^+_t \tag{12.127}$$

有如同 (11.41) 所给出平稳情形下相同的相关结构, 即

$$\mathrm{E}\{v^-_{t+1}(v^-_t)'\} = S_t, \qquad \mathrm{E}\{\bar{v}^+_{t-1}(\bar{v}^+_t)'\} = \bar{S}_t, \tag{12.128}$$

其中 S_t 和 $\bar{S}_t$ 为维数 $m(t+1) \times mt$ 和 $tk \times m(t+1)$ 的有限移位矩阵, 定理 11.2.3 的结论可以针对有限区间情形做如下修改.

命题 12.4.15 对应于 (有限区间) 标准基底 (12.118) 的三元组 $(A, C, \bar{C})$ 由下式给出

$$\hat{A} = \Sigma_t^{-1/2}U'_t\hat{H}_{t,t+1}S_tV_t\Sigma_t^{-1/2}, \tag{12.129a}$$

$$\hat{A}' = \Sigma_t^{-1/2}V'_t\hat{H}_{t+1,t}\bar{S}_tU_t\Sigma_t^{-1/2}, \tag{12.129b}$$

$$\hat{C} = E'_1H_t(L^-_t)^{-\mathrm{T}}V_t\Sigma_t^{-1/2}, \tag{12.129c}$$

$$\hat{\bar{C}} = (H_tE_1)'(L^+_t)^{-\mathrm{T}}U_t\Sigma_t^{-1/2}, \tag{12.129d}$$

其中 E_1 为第434页定义的分块单位矩阵.

证 我们对标准基底应用命题 12.3.1. 为此, 从 (12.122) – (12.127) 可知

$$z(t) = \Sigma_t^{1/2}V'_tv^-_t, \qquad z(t+1) = \Sigma_t^{-1/2}U'_t\hat{H}_{t,t+1}v^-_{t+1},$$

将上式代入 (12.78a) 就得

$$\hat{A} = \mathrm{E}\{z(t+1)z(t)'\}\Sigma_t^{-1} = \Sigma_t^{-1/2}U'_t\hat{H}_{t,t+1}\,\mathrm{E}\{v^-_{t+1}(v^-_t)'\}V_t\Sigma_t^{-1/2}.$$

注意 (12.128), 上式即为 (12.129a). 对称地分析知, 将下式

$$\bar{z} = \Sigma_t^{1/2}U'_tv^+_t, \qquad \bar{z}(t-1) = \Sigma_t^{-1/2}V'_t\hat{H}_{t+1,t}v^+_{t-1}$$

代入 (12.79a) 就得

$$\hat{A}' = \mathrm{E}\{\bar{z}(t-1)\bar{z}(t)'\}\Sigma_t^{-1} = \Sigma_t^{-1/2} V_t' \hat{H}_{t,t+1} \mathrm{E}\{v_{t-1}^+(v_t^+)'\} U_t \Sigma_t^{-1/2},$$

注意 (12.128), 上式即为 (12.129b). 类似地从 (12.78b) 得

$$\hat{C} = \mathrm{E}\{y(t)z(t)'\}\Sigma_t^{-1} = \mathrm{E}\{y(t)(y_t^-)'\}(L_t^-)^{-\mathrm{T}} V_t \Sigma_t^{-1/2},$$

因而有 (12.129c), 从 (12.79c) 可得

$$\hat{\bar{C}} = \mathrm{E}\{y(t)\bar{z}(t)'\}\Sigma_t^{-1} = \mathrm{E}\{y(t)(y_t^+)'\}(L_t^+)^{-\mathrm{T}} U_t \Sigma_t^{-1/2},$$

这就证明了 (12.129d).   □

注 12.4.16　由唯一性可知命题 12.4.15 中的公式给出的三元组 $(A, C, \bar{C})$ 与分块 Hankel 矩阵 H_t 的部分实现得到的三元组 [即由基于 (矩阵理论的) "移位不变方法"] 相同, 后一类方法着眼于用奇异值分解求得 Hankel 矩阵 H_t 的因子并求解下面两组经 (12.99) 和 (12.126) 所得的线性方程

$$\hat{H}'_{t+1,t}(\hat{\bar{\Omega}}_t')^\dagger = \begin{bmatrix} \hat{C} \\ \hat{\Omega}_t \hat{A} \end{bmatrix}, \qquad \hat{H}_{t,t+1}(\hat{\Omega}_t')^\dagger = \begin{bmatrix} \hat{\bar{C}} \\ \hat{\bar{\Omega}}_t \hat{A}' \end{bmatrix}. \tag{12.130}$$

注意若 $\hat{\Omega}_t$ 和 $\hat{\bar{\Omega}}_t$ 已被求得, 则上面方程中的左边项均为已知. 三元组 $(A, C, \bar{C})$ 为有限区间随机均衡型.

换句话说, 选择基底然后求解带有未知系统参数的 "回归" 方程 (12.72) 和 (12.75) 的 "随机" 步骤完全等价于部分实现.

§12.5　有理协方差扩张问题

本节中我们考虑如下问题. 给定序列 $\Lambda_0, \Lambda_1, \cdots, \Lambda_N$, 其各分量属于 $\mathbb{R}^{m \times m}$ 且相应的 Toeplitz 矩阵 T_N^- 为正定, 寻找无穷扩张 $\Lambda_{N+1}, \Lambda_{N+2}, \cdots$,

$$\Phi_+(z) = \frac{1}{2}\Lambda_0 + \Lambda_1 z^{-1} + \Lambda_2 z^{-2} + \Lambda_3 z^{-3} + \cdots, \tag{12.131}$$

使得上式收敛于具有如下性质的函数:

(i) Φ_+ 为严格正实,

(ii) Φ_+ 的 MacMillan 度至多为 $n := mN$.

或者我们可将这个问题描述为一个三角矩问题：给定序列 $\Lambda_0, \Lambda_1, \cdots, \Lambda_N$，其各分量均属于 $\mathbb{R}^{m \times m}$ 且相应的 Toeplitz 矩阵 T_N^- 正定，寻找 MacMillan 度至多为 $2n$ 的强制性的 $m \times m$ 维谱密度 Φ 使得下面等式成立

$$\int_{-\pi}^{\pi} e^{ik\theta} \Phi(e^{i\theta}) \frac{d\theta}{2\pi} = \Lambda_k, \quad k = 0, 1, \cdots, N. \tag{12.132}$$

显而易见，一般情况下此为有无穷多解的反问题. 我们考虑其中的一个特别重要的解.

12.5.1　极大熵解

接下来我们证明存在唯一的使得下面熵增益 最大化的协方差扩张

$$\mathbb{I}(\Phi) = \int_{-\pi}^{\pi} \log \det \Phi(e^{i\theta}) \frac{d\theta}{2\pi}, \tag{12.133}$$

并且此扩张自动满足度约束 (ii). 设 $\mathcal{S}_+$ 为所有强制性 $m \times m$ 维谱密度 Φ 构成的函数族.

定理 12.5.1　设 Toeplitz 矩阵 T_N^- 正定，则在满足矩条件 (12.132) 的所有强制的 $m \times m$ 维谱密度 Φ 构成的类 $\mathcal{S}_+$ 中极大化熵增益 (12.133) 有如下唯一解

$$\hat{\Phi}(e^{i\theta}) = [\Psi_N(e^{-i\theta})']^{-1} R_N \Psi_N(e^{i\theta})^{-1}, \tag{12.134}$$

其中 R_N 和矩阵多项式 $\Psi_N(z)$ 由引理 12.2.3 中的递推式 (12.55) 给出.

证　首先，注意 $\Lambda_{-k} = \Lambda_k'$，可知 (12.132) 等价于

$$\int_{-\pi}^{\pi} e^{-ik\theta} \Phi(e^{i\theta}) \frac{d\theta}{2\pi} = \Lambda_k', \quad k = 0, 1, \cdots, N. \tag{12.135}$$

给定目标函数 (12.133) 及约束条件 (12.132) 和 (12.135)，构造 Lagrange 函数

$$L(\Phi, Q) = \mathbb{I}(\Phi) + \operatorname{trace} \left\{ \sum_{k=-N}^{N} Q_k \left(\Lambda_k - \int_{-\pi}^{\pi} e^{ik\theta} \Phi(e^{i\theta}) \frac{d\theta}{2\pi} \right) \right\}, \tag{12.136}$$

其中 $Q_k \in \mathbb{R}^{m \times m}, k = -N, -N+1, \cdots, N$ 为矩阵值的 Lagrange 乘子并满足性质 $Q_{-k} = Q_k$. 构造 Hermite 三角矩阵多项式

$$Q(z) = \sum_{k=-N}^{N} Q_k z^k, \tag{12.137}$$

利用 (12.132) 以及下式

$$\log \det \Phi = \operatorname{trace} \log \Phi \tag{12.138}$$

(参考命题 B.1.18) 就得

$$L(\Phi, Q) = \text{trace}\left\{\int_{-\pi}^{\pi}\left[\log\Phi(e^{i\theta}) - Q(e^{i\theta})\Phi(e^{i\theta})\right]\frac{d\theta}{2\pi} + \sum_{k=-N}^{N}Q_k\Lambda_k\right\}, \quad (12.139)$$

上式显然为 Φ 的严格凹函数. 为使如下对偶函数具有有限值

$$\mathbb{J}(Q) = \sup_{\Phi\in\mathcal{S}_+}L(\Phi, Q)$$

我们需要将 Q 限制于正锥

$$Q_m = \left\{Q \mid Q(e^{i\theta}) > 0,\ \theta\in[-\pi,\pi]\right\}, \quad (12.140)$$

我们取上式作为 $\mathbb{J}$ 的定义域. 对任意 $Q\in Q_m, \Phi\mapsto L(\Phi, Q)$ 的方向导数由下式给出

$$\delta L(\Phi, Q; \delta\Phi) = \text{trace}\left\{\int_{-\pi}^{\pi}\left[\Phi(e^{i\theta})^{-1} - Q(e^{i\theta})\right]\delta\Phi(e^{i\theta})\frac{d\theta}{2\pi}\right\}, \quad (12.141)$$

上式对所有变差 $\delta\Phi$ 都为零的充分必要条件是

$$\Phi = Q^{-1}. \quad (12.142)$$

若存在极大值, 则其为唯一的极大值, 将其代入 (12.139) 模一个常数项后就得

$$\mathbb{J}(Q) = \text{trace}\left\{\sum_{k=-N}^{N}Q_k\Lambda_k - \int_{-\pi}^{\pi}\log Q(e^{i\theta})\frac{d\theta}{2\pi}\right\}. \quad (12.143)$$

此为严格凸函数并有如下方向导数

$$\delta\mathbb{J}(Q; \delta Q) = \text{trace}\left\{\sum_{k=-N}^{N}\left(\Lambda_k - \int_{-\pi}^{\pi}e^{ik\theta}Q(e^{i\theta})^{-1}\frac{d\theta}{2\pi}\right)\delta Q_k\right\},$$

注意 (12.142), 上式对所有变差 δQ 都为零的充分必要条件是矩条件 (12.132) 成立. 还需证明存在这样一个平衡点.

为此, 对任意 $Q\in Q_m$, 设

$$A(z) = A_0z^N + A_1z^{N-1} + \cdots + A_N \quad (12.144)$$

为 $m\times m$ 维矩阵多项式, 其所有零点均在复平面闭单位圆盘之外, 并且满足

$$A(z^{-1})A(z)' = Q(z), \quad (12.145a)$$

其中 $A(z^{-1})$ 为外谱因子, 因此 $A_N A_N'$ 为具有谱密度 Q 的满秩过程的一步预测误差方差. 不失一般性, 取 A_N 为对称阵. 可将 (12.144) 改写为

$$A(z) = \begin{bmatrix} 1 & z & \cdots & z^N \end{bmatrix} \mathrm{A}_N, \quad \text{其中 } \mathrm{A}_N := \begin{bmatrix} A_N \\ A_{N-1} \\ \vdots \\ A_0 \end{bmatrix}. \tag{12.145b}$$

进而利用 (12.138) 和 Wiener-Masani 公式 (4.88) 就得

$$\int_{-\pi}^{\pi} \operatorname{trace} \log Q(\mathrm{e}^{\mathrm{i}\theta}) \frac{\mathrm{d}\theta}{2\pi} = \int_{-\pi}^{\pi} \log \det Q(\mathrm{e}^{\mathrm{i}\theta}) \frac{\mathrm{d}\theta}{2\pi} = \log \det(A_N A_N')$$

$$= 2 \log \det A_N = 2 \operatorname{trace} \log A_N. \tag{12.146}$$

进一步, 由 (12.132) 可得

$$\sum_{k=-N}^{N} Q_k \Lambda_k = \int_{-\pi}^{\pi} Q(\mathrm{e}^{\mathrm{i}\theta}) \Phi(\mathrm{e}^{\mathrm{i}\theta}) \frac{\mathrm{d}\theta}{2\pi},$$

上式结合 (12.145) 就有

$$\operatorname{trace} \left\{ \sum_{k=-N}^{N} Q_k \Lambda_k \right\} = \int_{-\pi}^{\pi} \operatorname{trace} \left\{ A(\mathrm{e}^{-\mathrm{i}\theta})' \Phi(\mathrm{e}^{\mathrm{i}\theta}) A(\mathrm{e}^{\mathrm{i}\theta}) \right\} \frac{\mathrm{d}\theta}{2\pi}$$

$$= \operatorname{trace}\{\mathrm{A}_N' T_N^- \mathrm{A}_N\}. \tag{12.147}$$

因此由 (12.147) 和 (12.146), 对偶泛函 (12.143) 可改写为

$$\mathrm{J}(\mathrm{A}_N) = \operatorname{trace}\{\mathrm{A}_N' T_N^- \mathrm{A}_N - 2 \log A_N\}, \tag{12.148}$$

并且针对 A_N 求上式的极小值. 考虑方向导数

$$\delta \mathrm{J}(\mathrm{A}_N; \delta \mathrm{A}_N) = 2 \operatorname{trace} \left\{ \left(\mathrm{A}_N' T_N^- - A_N^{-1} \mathrm{E}_N' \right) \delta \mathrm{A}_N \right\},$$

其中 $\mathrm{E}_N' := \begin{bmatrix} I & 0 & \cdots & 0 \end{bmatrix}$ 由 $N+1$ 个 $m \times m$ 维矩阵块构成, 对任意 $\delta \mathrm{A}_N$ 上式都为零的充分必要条件是

$$\begin{bmatrix} \Lambda_0 & ' \\ & T_{N-1}^- \end{bmatrix} \begin{bmatrix} A_N \\ \mathrm{A}_{N-1} \end{bmatrix} = \mathrm{E}_N (A_N')^{-1},$$

其中 $\Lambda' := \begin{bmatrix} \Lambda_1' & \cdots & \Lambda_{N-1}' \end{bmatrix}$, 由此就得

$$\Lambda_0 + {}' \mathrm{A}_{N-1} A_N^{-1} = (A_N A_N')^{-1}, \tag{12.149a}$$

$$T_{N-1}^{-} A_{N-1} A_N^{-1} = -\Lambda. \tag{12.149b}$$

(上面两式可分别对比 (12.48) 和 (12.49)). 事实上, (12.149b) 为有如下唯一解的正规方程

$$A_k A_N^{-1} = \Psi_{Nk}, \quad k = 0, 1, \cdots, N-1,$$

进而由 (12.149a) 就知

$$(A_N A_N')^{-1} = R_N.$$

注意 J 有正定的 Hesse 矩阵

$$T_N^{-} + \mathrm{E}_N R_N \mathrm{E}_N',$$

因此 J 为严格凸并且下式为 $\mathbb{J}$ 的唯一极小值点

$$\hat{Q}(z) = \Psi_N(z) R_N^{-1} \Psi_N(z^{-1})'. \tag{12.150}$$

还需证明 $\hat{\Phi} := \hat{Q}^{-1}$ (即 (12.134)) 为 $\mathbb{I}$ 的唯一极大值点. 由 (12.141) 可知 $\hat{\Phi}$ 为 $\Phi \mapsto L(\Phi, \hat{Q})$ 的平稳点. 注意 $\mathbb{I}$ 为严格凹函数, 则 $\Phi \mapsto L(\Phi, \hat{Q})$ 也为严格凹函数. 因此

$$L(\hat{\Phi}, \hat{Q}) \geqslant L(\Phi, \hat{Q}), \text{对任意 } \Phi \in \mathcal{S}_+ \text{成立}, \tag{12.151}$$

上面等式成立当且仅当 $\Phi = \hat{\Phi}$. 然而注意 $\hat{\Phi}$ 满足矩约束 (12.132), 可知

$$L(\hat{\Phi}, \hat{Q}) = \mathbb{I}(\hat{\Phi}),$$

因此由 (12.151) 就知下式对满足矩条件 (12.132) 的任意 $\Phi \in \mathcal{S}_+$ 都成立

$$\mathbb{I}(\hat{\Phi}) \geqslant \mathbb{I}(\Phi),$$

并且仅当 $\Phi = \hat{\Phi}$ 时等式成立. 由 (12.150) 就知 $\hat{\Phi}$ 即为 (12.134) 所给出.　□

综上所述, 极大熵解有闭形式的解并且可用矩阵 Levinson 算法来求解 (参考引理 12.2.3).

12.5.2 一般情形

在信号处理领域如下倒谱系数 起着重要作用[235]

$$c_k = \int_{-\pi}^{\pi} \mathrm{e}^{ik\theta} \log \det \Phi(\mathrm{e}^{i\theta}) \frac{\mathrm{d}\theta}{2\pi}, \quad k = 0, 1, \cdots, N. \tag{12.152}$$

这里, 注意极大熵解是通过给定矩条件 (12.132) 后极大化 c_0 得到的.

设 $c_{-k} = c_k$, 我们考虑极大化倒谱系数 (12.152) 的线性组合

$$\sum_{k=-N}^{N} p_k c_k = \int_{-\pi}^{\pi} P(\mathrm{e}^{\mathrm{i}\theta}) \log \det \Phi(\mathrm{e}^{\mathrm{i}\theta}) \frac{\mathrm{d}\theta}{2\pi},$$

其中下式在单位圆周上是正的

$$P(z) = \sum_{k=-N}^{N} p_k z^k. \tag{12.153}$$

更准确地说任意给定 $P \in \boldsymbol{Q}_1$, 其中 $\boldsymbol{Q}_1$ 为 $m = 1$ 的正锥 (12.140), 寻找强制谱密度 Φ 使得下式极大化

$$\mathbb{I}_P(\Phi) = \int_{-\pi}^{\pi} P(\mathrm{e}^{\mathrm{i}\theta}) \log \det \Phi(\mathrm{e}^{\mathrm{i}\theta}) \frac{\mathrm{d}\theta}{2\pi}, \tag{12.154}$$

其约束矩条件为

$$\int_{-\pi}^{\pi} \mathrm{e}^{\mathrm{i}k\theta} \Phi(\mathrm{e}^{\mathrm{i}\theta}) \frac{\mathrm{d}\theta}{2\pi} = \Lambda_k, \quad k = 0, 1, \cdots, N. \tag{12.155}$$

定理 12.5.2　设 $T_N^- > 0$, 对任意给定 $P \in \boldsymbol{Q}_1$(由 (12.140) 所定义), 在 $\mathcal{S}_+$ 上针对约束条件 (12.155) 求解 (12.154) 的极大化问题可得唯一解

$$\hat{\Phi} := P\hat{Q}^{-1}, \tag{12.156}$$

其中 $\hat{Q}$ 为在所有 $Q \in \boldsymbol{Q}_m$ 上求解如下对偶极小化问题的唯一解

$$\mathbb{J}_P(Q) = \mathrm{trace}\left\{ \sum_{k=-N}^{N} Q_k \Lambda_k - \int_{-\pi}^{\pi} P(\mathrm{e}^{\mathrm{i}\theta}) \log Q(\mathrm{e}^{\mathrm{i}\theta}) \frac{\mathrm{d}\theta}{2\pi} \right\}. \tag{12.157}$$

注 12.5.3　在给出上面定理的证明之前, 注意利用内积可将对偶泛函 (12.157) 表示为

$$\langle F, G \rangle = \int_{-\pi}^{\pi} \mathrm{trace}\left\{ F(\mathrm{e}^{\mathrm{i}\theta}) G(\mathrm{e}^{\mathrm{i}\theta})^* \right\} \frac{\mathrm{d}\theta}{2\pi},$$

利用 (12.138) 和 $Q^* = Q$ 进而可得

$$\mathbb{J}_P(Q) = \langle \Lambda, Q \rangle - \int_{-\pi}^{\pi} P(\mathrm{e}^{\mathrm{i}\theta}) \log \det Q(\mathrm{e}^{\mathrm{i}\theta}) \frac{\mathrm{d}\theta}{2\pi}, \tag{12.158}$$

其中 $\Lambda(z)$ 为伪矩阵多项式

$$\Lambda(z) := \sum_{k=-N}^{N} \Lambda_k z^k. \tag{12.159}$$

证 类似于 (12.136) 来构造 Lagrange 函数以得到类似于 (12.139) 的如下公式

$$L(\Phi, Q) = \text{trace}\left\{\int_{-\pi}^{\pi}\left[P(\mathrm{e}^{\mathrm{i}\theta})\log\Phi(\mathrm{e}^{\mathrm{i}\theta}) - Q(\mathrm{e}^{\mathrm{i}\theta})\Phi(\mathrm{e}^{\mathrm{i}\theta})\right]\frac{\mathrm{d}\theta}{2\pi} + \sum_{k=-N}^{N}Q_k\Lambda_k\right\},$$

对任意 $Q \in \mathbf{Q}_m, \Phi \mapsto L(\Phi, Q)$ 的方向导数由下式给出

$$\delta L(\Phi, Q; \delta\Phi) = \text{trace}\left\{\int_{-\pi}^{\pi}\left[P(\mathrm{e}^{\mathrm{i}\theta})\Phi(\mathrm{e}^{\mathrm{i}\theta})^{-1} - Q(\mathrm{e}^{\mathrm{i}\theta})\right]\delta\Phi(\mathrm{e}^{\mathrm{i}\theta})\frac{\mathrm{d}\theta}{2\pi}\right\}, \qquad (12.160)$$

上式对所有变差 $\delta\Phi$ 都为零的充分必要条件是

$$\Phi = PQ^{-1}. \qquad (12.161)$$

将 (12.161) 代入 $L(\Phi, Q)$ 可得有如下方向导数的对偶泛函 (12.157)

$$\begin{aligned}\delta\mathbb{J}_P(Q; \delta Q) &= \text{trace}\left\{\sum_{k=-N}^{N}\Lambda_k\delta Q_k - \int_{-\pi}^{\pi}P(\mathrm{e}^{\mathrm{i}\theta})Q(\mathrm{e}^{\mathrm{i}\theta})^{-1}\delta Q(\mathrm{e}^{\mathrm{i}\theta})\frac{\mathrm{d}\theta}{2\pi}\right\}\\ &= \text{trace}\left\{\sum_{k=-N}^{N}\left(\Lambda_k - \int_{-\pi}^{\pi}\mathrm{e}^{\mathrm{i}k\theta}P(\mathrm{e}^{\mathrm{i}\theta})Q(\mathrm{e}^{\mathrm{i}\theta})^{-1}\frac{\mathrm{d}\theta}{2\pi}\right)\delta Q_k\right\},\end{aligned}$$

上式对所有变差 δQ 都为零的充分必要条件是 (12.161) 满足矩约束 (12.155), 即存在 $Q \in \mathbf{Q}_m$ 使得

$$\int_{-\pi}^{\pi}\mathrm{e}^{\mathrm{i}k\theta}P(\mathrm{e}^{\mathrm{i}\theta})Q(\mathrm{e}^{\mathrm{i}\theta})^{-1}\frac{\mathrm{d}\theta}{2\pi} = \Lambda_k, \quad k = 0, 1, \cdots, N. \qquad (12.162)$$

类似地, 可得如下二阶方向导数

$$\begin{aligned}\delta^2\mathbb{J}_P(Q; \delta Q) &= \lim_{\varepsilon\to 0}\frac{1}{\varepsilon}\int_{-\pi}^{\pi}P\,\text{trace}\left\{\left[(Q + \varepsilon\delta Q)^{-1} - Q^{-1}\right]\delta Q\right\}\frac{\mathrm{d}\theta}{2\pi}\\ &= \int_{-\pi}^{\pi}P\,\text{trace}\left\{Q^{-1}\delta Q Q^{-1}\delta Q\right\}\frac{\mathrm{d}\theta}{2\pi}.\end{aligned} \qquad (12.163)$$

注意 Q 在单位圆周上为 Hermite 正定, 存在矩阵函数 S 使得 $Q^{-1} = SS^*$. 注意 $(\delta Q)^* = \delta Q$, 可知下式为 $S^*\delta QS$ 的一个范数

$$\delta^2\mathbb{J}_P(Q; \delta Q) = \int_{-\pi}^{\pi}P\,\text{trace}\left\{(S^*\delta QS)(S^*\delta QS)^*\right\}\frac{\mathrm{d}\theta}{2\pi} = \|S^*\delta QS\|_P^2,$$

因此对所有 $\delta Q \neq 0$ 均为正. 所以由 $\mathbb{J}_P$ 的 Hesse 矩阵为正定就知 $\mathbb{J}_P$ 为严格凸. 因此, 若 $\mathbb{J}_P$ 有平稳点, 其必为唯一的极小值点并满足 (12.162). 还需证明此平稳点的确存在.

为此, 设 $\mathcal{T}$ 为全序列 $(\Lambda_0, \Lambda_1, \cdots, \Lambda_N)$ 构成的开凸锥并使分块 Toeplitz 矩阵 T_N^- 正定. 对给定的 $P \in \mathbf{Q}_1$, 定义矩映射 $F^P : \mathbf{Q}_m \to \mathcal{T}$ 如下, 它将 Q 映射为 $(N+1)$ 个 $m \times m$ 维矩阵

$$F_k^P(Q) = \int_{-\pi}^{\pi} e^{ik\theta} P(e^{i\theta}) Q(e^{i\theta})^{-1} \frac{d\theta}{2\pi}, \quad k = 0, 1, \cdots, N. \tag{12.164}$$

我们将证明 $F^P : \mathbf{Q}_m \to \mathcal{T}$ 为微分同胚, 因此 $\mathbb{J}_P$ 在 $\mathbf{Q}_m$ 中有唯一的极小值点且其光滑地依赖变量 $(\Lambda_0, \Lambda_1, \cdots, \Lambda_N)$.

为完成定理 12.5.2 的证明, 我们需要如下引理.

引理 12.5.4 矩映射 $F^P : \mathbf{Q}_m \to \mathcal{T}$ 为正规的, 即对任意紧的 $K \subset \mathcal{T}$, 其逆像 $(F^P)^{-1}(K)$ 也为紧的.

证 我们首先证明 $(F^P)^{-1}(K)$ 有界. 为此, 首先注意若 (12.162) 成立, 则

$$\mathrm{trace}\left\{\sum_{k=-N}^{N} \Lambda_k Q_k\right\} = m \int_{-\pi}^{\pi} P(e^{i\theta}) \frac{d\theta}{2\pi} =: \kappa,$$

其中 κ 为常数. 若如 (12.145) 来分解 Q, 则由 (12.147) 可知

$$\mathrm{trace}\{A_N' T_N^- A_N\} = \kappa.$$

若 $\Lambda := (\Lambda_0, \Lambda_1, \cdots, \Lambda_N)$ 限制于紧子集 $K \subset \mathcal{T}$, 则 T_N^- 的特征值离零点保持一定的距离, 即存在常数 $\varepsilon > 0$ 使得 $T_N^- \geqslant \varepsilon I$. 因而有

$$\|A_N\|^2 := \mathrm{trace}\{A_N' A_N\} \leqslant \frac{1}{\varepsilon} \mathrm{trace}\{A_N' T_N^- A_N\} = \frac{\kappa}{\varepsilon},$$

所以 A_N 以及 Q 都有界. 相应地, $(F^P)^{-1}(K)$ 有界.

下面设 $\Lambda^{(\nu)}$, $\nu = 1, 2, 3, \cdots$, 为 K 中的序列, 收敛于 $\hat{\Lambda} \in K$. 若此序列的原像为空或有穷, 其显然为紧的, 所以不妨假设其为无穷. 由于 $(F^P)^{-1}(K)$ 有界, 故存在序列 $(\Lambda^{(\nu)})$ 的原像中的收敛子序列 $(Q^{(\nu)})$, 且收敛于 $\mathbf{Q}_m$ 的闭包 $\hat{Q}$. (为符号上的简单起见, 我们对这些子序列也用下标 ν.) 我们将证明 $\hat{Q} \in \mathbf{Q}_m$. 上式不成立的可能情形仅在于 $\hat{Q}$ 属于 $\mathbf{Q}_m$ 的边界, 即 $\hat{Q}$ 在单位圆的某些点上是奇异的. 我们需要排除此情况. 为此, 假设 $\hat{Q}(e^{i\theta_0}) \geqslant 0$ 对于某些 θ_0 是奇异的. 那么, 经过一个常数的酉变换, 我们能将 $\hat{Q}$ 写成以下形式

$$\hat{Q} = \begin{bmatrix} \hat{Q}_1 & \hat{Q}_2 \\ \hat{Q}_2^* & \hat{Q}_3 \end{bmatrix},$$

其中 $\hat{Q}_1(\mathrm{e}^{\mathrm{i}\theta_0}) = 0$, $\hat{Q}_2(\mathrm{e}^{\mathrm{i}\theta_0}) = 0$ 和 $\hat{Q}_3(\mathrm{e}^{\mathrm{i}\theta_0}) > 0$. 那么

$$\hat{Q}^{-1} = \begin{bmatrix} R_1 & R_2 \\ R_2^* & R_3 \end{bmatrix},$$

其中 $R_3 \geqslant 0$ 且 R_1 是 Schur 补集的逆

$$S := \hat{Q}_1 - \hat{Q}_2 \hat{Q}_3^{-1} \hat{Q}_2^* \geqslant 0.$$

因此, 由于 S 的元素是 Lipschitz 连续的且 $S(\mathrm{e}^{\mathrm{i}\theta_0}) = 0$, 则存在一个 Lipschitz 常数 K 和 $\epsilon > 0$ 使得对 $|\theta - \theta_0| \leqslant \epsilon$ 有 $|S_{jk}(\mathrm{e}^{\mathrm{i}\theta})| \leqslant K|\theta - \theta_0|$. 令 $Z := S^{-1}$, 对于所有的 k 和 θ, 我们有 $\sum_j S_{kj} Z_{jk} = 1$, 从而 $|\sum_j Z_{jk}(\mathrm{e}^{\mathrm{i}\theta})| \geqslant (K|\theta - \theta_0|)^{-1}$. 所以, 由 $Z(\mathrm{e}^{\mathrm{i}\theta}) \geqslant 0$ 可知, 存在一个 k 和 K_0 使得

$$Z_{kk}(\mathrm{e}^{\mathrm{i}\theta}) \geqslant \frac{1}{K_0|\theta - \theta_0|}, \quad \theta_0 - \epsilon \leqslant \theta \leqslant \theta_0 + \epsilon,$$

又注意到 $R_3 \geqslant 0$,

$$\int_{-\pi}^{\pi} \mathrm{trace}\{\hat{Q}^{-1}\} \frac{\mathrm{d}\theta}{2\pi} \geqslant \int_{-\pi}^{\pi} \mathrm{trace}\{S^{-1}\} \frac{\mathrm{d}\theta}{2\pi} \geqslant \frac{1}{K_0} \int_{\theta_0 - \epsilon}^{\theta_0 + \epsilon} \frac{1}{|\theta - \theta_0|} \frac{\mathrm{d}\theta}{2\pi} = \infty.$$

因为对所有的 $\theta \in [-\pi, \pi]$, $P(\mathrm{e}^{\mathrm{i}\theta}) > 0$, 则有

$$\int_{-\pi}^{\pi} P^2 \, \mathrm{trace}\{\hat{Q}^{-1}\} \frac{\mathrm{d}\theta}{2\pi} = \infty,$$

这与下面的事实相矛盾.

$$\lim_{\nu \to \infty} \int_{-\pi}^{\pi} P^2 \, \mathrm{trace}\{(Q^{(\nu)})^{-1}\} \frac{\mathrm{d}\theta}{2\pi} = \lim_{\nu \to \infty} \mathrm{trace}\left\{ \sum_{k=N}^{N} p_k \Lambda_k^{(\nu)} \right\}$$

$$= \mathrm{trace}\left\{ \sum_{k=N}^{N} p_k \hat{\Lambda} \right\},$$

事实上, 它是有界的. 所以有 $\hat{Q} \in Q_m$, 从而 $F^P : Q_m \to \mathcal{T}$ 为正规的. □

锥 Q_m 和 $\mathcal{T}$ 有相同的有限维数 $d := m^2 N + \frac{1}{2}m(m+1)$, 同时注意它们为开且凸, 从而有欧氏性, 即微分同胚于 $\mathbb{R}^d$ (参考 [44, 引理 6.7]). 注意 $\mathbb{J}_P$ 的 Hesse 矩阵正定, F^P 的 Jacobi 矩阵对所有 Q_m 都为正. 因此, 根据 F^P 的连续性和正规性, 由 Hadamard 全局反函数定理[128] 知其为微分同胚.

我们已证得 $\hat{Q}$ 是 $\mathbb{J}_P$ 的唯一极小值点. 还需证明

$$\hat{\Phi} := P\hat{Q}^{-1}$$

为满足约束条件 (12.155) 的极大化 $\mathbb{I}_P$ 原始问题的唯一解. 为此, 我们利用类似于极大化熵情形的分析可得

$$\mathbb{I}_P(\hat{\Phi}) = L(\hat{\Phi}, \hat{Q}) \geqslant L(\Phi, \hat{Q}) \quad \text{对所有 } \Phi \in \mathcal{S}_+ \text{ 成立},$$

其中等式成立的充分必要条件是 $\Phi = \hat{\Phi}$. 因此对所有满足矩条件 (12.155) 的 $\Phi \in \mathcal{S}_+$ 都有

$$\mathbb{I}_P(\hat{\Phi}) \geqslant \mathbb{I}_P(\Phi),$$

上式仅当 $\Phi = \hat{\Phi}$ 时等式成立. 从而定理 12.5.2 得证. □

从证明中我们可得关于存在性和唯一性的进一步解释: 对任意给定的 $P \in Q_1$, 有理协方差扩张问题的唯一解光滑地依赖于协方差数据.

推论 12.5.5 设 $T_N^- > 0$ 和 $P \in Q_1$, 则 (12.164) 所给的矩映射 $F^P : Q_m \to \mathcal{T}$ 为微分同胚.

12.5.3 从对数矩中确定 P

定理 12.5.2 给出了用 P 描述的、有如下形式的矩问题 (12.155) 的所有解 Φ 的完全参数化

$$\Phi := P\hat{Q}^{-1}, \tag{12.165}$$

其中 $P \in Q_1, Q \in Q_m$. 若 $m = 1$, 此即为 MacMillan 度至多 $2N$ 的所有解构成的族. 然而在矩阵情形下, 即 $m > 1$, 相应的族仅包含度为 $2mN$ 的 "大多数" 解, 这是因为具有更一般矩阵分式表示的某些解可能缺失.

通过变化参数 P 我们可以调整解使其满足附加的设计需求. 确定最优的 P 是单独的问题. 在此, 我们将给出基于匹配倒谱系数 (12.152) 的一个具体求解步骤.

考虑如下问题. 给定使得 Toeplitz 矩阵 T_N^- 正定的延迟协方差序列 $(\Lambda_0, \Lambda_1, \cdots, \Lambda_N)$ 及倒谱系数序列 $(c_1, c_2, \cdots, c_N)$, 寻找谱密度 $\Phi \in \mathcal{S}_+$ 使得如下熵增益极大化

$$\mathbb{I}(\Phi) = \int_{-\pi}^{\pi} \log \det \Phi(e^{i\theta}) \frac{d\theta}{2\pi}, \tag{12.166}$$

并满足如下的矩条件

$$\int_{-\pi}^{\pi} e^{ik\theta} \Phi(e^{i\theta}) \frac{d\theta}{2\pi} = \Lambda_k, \quad k = 0, 1, \cdots, N, \tag{12.167a}$$

$$\int_{-\pi}^{\pi} e^{ik\theta} \log \det \Phi(e^{i\theta}) \frac{d\theta}{2\pi} = c_k, \quad k = 1, 2, \cdots, N. \tag{12.167b}$$

定义

$$C(z) = \sum_{k=-N}^{N} c_k z^k, \tag{12.168}$$

其中 $c_{-k} = c_k, k = 1, 2, \cdots, N, c_0 = 0$, 利用 (12.138), 上面优化问题的 Lagrange 函数可写为

$$
\begin{aligned}
L(\Phi, P, Q) &= \mathbb{I}(\Phi) + \operatorname{trace}\left\{ \sum_{k=-N}^{N} Q_k \left(\Lambda_k - \int_{-\pi}^{\pi} e^{ik\theta} \Phi(e^{i\theta}) \frac{d\theta}{2\pi} \right) \right\} \\
&\quad - \sum_{k=-N}^{N} P_k \left(c_k - \int_{-\pi}^{\pi} e^{ik\theta} \log \det \Phi(e^{i\theta}) \frac{d\theta}{2\pi} \right) \\
&= \langle \Lambda, Q \rangle - \langle C, P \rangle - \operatorname{trace}\left\{ \int_{-\pi}^{\pi} Q(e^{i\theta}) \Phi(e^{i\theta}) \frac{d\theta}{2\pi} \right\} \\
&\quad + \operatorname{trace}\left\{ \int_{-\pi}^{\pi} P(e^{i\theta}) \log \Phi(e^{i\theta}) \frac{d\theta}{2\pi} \right\},
\end{aligned}
\tag{12.169}
$$

其中 $P_1, \cdots, P_N \in \mathbb{R}$ 和 $Q_0, Q_1, \cdots, Q_N \in \mathbb{R}^{m \times m}$ 为 Lagrange 乘子, $P_0 := 1$, P 和 Q 为相应的三角多项式.

为使对偶泛函 $(P, Q) \mapsto \sup_\Phi L(\Phi, P, Q)$ 为有限, (P, Q) 显然应限制于 $\overline{Q_1} \times \overline{Q_m}$. 因此, 对每个如此选择的 (P, Q), 其方向导数为

$$\delta L(\Phi, P, Q; \delta\Phi) = \operatorname{trace}\left\{ \int_{-\pi}^{\pi} \left(\frac{P}{\Phi} - Q \right) \delta\Phi \frac{d\theta}{2\pi} \right\}, \tag{12.170}$$

因此平稳点必定满足

$$\Phi = PQ^{-1}. \tag{12.171}$$

注意 $\int P \frac{d\theta}{2\pi} = P_0 = 1$, 将 (12.171) 代入 (12.169) 可得

$$\sup_{\Phi \in \mathcal{S}_+} L(\Phi, P, Q) = \mathbb{J}(P, Q) - m,$$

其中

$$
\begin{aligned}
\mathbb{J}(P, Q) &= \langle \Lambda, Q \rangle - \langle C, P \rangle \\
&\quad + \operatorname{trace}\left\{ \int_{-\pi}^{\pi} P(e^{i\theta}) \log \left[P(e^{i\theta}) Q(e^{i\theta})^{-1} \right] \frac{d\theta}{2\pi} \right\}.
\end{aligned}
\tag{12.172}
$$

注意 $P_0 = 1$ 且伪多项式 δP 无常数项, 利用 (12.138) 简单计算可得方向导数

$$\delta \mathbb{J}(P, Q; \delta P, \delta Q) = \langle \Lambda - PQ^{-1}, \delta Q \rangle + \langle \log \det \left(PQ^{-1} \right) - C, \delta P \rangle, \tag{12.173}$$

其中利用了如下事实

$$\int_{-\pi}^{\pi} \delta P(\mathrm{e}^{\mathrm{i}\theta}) \frac{\mathrm{d}\theta}{2\pi} = 0. \tag{12.174}$$

利用 (12.163) 可得二阶方向导数

$$\delta^2 \mathbb{J}(P, Q; \delta P, \delta Q) = \langle (I_m \delta P - PQ^{-1}\delta Q), P^{-1}(I_m \delta P - PQ^{-1}\delta Q)\rangle, \tag{12.175}$$

上式对所有 (P, Q) 均非负, 因此 $\mathbb{J}$ 的 Hesse 矩阵对所有 $(P, Q) \in Q_1 \times Q_m$ 均为非负定, 所以 $\mathbb{J}$ 为凸.

至此, 可将 (12.173) 表示为

$$\delta\mathbb{J}(P, Q; \delta P, \delta Q)$$
$$= \mathrm{trace}\left\{\sum_{k=-N}^{N}\left(\Lambda_k - \int_{-\pi}^{\pi} \mathrm{e}^{\mathrm{i}k\theta} P(\mathrm{e}^{\mathrm{i}\theta})Q(\mathrm{e}^{\mathrm{i}\theta})^{-1}\frac{\mathrm{d}\theta}{2\pi}\right)\delta Q_k\right\}$$
$$+ \sum_{k=-N}^{N}\left(\int_{-\pi}^{\pi} \mathrm{e}^{\mathrm{i}k\theta} \log\det\Phi(\mathrm{e}^{\mathrm{i}\theta})\frac{\mathrm{d}\theta}{2\pi} - c_k\right)\delta P_k, \tag{12.176}$$

所以若存在平稳点 $(P, Q) \in \overline{Q_1^\circ} \times \overline{Q_m}$, 则相应的 (12.171) 式将满足矩条件 (12.167).

定理 12.5.6　设 $(\Lambda_0, \Lambda_1, \cdots, \Lambda_N)$ 有正定 Toeplitz 矩阵 T_N^- 且 $(c_1, c_2, \cdots, c_N)$ 为实数序列, 则存在使 $\mathbb{J}(P, Q)$ 极小化的 $(\hat{P}, \hat{Q})$, 其中 $(P, Q) \in \overline{Q_1^\circ} \times \overline{Q_m}$. 若 $\hat{P} \in Q_1^\circ$, 则 $\hat{Q} \in Q_m$, 下式同时满足协方差矩条件 (12.167a) 和对数矩条件 (12.167b)

$$\hat{\Phi} = \hat{P}\hat{Q}^{-1}, \tag{12.177}$$

并且上式为 (12.167) 式给出的极大化熵增益 (12.166) 的原始问题最优解.

证　我们首先证明下水平集 $\mathbb{J}^{-1}(\infty, r]$ 对每个 $r \in \mathbb{R}$ 均为紧的. 下水平集由满足如下条件的 $(P, Q) \in \overline{Q_1^\circ} \times \overline{Q_m}$ 构成

$$r \geqslant \mathbb{J}_1(P, Q) + \mathbb{J}_2(P),$$

其中

$$\mathbb{J}_1(P, Q) = \langle \Lambda, Q\rangle - \int_{-\pi}^{\pi} P(\mathrm{e}^{\mathrm{i}\theta}) \log\det Q(\mathrm{e}^{\mathrm{i}\theta})\frac{\mathrm{d}\theta}{2\pi},$$
$$\mathbb{J}_2(P) = -\langle C, P\rangle + \int_{-\pi}^{\pi} P(\mathrm{e}^{\mathrm{i}\theta}) \log P(\mathrm{e}^{\mathrm{i}\theta})\frac{\mathrm{d}\theta}{2\pi}.$$

由于 Q_1° 为有界集且远离零点一定的距离, 从而存在正常数 M 使得 $\|P\|_\infty \leqslant M$ 及常数 $\rho \in \mathbb{R}$ 使得对所有 $P \in Q_1^\circ$ 都有 $\mathbb{J}_2(P) \geqslant \rho$. 所以就有下面结论对所有 $(P, Q) \in \mathbb{J}^{-1}(\infty, r]$ 都成立

$$\mathbb{J}_1(P, Q) \leqslant r - \rho. \tag{12.178}$$

我们还需证明从 (12.178) 可得 Q 的有界性. 为此, 利用反证法, 首先假设 $\|\det Q\|_\infty > 1$, 从而有

$$
\begin{aligned}
\mathbb{J}_1(P, Q) &= \langle \Lambda, Q \rangle - \int_{-\pi}^{\pi} P \log \|\det Q\|_\infty \frac{\mathrm{d}\theta}{2\pi} - \int_{-\pi}^{\pi} P \log \left(\frac{\det Q}{\|\det Q\|_\infty} \right) \frac{\mathrm{d}\theta}{2\pi} \\
&\geqslant \langle \Lambda, Q \rangle - \int_{-\pi}^{\pi} P \log \|\det Q\|_\infty \frac{\mathrm{d}\theta}{2\pi} \\
&\geqslant \langle \Lambda, Q \rangle - M \log \|\det Q\|_\infty,
\end{aligned}
$$

上式结合 (12.178) 就得下面结论对所有满足 $\|\det Q\|_\infty > 1$ 的 $(P, Q) \in \mathbb{J}^{-1}(\infty, r]$ 都成立

$$
\langle \Lambda, Q \rangle - M \log \|\det Q\|_\infty \leqslant r - \rho. \tag{12.179}
$$

设存在序列 $(P^{(k)}, Q^{(k)}) \in \mathbb{J}^{-1}(\infty, r]$ 使得当 $k \to \infty$ 时有 $\|Q^{(k)}\|_\infty \to \infty$. 然而这与 (12.179) 矛盾. 事实上根据导出 (12.147) 的计算, 正项 $\langle \Lambda, Q^{(k)} \rangle \to \infty$ 线性地发散, 然而 $\log \|\det Q^{(k)}\|_\infty \to \infty$ 以对数速度发散. 因此 $\mathbb{J}^{-1}(\infty, r]$ 有界. 注意其为函数的下水平集, 同时也为闭集和紧集, 这就证明了紧性的相关结论.

由于 $\mathbb{J}$ 也有紧的下水平集, 从而存在极小值点 $(\hat{P}, \hat{Q})$, 其不一定唯一. 若 $\hat{P} \in Q_1^\circ$, 则 $\hat{Q}$ 显然为 $\mathbb{J}_{\hat{P}}$ 的极小值点, 因此依定理 12.5.2 可知存在 $\hat{Q} \in Q_m$ 并且 (12.177) 满足矩条件 (12.167a). 同时注意 $\hat{P}$ 为 $\overline{Q_1^\circ}$ 的内点, 则极小值点必满足平稳性条件

$$
\frac{\partial \mathbb{J}}{\partial P_k} = \int_{-\pi}^{\pi} \mathrm{e}^{\mathrm{i}k\theta} \log \det \left[P(\mathrm{e}^{\mathrm{i}\theta}) \hat{Q}(\mathrm{e}^{\mathrm{i}\theta})^{-1} \right] \frac{\mathrm{d}\theta}{2\pi} - c_k = 0, \quad k = 1, 2, \cdots, N, \tag{12.180}
$$

因此 (12.177) 同样也满足对数矩条件 (12.167b). 注意

$$
\mathbb{I}(\hat{P}, \hat{Q}) = L(\hat{P}, \hat{Q}) \geqslant L(P, Q), \quad \forall\ (P, Q),
$$

以及对所有满足矩条件 (12.167) 的 (P, Q) 都有 $L(P, Q) = \mathbb{I}(P, Q)$, 可知 $(\hat{P}, \hat{Q})$ 也为原始问题的最优解. □

注 12.5.7 注意定理 12.5.6 中的最优解 $(\hat{P}, \hat{Q})$ 并不必须唯一, 这是因为可能存在 $\hat{P}$ 和 $\hat{Q}$(不唯一的) 公因子相消的情形. 当 $N = 1$ 时说明这一问题的一个简单标量例子由矩数据 $\Lambda_0 = 1, \Lambda_1 = 0$ 和 $c_1 = 0$ 给出. 这对应于常数谱密度 $\Phi \equiv 1$, 但 $\hat{P}(\mathrm{e}^{\mathrm{i}\theta}) = 1 - \lambda \cos \theta$ 和 $\hat{Q}(\mathrm{e}^{\mathrm{i}\theta}) = 1 - \lambda \cos \theta$ 为所有模小于 1 的实数 λ 的最优解.

为保证完备的矩匹配 (12.167), 我们需要有一个最优点 $(\hat{P}, \hat{Q})$ 使得 $\hat{P} \in Q_1$. 然而我们还未针对对数矩 $c_1, \cdots, c_N$ 描述任何条件, 这是因为此类条件不易寻找且依赖于 Λ. 若矩 $\Lambda_0, \Lambda_1, \cdots, \Lambda_N$ 和 $c_1, \cdots, c_N$ 来自相同的单位圆周上无零点的理

论谱密度, 则两类矩条件 (12.167) 同时得到满足. 实际中, 由于 $\Lambda_0, \Lambda_1, \cdots, \Lambda_N$ 和 $c_1, \cdots, c_N$ 是从不同的数据集中估计得到, 所以无法保证 $\hat{P}$ 不会在 $\mathcal{Q}_1$ 的边界上消失. 从而问题需要正则化, 使得经调整后 $c_1, \cdots, c_N$ 的值与协方差 $\Lambda_0, \Lambda_1, \cdots, \Lambda_N$ 一致.

在此我们利用 Enqvist 正则化

$$\mathrm{J}_\lambda(P, Q) = \mathbb{J}(P, Q) - \lambda \int_{-\pi}^{\pi} \log P(\mathrm{e}^{\mathrm{i}\theta}) \frac{\mathrm{d}\theta}{2\pi}, \qquad (12.181)$$

其中 $\lambda > 0$ 为调节参数. 注意 J_λ 为严格凸, 因此其有唯一的最优点 $(\hat{P}, \hat{Q})$. 这是因为, 首先注意利用 (12.175) 给出的 $\delta^2 \mathbb{J}$ 可得 J_λ 的二阶方向导数

$$\delta^2 \mathrm{J}_\lambda(P, Q; \delta P, \delta Q) = \delta^2 \mathbb{J}(P, Q; \delta P, \delta Q) + \lambda \int_{-\pi}^{\pi} \frac{\delta P^2}{P^2} \frac{\mathrm{d}\theta}{2\pi},$$

上式对所有非平凡变差 $(\delta P, \delta Q)$ 都为正. 正则化项迫使 $\hat{P}$ 进入 $\mathcal{Q}_1$ 的内部, (12.180) 变为

$$\frac{\partial \mathrm{J}_\lambda}{\partial P_k} = \int_{-\pi}^{\pi} \mathrm{e}^{\mathrm{i}k\theta} \log \det \left[P(\mathrm{e}^{\mathrm{i}\theta}) Q(\mathrm{e}^{\mathrm{i}\theta})^{-1} \right] \frac{\mathrm{d}\theta}{2\pi} - c_k - \varepsilon_k, \quad k = 1, \cdots, N, \qquad (12.182)$$

其中

$$\varepsilon_k = \int_{-\pi}^{\pi} \mathrm{e}^{\mathrm{i}k\theta} \frac{\lambda}{P(\mathrm{e}^{\mathrm{i}\theta})} \frac{\mathrm{d}\theta}{2\pi}, \qquad (12.183)$$

因此若将对数矩 $c_1, c_2, \cdots, c_N$ 调整为 $c_1 + \varepsilon_1, c_2 + \varepsilon_2, \cdots, c_N + \varepsilon_N$, 可使矩 (12.167) 匹配的与 $\Lambda_0, \Lambda_1, \cdots, \Lambda_N$ 一致. 当 λ 增长时, 正则化项是主项, 并且当 $\lambda \to \infty$ 时有 $\hat{P} \to 1$, 可得极大熵解. 事实上, 模一个常数后, $\mathbb{J}(1, Q)$ 等于 (12.143).

§12.6　相关文献

第 12.1 节基于 [207] 和 [208].

Kalman 滤波是非常经典的结论, 最初论文见 [155, 156]. Kalman 滤波器连续时间情形的不变形式由 [10] 给出. (12.55) 求解正规方程的递推式, 在标量情形下 ($m = 1$) 由 [80, 183, 269] 用统计方法给出, 在 [8, 114] 中是用单位圆周上的 Szegö 正交多项式给出. 多变量情形下 ($m > 1$) 更复杂的递推式由 [268, 303, 309] 给出, 然而 [303] 遗失了 (12.52), 其他文献也未给出 (12.52) 的证明. 基于前向和后向新息表示的完备证明在 [187] 中给出. 定理 12.2.5 的 Kalman 增益快速算法首先由 [187] 给出, 也可参考 [188–190] 中的其他版本.

第 12.3 节基于 [207] 和 [208]. 然而预测空间 $X_-(t)$ 和 $X_+(t)$ 的前向和后向实现首见于利用平滑理论的文献 [17–19].

第 12.4 节同样主要基于 [207] 和 [208], 然而 (不含正实条件的) 部分实现理论是经典结果可追溯至 [144, 158]. 与数值线性代数之间各种联系的综述可见 [122].Ho-Kalman 算法在 [144] 中首次提出. 专著 [36, 163] 是优秀的早期文献. 定理 12.4.6 首见于 [291].

第 12.5 节是基于对 [33] 的推广和 [39, 40, 84] 的多变量推广. 早期对有理协方差扩张问题的初步介绍可见 [159]. 然而这个问题上的第一个真正意义上的突破首见于 [109, 110].[109, 110] 中关于完全参数化的猜想在 [47] 首次得到证明. 关于随机部分实现问题全面的早期讨论可参考 [43]. 对偶优化问题是在 [41, 42] 中首先引入. 这些论文都是针对标量情形 ($m = 1$). 对多变量情形 ($m > 1$) 可参考 [33, 111]. 定理 12.5.2 来自于 [33], 多变量情形下的推广可见 [45],[46]. 定理 12.5.6 是 [40] 中结论在多变量情形下的推广. (标量情形下的) 协方差与倒谱匹配问题是在未发表的技术报告 [230] 中首次引入, 其后在 [39, 40, 84, 85, 113] 中独立地加以更详细的研究. 正规化问题 (12.181) 由 Enqvist 在 [84, 85] 中引入. 逼近协方差和倒谱匹配问题可参考 [16]. 注记 12.5.7 中的例子由 Johan Karlsson 和 Axel Ringh 提供.

第 13 章

时间序列的子空间辨识

本章考虑基于一系列的实验数据 (统计中称作"时间序列"), 利用观测信号构建动力模型中的"辨识"问题. 更精确地讲, 给定一系列有限观测样本

$$(y_0, y_1, y_2, \cdots, y_N), \tag{13.1}$$

在序列 (13.1) 是输出过程 y 样本轨线的意义下, 我们希望估计以下线性随机系统中的参数 (A, B, C, D)

$$\begin{cases} x(t+1) = Ax(t) + Bw(t), \\ y(t) = Cx(t) + Dw(t). \end{cases} \tag{13.2}$$

由于不可能在输出数据中区分出 $\mathfrak{M}$ 类 (见第 8 章中定义) 的最小 Markov 代表, 我们最多只能通过选取预期空间 $X_- = E^{H^-} H^+$ 的前期实现, 在这一类当中选取一个代表.

通过利用输出数据构建状态过程, 以及将其看做子空间辨识问题, 形如 (13.2) 的状态空间的辨识已经得到解决. 在本章中我们需要按照第 12 章中的理论, 通过随机实现基本定理, 重新对这些解决方法进行检测. 这项工作将包含通过改变相应的样本协方差数列来对协方差记录 (12.1) 进行调整, 由此来进行第一组参数 $(A, C, \bar{C})$ 的估计, 然后进行参数 (B, D) 的构建.

相较于已经频繁出现在各个文献中的描述特定子空间辨识算法, 我们的目标是精确找到问题的基本概念. 希望这会给我们带来一致性, 以及根据几个简单基本规律来对许多表面看起来不相关的过程有更好的理解.

§13.1　二阶平稳时间序列的 Hilbert 空间

用由观测时间序列数据生成的确定性内积空间 $\mathbb{R}^N$ 取代随机变量 Hilbert 空间, 随机系统辨识中子空间方法的一般概念是对之前章节中有限间隔局部实现过程的效仿. 在数据具有二阶平稳性的假设条件下, 前面章节中的随机状态空间理论可以看做是基于对观测时间序列的线性操作的同构几何结构, 并且可以应用到对数据状态空间建模的随机问题中.

我们将研究更一般环境下的数据. 因此, 令

$$(y_0, y_1, y_2, y_3, \cdots) \tag{13.3}$$

为一列 (实值) m 维列向量. 为了表述清晰我们在初始假设 $N = \infty$, 于是 (13.3) 为一个半- 无限序列.

对每一个 $t \in \mathbb{Z}_+$, 定义 $m \times \infty$ 为尾矩阵

$$Y(t) := \begin{bmatrix} y_t & y_{t+1} & y_{t+2} & y_{t+3} & \cdots \end{bmatrix}, \quad t = 0, 1, 2, \cdots. \tag{13.4}$$

序列 $Y := \{Y(t)\}_{t \in \mathbb{Z}_+}$ 将会起到与第 12 章中的平稳过程 $\{y(t)\}_{t \in \mathbb{Z}_+}$ 类似的作用. 为了建立这之间的对应联系我们需要介绍二阶平稳性 这一假定.

定义 13.1.1　*如果对于所有的 $\tau \geqslant 0$,*

$$\bar{y} := \lim_{T \to \infty} \frac{1}{T+1} \sum_{t=0}^{T} y_t \tag{13.5}$$

与

$$\Lambda(\tau) := \lim_{T \to \infty} \frac{1}{T+1} \sum_{t=0}^{T} y_{t+\tau} y_t' \tag{13.6}$$

成立, 序列 (13.3) 称作是广义平稳 或者二阶平稳的.

因此, 对于广义平稳时间序列, 当 $T \to \infty$ 时, 样本均值与样本二阶矩 (事实上, 也称为样本协方差) 收敛. 注意到对于这样的时间序列, 其极限

$$\lim_{T \to \infty} \frac{1}{T+1} \sum_{t=t_0}^{t_0+T} y_{t+\tau} y_t', \quad \tau \geqslant 0$$

不依赖于初始时刻 t_0, 并且与极限 (13.6) 一致, 对于所有的 $\tau \geqslant 0$. 对于 (13.5) 也成立. 实际上,

$$\Lambda(\tau) = \lim_{T \to \infty} \frac{1}{T+t_0+1} \sum_{t=0}^{T+t_0} y_{t+\tau} y_t'$$

$$= \lim_{T \to \infty} \left[\frac{1}{T + t_0 + 1} \sum_{t=0}^{t_0 - 1} y_{t+\tau} y_t' + \frac{1}{T+1} \frac{T+1}{T+t_0+1} \sum_{t=t_0}^{T+t_0} y_{t+\tau} y_t' \right],$$

当 $T \to \infty$, 括号内的第一项趋于 0. 因为 $\frac{T+1}{T+t_0+1} \to 1$, 可以得到下述声明. 接下来我们将假设样本均值已经在数据中被减掉, 于是有 $\bar{y} = 0$. 下面的定理归因于 Wiener, 他将其引申到了连续时间的情况中[305].

定理 13.1.2 (Wiener) 对于一个广义平稳信号, 函数 $\tau \mapsto \Lambda(\tau)$, 通过 $\Lambda(-\tau) := \Lambda(\tau)'$ 扩展到所有的 $\mathbb{Z}$, 是一个正定型. 即对于任意的 $t_k, t_j \in \mathbb{Z}$, 有

$$\sum_{k,j=1}^{N} a_k' \Lambda(t_k - t_j) a_j \geq 0, \quad \forall a_k \in \mathbb{R}^m; k = 1, 2, \cdots, N, \quad N \text{ 是任意的},$$

并且因此可以当做一个广义平稳过程的协方差函数. 存在一个概率空间 $(\Omega, \mathcal{A}, \mu)$ 与一个定义在其中的零均值, 协方差函数为 Λ 的平稳 Gauss 过程.

证 令 $t_1, t_2, \cdots, t_N$ 为任意非负整数, 注意到对于任意向量 $a_1, a_2, \cdots, a_N \in \mathbb{R}^m$, 以下形式

$$\frac{1}{T+1} \sum_{t=0}^{T} \left\| \sum_{k=1}^{N} a_k' y_{t+t_k} \right\|^2 = \sum_{k,j=1}^{N} a_k' \left[\frac{1}{T+1} \sum_{t=0}^{T} y_{t+t_k} y_{t+t_j}' \right] a_j$$

对于所有的 T 都是非负的. 由于

$$\lim_{T \to \infty} \frac{1}{T+1} \sum_{t=0}^{T} y_{t+t_k} y_{t+t_j}' = \lim_{T \to \infty} \frac{1}{T+1} \sum_{t=t_j}^{T+t_j} y_{t+t_k-t_j} y_t' = \Lambda(t_k - t_j),$$

因此有函数 Λ 是一个实 的非负协方差函数. 然后令 $\Omega := (\mathbb{R}^m)^{\mathbb{Z}}$ 为 $\mathbb{R}^m$ 中双重无限序列 $\omega = (\cdots, \omega(-2), \omega(-1), \omega(0), \omega(1), \omega(2), \cdots)$ 的空间, 令 $\mathcal{A}$ 为相应的由 Ω 的子集生成的 σ 代数, μ 为零均值, 方差函数为 Λ 的 Gauss 测度. 那么由以下标准映射定义的 m 维过程

$$y_k(t, \omega) = \omega_k(t), \quad k = 1, 2, \cdots, m$$

是定义在概率空间 $(\Omega, \mathcal{A}, \mu)$ 上, 方差为 Λ 的 Gauss 分布. 特别地, $\mathrm{E}\{y(t) y(s)\} = \Lambda(t - s)$, 因此过程为平稳的. □

因此每一个弱平稳时间序列都可以看做是一个二阶平稳过程的轨迹. 当序列是这样的过程的轨线时, 一个非常重要的问题是, 函数 Λ, 也即数据的真实协方差, (13.3) 在多大程度上与平稳随机过程 $\{y(t)\}_{t \in \mathbb{Z}_+}$ 方差序列

$$\Lambda_t := \mathrm{E}\{y(t + \tau) y(t)\}, \quad t = 0, 1, 2, \cdots \tag{13.7}$$

一致, 其中观测数据 (13.3) 由此生成. 对于这个问题我们需要遍历性假设.

定义 13.1.3 一个 (零均值) 平稳过程 y 是二阶遍历的, 如果 (13.6) 不仅对所有的 $t \geqslant 0$ 都成立, 并且还以概率 1 满足

$$\Lambda(t) = \Lambda_t, \quad t = 0, 1, 2, \cdots \tag{13.8}$$

显然, 几乎所有的二阶遍历过程的样本轨线都是二阶平稳的, 但是反之不一定成立. 性质 (13.8) 成立的条件及相应的收敛速率具体分析在 [136, 第 5.3 节] 中. 注意到对于 (几乎) 所有 y 过程的轨线其极限必须相同, 因此是非随机的. 虽然在相当一般条件下对于一个纯非确定性过程 y 其二阶遍历性都成立, 不幸的是, 这种性质对线性随机系统产生的纯确定性 (p.d.) 过程并不成立. 但是, 就像我们在第 13.4 节所证明的一样, 子空间辨识算法可以一致地估计相关系统参数, 即使系统中有一部分是纯确定性的.

现在定义由半无限实序列组成的向量空间 Y. 半无限实序列是如下形式的尾矩阵 (13.4) 的有限线性组合

$$\mathrm{Y} := \Big\{ \sum a_k' Y(t_k) \mid a_k \in \mathbb{R}^m, \ t_k \in \mathbb{Z}_+ \Big\}, \tag{13.9}$$

这里的求和是针对时间指标的所有有限集合. 在子空间辨识文献中, 向量空间 Y 是由二重无限 Hankel 矩阵

$$Y_\infty := \begin{bmatrix} Y(0) \\ Y(1) \\ Y(2) \\ \vdots \end{bmatrix}$$

所定义的行空间. 这个向量空间可以配有如下双线性形式的内积

$$\langle a'Y(k), b'Y(j) \rangle := \lim_{N \to \infty} \frac{1}{N+1} \sum_{t=0}^{N} a' y_{t+k} \, y'_{t+j} b = a' \Lambda(k-j) b, \tag{13.10}$$

其中 $a, b \in \mathbb{R}^m$ 与 Λ 为满足定理 13.1.2 的协方差函数. 由二阶平稳的基本假设可知, 上式极限存在. 因此内积可以线性扩展到尾矩阵 (13.4) 行的有限线性组合 $\sum a_k' Y(t_k)$, 即可以扩展到向量空间 Y, 于是得到了内积空间. 如果在 (13.10) 中 $t = 0$ 被任意的初始时间 t_0 所取代, 则其极限不变. 因此有

$$\langle a'Y(k), b'Y(j) \rangle = \langle a'Y(t_0 + k), b'Y(t_0 + j) \rangle \tag{13.11}$$

对于所有的 t_0 成立.

由方差 $\Lambda(0), \Lambda(1), \Lambda(2), \cdots$ 组成的 Toeplitz 矩阵 T 是半正定的对称阵. 如果 T 为奇异的, 那么内积会向序列系数 (a_k) 属于 T 的零空间的所有向量分配标准零向量. 为了保留标准性, 其差属于 T 的零空间的向量被归为一个等价类.

一个自然的平移算子 U 作用在 Y 上, 按照如下方式定义于 Y 的元素上

$$U[a'Y(t)] = a'Y(t+1), \quad a \in \mathbb{R}^m, t \in \mathbb{Z}_+ \tag{13.12}$$

然后线性扩展到 Y. 实际上, 从 (13.11) 我们可以清楚地得到, 关于内积 (13.10) 平移算子 U 是等距的, 因此可以将其通过线性扩展到 Y, 具体解释参考附录中的定理 B.2.7. 通过在拓扑意义下关闭由内积 (13.10) 产生的向量空间 Y, 可以得到一个半无限实序列 $\mathrm{H}(Y) := \mathrm{closure}\{Y\}$ 的 Hilbert 空间, 在这个空间上平移算子 U 可以用连续性扩展成为一个等距算子.

现在考虑算子 T_ω 将 (13.4) 中定义的尾矩阵 Y 映射到在定理 13.1.2 证明中构建的零均值随机过程 y 的等价类有相同的协方差矩阵函数 Λ, 也就是在协方差 Λ 下映射到 "二阶过程". 由 $\langle a'Y(k), b'Y(j) \rangle = \mathrm{E}\{a'y(k) \, b'y(j)\}$ 知, 很容易验证这样的映射是等距的, 因此可以扩展到一个单射 $T_\omega : \mathrm{H}(Y) \to \mathrm{H}(y)$, 此处 $\mathrm{H}(y)$ 是由潜在的二阶随机过程 y 生成的 Hilbert 空间. 根据下面的交换图, 这种映射实际上结合了作用在两个 Hilbert 空间上的自然转变算子 U 和 $\mathcal{U}$.

$$
\begin{array}{ccc}
\mathrm{H}(Y) & \xrightarrow{\;\;U\;\;} & \mathrm{H}(Y) \\
{\scriptstyle T_\omega}\downarrow & & \downarrow{\scriptstyle T_\omega}, \\
\mathrm{H}(y) & \xrightarrow{\;\;\mathcal{U}\;\;} & \mathrm{H}(y)
\end{array}
$$

交换图的意义如下：至少到 (一) 二阶矩, 由 (13.4) 所定义的尾矩阵 Y 序列表示的就是抽象随机对应的 y. 特别地, 由于 T_ω 的等距性, 如果用下述遍历性内积替代 $\mathrm{H}(y)$ 中的 $\mathrm{E}\{\xi\eta\}$ 内积, 随机过程 y 的所有的二阶矩都可以相同地按照尾矩阵 Y 计算出来

$$\langle \boldsymbol{\xi}, \boldsymbol{\eta} \rangle = \lim_{N \to \infty} \frac{1}{N+1} \sum_{t=0}^{N} \xi_t \eta_t, \tag{13.13}$$

在 $\mathrm{H}(Y)$ 中. 由于在这本书中我们只关心二阶统计量, 可以利用形式上的随机过程 y 在形式上确定 (13.4) 中的尾矩阵 Y. 这只需要考虑形如半无限数据串与期望为 Cesàro 极限的随机变量. 关于这点,

$$\Lambda(t-s) = \mathrm{E}\{Y(t)Y(s)'\} := \lim_{N \to \infty} \frac{1}{N+1} Y_N(t) Y_N(s)', \tag{13.14}$$

这里 Y_N 是截断了的 $m \times (N+1)$ 尾矩阵

$$Y_N(t) := \begin{bmatrix} y_t & y_{t+1} & \cdots & y_{t+N} \end{bmatrix}, \quad t = 0, 1, 2, \cdots. \tag{13.15}$$

这样的一致性允许我们采用与统计结构时间序列辨识中的随机系统几何理论完全一样的形式和符号. 如果有无限长的数据序列可自行支配, 那么时间序列辨识将会和随机实现成为相同的问题. 这里许多情况中出现的一致性非常具有吸引力并且在 (渐进) 统计和概率设置的概念一致中非常有用. 比如在随机实现理论中, 它给子空间识别中经典文章的公式 [294] 带来一种直观的派生.

依照第 2.2 节中建立的符号标记, 一个尾随机变量 ξ 映射到 Y 中的子空间 X 的正交映射将会由 $\mathrm{E}[\xi \,|\, X]$ 给出. 只要 X 为某个 $n \times \infty$ 的行空间, 可以用 $\mathrm{E}[\xi \,|\, X]$ 来按照生成表达来表示正交映射. 由第 2.2 节可知, 对于有限生成子空间, 有表达式

$$\mathrm{E}[\xi \,|\, X] = \mathrm{E}(\xi X') \, \mathrm{E}(X X')^{\dagger} X, \tag{13.16}$$

其中 X 是行满秩的, 伪逆 † 可以由真实逆替代. 注意 (13.16) 正是最小均方问题

$$\min_{a \in \mathbb{R}^n} \| \xi - a' X \|^2 = \min_{z \in X} \mathrm{E}(\xi - z)^2 \tag{13.17}$$

的解.

§13.2　有限数据的几何结构

显然, 实际的辨识算法必须可以应用于有限数据串

$$(y_0, y_1, y_2, \cdots, y_M). \tag{13.18}$$

为了实现第 12 章中的理论, 我们需要通过样本方差

$$\Lambda_N(k) := \frac{1}{N+1} \sum_{t=0}^{N} y_{t+k} y_t', \quad k = 0, 1, \cdots, T \tag{13.19}$$

来近似方差滞后 $\Lambda(0), \Lambda(0), \cdots, \Lambda(T)$, 这里的 $N + T = M$. 由于统计精确度的原因, 应当选取 T 远小于 N. 为了便于参考我们将 (13.18) 看成一个长度为 N 的数据串. 因此, 为了模拟第 13.1 节中的模型表示, 需要用截断后的尾矩阵 (13.15) 来替代尾矩阵 (13.4).

更精确地讲, 令 $\mathbf{Y}_N$ 为由所有 $Y_N(0), Y_N(1), \cdots, Y_N(T)$ 线性组合成的截位序列的有限维空间, 并且赋予其内积

$$\langle \boldsymbol{\xi}, \boldsymbol{\eta} \rangle_N \equiv \mathrm{E}_N\{\boldsymbol{\xi}\boldsymbol{\eta}'\} := \frac{1}{N+1} \sum_{t=0}^{N} \xi_t \eta_t, \tag{13.20}$$

除了标准化之外即欧几里得数积. 特别地, 有

$$\Lambda_N(k) = \mathrm{E}_N\{Y_N(k)Y_N(0)'\}. \tag{13.21}$$

在第 12 章中, 对于 0 到 T 中每个 t, 引入了前空间 $\mathbf{Y}_N^-(t-1)$ 作为矩阵

$$Y_{[0,t-1]} = \begin{bmatrix} Y_N(t-1) \\ \vdots \\ Y_N(1) \\ Y_N(0) \end{bmatrix} = \begin{bmatrix} y_{t-1} & y_t & \cdots & y_{t+N-1} \\ \vdots & \vdots & & \vdots \\ y_1 & y_2 & \cdots & y_{N+1} \\ y_0 & y_1 & \cdots & y_N \end{bmatrix} \tag{13.22a}$$

的行宽, 引入后空间 $\mathbf{Y}_N^+(t)$ 作为 $Y_{[t,T-1]}$ 的行宽, 其中

$$Y_{[t,T]} = \begin{bmatrix} Y_N(t) \\ Y_N(t+1) \\ \vdots \\ Y_N(T) \end{bmatrix} = \begin{bmatrix} y_t & y_{t+1} & \cdots & y_{t+N} \\ y_{t+1} & y_{t+2} & \cdots & y_{t+N+1} \\ \vdots & \vdots & & \vdots \\ y_T & y_{T+1} & \cdots & y_{T+N} \end{bmatrix}. \tag{13.22b}$$

在辨识文献中, 前行宽和后行宽的长度, 即 t 和 $T-t+1$, 经常被用来设计参数. 然而, 在这里为了阐述简单, 接下来使用

$$T = 2t. \tag{13.23}$$

基于长度为 N 的数据串 (13.18), 构建分别由 (12.91), (12.94a) 和 (12.94b) 所定义的 Hankel 阵 $H_t, H_{t,t+1}$ 和 $H_{t+1,t}$ 的 (有限) 样本副本:

$$H_N(t) = \mathrm{E}_N\{Y_{[t,2t-1]}Y'_{[0,t-1]}\}, \tag{13.24a}$$

$$H_N(t,t+1) = \mathrm{E}_N\{Y_{[t+1,2t]}Y'_{[0,t]}\}, \tag{13.24b}$$

$$H_N(t+1,t) = \mathrm{E}_N\{Y_{[t,2t]}Y'_{[0,t-1]}\}. \tag{13.24c}$$

称 (13.24) 为样本 Hankel 阵, 虽然严格来讲它们并不是 Hankel 阵. 实际上, 它们的块元素都是如下形式

$$\Lambda_N(k,j) = \mathrm{E}_N\{Y_N(k)Y_N(j)'\}, \tag{13.25}$$

并且不仅仅依赖于 $k - j$ 的不同, 而这一点在 Hankel 结构中是必须的. 然而, 假设数据串是二阶平稳序列, 那么对于 $t = 0, 1, 2, \cdots$, 极限

$$\Lambda(t) := \lim_{N \to \infty} \Lambda_N(\tau + t, \tau) = \lim_{N \to \infty} \mathrm{E}_N\{Y_N(t + k)Y_N(k)\} \tag{13.26}$$

存在 (定义 13.1.1). 特别地, 极限

$$H(t) := \lim_{N \to \infty} H_N(t), \tag{13.27a}$$

$$H(t, t + 1) := \lim_{N \to \infty} H_N(t, t + 1), \tag{13.27b}$$

$$H(t + 1, t) := \lim_{N \to \infty} H_N(t + 1, t) \tag{13.27c}$$

存在, 并且 $H(t)$, $H(t, t + 1)$ 和 $H(t + 1, t)$ 是真实的 Hankel 矩阵块. 我们称这些限制样本 Hankel 矩阵. 此外, 如果生成数据的二阶遍历过程 (定义 13.1.3) 不是必要的, 我们会以概率 1 得到 $\Lambda(t) = \Lambda_t$, $t = 0, 1, 2, \cdots$, 因此 $H(t)$, $H(t, t + 1)$ 和 $H(t + 1, t)$ 将会分别与 H_t, $H_{t,t+1}$ 和 $H_{t+1,t}$ 一致. 子空间辨识中的基本思想是用样本 Hankel 矩阵 $H_N(t)$, $H_N(t, t + 1)$ 和 $H_N(t + 1, t)$ 作为近似估计来替代第 12 章中的 H_t, $H_{t,t+1}$ 和 $H_{t+1,t}$, 然后再利用相同的模型.

§13.3　子空间辨识原理

如果可以在连续两步内得到状态 $x(t)$ 和 $x(t + 1)$, 就可以将模型 (13.2) 解释为未知参数 (A, C) 的回归, 并且可以用最小方差的方法解出回归方程, 获得类似 (12.78a) 和 (12.78b) 的方程. 同样地, $(A', \bar{C})$ 的估算可以通过滞后系统的线性回归来完成. 很明显, 由于 Akaike, 子空间辨识的最初思想是在不知道模型参数先验信息的情况下, 通过选择一个特定预测过程 y 空间的基础以及通过上述简单线性回归辨识 $(A, C, \bar{C})$ 来构建系统状态. 然后, 一旦获得了参数 $(A, C, \bar{C})$, 估算参数 (B, D) 就可以简化为解 Riccati 方程.

除了在现实中我们只有有限数据处理这一情况, 这个程序让我们想起了第 12 章中的有限区间随机实现问题. 因此能够应用第 12.4 节的基本结论来建立一个类似的基于有限方差序列的局部实现的程序. 因此, 至少在理论上来讲, 时间序列的子空间辨识可以看做是给定由输出数据得到的样本方差, 来决定一个系统 (13.2) 的模型参数 (A, B, C, D) 问题. 自然地, 我们必须用样本数据而非随机变量来表示这些基本法则. 这里有三个基本步骤, 即

(1) 进行样本 Hankel 阵 (13.24) 的秩分解, 这里的 Hankel 阵已经以一个连贯的方式被简化为一个适当的秩为 n 的矩阵.

(2) 从 $(A, C, \bar{C})$ 的因素中确定它们的估计 $(A_N, C_N, \bar{C}_N)$.

(3) 分别计算 B 和 D 的估计 B_N 和 D_N.

我们将阐述第 2 步的两种不同程序, 即近似部分实现 和近似有限区间随机实现, 并且说明二者其实是等价的. 如同第 12.4 节中展示的, 第 3 步成功实现的一个必要条件是

$$\Phi_N^+(z) := C_N(zI - A_N)^{-1}\bar{C}_N' + \frac{1}{2}\Lambda_N(0) \tag{13.28}$$

是正实数. 这在条件 12.4.1 满足时才成立, 或者对应的 Riccati 方程收敛 (性质 12.4.4). 如果条件 12.4.1 不满足, 那数据不支持 n 度的模型.

13.3.1 样本 Hankel 阵的连贯因子

时间序列子空间辨识的第一个基本步骤在于以一个连贯的方法分解 Hankel 阵 H_t, $H_{t,t+1}$ 和 $H_{t+1,t}$ 的样本. 然而, H_t, $H_{t,t+1}$ 和 $H_{t+1,t}$ 的秩分解往往导致了线性系统 (13.2) 的维数 n 过高, 因为这些矩阵往往是满秩的. 需要进行权威的相关分析来舍弃与较小奇异值相关的模型. 决定一个适当的 n 序本身就是辨识中的问题, 在这方面已经有了很多文献进行研究[25].

尽管严格意义上, 本节对 $(A, C, \bar{C})$ 估计的构建不需要任何对基本时间序列的假设, 为了证明近似性我们偶尔会假设二阶平稳性成立.

沿着第 11.2 节和第 12.4.4 节的思路, 介绍只是渐进 Hankel 的标准样本的 Hankel 阵 , 即

$$\hat{H}_N(t) = L_N^+(t)^{-1}H_N(t)L_N^-(t)^{-\mathrm{T}}, \tag{13.29a}$$

$$\hat{H}_N(t, t+1) = L_N^+(t)^{-1}H_N(t, t+1)L_N^-(t+1)^{-\mathrm{T}}, \tag{13.29b}$$

$$\hat{H}_N(t+1, t) = L_N^+(t+1)^{-1}H_N(t+1, t)L_N^-(t)^{-\mathrm{T}}, \tag{13.29c}$$

这里 $L_N^-(t+1)$ 和 $L_N^+(t+1)$ 是样本 Toeplitz 阵

$$L_N^-(t+1)L_N^-(t+1)' = T_N^-(t+1) := \mathrm{E}_N\{Y_{[0,t]}Y_{[0,t]}'\}, \tag{13.30a}$$

$$L_N^+(t+1)L_N^+(t+1)' = T_N^+(t+1) := \mathrm{E}_N\{Y_{[T-t,T]}Y_{[T-t,T]}'\} \tag{13.30b}$$

的下三角 Cholesky 元素, 并且 $L_N^-(t)$ 和 $L_N^+(t)$ 的定义如下

$$L_N^-(t+1) = \begin{bmatrix} L_N^-(t) & \\ * & * \end{bmatrix}, \tag{13.31a}$$

$$L_N^+(t+1) = \begin{bmatrix} L_N^+(t) & \\ * & * \end{bmatrix}, \tag{13.31b}$$

消去最后一行和最后一列, 如同在 (13.23) 中, 选取 $T = 2t$, 那么有

$$L_N^-(t)L_N^-(t)' = \mathrm{E}_N\{Y_{[1,t]}Y'_{[1,t]}\} \neq T_N^-(t),$$

$$L_N^+(t)L_N^+(t)' = \mathrm{E}_N\{Y_{[t,T-1]}Y'_{[t,T-1]}\} \neq T_N^+(t).$$

然而, 当 $N \to \infty$ 时, 上式趋于同一极限.

引理 13.3.1　给定二阶平稳序列数据串, 那么当 $N \to \infty$ 时, 极限 (13.26) 成立, 矩阵 $T_N^-(t)$, $T_N^+(t)$, $L_N^-(t)$ 和 $L_N^+(t)$ 趋于极限 $T^-(t)$, $T^+(t)$, $L^-(t)$ 和 $L^+(t)$, 于是 $tL^-(t)L^-(t)' = T^-(t)$, $L^+(t)L^+(t)' = T^+(t)$.

证　由于极限 (13.26) 存在, 则当 $N \to \infty$ 时, Toeplitz 阵 $T_N^-(t+1)$ 和 $T_N^+(t+1)$ 趋于块形如 (13.26) 的真实的样本 (块)Toeplitz 阵. 因此下三角 Cholesky 元也收敛. □

我们希望以一种连贯的方式分解样本 Hankel 阵 (13.24) 的近似. 为了达到这个目的, 考虑更大样本 Hankel 阵

$$H_N(t+1) = \mathrm{E}_N\{Y_{[t+1,2t+1]}Y'_{[0,t]}\} \tag{13.32}$$

和它的标准化对应

$$\hat{H}_N(t+1) = L_N^+(t+1)^{-1}H_N(t+1)L_N^-(t+1)^{-\mathrm{T}}. \tag{13.33}$$

然后, 我们进行奇异值分解

$$\hat{H}_N(t+1) = \begin{bmatrix} U_1 & U_2 \end{bmatrix} \begin{bmatrix} \Sigma_1 & 0 \\ 0 & \Sigma_2 \end{bmatrix} \begin{bmatrix} V'_1 \\ V'_2 \end{bmatrix}, \tag{13.34}$$

其中 $\Sigma_1 = \mathrm{diag}\,(\sigma_1^2, \sigma_2^2, \cdots, \sigma_n^2)$ 是以 n 最大奇异值来定义的. 通过舍去 Σ_2, 可以得到 $\hat{H}_N(t+1)$ 的 n 秩近似

$$\hat{\mathrm{H}}_N(t+1) := U_1\Sigma_1 V'_1 = \hat{\Omega}_N(t+1)\hat{\bar{\Omega}}_N(t+1)', \tag{13.35}$$

这里 $\hat{\Omega}_N(t+1) := U_1\Sigma_1^{1/2}$, $\hat{\bar{\Omega}}_N(t+1) := V_1\Sigma_1^{1/2}$. 然后去掉 $\hat{\mathrm{H}}_N(t+1)$ 的最后一行和/或最后一列, 可得相干分解

$$\hat{\mathrm{H}}_N(t) = \hat{\Omega}_N(t)\hat{\bar{\Omega}}_N(t)', \tag{13.36a}$$

$$\hat{\mathbf{H}}_N(t, t+1) = \hat{\Omega}_N(t)\hat{\bar{\Omega}}_N(t+1)', \tag{13.36b}$$

$$\hat{\mathbf{H}}_N(t+1, t) = \hat{\Omega}_N(t+1)\hat{\bar{\Omega}}_N(t)', \tag{13.36c}$$

其中,

$$\hat{\Omega}_N(t) := \begin{bmatrix} I_{mt \times mt} & 0_{mt \times m} \end{bmatrix} \hat{\Omega}_N(t+1), \tag{13.37a}$$

$$\hat{\bar{\Omega}}_N(t) := \begin{bmatrix} I_{mt \times mt} & 0_{mt \times m} \end{bmatrix} \hat{\bar{\Omega}}_N(t+1), \tag{13.37b}$$

分别是通过去掉 $\hat{\Omega}(t+1)$ 和 $\hat{\bar{\Omega}}(t+1)$ 的最后一行得到的. 由于 $\hat{\Omega}_N(t+1)$ 和 $\hat{\bar{\Omega}}_N(t+1)$ 是由统计数据产生的, 并且通常有 $n << mt$, $\hat{\Omega}_N(t)$ 和 $\hat{\bar{\Omega}}_N(t)$ 依概率 1 保留了秩为 n. 因此, 可以总是假设 $\hat{\Omega}_N(t)$ 和 $\hat{\bar{\Omega}}_N(t)$ 是满秩的. 最后, 定义

$$\Omega_N(t) := L_N^+(t)\hat{\Omega}_N(t), \qquad \Omega_N(t+1) := L_N^+(t+1)\hat{\Omega}_N(t+1), \tag{13.38a}$$

$$\bar{\Omega}_N(t) := L_N^-(t)\hat{\bar{\Omega}}_N(t), \qquad \bar{\Omega}_N(t+1) := L_N^-(t+1)\hat{\bar{\Omega}}_N(t+1), \tag{13.38b}$$

并且注意到

$$\begin{bmatrix} I_{mt \times mt} & 0_{mt \times m} \end{bmatrix} L_N^-(t+1) = L_N^-(t) \begin{bmatrix} I_{mt \times mt} & 0_{mt \times m} \end{bmatrix}, \tag{13.39a}$$

$$\begin{bmatrix} I_{mt \times mt} & 0_{mt \times m} \end{bmatrix} L_N^-(t+1) = L_N^-(t) \begin{bmatrix} I_{mt \times mt} & 0_{mt \times m} \end{bmatrix}, \tag{13.39b}$$

可得非标准降秩样本 Hankel 矩阵的相干分解

$$\mathbf{H}_N(t) = \Omega_N(t)\bar{\Omega}_N(t)', \tag{13.40a}$$

$$\mathbf{H}_N(t, t+1) = \Omega_N(t)\bar{\Omega}_N(t+1)', \tag{13.40b}$$

$$\mathbf{H}_N(t+1, t) = \Omega_N(t+1)\bar{\Omega}_N(t)', \tag{13.40c}$$

$$\mathbf{H}_N(t+1) = \Omega_N(t+1)\bar{\Omega}_N(t+1)', \tag{13.40d}$$

即为 (13.24) 的降秩近似. 显然, 它们的秩都为 n, 因此满足 (12.95) 中的秩条件. 此外有

$$\Omega_N(t) := \begin{bmatrix} I_{mt \times mt} & 0_{mt \times m} \end{bmatrix} \Omega_N(t+1), \tag{13.41a}$$

$$\bar{\Omega}_N(t) := \begin{bmatrix} I_{mt \times mt} & 0_{mt \times m} \end{bmatrix} \bar{\Omega}_N(t+1). \tag{13.41b}$$

下面我们将阐述两种不同的基于这些分解的辨识过程, 并且说明两种方法是等价的.

13.3.2　近似部分实现

第一种方法基于第 12.4 节的方程 (12.99), 其在当前设定下相当于根据

$$\Omega_N(t+1) = \begin{bmatrix} C_N \\ \Omega_N(t)A_N \end{bmatrix}, \tag{13.42a}$$

$$\bar{\Omega}_N(t+1) = \begin{bmatrix} \bar{C}_N \\ \bar{\Omega}_N(t)A'_N \end{bmatrix} \tag{13.42b}$$

确定了 $(A_N, C_N, \bar{C}_N)$. 这里的 $\Omega_N(t)$, $\Omega_N(t+1)$, $\bar{\Omega}_N(t)$ 和 $\bar{\Omega}_N(t+1)$ 是 (13.40) 中的一致构建的因子. 从 (13.42) 可以判定 C 和 $\bar{C}$ 分别为 $C_N = E'_1\Omega_N(t+1)$ 和 $\bar{C}_N = E'_1\bar{\Omega}_N(t+1)$, 其中 E_1 的定义见第 434 页. 然而, 不同于第 12.4 节中的情况, 降秩样本 Hankel 矩阵 (13.40) 一般不具有 Hankel 性质. 因此, 一般来说, 方程 $\sigma\Omega_N(t) = \Omega_N(t)A_N$ 通常形式为

$$\sigma\Omega_N(t) = \begin{bmatrix} 0_{mt\times m} & I_{mt} \end{bmatrix}\Omega_N(t+1), \tag{13.43}$$

无解 ($\sigma\bar{\Omega}_N(t) = \bar{\Omega}_N(t)A'_N$ 也一样), 所以 A_N 必须通过 (加权) 最小方差方法来得到. 同附录 A 中解释的一样, 这样得到了 $A_N = \Omega_N(t)^{-L}\sigma\Omega_N(t+1)$ 的解, 其对于左逆的选取取决于最小方差标准中的加权. 因为降秩样本 Hankel 阵 (13.40) 不是标准化的, 我们很自然地使用 (13.30) 中定义样本 Toeplitz 阵 $T_N^+(t)$ 的逆作为权重. 因此有

$$\Omega_N(t)^{-L} = \left(\Omega_N(t)'T_N^+(t)^{-1}\Omega_N(t)\right)^{-1}\Omega_N(t)'T_N^+(t)^{-1}. \tag{13.44}$$

不同于使用标准降秩样本 Hankel 阵 (13.36), 我们可以选择权重 I 来使得 $\Omega_N(t)^{-L} = \Omega_N(t)^{\dagger}$, 也就是 Moore-Penrose 伪逆.

因此, 我们得到解

$$A_N = \Omega_N(t)^{-L}\sigma\Omega_N(t), \tag{13.45a}$$

$$C_N = E'_1\Omega_N(t+1), \tag{13.45b}$$

$$\bar{C}_N = E'_1\bar{\Omega}_N(t+1), \tag{13.45c}$$

$$\Lambda_N(0) = \mathrm{E}\{Y_N(0)Y_N(0)'\}, \tag{13.45d}$$

与 (12.4.8) 中相比较, 后者情况下任何左逆都将产生相同的结果. 或者, 可以选择通过 $\sigma\bar{\Omega}_N(t) = \bar{\Omega}_N(t)A'_N$ 来对 A_N 进行判定, 得到加权最小方差估计

$$A_N = \left(\bar{\Omega}_N(t)^{-L}\sigma\bar{\Omega}_N(t)\right)', \tag{13.46}$$

这里,

$$\bar{\Omega}_N(t)^{-\mathrm{L}} = \left(\bar{\Omega}_N(t)' T_N^-(t)^{-1} \bar{\Omega}_N(t)\right)^{-1} \bar{\Omega}_N(t)' T_N^-(t)^{-1}. \tag{13.47}$$

13.3.3　近似有限区间随机实现

第二个辨识步骤是基于首先由形如性质 12.4.13 中数据来构建状态, 其次用形如性质 12.3.1 中公式估计 $(A_N, C_N, \bar{C}_N)$.

为了达到这一目的, 在 (12.107) 中,

$$X_N(t) := \bar{\Omega}_N(t)' T_N^-(t)^{-1} Y_{[0,t-1]}, \tag{13.48a}$$

$$X_N(t+1) := \bar{\Omega}_N(t+1)' T_N^-(t+1)^{-1} Y_{[0,t]}, \tag{13.48b}$$

其中 $\bar{\Omega}_N(t)$ 和 $\bar{\Omega}_N(t+1)$ 是 (13.40) 中连贯构建的元素, $T_N^-(t)$ 和 $T_N^-(t+1)$ 是 (13.30) 中定义的样本 Toeplitz 阵. 然后构建线性回归

$$\begin{bmatrix} X_N(t+1) \\ Y_N(t) \end{bmatrix} = \begin{bmatrix} A \\ C \end{bmatrix} X_N(t) + V_N(t), \tag{13.49}$$

其中不相关误差记为 $\{V_N(t)\}$. 确定 A_N, C_N 为下述线性最小方差问题的解

$$\min_{A,C} \left\| \begin{bmatrix} X_N(t+1) \\ Y_N(t) \end{bmatrix} - \begin{bmatrix} A \\ C \end{bmatrix} X_N(t) \right\|. \tag{13.50}$$

通过 (13.16) 和 (13.17) 之间的对应关系可以得到

$$A_N = \mathrm{E}_N\{X_N(t+1)X_N(t)'\} P_N(t)^{-1}, \tag{13.51a}$$

$$C_N = \mathrm{E}_N\{Y_N(t)X_N(t)'\} P_N(t)^{-1}, \tag{13.51b}$$

这里 $P_N(t) = \mathrm{E}_N\{X_N(t)X_N(t)'\}$. 与 (12.78) 相比, 后者提供了 $\bar{C}$ 的一种估计, 即

$$\bar{C}_N = \mathrm{E}_N\{Y_N(t)X_N(t+1)'\}, \tag{13.51c}$$

从滞后状态估计

$$\bar{X}_N(t) := \Omega_N(t)' T_N^+(t)^{-1} Y_{[t+1,2t]}, \tag{13.52a}$$

$$\bar{X}_N(t-1) := \Omega_N(t+1)' T_N^+(t+1)^{-1} Y_{[t,2t]} \tag{13.52b}$$

的角度判定 A' 和 $\bar{C}$ 的双重线性最小方差问题

$$\min_{A',\bar{C}} \left\| \begin{bmatrix} \bar{X}_N(t-1) \\ Y_N(t) \end{bmatrix} - \begin{bmatrix} A' \\ \bar{C} \end{bmatrix} \bar{X}_N(t) \right\|, \tag{13.53}$$

得到和 (12.79) 形式等价的估计, 即

$$A'_N = \mathrm{E}_N\{\bar{X}_N(t-1)\bar{X}_N(t)'\}P_N(t)^{-1}, \tag{13.54a}$$

$$C_N = \mathrm{E}_N\{Y_N(t)\bar{X}_N(t-1)'\}, \tag{13.54b}$$

$$\bar{C}_N = \mathrm{E}_N\{Y_N(t)\bar{X}_N(t)\}\bar{P}_N^{-1}, \tag{13.54c}$$

这里 $\bar{P}_N(t) = \mathrm{E}_N\{\bar{X}_N(t)\bar{X}_N(t)'\}$.

因此对于 A_N, C_N 和 $\bar{C}_N$ 有两种估计方法, 从中选取

$$A_N = (\mathrm{E}_N\{\bar{X}_N(t)\bar{X}_N(t)'\})^{-1}\,\mathrm{E}_N\{\bar{X}_N(t)\bar{X}_N(t-1)'\}, \tag{13.55a}$$

$$C_N = \mathrm{E}_N\{Y_N(t)\bar{X}_N(t-1)'\}, \tag{13.55b}$$

$$\bar{C}_N = \mathrm{E}_N\{Y_N(t)X_N(t+1)'\}, \tag{13.55c}$$

$$\Lambda_N(0) = \mathrm{E}_N\{Y(0)Y(0)'\}. \tag{13.55d}$$

定理 13.3.2　估计 (13.45) 和 (13.55) 是一致的.

证　首先注意到

$$\mathrm{E}_N\{Y_{[t+1,2t]}Y'_{[t,2t]}\} = \begin{bmatrix} 0 & I \end{bmatrix}\mathrm{E}_N\{Y_{[t,2t]}Y'_{[t,2t]}\} = \begin{bmatrix} 0 & I \end{bmatrix}T_N^+(t+1),$$

这里 $\begin{bmatrix} 0 & I \end{bmatrix} := \begin{bmatrix} 0_{mt\times m} & I_{mt\times mt} \end{bmatrix}$. 因此由 (13.52) 可得

$$\begin{aligned}
\mathrm{E}_N\{\bar{X}_N(t)\bar{X}_N(t-1)'\} &= \Omega_N(t)'T_N^+(t)^{-1}\begin{bmatrix} 0 & I \end{bmatrix}T_N^+(t+1)T_N^+(t+1)^{-1}\Omega_N(t+1) \\
&= \Omega_N(t)'T_N^+(t)^{-1}\sigma\Omega_N(t),
\end{aligned}$$

以及

$$\mathrm{E}_N\{\bar{X}_N(t)\bar{X}_N(t)'\} = \Omega_N(t)'T_N^+(t)^{-1}\Omega_N(t). \tag{13.56}$$

最终, 由 (13.55a) 可得

$$A_N = \Omega_N(t)^{-\mathrm{L}}\sigma\Omega_N(t), \tag{13.57}$$

与 (13.45a) 相同.

下面, 为了证明 (13.55b) 和 (13.45b) 的等价性, 我们注意到 $Y_N(t) = E'_1 Y_{[t,2t]}$, 这里 E_1 的定义见第 434 页. 然后有

$$\mathrm{E}_N\{Y_N(t)Y'_{[t,2t]}\} = E_1\,\mathrm{E}_N\{Y_{[t,2t]}Y'_{[t,2t]}\} = E_1 T_N^+(t+1),$$

因此得到

$$C_N = \mathrm{E}\{Y_N(t)\bar{X}_N(t-1)'\} = E'_1\Omega_N(t+1),$$

与 (13.45b) 相同.

最后, 证明 (13.55c) 和 (13.45c) 的等价性. 首先注意到

$$\mathrm{E}_N\{Y_N(t)Y'_{[0,t]}\} = E'_1 \,\mathrm{E}_N\{Y_{[0,t]}Y'_{[0,t]}\} = E'_1 T^-_N(t+1).$$

由 (13.48b), 可以得到

$$\mathrm{E}_N\{Y_N(t)X_N(t+1)'\} = E'_1 \bar{\Omega}_N(t+1),$$

得证.   □

很显然, 对 A_N 使用估计 (13.51a) 得到了 (13.46).

13.3.4 估计 B 与 D (纯不确定情况)

假设

$$|\lambda(A_N)| < 1, \tag{13.58}$$

对应于纯不确定情况 (定理 8.4.8).

值得注意的是对于一般的数据, 上述辨识过程没有确保

$$\Phi^+_N(z) := C_N(zI - A_N)^{-1}\bar{C}_N{}' + \frac{1}{2}\Lambda_N(0) \tag{13.59}$$

是正实值, 因此 $(A_N, C_N, \bar{C}_N)$ 相当于一个真实的 随机系统 (13.2). 由于在区分正数和代数上存在困难, 这是子空间识别的一个缺陷, 而这通常在文献中都被掩盖了. 没有这一性质, 将无法对参数 B 和 D 进行判定.

为了使得 (13.59) 为正实数, 充要条件是 $|\lambda(A_N)| \leqslant 1$ 并且存在对称的 P 使得

$$M_N(P) = \begin{bmatrix} P - A_N P A'_N & \bar{C}'_N - A_N P C'_N \\ \bar{C}_N - C_N P A'_N & \Lambda(0) - C_N P C'_N \end{bmatrix} \geqslant 0 \tag{13.60}$$

(定理 6.7.4).

在第 6 章中, 我们有 (i) 存在 (13.60) 的一个最小解 P_N, 即对任意其他解 P 满足 $P \geqslant P_N$;(ii) 这个解 (在第 6 章中记为 P_-) 相当于稳定 Kalman 滤波 (12.72). 另外, P_N 是极限

$$P_N(t) \to P_N, \quad 当 \ t \to \infty, \tag{13.61}$$

这里的 $\{P_N(t)\}$ 是下述样本 Riccati 方程 的解

$$\begin{aligned} P_N(t+1) &= A_N P_N(t) A'_N + (\bar{C}'_N - A_N P_N(t)C'_N)R_N(t)^\dagger \times \\ &\quad (\bar{C}'_N - A_N P_N(t)C'_N)', \quad P_N(0) = 0, \end{aligned} \tag{13.62a}$$

其中

$$R_N(t) = \Lambda(0) - C_N P_N(t) C_N'. \tag{13.62b}$$

给定 P_N, 则 B 和 D 的估计 B_N 和 D_N 可以通过解下面的方程得到

$$\begin{bmatrix} B_N \\ D_N \end{bmatrix} \begin{bmatrix} B_N \\ D_N \end{bmatrix}' = M_N(P_N), \tag{13.63}$$

并且只要 (13.60) 成立, 上述方程就可解. 更精确地, 令 D_N 为

$$D_N D_N' = \Lambda(0) - C_N P_N C_N' \tag{13.64a}$$

的任意满秩解, 并且令

$$B_N = (\bar{C}_N' - A_N P_N C_N') D_N^{-1}. \tag{13.64b}$$

由性质 12.4.4 可得 (13.59) 为正实值当且仅当 $t \to \infty$ 时 $P_N(t) \to P_N$. 因此收敛性是正实性的一个判定. 如果没有判定成功, 那么我们可以考虑通过增加参数 t 来增加样本数量 N 以及增加样本 Hankel 阵, 和/或根据第 463 页第 1 步选取其他 n 阶的值. 如果上述补救方法都不起作用, 那么就只能承认这些数据无法使我们用形如 (13.2) 的有限维线性随机模型进行模型描述.

在 $(A, C, \bar{C})$ 的参数估计公式 (13.55) 中, 最小方差公式 (13.50) 和 (13.53) 在计算方面是具有吸引力和便利性的, 因此它们被应用到了许多辨识软件包中. 然而, 我们不能进行以往子空间辨识文献中经常做的如下假设:误差方差 $\mathrm{E}_N\{V_N(t)V_N(t)'\}$ 的正定性保证 (13.59) 的正实数性质, 即使对于 N 特别大的长数据串也不行. 为了验证这一点, 令 (13.50) 和 (13.53) 中的 $N \to \infty$, 并且考虑由此产生的最小方差问题

$$\min_{A,C} \left\| \begin{bmatrix} X(t+1) \\ Y(t) \end{bmatrix} - \begin{bmatrix} A \\ C \end{bmatrix} X(t) \right\|, \tag{13.65a}$$

$$\min_{A',\bar{C}} \left\| \begin{bmatrix} \bar{X}(t-1) \\ Y(t) \end{bmatrix} - \begin{bmatrix} A' \\ \bar{C} \end{bmatrix} \bar{X}(t) \right\|, \tag{13.65b}$$

令 $V(t)$ 为相应的最小方差剩余误差 (13.49). 假设 $N \to \infty$ 时, 极限 $(A_N, C_N, \bar{C}_N) \to (A, C, \bar{C})$ 存在, 我们将回到接下来的问题. 现在, 由于二阶平稳, $P_N(t) \to P_-(t)$, 其中 $P_-(t)$ 满足推论 12.2.2 中的方程. 现在的几何结构为第 12 章中结构, 并且不难看出

$$\mathrm{E}\{V(t)V(t)'\} = \begin{bmatrix} P_-(t+1) - A P_-(t) A' & \bar{C}' - A P_-(t) C' \\ \bar{C} - C P_-(t) A' & \Lambda(0) - C P_- C' \end{bmatrix} \geqslant 0, \tag{13.66}$$

但是这不足以保证存在对称阵 P 使得 (13.60) 成立. 为了从 (13.66) 得到这一结论, 极限 $\lim_{t\to\infty} P_-(t)$ 应该存在, 而这正是性质 12.4.4 中的正实性准则.

13.3.5 估计 B 和 D (一般情况下)

一般情况下, 当 (13.58) 不成立, 但是 A_N 在单位圆上有一个或几个特征根, 应用变换

$$(A, C, \bar{C}, \Lambda_0) \mapsto (TAT^{-1}, CT^{-1}, \bar{C}T', \Lambda_0), \tag{13.67}$$

使得

$$C_N T^{-1} = \begin{bmatrix} C_{0,N} & C_{d,N} \end{bmatrix}, \tag{13.68a}$$

$$TA_N T^{-1} = \begin{bmatrix} A_{0,N} & 0 \\ 0 & A_{d,N} \end{bmatrix}, \tag{13.68b}$$

$$\bar{C}_N T' = \begin{bmatrix} \bar{C}_{0,N} & \bar{C}_{d,N} \end{bmatrix}, \tag{13.68c}$$

其中有 $|\lambda(A_{0,N})| < 1$, $|\lambda(A_{d,N})| = 1$, 并且 $A_{d,N}$ 是一个正交阵, 这意味着 $A'_{d,N} = A_{d,N}^{-1}$. 由推论 8.4.9 得知可以选取适当的变换, 使得 $A_{d,N}$ 是正交的.(在本章我们不再使用第 8.4 节中将 ∞ 作为纯决定性部分的指标, 因为本章中这个指标将使用在样本极限上.)

注意到单位圆上的特征值数量可能随着 N 而改变, 并且可能与真实数据生成的不同. 因此, 一个重要的问题是为了被认为是有模量的, 特征根需与单位圆有多靠近. 这些问题都需要技巧, 在这里不再研究它们, 仅向读者进行提示.

在新坐标 (13.68) 中, 状态方差 (8.98) 成为

$$P_N = \begin{bmatrix} P_{0,N} & 0 \\ 0 & P_{d,N} \end{bmatrix}, \tag{13.69}$$

这里 $P_{d,N}$ 与 $A_{d,N}$ 相同. 实际上, 由 (8.115), 有 $P_{d,N} = A_{d,N} P_{d,N} A'_{d,N}$. 并且由于 $A_{d,N}$ 是正交的, 所以 $A_{d,N} P_{d,N} = P_{d,N} A_{d,N}$. 同样由 (8.106) 可以得到 $\bar{C}'_{d,N} = A_{d,N} P_{d,N} C'_{d,N}$. 因此, 如果 $A_{d,N}$ 是 $n_d \times n_d$, 那么

$$(\bar{C}'_{d,N}, A_{d,N}\bar{C}'_{d,N}, \cdots, A_{d,N}^{n_d-1}\bar{C}'_{d,N})$$
$$= P_{d,N} A_{d,N}(C'_{d,N}, A_{d,N}C'_{d,N}, \cdots, A_{d,N}^{n_d-1}C'_{d,N}), \tag{13.70}$$

从而可以得到 $P_{d,N}$. 在第 13.4 节还会讲到: 由输出数据计算出的样本状态方差 $P_{d,N}$ 与 x_d 的理论方差 $\mathrm{E}\{x_d(t)x_d(t)\}$ 不同 (推论 13.4.10). 然后

$$\Lambda_{0,N}(0) := \Lambda_N(0) - C_{d,N}P_{d,N}C'_{d,N} \tag{13.71}$$

为 y 中纯非确定部分 y_0 的样本方差.

因 $|\lambda(A_{0,N})| < 1$, 可参照上述完全不确定情况的过程. 从 $(A_{0,N}, C_{0,N}, \bar{C}_{0,N}, \Lambda_0)$ 开始, 然后将相应的样本 Riccati 方程 (13.62) 定为 $P_{0,N}$, 并且 $B_{0,N}$ 和 $D_{0,N}$ 取决于 (13.64), 最终得到结论 (在新的坐标系中)

$$(A_N, B_N, C_N, D_N) = \left(\begin{bmatrix} A_{0,N} & 0 \\ 0 & A_{d,N} \end{bmatrix}, \begin{bmatrix} B_{0,N} \\ 0 \end{bmatrix}, \begin{bmatrix} C_{0,N} & C_{d,N} \end{bmatrix}, D_{0,N} \right). \tag{13.72}$$

当 $N \to \infty$ 时, 此算法在收敛到能够生成数据的真实系统意义下是否具有一致性的问题将在第 13.4 节进行讨论.

13.3.6　子空间辨识中的 LQ 分解

在上面的算法中, 许多步骤都涉及列数很大的数据矩阵, 例如 $Y_N(t)$ 和 $X_N(t)$, 因此矩阵的乘法会带来很大的计算量. 在这种情况下 LQ 分解, 一种在线性代数中很常见的手法, 就变得十分有用, 尤其是在计算涉及最小方差问题的解和各种数据空间的正交投影时.

命题 13.3.3　假设 $U \in \mathbb{R}^{n_1 \times N}$, $Y \in \mathbb{R}^{n_2 \times N}$. 那么存在矩阵 Q_1, Q_2 且 $Q_1' Q_1 = I_{n_1}$, $Q_2' Q_2 = I_{n_2}$ 和 $Q_1' Q_2 = 0$ 使得

$$\begin{bmatrix} U \\ Y \end{bmatrix} = \begin{bmatrix} L_{11} & 0 \\ L_{21} & L_{22} \end{bmatrix} \begin{bmatrix} Q_1' \\ Q_2' \end{bmatrix},$$

其中 L_{11}, L_{22} 为下三角阵.

Q_1' 的行组成了行空间 U 的一组正交基. 因此有

$$\mathrm{E}\left[Y \mid U\right] = Y Q_1 \left[Q_1' Q_1\right]^{-1} Q_1' = L_{21} Q_1', \tag{13.73}$$

$$\mathrm{E}\left[Y \mid U^{\perp}\right] = Y Q_2 \left[Q_2' Q_2\right]^{-1} Q_2' = L_{22} Q_2'. \tag{13.74}$$

特别地, 取 $U = Y_{[0,t-1]}$, $Y = Y_{[t,2t]}$, 那么可以看出 $Q_1' = \hat{Y}_{[0,t-1]}$, 且有

$$T_N^-(t) = L_{11} L_{11}', \qquad T_N^+(t+1) = L_{21} L_{21}' L_{22} L_{22}',$$

这极大地促进了 Cholesky 因子的计算. 此外, 有

$$L_N^+(t+1) \hat{H}_N(t+1, t) = L_{21},$$

于是可以用最小的计算量求出标准 Hankel 阵 $\hat{H}_N(t+1, t)$, 因此已经基本上可以由 L_{21} 计算出 SVD 分解 (13.34).

§13.4　子空间辨识算法的一致性

在参数统计中, 由带真实参数 θ 的系统模型生成的数据所产生的一列参数估计 θ_N 称作是 (强) 一致的, 如果 $\lim_{N\to\infty}\theta_N = \theta$ 以概率 1 成立.

为了对一个辨识算法定义一致性, 首先假设无限数据串 (13.3) 由形如 (13.2) 的真实系统 Σ 所生成, 其中 (13.2) 的性质将在下面给出. 令 (Σ_N) 为一列对真实系统的估计, 每一个估计都是基于一组长度为 N 的数据串 (13.18). 如果下式成立, 那么我们称算法是一致的

$$\lim_{N\to\infty}\Sigma_N = \Sigma \quad \text{依概率 1 成立}. \tag{13.75}$$

这里一致性的精确含义将在下文给出解释. 由于可用的数据是一串不能重复的数值序列, 并且其他形式的随机收敛不能保证由某个特殊轨迹计算出来的估计能够还原真实系统, 所以在此处必须添加条件 "以概率 1".

13.4.1　数据生成系统

假设无限数据串 (13.3) 是由形如定理 8.4.8 中线性系统的输出样本轨迹, 即一个最小随机实现

$$\begin{cases} \begin{bmatrix} x_0(t+1) \\ x_d(t+1) \end{bmatrix} = \begin{bmatrix} A_0 & 0 \\ 0 & A_d \end{bmatrix} \begin{bmatrix} x_0(t) \\ x_d(t) \end{bmatrix} + \begin{bmatrix} B_0 \\ 0 \end{bmatrix} w(t), \\ y(t) = \begin{bmatrix} C_0 & C_d \end{bmatrix} \begin{bmatrix} x_0(t) \\ x_d(t) \end{bmatrix} + D w(t), \end{cases} \tag{13.76}$$

其中 C_d, A_d 在第 8.5 节的基础上进行规范化, 且 A_d 是正交的.

不失一般性, 同样可以假设真实系统 (13.76) 的 Markov 链子空间是预测空间 $\mathbf{X}_- = \mathbf{E}^{\mathbf{H}^-}\,\mathbf{H}^+$. 事实上, 不可能从输出数据中依据 $\mathcal{M}$ 类 (在第 8 章中定义) 将个体的最小 Markov 代表区分出来. 因此, 我们所能做到的最大限度是估计一个类中的一个代表, 也就是 $\mathbf{X}_-$ 的预实现. 即使在这一假设条件下, 系统 (13.76) 也仅仅只是通过如下坐标变换形成的等价类中的一个元素

$$(A, B, C, D) \mapsto (TAT^{-1}, CT^{-1}, TB, D), \tag{13.77}$$

并且同一等价类中元素有相同的输出. 这里

$$A = \begin{bmatrix} A_0 & 0 \\ 0 & A_d \end{bmatrix}, \quad B = \begin{bmatrix} B_0 \\ 0 \end{bmatrix}, \quad C = \begin{bmatrix} C_0 & C_d \end{bmatrix}. \tag{13.78a}$$

我们也需要

$$
\bar{C}' = \begin{bmatrix} \bar{C}_0' \\ \bar{C}_d' \end{bmatrix} = \begin{bmatrix} A_0 P_0 (C_0)' + B_0 D_0 \\ A_d P_d (C_d)' \end{bmatrix},
\tag{13.78b}
$$

这里

$$
P := \begin{bmatrix} P_0 & 0 \\ 0 & P_d \end{bmatrix} = \begin{bmatrix} \mathrm{E}\{x_0(x_0)'\} & 0 \\ 0 & \mathrm{E}\{x_d(x_d)'\} \end{bmatrix}.
\tag{13.78c}
$$

由 (8.86) 可知, (13.76) 的输出过程有正交分解

$$
y(t) = y_0(t) + y_d(t), \quad t \in \mathbb{Z},
\tag{13.79}
$$

其中 y_0 和 y_d 分别为 y 的完全非决定性和完全决定性结构. 更精确地讲, $y_0(t) = C_0 x_0(t) + D w(t)$, 且 $y_d(t) = C_d x_d(t)$. 下面的条件是为了确保估计 $(A_N, C_N, \bar{C}_N, \Lambda_N(0))$ 的正实性.

条件 13.4.1 完全非决定性部分 y_0 的谱密度 Φ_0 是强制性的.

最后, 需要对 (13.76) 中的白噪声 w 做一些假设, 这里的白噪声 w 一般是正态分布的, 即 $\mathrm{E}\{w(t)w(s)'\} = I\delta_{ts}$.

条件 13.4.2 令 $\mathcal{Y}_t$ 为 $\{y_0(\tau) \mid \tau \leqslant t\}$ 生成的 σ-域. 则 $\{w(t)\}_{t\in\mathbb{Z}}$ 是这个 σ- 域的鞅差. 即 $\mathrm{E}\{w(t) \mid \mathcal{Y}_{t-1}\} = 0$.

当然, 这一条件比仅仅假设 w 是一个不相关序列要强, 但是比假设其为独立序列或者 Gaussian 要弱.

在 [136, 第 5.3 节] 中所示条件 13.4.2 是 y_0 为二阶遍历 (定义 13.1.3) 的充分条件. 然而, 如以下命题所述, 一个由有限维随机系统生成的二阶遍历过程也是完全非确定性的, 因此完全确定性部分 y_d 不会具有这样的遍历性质.

命题 13.4.3 (13.76) 的完全确定性分量 y_d 是非遍历性的. 然而, 它的样本轨道是依概率 1 二阶平稳的. 另外, 对于 x_d 的几乎所有轨线, 极限样本状态方差 $P_{d,\infty}$ 存在且为半正定的, $P_{d,\infty} > 0$ 成立当且仅当 (13.76) 中矩阵 A_d 没有多重特征根.

证 令

$$
Y_N(t) := \begin{bmatrix} C_d(A_d)^t x & C_d(A_d)^{t+1}x & \cdots & C_d(A_d)^{t+N}x \end{bmatrix}, \quad t = 0, 1, 2, \cdots
$$

为与以下轨迹

$$
y_d(t) = C_d(A_d)^t x_d(0)
$$

相对应的尾矩阵 (13.15), 其中初始样本向量为 x. 如果能够证明当 $N \to \infty$ 时, 对于每一个 $t = 0, 1, 2, \cdots$, 样本方差

$$
\mathrm{E}_N\{Y_N(t+\tau)Y_N(t)'\} = C_d(A_d)^t P_{d,N} C_d',
\tag{13.80}
$$

其中

$$P_{d,N} := \frac{1}{N+1} \sum_{t=0}^{N} (A_d)^t x x' (A_d)^t, \tag{13.81}$$

都趋向于一个依赖于 x 的极限 $\Lambda_d(\tau)$, 那么命题得证. 这就证明了二阶平稳 (定义 13.1.1).

为了解释简单起见, 我们选择复值标准型 (8.122). 然后, 对于某些复值非奇异阵 T, P_N 类似于复值 $n \times n$ 阵 $Q(N) := TP_NT^*$, 其中

$$Q_{jk}(N) := (T\mathrm{xx}'T^*)_{jk} \Delta_{jk}(N),$$

这里

$$\Delta_{jk}(N) := \frac{1}{N+1} \sum_{t=0}^{N} \mathrm{e}^{\mathrm{i}(\theta_j-\theta_k)t} = \begin{cases} 1, & \text{当 } \theta_j = \theta_k, \\ \dfrac{1 - \mathrm{e}^{\mathrm{i}(\theta_j-\theta_k)(N+1)}}{(N+1)(1 - \mathrm{e}^{\mathrm{i}(\theta_j-\theta_k)})}, & \text{当 } \theta_j \neq \theta_k \end{cases}$$

趋于极限

$$\Delta_{jk} = \begin{cases} 1, & \text{当 } \theta_j = \theta_k, \\ 0, & \text{当 } \theta_j \neq \theta_k, \end{cases}$$

当 $N \to \infty$ 时. 因此, 与 (8.122) 一致地将 x 分解为 n_ℓ 维子向量 $\mathrm{x}_\ell, \ell = 1, 2, \cdots, \mu$, 可以看到 $P_{d,N}$ 趋于

$$P_{d,\infty} := \mathrm{diag}\,(x_1 x_1', x_2 x_2', \ldots, x_\mu x_\mu'). \tag{13.82}$$

当 $N \to \infty$ 时. 于是, 样本方差 $\mathrm{E}_N\{Y_N(t+\tau)Y_N(t)'\}$ 趋于

$$\Lambda_d(t) := C_d(A_d)^t P_{d,\infty} C_d', \tag{13.83}$$

这明显依赖于轨迹的特定选择. 最后, 考虑到 (13.81), 样本方差 $P_{d,\infty}$ 满足

$$P_{d,\infty} = A_d P_{d,\infty}(A_d)', \tag{13.84}$$

即同真实方差 P_d 相同的 Lyapunov 方程. 回想一下, 这样的 Lyapunov 方程没有唯一解.

为了证明最后一句, 注意到 (13.82) 中的对角块是秩为 1 的矩阵. 因此 $P_{d,\infty}$ 是非奇异的当且仅当这些阵是标量, 即 $n_k = 1, k = 1, 2, \cdots, \mu = n$. □

推论 13.4.4 如果 (13.76) 的输出过程 y 是二阶遍历的, 那么不存在完全确定性部分 y_d, 因此 y 是完全非确定性的.

证　如果 y 存在非零完全确定性部分 y_d, 那么对于几乎所有轨迹, 对于 $t = 0, 1, 2, \cdots$, 样本极限 $\Lambda_d(t)$ 存在, 但是依赖于特定的轨迹. 在这种情况下, $\Lambda_d(\tau) \neq$ E$\{y_d(t + \tau)y_d(t)'\}$ 依概率 1 成立, 与遍历性相矛盾. 　　　　□

为了证明一致性, 我们需要 $P_{d,\infty}$ 为非奇异, 这将在注解 13.4.17 中给出详细说明. 因此, 考虑到命题 13.4.3, 我们还需要以下条件成立.

条件 13.4.5　(13.76) 中的矩阵 A_d 不存在重根.

这一条件是通用的, 仅与正交矩阵的 "薄子集" 相悖, 与网络理论中的正实函数特征相符, 不能在单位圆上有多重根.

13.4.2　主要的一致性结果

假设观测数据 (13.1) 由一个真实系统 (13.2) 生成, 并且令 $\Theta_N := (A_N, B_N, C_N, D_N)$ 为一列通过长度为 N 的数据利用辨识算法得到的真实系统的估计值. 此外, 令 $[\Theta_N]$ 为相应的 (13.77) 所定义的等价类. 当 $N \to \infty$ 时, 如果等价类 $[\Theta_N]$ 在真实参数 $\Theta := (A, B, C, D)$ 时依概率 1 趋于等价类 $[\Theta]$, 那么可以说算法是一致的.

注意到一致性是算法的一种性质并且实际上并不需要存在一个真实的潜在 (有限维) 系统. 很少 (除了为了仿真) 假设这样一个系统存在. 我们所希望的是能够从同一个随机源中的不同数据串得到等价渐近的答案. 否则整个过程就没有意义了. 此外, 算法将总是产生预测空间的实现, 即使数据是由有相同输出过程的 $\mathcal{M}$ 中一个任意的 Markov 代表所生成的.

本章余下内容是一致性的证明.

定理 13.4.6　假设条件 13.4.1, 13.4.2 和 13.4.5 成立, 那么, 给定一个由系统 (13.76) 生成的长度为 N 的数据串 (13.18), 和 (13.76) 的一致 n 序估计 n_N, 以及第 13.3 节中的任意算法, $t \geqslant n$, 产生的估计 Θ_N 在模等价类 (13.67) 的意义下依概率 1 趋于系统参数 Θ.

接下来的推论将定理 13.4.6 应用在输出过程 y 是一个二阶遍历的情况, 即极限样本方差 $\Lambda(t)$ 对于 $t = 0, 1, 2, \cdots$ 不仅存在, 而且等于真实的方差函数

$$\Lambda_t := \mathrm{E}\{y(\tau + t)y(\tau)'\}, \tag{13.85}$$

依概率 1 . 在这种情况下, y 一定是一个完全非确定的 (推论 13.4.4), 即真实系统 (13.76) 不存在完全确定的部分.

推论 13.4.7 假设条件 13.4.1 成立. 给定一个带强制性谱密度二阶遍历输出过程线性随机模型 (13.2) 产生的长为 N 的数据串 (13.18), 和 (13.2) 的一个 n 序一致估计 n_N, 以及第 13.3 章中的任意算法, $t \geq n$, 产生了估计 Θ_N. 其中估计 Θ_N 在模等价类 (13.67) 的意义下依概率 1 趋于参数 Θ, 对应于真实系统所属的 $\mathcal{M}$ 类的预测空间模型.

注意到这些一致性结论仅假设了一个确定的 (但足够大) 的未来/过去回归范围 t, 并且不要求 t 以某种与样本长度 N 相关的速度趋于无穷, 而这一条件在目前研究子空间方法渐近性的很多文献中都是必须的.

13.4.3 样本方差的收敛性

第 13.3 节中所描述的子空间算法都是基于输出数据组成了一个二阶平稳序列的假设下, 并且我们需要证明真实系统 (13.76) 实际上生成了这样的数据. 如果不存在完全确定性分量 y_d, 那么由二阶遍历性可知上述显然成立. 然而在完全确定性分量 y_d 存在的情况下, 问题将变得十分复杂.

定理 13.4.8 假设条件 13.4.2 成立. 那么系统 (13.76) 的几乎所有的输出轨迹在定义 13.1.1 的意义下形成了一个二阶平稳序列.

为了证明定理 13.4.8, 必须证明对于 $t = 0, 1, 2, \cdots$, 每个样本方差 (13.25) 都像 (13.26) 一样依概率 1 收敛到一个极限 $\Lambda(t)$, 当 $N \to \infty$ 时. 为了便于符号记录, 记 $V_N(t)$ 和 $Z_N(t)$ 分别表示尾矩阵 (13.15) y_0 和 y_d. 那么 $Y_N(t) = V_N(t) + Z_N(t)$, 并且样本方差 (13.25) 被分割为四部分

$$\Lambda_N(k, j) = \mathrm{E}_N\{V_N(k)V_N(j)'\} + \mathrm{E}_N\{V_N(k)Z_N(j)'\}$$
$$+ \mathrm{E}_N\{Z_N(k)V_N(j)'\} + \mathrm{E}_N\{Z_N(k)Z_N(j)'\}. \tag{13.86}$$

我们需要证明当 $N \to \infty$ 时, 每一部分都依概率 1 趋于某一极限.

由于条件 13.4.2, y_0 二阶遍历, 因此 (13.86) 中第一部分依概率 1 趋于极限 $\Lambda_0(t)$, 实际上也就是方差 $\mathrm{E}\{y_0(t + \tau)y_0(\tau)\}$. 由性质 13.4.3, (13.86) 中最后一部分同样收敛到极限 $\Lambda_d(t)$. 由于遍历性条件的缺失, 这一极限我们并不能通过 $\mathrm{E}\{y_d(t)y_d(t)'\}$ 来得到. 最后, 我们将证明当 $N \to \infty$ 时, (13.86) 的中间两部分趋于零. 从第 8.5 节, 尤其是 (8.137), 我们可以得到完全确定分量 $z(t) = b'y_d(t)$ 是一个近似周期过程

$$z(t) = \sum_{k=0}^{\nu+1}(a_k \cos\theta_k t + b_k \sin\theta_k t), \tag{13.87}$$

这里频率 $\theta_0 = 0, \theta_1, \cdots, \theta_{v+1} = \pi$ 都是固定的, 并且系数 $a_0, a_1, b_1, \cdots, a_v, b_v, a_{v+1}$ 是随机的. 因此, 由下面的引理可知中间两部分是趋于零的.

引理 13.4.9　令 $z_0, z_1, z_2, \cdots$ 为完全确定性分量 (13.87) 的一个样本轨迹, 并且令 $v_0, v_1, v_2, \cdots$ 为系统 (13.76) 中任意完全非确定性部分一个样本轨迹. 那么有

$$\lim_{N \to \infty} \frac{1}{N+1} \sum_{k=0}^{N} z_{k+t} v_k = 0$$

依概率 1 成立.

证　令 $\{w_t\}_{t \in \mathbb{Z}}$ 为白噪声 w 的样本轨迹, 对任意 $j = 0, 1, 2, \cdots$, $\{w_{t-j}\}_{t \in \mathbb{Z}}$ 也如此. 对于一个近似周期过程 (13.87) 的任意样本轨迹 $z_0, z_1, z_2, \cdots$, 由 [63, 定理 5.1.2, 第 103 页] 可知

$$s_N(t, j) := \frac{1}{N+1} \sum_{k=0}^{N} z_{k+t} w_{k-j} \to 0, \quad \text{当 } N \to \infty \tag{13.88}$$

依概率 1 成立. 现在, 系统 (13.76) 中一个完全非确定性分量将有如下形式

$$v(t) = \sum_{k=0}^{\infty} h(k) w(t-k), \tag{13.89}$$

这里 w 是一个白噪声, $h(k)$ 是一个指数衰减的内核. 因此 (13.89) 不仅是均方收敛, 同时也是几乎处处收敛,[1] 因此 $v_0, v_1, v_2, \cdots$ 的任意轨迹可以 (依概率 1) 表示为一个普通的收敛和 $v_t = \sum_{k=0}^{\infty} h(k) w_{t-k}$. 因此, 由 (13.88),

$$\lim_{N \to \infty} \frac{1}{N+1} \sum_{k=0}^{N} z_{k+t} v_k = \lim_{N \to \infty} \sum_{k=0}^{\infty} h(k) s_N(t, k) = 0$$

依概率 1 成立.　□

于是可以得到定理 13.4.8. 我们有如下几个重要的推论.

推论 13.4.10　假设条件 13.4.2 成立, 那么系统 (13.76) 的几乎所有输出轨迹都有如下形式的极限样本方差

$$\Lambda(t) = CA^{t-1} T \bar{C}', \quad t = 0, 1, 2, \cdots, \tag{13.90}$$

其中样本矩阵

$$T := \begin{bmatrix} I & 0 \\ 0 & P_{d, \infty} P_d^{-1} \end{bmatrix}, \tag{13.91}$$

---

[1]事实上, 这就是滤波运算在实际中起作用的原因. 一个简单的证明, 其中 w 为任意一个 L^2 上的广义平稳输入过程, 利用 $h(k) w(t-k)$, $k = 0, 1, \cdots$ 的方差的可求和性和 Kolmogorov-Khintchine 定理 [282, 第 384 页].

$P_d := \mathrm{E}\{x_d(t)x_d(t)'\}$，$P_{d,\infty}$ 由 (13.82) 给出，与 A 进行交换. 此外, T 是非奇异的当且仅当条件 13.4.5 成立.

证 由引理 13.4.9, 可以得到分解

$$\Lambda(t) = \Lambda_0(t) + \Lambda_d(t), \quad t = 1, 2, 3, \cdots$$

这里 $\Lambda_0(t)$ 和 $\Lambda_d(t)$ 分别是基于观测 y_0 和 y_d 得到数据的样本方差. 由条件 13.4.2, 过程 y_0 是二阶遍历的, 因此由矩阵 (13.78) 有 $\Lambda_0(t) = C_0 A_0^{t-1}\bar{C}_0'$. 样本方差 $\Lambda_d(t)$ 由 (13.83) 给出, 即

$$\Lambda_d(t) := C_d(A_d)^t P_{d,\infty} C_d'.$$

现在 A_d 是正交的, 因此有 $A_d^{-1} = (A_d)'$. 因此从 (13.84) 得到 A_d 和 $P_{d,\infty}$ 是通勤的. 此外, P_d 也满足 Lyapunov 方程 $P_d = A_d P_d(A_d)'$, 因此 A_d 和 P_d 与 P_d^{-1} 都是通勤的. 于是,

$$\Lambda_d(t) := C_d(A_d)^{t-1} P_{d,\infty} P_d^{-1} A_d P_d C_d' = C_d(A_d)^{t-1} P_{d,\infty} P_d^{-1} \bar{C}_d'. \tag{13.92}$$

结合 (13.91) 中给出的 T, 可以建立 (13.90) 并且证明 A 和 T 是通勤的. 最后, 由命题 13.4.3, $P_{d,\infty}$ 和 T 是满秩的当且仅当 A_d 没有多重特征根, 即满足条件 13.4.5.

□

推论 13.4.11 假设条件 13.4.2 成立, 令 n 是数据生成系统 (13.76) 的维数. $H_N(t+1)$ 由 (13.32) 给出, 则极限样本 Hankel 矩阵

$$H(t+1) := \lim_{N\to\infty} H_N(t+1) \tag{13.93}$$

以及 (13.27) 中给出的极限样本 Hankel 矩阵 $H(t)$, $H(t,t+1)$ 和 $H(t+1,t)$ 存在, 并且它们的秩小于等于 n 当且仅当条件 13.4.5 成立.

证 极限样本 Hankel 矩阵 $H(t)$, $H(t,t+1)$, $H(t+1,t)$ 和 $H(t+1)$ 是真实 Hankel 矩阵, 矩阵块形如 (13.90). 因此, 由于 A 和 T 通勤 (推论 13.4.10),

$$H(t) = \Omega_t T \bar{\Omega}_t', \tag{13.94a}$$

$$H(t,t+1) = \Omega_t T \bar{\Omega}_{t+1}', \tag{13.94b}$$

$$H(t+1,t) = \Omega_{t+1} T \bar{\Omega}_t', \tag{13.94c}$$

$$H(t+1) = \Omega_{t+1} T \bar{\Omega}_{t+1}', \tag{13.94d}$$

这里 Ω_t, $\bar{\Omega}_t$, Ω_{t+1} 和 $\bar{\Omega}_{t+1}$ 是形如 (12.106) 给出的 (13.76) 的真实能观并且能构的矩阵. 由于数据生成系统 (13.76) 是最小的, 这些矩阵都是满秩的 (引理 12.4.10).

因此, $H(t)$, $H(t,t+1)$, $H(t+1,t)$ 和 $H(t+1)$ 秩都为 n 当且仅当 T 是满秩的, 即当且仅当条件 13.4.5 成立 (推论 13.4.10). 　　　　□

正如我们将要看到的, 由条件 13.4.5, 完全确定性分量的矩阵 A_d 和 C_d 可以从样本输出中一致地估计出来. 但是, 我们不能同时 估计 $\bar{C}_d$, 因为 y_d 不是遍历的并且仅仅一条轨迹所包含的信息不足以对真实的方差序列进行重建. 由于 P_d 未知, 不能估计 T. 但是, 正如下面将要证明的, 可以得到一个有意义的一致性结论.

13.4.4　$(A_N, C_N, \bar{C}_N, \Lambda_N(0))$ 的收敛性

子空间辨识算法包括两步. 第一步, 执行

$$\varphi_N: \quad (Y_N, n_N) \to (A_N, C_N, \bar{C}_N, \Lambda_N(0)) \tag{13.95}$$

来确定 (13.59) 的最小实现, 给定真实系统的一个 n 序一致估计 n_N .

从一个二阶平稳序列 (13.3) 中给定长度为 N 的数据串 (13.18), 对于 $t = 0,1,2,\cdots$ 极限 (13.26) 存在 (定义 13.1.1), 并且由 (13.24) 和 (13.32) 给定的样本 Hankel 矩阵 $H_N(t)$, $H_N(t,t+1)$, $H_N(t+1,t)$ 和 $H_N(t+1)$ 趋于极限样本 Hankel 矩阵真实的 块 Hankel 阵 $H(t)$, $H(t,t+1)$, $H(t+1,t)$ 和 $H(t+1)$, 正如 (13.27) 和 (13.93) 中描述的一样.

引理 13.4.12　假设 n_N 是数据生成系统 (13.76) 维数 n 的一致估计, 并且条件 13.4.2 和 13.4.5 成立. 令 $\mathrm{H}_N(t+1)$ 为秩 n_N 的降秩样本 Hankel 矩阵 (13.40d), 并且令 $H(t+1)$ 为极限样本 Hankel 矩阵 (13.93), 那么有

$$\lim_{N \to \infty} \mathrm{H}_N(t+1) = H(t+1) \tag{13.96}$$

当 $N \to \infty$ 时依概率 1 成立. 此外, 给定 (13.40d) 中因子 $\Omega_N(t+1)$ 和 $\bar{\Omega}_N(t+1)$, 存在一列非奇异矩阵 (T_N) 使得

$$\lim_{N \to \infty} \Omega_N(t+1)T_N = \Omega(t+1), \qquad \lim_{N \to \infty} \bar{\Omega}_N(t+1)T_N^{-\mathrm{T}} = \bar{\Omega}(t+1), \tag{13.97}$$

依概率 1 成立, 其中极限矩阵 $\Omega(t+1)$ 和 $\bar{\Omega}(t+1)$ 均为

$$H(t+1) = \Omega(t+1)\bar{\Omega}(t+1)', \tag{13.98}$$

是一个秩为 n 的因式分解.

证　首先注意到, 在给定的条件下, 观测输出轨迹是一个依概率 1 的二阶平稳序列 (定理 13.4.8) 并且 $\mathrm{rank}\, H(t+1) = n$ (推论 13.4.11).

由于估计 n_N 的一致性, 存在 N_0 使得对于所有的 $N \geq N_0$, $\operatorname{rank} \mathrm{H}_N(t+1)$ 等于真实系统的阶 n, 同时也是极限样本 Hankel 矩阵 $H(t+1)$ 的秩和其规范部分 $\hat{H}(t+1)$ 的秩. 接下来, 仅假设 $N \geq N_0$, 并且将秩 n 近似写为 (13.35) 中

$$\hat{\mathrm{H}}_N(t+1) = U_N \Sigma_N V_N' = \hat{\Omega}_N(t+1)\hat{\bar{\Omega}}_N(t+1)', \tag{13.99a}$$

这里

$$\hat{\Omega}_N(t+1) := U_N \Sigma_N^{1/2}, \quad \text{和} \quad \hat{\bar{\Omega}}_N(t+1) := V_N \Sigma_N^{1/2}. \tag{13.99b}$$

因此近似 (13.35) 中的截尾误差有如下界限

$$\|\hat{H}_N(t+1) - \hat{\mathrm{H}}_N(t+1)\| \leq \sigma_N(n+1), \tag{13.100}$$

在 2-范数诱导下, 这里 $\sigma_N(k)$ 是 $\hat{H}_N(t+1)$ 的第 k 个奇异值, 见 [121]. 因此, 由于 $N \to \infty$ 时有 $\hat{H}_N(t+1) \to \hat{H}(t+1)$ 并且奇异值 $(\sigma_N(k))$ 是 $\hat{H}_N(t+1)$ [287, p 204] 的连续函数, 当 $N \to \infty$ 时 $\sigma_N(n+1)$ 趋于 0. 最终, 由 (13.100) 可知, $\hat{\mathrm{H}}_N(t+1) \to \hat{H}(t+1)$, 因此 $N \to \infty$ 时有 $\mathrm{H}_N(t+1) \to H(t+1)$ (引理 13.3.1).

现在考虑奇异值分解

$$\hat{H}(t+1) = U\Sigma V' = \hat{\Omega}(t+1)\hat{\bar{\Omega}}(t+1)', \tag{13.101a}$$

其中 $\Sigma \in \mathbb{R}^n$, 这里

$$\hat{\Omega}(t+1) := U\Sigma^{1/2}, \qquad \hat{\bar{\Omega}}(t+1) := V\Sigma^{1/2}. \tag{13.101b}$$

令 $\mathrm{U} := \operatorname{span}(U)$ 和 $\mathrm{V} := \operatorname{span}(V)$ 分别是由 U 和 V 的列测量的子空间. 由于 (13.99a) 收敛到 (13.101a), 左特征空间 $\mathrm{U}_N := \operatorname{span}(U_N)$ 和右特征空间 $\mathrm{V}_N := \operatorname{span}(V_N)$ 必须分别在间隙度量上收敛到 U 和 V (参考 [287, p. 260] 和 [26, 定理 1]), 指标差距定义如下

$$\gamma(\mathrm{X}, \mathrm{Y}) := \|\Pi_{\mathrm{X}} - \Pi_{\mathrm{Y}}\|,$$

这里 Π_{X} 表示 X 上的正交投影, $\|\cdot\|$ 是诱导算子范数. 由 [287, p. 92] 可知 $\gamma(\mathrm{X}, \mathrm{Y})$ 等于子空间 X 和 Y 夹角 (最大范数) 的正弦. U_N 在指标间距上收敛到 U, 因此 $\Pi_{\mathrm{U}_N} U$ 一定收敛到 $\Pi_{\mathrm{U}} U = U$. 由于在 U_N 的列所给定的标准正交基下有 $\Pi_{\mathrm{U}_N} U = U_N \hat{T}_N$, 这里 $\hat{T}_N := U_N' U$, 可以得到 $U_N \hat{T}_N \to U$, 其中 $(\hat{T}_N)$ 是一列 $n \times n$ 的标准正交矩阵. 因此由 (13.99b) 和 (13.101b) 可得

$$\hat{\Omega}_N(t+1)T_N \to \hat{\Omega}(t+1),$$

这里 $T_N := \Sigma^{-1/2}\hat{T}_N\Sigma^{1/2}$. 因此, 由引理 13.3.1, $\Omega_N(t+1)T_N = L_N^+(t+1)\hat{\Omega}_N(t+1)T_N$ 收敛到 $\Omega(t+1)$, 确定了第一个关系式 (13.97). 同样由引理 13.3.1, (13.101a) 可以直接得到 (13.98).

因此由 (13.99a) 和 (13.98) 可以得到, 当 $N \to \infty$ 时,

$$T_N^{-1}\bar{\Omega}_N(t+1)' = [\Omega_N(t+1)T_N]^{\dagger}\, \mathrm{H}_N(t+1) \to \Omega(t+1)^{\dagger}H(t+1) = \bar{\Omega}(t+1)'$$

依概率 1 成立. 这也就证明了第二个关系式 (13.97). □

推论 13.4.13 假设 n_N 是数据生成系统 (13.76) 度 n 的一致估计, 并且条件 13.4.2 和 13.4.5 都成立. 那么 (13.40) 中所定义的降秩样本 Hankel 矩阵 $\mathrm{H}_N(t)$, $\mathrm{H}_N(t+1,t)$ 和 $\mathrm{H}_N(t,t+1)$, 在 $N \to \infty$ 时依概率 1 分别收敛到 (13.27) 中定义的极限样本 Hankel 矩阵 $H(t)$, $H(t+1,t)$ 和 $H(t,t+1)$. 此外,

$$H(t) = \Omega(t)\bar{\Omega}(t)', \tag{13.102a}$$

$$H(t+1,t) = \Omega(t+1)\bar{\Omega}(t)', \tag{13.102b}$$

$$H(t,t+1) = \Omega(t)\bar{\Omega}(t+1)', \tag{13.102c}$$

其中 $\Omega(t+1)$ 和 $\bar{\Omega}(t+1)$ 由引理 13.4.12 以及

$$\Omega(t) = \begin{bmatrix} I_{mt\times mt} & 0_{mt\times m} \end{bmatrix}\Omega(t+1), \tag{13.103a}$$

$$\bar{\Omega}(t) = \begin{bmatrix} I_{mt\times mt} & 0_{mt\times m} \end{bmatrix}\bar{\Omega}(t+1) \tag{13.103b}$$

所定义. 因此,

$$\lim_{N\to\infty}\Omega_N(t)T_N = \Omega(t), \qquad \lim_{N\to\infty}\bar{\Omega}_N(t)T_N^{-1} = \bar{\Omega}(t), \tag{13.104}$$

其中矩阵序列 (T_N) 由引理 13.4.12 定义.

证 方程 (13.103) 直接由 (13.41) 和 (13.97) 得出, 因此由 (13.97) 可得到 (13.104). 通过自左乘 $\begin{bmatrix} I_{mt\times mt} & 0_{mt\times m} \end{bmatrix}$ 和/或自右乘其转置, 方程 (13.102) 可由 (13.96), (13.98), (13.40) 和 (13.41) 导出. 余下部分由引理 13.4.12 给出. □

引理 13.4.14 假设 n_N 是数据生成系统 (13.76) 度 n 的一致估计, 并且条件 13.4.2 和 13.4.5 成立. 令 $\Lambda(0), \Lambda(1), \Lambda(2), \cdots$ 为极限样本方差序列 (13.26). 那么模等于 (13.77)

$$(A_N, C_N, \bar{C}_N, \Lambda_N(0)) \to (A_\infty, C_\infty, \bar{C}_\infty, \Lambda(0)), \tag{13.105}$$

当 $N \to \infty$ 时依概率 1 成立, 这里

$$C_\infty A_\infty^{k-1} \bar{C}_\infty = \Lambda(k), \quad k = 1, 2, 3, \cdots . \tag{13.106}$$

此外, (C_∞, A_∞) 和 $(\bar{C}_\infty, A_\infty')$ 都是可观测的.

证 由引理 13.4.12 和推论 13.4.13, 存在一列非奇异矩阵 (T_N) 使得 $\Omega_N(t+1)T_N \to \Omega(t+1)$, $\Omega_N(t)T_N \to \Omega(t)$, 和 $T_N^{-1}\bar{\Omega}_N(t+1)' \to \bar{\Omega}(t+1)'$, 这里 $\Omega(t+1), \Omega(t), \bar{\Omega}(t+1)$ 是极限样本 Hankel 矩阵 $H(t+1,t), H(t), H(t,t+1)$ 的连贯 n 秩因子. 那么由 (13.42) 可以得到序列 $(T_N^{-1}A_N T_N, C_N T_N, T_N^{-1}\bar{C}_N')$ 几乎必然收敛到由连贯因子 $\Omega(t+1), \Omega(t), \bar{\Omega}(t+1)$ 唯一给定的最小实现 $(A_\infty, C_\infty, \bar{C}_\infty')$,

$$A_\infty = \Omega(t)^\dagger \sigma \Omega(t), \quad C_\infty = E_1'\Omega(t), \quad \bar{C}_\infty = E_1'\bar{\Omega}(t), \tag{13.107}$$

这可以与 (12.104) 相比较. 很明显, 由定义可知, $\Lambda_N(0) \to \Lambda(0)$.

由于 (13.102a) 是一个真实的 块 Hankel 矩阵

$$H(t) = \begin{bmatrix} \Lambda(1) & \Lambda(2) & \cdots & \Lambda(t) \\ \Lambda(2) & \Lambda(3) & \cdots & \Lambda(t+1) \\ \vdots & \vdots & \ddots & \vdots \\ \Lambda(t) & \Lambda(t+1) & \cdots & \Lambda(2t-1) \end{bmatrix}, \tag{13.108}$$

由引理 12.4.10 可以得到

$$\Omega(t) = \begin{bmatrix} C_\infty \\ C_\infty A_\infty \\ \vdots \\ C_\infty A_\infty^{t-1} \end{bmatrix}, \quad \bar{\Omega}(t) = \begin{bmatrix} \bar{C}_\infty \\ \bar{C}_\infty A_\infty' \\ \vdots \\ \bar{C}_\infty (A_\infty')^{t-1} \end{bmatrix} \tag{13.109}$$

且这些矩阵都是满秩的, 也就证明了可观测性. 于是由 (13.102a) 可以得到 (13.106).

$$\square$$

引理 13.4.14 告诉我们 $(A_\infty, C_\infty, \bar{C}_\infty, \Lambda(0))$ 是无限方差序列 $\Lambda(0), \Lambda(1), \Lambda(2), \cdots$ 的一个最小实现, 但是注意 我们并没有说它实现了真实的方差序列 $\Lambda_0, \Lambda_1, \Lambda_2, \cdots$. 对于这一点, 需要假设遍历条件成立.

13.4.5 遍历情况

当 $y_d = 0$ 时, 为了继续证明定理 13.4.6, 考虑遍历情况. 二阶遍历指出 $\Lambda(t) = \Lambda_t$, $t = 0, 1, 2, \cdots$, 因此模坐标变换 (13.67)

$$(A_\infty, C_\infty, \bar{C}_\infty, \Lambda(0)) = (A, C, \bar{C}, \Lambda_0),$$

系统 (13.2) 的参数生成了数据. 那么由引理 13.4.14 可直接得出如下定理.

定理 13.4.15　给定一个线性随机系统 (13.2) 中长度为 N 的数据串 (13.18) 与一个二阶遍历输出过程以及数据生成系统度 n 的一致估计 n_N, 对于 $t \geqslant n$, 第 13.3 节中的任何一种算法产生了估计 $(A_N, C_N, \bar{C}_N, \Lambda_N(0))$, 它们模等于 (13.67) 地依概率 1 趋于真实系统 (13.2) 的参数 $(A, C, \bar{C}, \Lambda_0)$.

现在证明推论 13.4.7. 注意到遍历性意味着 y 为纯非确定性 (推论 13.4.4). 因此 $|\lambda(A)| < 1$ (定理 8.4.8). 此外, 由强制性, y 的谱密度 Φ 在单位圆上是严格正定的. 由于 $(A_N, C_N, \bar{C}_N, \Lambda_N(0)) \to (A, C, \bar{C}, \Lambda_0)$ 当 $N \to \infty$, 由连续性, 存在 N_0 使得对于所有 $N \geqslant N_0$, $|\lambda(A_N)| < 1$ 并且谱密度函数有

$$\Phi_N(e^{i\theta}) = \Phi_N^+(e^{i\theta}) + \Phi_N^+(e^{-i\theta})' > 0, \quad \theta \in [-\pi, \pi],$$

其中 $\Phi_N^+(z)$ 由 (13.59) 定义. 因此, 对于所有 $N \geqslant N_0, \Phi_N^+$ 是正定实数. 对于每一个这样的 N, 可以由 (13.64) 确定 B_N 与 D_N. 再一次由连续性得到 $B_N \to B$ 与 $D_N \to D$ 模相等. 于是推论 13.4.7 得证.

13.4.6　定理 13.4.6 的证明

为了完成定理 13.4.6 的证明, 还需要证明真实系统 (13.76) 的参数生成的数据可以由一个样本轨迹 (根据等价关系) 进行重建, 虽然这对于 $P_d := E\{x_d(t)x_d(t)'\}$ 来说是不可能的.

由条件 13.4.2, 当 $N \to \infty$ 时, $\Lambda_N(t)$ 依概率 1 趋于 $\Lambda(t)$ (定理 13.4.8). 此外, 条件 13.4.5 成立, $(A_N, C_N, \bar{C}_N)$ 趋于 $(A_\infty, C_\infty, \bar{C}_\infty)$ (引理 13.4.14). 因此, 极限样本矩阵 (13.27) 分别有因子分解 $H(t+1, t) = \Omega(t+1)\bar{\Omega}(t)'$, 分别有 $H(t) = \Omega(t)\bar{\Omega}(t)'$ 及 $H(t, t+1) = \Omega(t)\bar{\Omega}(t+1)'$, 其中 $\Omega(t), \bar{\Omega}(t), \Omega(t+1)$ 且 $\bar{\Omega}(t+1)$ 取值于 (13.109), 为此 $(A_\infty, C_\infty, \bar{C}_\infty)$. 然而, 极限样本矩阵同样有因子分解 (13.94), 其中 T 由 (13.91) 给定, 因此右侧模非奇异乘法转换,

$$\Omega(t) = \Omega_t, \qquad \Omega(t+1) = \Omega_{t+1}, \tag{13.110}$$

由此可以得到模等价 (13.67), (C_∞, A_∞) 可以定义为 (A, C). $\bar{C}$ 和 $\bar{C}_\infty$ 的纯非确定性部分也可以被定义, 由于 T 的西北块是一个恒等式. 因此考虑到条件 13.4.1, B 与 D 可以由 $A, C, \bar{C}_0$ 与 $\Lambda(0)$ 确定, 就像在第 13.3 节中一样. 因此, 当 $N \to \infty$ 时, 等价类 $[\Theta_N]$ 以概率 1 趋于 $[\Theta]$, 正如之前所声明的. 定理 13.4.6 得证.

注 13.4.16　由于 T 的东南块是未知的, 不能从一个样本轨迹中同时定义 A_d, C_d 与 $\bar{C}_d$. 然而, $\bar{C}_d$ 在估计一个向前数据生成系统 (13.76) 中的参数 $[\Theta]$ 时并非是必需的. 当然, 对称地, 我们可以选择估计 $(\bar{C}, A')$, 通过定义

$$\bar{\Omega}(t) = \bar{\Omega}_t, \qquad \bar{\Omega}(t+1) = \bar{\Omega}_{t+1} \tag{13.111}$$

来构建一个反向实现.

注 13.4.17　注意到条件 13.4.5 是必要的. 没有这一条件, T 会是奇异的 (推论 13.4.10). 因此, 极限样本 Hankel 有比真实系统相关 Hankel 矩阵更低的秩 (推论 13.4.11). 这最多会导致辨识估计的不唯一性; 而最差情况是不存在 (13.76) 维数 n 的一致估计.

13.4.7　阶数估计

在许多情形下真实系统的阶数是未知的, 并且我们通常要面临阶数估计这一额外问题. 实际上, 一致性定理 13.4.6 要求 SVD 截断 (13.35) 中选取的秩 n 应该是系统真实阶数一致估计. 二阶遍历信号的一致阶数估计有着相当广阔的背景 (见 [25] 及其相关文献), 而对于我们所考虑的更一般情形的阶数估计, 相关研究较少. 特别地, 在信号过程应用中非常受关注的观测信号纯确定性部分维数 n_d 的一致估计问题, 在相当长一段时间内被认为是一个开放式问题[35]. 这一问题需要同时估计全部序列 n 与 n_d, 因此比较复杂.

扩展了 p.n.d. 模型的一般有效原则, Kavalieris 和 Hannan [169] 证明了有色遍历噪声标量信号中的谐波分量部分数目的一致估计可以基于优化判据, 其比较了一类候补模型, 每一个都被描述为不同数目的谐波分量. 这一准则包含了一个惩罚措施, 加重了系统的复杂度 (n_d). 估计最优准则需要计算 p.d. 子系统的参数估计与相加噪声的每个候选维数 $n_d \leqslant n$ 的功率谱密度. 在我们考虑的情形下, 需要完成对每个固定候选阶数 n 的最优化. 然而, 矢量信号情形似乎仍是一个较为开放的问题. 在我们的设定中, 计算 n_d 的估计值本质上就是从估计 A_N 中提取振荡子矩阵 A_d 并且可以通过很多方法来完成, 其中一种方法在 [32] 中给出. Foias, Frazho 与 Sherman 的一篇较少为人知的论文 [98] (也可以参考 [97] 中的标量情形) 也给出了一种数学背景来解决提取有色噪声周期信号中矢量问题. 也可参考 [112] 得到一种更一般方法. 然而对于此类过程的彻底渐近性分解仍然匮乏.

§13.5　相关文献

基于随机实现的辨识算法首先是由 Faurre 提出的, 具体参考 [87]. 现在被称为 "子空间" 约等于时间序列辨识, 基于由 Akaike[5, 6] 提出并随后得以 [7, 14, 176, 178] 发展的预报空间构建与典型相关分析, 并且 van Overschee 和 De Moor 在他们的论文 [294] 中, 给予了一种明确的形式. 这一方法基于 Aoki [13] 中提出的样本 Hankel 矩阵奇异值分解. 在 [207] 中讨论了这个过程的随机实现理论实现, 其中提出了积极性的问题, 并且特别指出了规范 Hankel 矩阵的角色和用途. 在 [207] 中已经指出, 基于确定性局部实现 (所谓的平移不变性方法) 和有限内部随机实现的两种方法在本质上等价, 但是仍未被广泛承认.

第 13.1 和 13.2 节中的几何构建本质上是基于 [207] 和 [208]. 近似等价性, 即基于采样, 部分实现和有限区间随机实现算法在这里首次被介绍. 这很有可能证明几个基本子空间算法之间的关系, 这些算法在一些文献中有时候被严格区分开来, 具体例子参考 [166, 246, 296].

带振荡分量平稳过程子空间辨识问题第一眼看上去也许像是一个标准辨识问题的小的推广, 而这一问题早在 20 世纪 90 年代就已经得到了详细的解答. 实际上, 从另一方面, 这一问题包含多波段谐波恢复, 即对一般非白噪声的一个矢量固定信号谐波分量的估计, 在多波段情形中信号处理中的一个非常重要的问题无法使用像 Pisarenko, MUSIC, ESPRIT 这样的基本方法来解决. 公平地说, 在矢量信号中谐波方面的文献, 特别是当加性噪声是有色的, 还远未提供满意的解决方案, 具体情形参考 [112]. 对于此类信号, 在另一个方面来看, 子空间辨识可以作为解决问题的一个选择.

众所周知带几乎周期性部件的平稳随机过程不是遍历的. 特别地, 在振荡或拟周期面前, 样本方差的极限不等于它们的总体均值 (真实方差), 这一事实引起了对一致性证明正确性的怀疑, 而这一证明过程全部基于二阶遍历条件[26, 71, 247]. 这一问题首先在 [89] 及本书中被提出. 特别地, 第 13.4 节中内容以及定理 13.4.6 都是原创的.

第 14 章

Riccati 不等式的零点动态和几何学

本章考虑离散和连续时间下的最小有限维随机系统. 将说明最小频谱因子的零点结构是如何与平稳随机模型的分割几何子空间, 如何与相应的代数 Riccati 不等式相联系的. 我们介绍的最小 Markov 分割子空间的输出诱导子空间概念, 这是几何控制理论 [23, 316] 中的输出零点子空间 的随机模拟. 通过这一概念, 可以利用无坐标的直观的几何方法来进行分析. 正如在第 6 和 8 – 10 章中所示, 随机实现理论中的三个重要对象间有着一一对应关系: (i) (恰当) 最小 Markov 分割子空间族 $\mathcal{X}$; (ii) 线性矩阵不等式 (6.102) 的解集族 $\mathcal{P}$; 和 (iii) 右乘上一个常值正交矩阵后的最小频谱因子模数族 $\mathcal{W}$. 在本章中, 我们假设谱密度是强制性的.

作为第 15 章中的平滑理论的先导内容, 我们介绍在给定内部空间 H 的全部观测记录 y 下的线性最小二乘估计的几何理论, 同时也给出一种在矩阵 Riccati 方程的不变方向上的几何理解.

§ 14.1 最小频谱因子的零点结构 (正则情况)

设

$$W(z) = C(zI - A)^{-1}B + D \tag{14.1}$$

是一个秩为 m 的 $m \times p$ 频谱因子. 回顾第 9.1 节, 由 (14.1) 左乘上一个正交矩阵后得到的频谱因子等于 W. 因此, 不失一般性, 假设

$$\begin{bmatrix} B \\ D \end{bmatrix} = \begin{bmatrix} B_1 & B_2 \\ D_1 & 0 \end{bmatrix}, \tag{14.2}$$

其中, B_1 和 D_1 是 $m \times m$ 方阵, 内部实现的频谱因子满足 $B_1 = B$ 和 $D_1 = D$. 这一节只考虑 D_1 为非奇异时的正则情况, 即

$$R := DD' = D_1 D_1 > 0. \tag{14.3}$$

由于频谱密度 Φ 是强制的, 所以正则条件 (14.3) 在连续时间情况下是自动满足的, 而在离散时间情况下, 只在预报空间 X_- 满足. 从而在本节中, 对于离散时间情形, 总假定条件 (9.96) 成立.

$\lambda \in \mathbb{C}$ 将是频谱 WR 的一个 (不变) 零点, 如果列向量 a 和 b 满足

$$\begin{bmatrix} a' & b' \end{bmatrix} \begin{bmatrix} A - \lambda I & B \\ C & D \end{bmatrix} = 0,$$

或者, 换言之

$$\begin{bmatrix} a' & b' \end{bmatrix} \begin{bmatrix} A & B_1 & B_2 \\ C & D_1 & 0 \end{bmatrix} = \begin{bmatrix} \lambda a' & 0 \end{bmatrix}. \tag{14.4}$$

这里 a' 被称为 W 关于零点 λ 的 (一阶) 零方向.

当给定条件 (14.3), 将 b 从这些式子中消去得

$$\begin{cases} a' \Gamma = \lambda a', \\ a' B_2 = 0, \end{cases} \tag{14.5}$$

其中

$$\Gamma = A - B_1 D_1^{-1} C = A - BD' R^{-1} C, \tag{14.6}$$

这说明 a 与可达空间正交.

$$\langle \Gamma \mid B_2 \rangle = \mathrm{Im}(B_2, \Gamma B_2, \Gamma^2 B_2, \cdots). \tag{14.7}$$

更一般地, W 的 (任意阶次) 零方向由 Γ 的 Jordan 结构定义. 然后, 可以知道 (14.7) 在 $\mathbb{R}^n$ 中的正交补

$$\mathcal{V}^* := \langle \Gamma \mid B_2 \rangle^{\perp} \tag{14.8}$$

由 W 的零方向 张成. 事实上, 如果 Π 为矩阵且行构成 $\langle \Gamma \mid B_2 \rangle^{\perp}$ 中一组基, 即

$$\ker \Pi = \langle \Gamma \mid B_2 \rangle, \tag{14.9}$$

则存在矩阵 Λ 满足

$$\begin{cases} \Pi \Gamma = \Lambda \Pi, \\ \Pi B_2 = 0. \end{cases} \tag{14.10}$$

反之, 如果 Π 为满足 (14.10) 的任意矩阵, 则

$$\ker \Pi \supset \langle \Gamma \mid B_2 \rangle, \tag{14.11}$$

或者, 等价地,range $\Pi \subset \mathcal{V}^*$. 显然,$\langle \Gamma \mid B_2 \rangle$ 在 Γ 下是不变的, 从而 $\mathcal{V}^*$ 在 Γ' 下是不变的, 即 $\Gamma' \mathcal{V}^* \subset \mathcal{V}^*$. 事实上, 由 (14.5) 可知, 在 Γ' 下, 零方向 a 的任何子空间是不变的. 同时也可以看出 W 的不变零点恰好是 $\Gamma'|_{\mathcal{V}^*}$ 的特征值, 即

$$\{W \text{ 的零点}\} = \sigma\{\Gamma'|_{\mathcal{V}^*}\}. \tag{14.12}$$

根据强制条件, 频谱因子 W 在单位圆上没有零点. 因而存在直和分解

$$\mathcal{V}^* = \mathcal{V}^*_- \dotplus \mathcal{V}^*_+, \tag{14.13}$$

其中,$\mathcal{V}^*_- = \text{lm}\Pi_-$ 为稳定零方向空间,$\mathcal{V}^*_+ = \text{lm}\Pi_+$ 为反稳定方向空间. 特别地,

$$\begin{cases} \Pi_-\Gamma = \Lambda_-\Pi_-, \\ \Pi_-B_2 = 0, \end{cases} \tag{14.14}$$

其中,Λ 特征值为 W 的稳定零点, 对于 Π_+ 也类似.$\mathcal{V}^*_-$ 和 $\mathcal{V}^*_+$ 自然也都在 Γ' 下保持不变, 即

$$\Gamma' \mathcal{V}^*_- \subset \mathcal{V}^*_-, \quad \text{和} \quad \Gamma' \mathcal{V}^*_+ \subset \mathcal{V}^*_+. \tag{14.15}$$

考虑 (14.4) 的一般性, 上述结论可以表述为: (14.11) 成立等价于存在矩阵 Λ 和 M 满足

$$\begin{bmatrix} \Pi & -M \end{bmatrix} \begin{bmatrix} A & B \\ C & D \end{bmatrix} = \begin{bmatrix} \Lambda\Pi & 0 \end{bmatrix}. \tag{14.16}$$

最大解 (秩意义上的最大) Π 的行向量为广义零方向, 对应矩阵 Λ 的特征值恰好是 W 的不变零点. 顺便可注意到, 非正则条件下 W 可能在无穷远处有零点, 此时相应的 Λ 的特征值为有限零点.

强制性也意味着 $H^- \wedge H^+ = 0$(定理 9.4.2), 结合定理 2.7.1 可得

$$H = H^- \dotplus H^+, \tag{14.17}$$

这里按照惯例 $\dotplus$ 表示直和.

注意到, 由引理 2.2.5, 对应于 W 的任何 Markov 分割子空间 X 有正交分解

$$X = (X \cap H) \oplus E^X H^\perp, \tag{14.18}$$

其中,$X \cap H$ 和 $E^X H^\perp$ 分别是 X 的内部子空间 和外部子空间. 下面我们将看到, 内部子空间包含 X 的相应频谱因子的所有零点信息. 事实上, 可以看到 (广义) 零方向空间 $\mathcal{V}^*$ 同构于内部子空间, 即

$$X \cap H = \{a'x(0) \mid a \in \mathcal{V}^*\}, \tag{14.19}$$

其中 $x(0)$ 是与 W 对应的 X 的基. 下面针对离散和连续时间情形, 用 Γ' 定义 $X \cap H$ 上的算子, 作为一种矩阵表示.

(14.19) 的证明将基于下述引理.

引理 14.1.1 设 X 是一个有限维最小 Markov 分割子空间, 其基为 $x(0)$, $x_-(0)$, $x_+(0)$ 和 $x_{0-}(0)$ 分别对应于预报空间 X_-, 后向预报空间 X_- 和 X_{0-} 的一致选择基底, X 的最紧下界由定理 7.7.14 定义. 则内部子空间 X 由下式给出

$$X \cap H = \{a'x(0) \mid a \in \ker(P - P_{0-})\}, \tag{14.20}$$

其中,$P = E\{x(0)x(0)'\}$, $P_{0-} = E\{x_{0-}(0)x_{0-}(0)'\}$. 进一步, 可以得到直和分解

$$X \cap H = (X \cap H^-) \dotplus (X \cap H^+), \tag{14.21}$$

其中

$$X \cap H^- = X \cap X_- = \{a'x(0) \mid a \in \ker(P - P_-)\}, \tag{14.22a}$$

$$X \cap H^+ = X \cap X_+ = \{a'x(0) \mid a \in \ker(P_+ - P)\}, \tag{14.22b}$$

其中 $P_- = E\{x_-(0)x_-(0)'\}$, $P_+ = E\{x_+(0)x_+(0)'\}$.

证 根据推论 7.7.15 和命题 7.7.18, 有

$$X \cap H = X_{0-} \cap X_{0+} = X_{0-} \cap X,$$

并且

$$X \cap H^- = X_- \cap X_{0+} = X_- \cap X,$$

$$X \cap H^+ = X_{0-} \cap X_+ = X \cap X_+,$$

则由定理 7.7.9, (14.20) 和 (14.22) 成立. 下面证明 (14.21). 因为包含关系

$$X \cap H \supset (X \cap H^-) \dotplus (X \cap H^+)$$

是显然的, 因此只需要证明反向包含关系. 为此假设 $\lambda \in X \cap H$. 由 $\lambda \in H = H^- + H^+$ 知, 存在唯一的 $\alpha \in H^-$ 和 $\beta \in H^+$ 满足

$$\lambda = \alpha + \beta.$$

设 X ~ $(S, \bar{S})$, 则由 $\lambda \in X \subset \bar{S}$ 和 $\beta \in H^+ \subset \bar{S}$ 可知 $\alpha = \lambda - \beta \in \bar{S}$, 因此

$$\alpha \in \bar{S} \cap H^- = \bar{S} \cap S \cap H^- = X \cap H^-,$$

从而 $\beta = \lambda - \alpha \in X$. 即 $\beta \in X \cap H^+$. 至此定理得证. □

注 14.1.2 等式 (14.22b) 也能根据 X 的对偶基底 ξ 写出, 对于后向系统, 在离散时间下 $\xi = \bar{x}(-1)$, 在连续时间下, $\xi = \bar{x}(0)$. 更准确地说

$$X \cap H^+ = X \cap X_+ = \{\bar{a}'\bar{\xi} \mid \bar{a} \in \ker(\bar{P} - \bar{P}_+)\}, \tag{14.23}$$

其中, $\bar{P} = P^{-1}$ 且 $\bar{P}_+ = P_+^{-1}$. 事实上, 由于 $x(0) = P\xi$, $a'x(0) = \bar{a}'\bar{\xi}$, 当 $\bar{a} = Pa$ 时. 因此, $a \in \ker(P_+ - P)$ 当且仅当 $(P_+ - P)P^{-1}\bar{a} = 0$; 即 $P_+(\bar{P} - \bar{P}_+)\bar{a} = 0$ 当且仅当如前面所指出的 $\bar{a} \in \ker(\bar{P} - \bar{P}_+)$.

14.1.1　离散正则情形

我们现在在离散时间系统的情况下继续研究

$$\begin{cases} x(t+1) = Ax(t) + Bw(t), \\ y(t) = Cx(t) + Dw(t). \end{cases} \tag{14.24}$$

不失一般性, 由 (14.2) 给出的 B, D, 相应地将 w 分解为

$$w(t) = \begin{bmatrix} u(t) \\ v(t) \end{bmatrix}, \tag{14.25}$$

因此 (14.24) 可以被写成

$$\begin{cases} x(t+1) = Ax(t) + B_1 u(t) + B_2 v(t), \\ y(t) = Cx(t) + R^{1/2}u(t). \end{cases} \tag{14.26}$$

由定理 6.2.1 和 (6.16), $x(t) = P\bar{x}(t-1)$, 其中 $\bar{x}$ 是后向系统

$$\begin{cases} \bar{x}(t-1) = A'\bar{x}(t) + \bar{B}\bar{w}(t), \\ y(t) = \bar{C}\bar{x}(t) + \bar{D}\bar{w}(t) \end{cases} \tag{14.27}$$

的状态过程.

命题 14.1.3 假设 y 的谱密度 Φ 是满秩的, 令 D_- 为预测空间 X_- 的 D 矩阵, $\bar{D}_+$ 为后向预测空间 X_+ 的 $\bar{D}$ 矩阵. 则 D_- 和 $\bar{D}_+$ 是非奇异的, 并且, $X_- \cap \{y(0)\} = 0$ 和 $X_+ \cap \{y(-1)\} = 0$. 特别地,

$$\mathcal{U} X_- \subset X_- \dotplus \{y(0)\}, \tag{14.28a}$$

$$\mathcal{U} X_+ \subset X_+ \dotplus \{y(-1)\}, \tag{14.28b}$$

其中 $\dotplus$ 表示直和.

证 第一个结论由定理 6.6.1 可得. 接下来, 假设 $b'y(0) \in X_-$. 那么, 因为 $y(0) = Cx_-(0) + D_- w_-(0)$, 有 $b'D_- w_-(0) \in X_-$. 但是, $\mathbb{E}\{w_-(0)x_-(0)'\} = 0$, 因此 $b'D_- = 0$. 由于 D_- 是非奇异的, 则必须有 $b = 0$. 这就证明了 $X_- \cap \{y(0)\} = 0$. 那么 (14.28a) 由

$$x_-(1) = (A - B_-D_-^{-1}C)x_-(0) + B_-D_-^{-1}y(0)$$

可以直接得到. $X_+ \cap \{y(-1)\} = 0$ 和 (14.28b) 的证明是类似的. □

在这本节的余下部分, 假设输出过程 y 是一个正则过程, 即所有的最小随机实现 (14.24) 满足正则条件 (14.3), 那么命题 14.1.3 的性质是被所有最小 Markov 分裂子空间所共享的.

命题 14.1.4 设 $\mathcal{X}$ 是 y 的所有最小 Markov 分裂子空间构成的类. 那么下面的条件是等价的.

(i) 过程 y 是正则的, 即 (6.113) 成立;

(ii) 对所有 $X \in \mathcal{X}$, $X \cap \{y(0)\} = 0$;

(iii) 对所有 $X \in \mathcal{X}$, $X \cap \{y(-1)\} = 0$.

证 因为 $P \leqslant P_+$, 由 (6.108c) 可以得出

$$DD' = \Lambda_0 - CPC' \geqslant \Lambda_0 - CP_+C' = D_+D'_+,$$

其中 D_+ 相当于 X_+. 同样地, $\bar{D}\bar{D}' \geqslant \bar{D}_-\bar{D}'_-$, $\bar{D}_-$ 相当于 X_-. 因此, 由推论 9.3.7, 条件 (i) 等价于下面的每一个等价条件

(ii)′ 对所有 $X \in \mathcal{X}$, D 是满秩的,

(iii)′ 对所有 $X \in \mathcal{X}$, $\bar{D}_-$ 是满秩的.

现在假设有一个 $b \in \mathbb{R}^m$ 使得 $b'y(0) \in X$, 那么, 根据 (14.24) 的第二个等式有 $b'Dw(0) \in X$. 但是, $\mathbb{E}\{x(0)w(0)'\} = 0$, 从而 $b'D = 0$. 因此, 条件 (ii)′ 和 (ii) 是等价的. 同样可得出 (iii)′ 和 (iii) 是等价的. □

命题 14.1.5 一个矩阵 Π 满足 (14.10) 当且仅当存在矩阵 Λ 和 M 使得

$$\Pi x(t+1) = \Lambda \Pi x(t) + M y(t). \tag{14.29}$$

证 将 (14.26) 中的第一个式子减去左乘 $B_1 D_1^{-1} y(t)$ 后的第二个式子可得

$$x(t+1) = \Gamma x(t) + B_1 D_1^{-1} y(t) + B_2 v(t), \tag{14.30}$$

在当前的正则情况下，这是一个依据 $x(t)$, $y(t)$ 和 $B_2 v(t)$ 对 $x(t+1)$ 的唯一分解. 因此，

$$\Pi x(t+1) = \Pi \Gamma x(t) + \Pi B_1 D_1^{-1} y(t) + \Pi B_2 v(t),$$

所以如果 Π 满足 (14.10)，那么 (14.29) 也满足 $M = \Pi B_1 D_1^{-1}$. 相反地，如果有 Λ 和 M 使得 (14.29) 成立，那么分解 (14.30) 的唯一性意味着 (14.10) 成立. □

推论 14.1.6 设 $\mathcal{V}^*$ 是零指向空间 (14.8), X 是相应的 Markov 分裂子空间，那么

$$\{a'x(0) \mid a \in \mathcal{V}^*\} \subset X \cap H.$$

证 设 $\mathcal{V}_-^*$, $\mathcal{V}_+^*$, Π_- 和 Π_+ 是由 (14.13) 和 (14.14) 中定义的. 那么，由命题 14.1.5,

$$\Pi_- x(t+1) = \Lambda_- \Pi_- x(t) + M_- y(t),$$

这里 $M_- = \Pi_- B_1 D_1^{-1}$. 因为 Λ_- 是一个稳定矩阵，

$$\Pi_- x(0) = \sum_{k=1}^{\infty} \Lambda_-^{k-1} M_- y(-k),$$

其中的分量属于 H^-. 同样, $\Pi_+ x(0)$ 的分量被认为也是属于 H^+. 所以, 对任意 $a \in \mathcal{V}^*$ 有唯一一个分解 $a = a_- + a_+$, 其中 $a_- \in \mathcal{V}_-^*$ 和 $a_+ \in \mathcal{V}_+^*$, 从而有 $a'_- x(0) \in X \cap H^-$, $a'_+ x(0) \in X \cap H^+$. 因此得到 $a'x(0) \in X \cap H$. □

推论 14.1.7 设 $\mathcal{V}_-^*$ 和 $\mathcal{V}_+^*$ 分别是稳定和反稳定的零向空间, X 是相应的 Markov 分裂子空间, 那么

$$\{a'x(0) \mid a \in \mathcal{V}_-^*\} \subset X \cap H^-, \qquad \{a'x(0) \mid a \in \mathcal{V}_+^*\} \subset X \cap H^+.$$

为了证明相反的结论，我们需要下面的引理.

引理 14.1.8 设 $\mathcal{V}^*$ 是零向空间 (14.8), 和 P 和 P_{0-} 如引理 14.1.1 定义, 则

$$\ker(P - P_{0-}) \subset \mathcal{V}^*. \tag{14.31}$$

证 考虑 X_{0-} 的实现

$$\begin{cases} x_{0-}(t+1) = Ax_{0-}(t) + B_{0-}u_{0-}(t), \\ y(t) = Cx_{0-}(t) + D_{0-}u_{0-}(t), \end{cases} \tag{14.32}$$

其中基 x_{0-} 是关于 (14.24) 一致选取的使得

$$a'x_{0-}(0) = \mathrm{E}^{X_{0-}} a'x(0), \quad \text{对所有的 } a \in \mathbb{R}^n, \tag{14.33}$$

这特别地可推出

$$Q := \mathrm{E}\{[x(0) - x_{0-}(0)][x(0) - x_{0-}(0)]'\} = P - P_{0-}. \tag{14.34}$$

消去 (14.32) 中的 u_{0-}, 有

$$x_{0-}(t+1) = \Gamma_{0-}x_{0-}(t) + B_{0-}D_{0-}^{-1}y(t), \tag{14.35}$$

其中 $\Gamma_{0-} = A - B_{0-}D_{0-}^{-1}C$. 此外, 由 (14.26) 可知

$$x(t+1) = \Gamma_{0-}x(t) + B_{0-}D_{0-}^{-1}y(t) + (B_1 - B_{0-}D_{0-}^{-1}D_1)u(t) + B_2v(t),$$

从中减去 (14.35) 可得到

$$z(t+1) = \Gamma_{0-}z(t) + (B_1 - B_{0-}D_{0-}^{-1}D_1)u(t) + B_2v(t),$$

$z(t) := x(t) - x_{0-}(t)$. 由 (14.33) 可知, $z(t)$ 的分量正交于 $\mathcal{U}'X_{0-} \subset \mathcal{U}'S_{0-} \subset \mathcal{U}'S$, 从而正交于 $u(t)$ 和 $v(t)$. 所以,

$$Q = \Gamma_{0-}Q\Gamma_{0-}' + (B_1 - B_{0-}D_{0-}^{-1}D_1)(B_1 - B_{0-}D_{0-}^{-1}D_1)' + B_2B_2'. \tag{14.36}$$

令 $a \in \ker Q$, 那么

$$a'\Gamma_{0-}Q\Gamma_{0-}'a + a'(B_1 - B_{0-}D_{0-}^{-1}D_1)(B_1 - B_{0-}D_{0-}^{-1}D_1)'a + a'B_2B_2'a = a'Qa = 0,$$

因此 $a'B_2 = 0$, $a'(B_1 - B_{0-}D_{0-}^{-1}D_1) = 0$ 和 $\Gamma_{0-}'a \in \ker Q$. 又因为

$$\Gamma = \Gamma_{0-} - (B_1 - B_{0-}D_{0-}^{-1}D_1)D_1^{-1}C,$$

有 $a'\Gamma = a'\Gamma_{0-}$, 从而 $\Gamma'a \in \ker Q$. 所以, 对于任意的 $a \in \ker Q$, $a'\Gamma^k B_2 = 0$, $k = 0, 1, 2, \cdots$, 从而 $a \perp \langle \Gamma \mid B_2 \rangle$, 即 $a \in \mathcal{V}^*$, 由 (14.34), 可以得到 (14.31). □

定理 14.1.9　设 y 是一个正则过程, (14.24) 是 y 的最小随机实现, Markov 分裂子空间 X 和谱因子 W 由 (14.1) 给出, 那么

$$X \cap H = \{a'x(0) \mid a \in \mathcal{V}^*\}, \tag{14.37}$$

其中 $\mathcal{V}^*$ 是 (14.8) W 的广义零向空间. 而且,

$$\mathcal{V}^* = \ker(P - P_{0-}). \tag{14.38}$$

证　由引理 14.1.1 和 14.1.8,

$$X \cap H \subset \{a'x(0) \mid a \in \mathcal{V}^*\},$$

再结合推论 14.1.6 可得 (14.37), 而且由引理 14.1.1 和推论 14.1.6, $\mathcal{V}^* \subset \ker(P - P_{0-})$, 再结合 (14.31) 可得 (14.38).　□

推论 14.1.10　设 X 如定理 14.1.9 中所定义, 那么

$$X \cap H^- = \{a'x(0) \mid a \in \mathcal{V}_-^*\}, \qquad X \cap H^+ = \{a'x(0) \mid a \in \mathcal{V}_+^*\},$$

其中 $\mathcal{V}_-^*$ 和 $\mathcal{V}_+^*$ 以及相对应的子空间 (14.13) 分别由稳定和反稳定零向空间张成的并且

$$\mathcal{V}_-^* = \ker(P - P_-), \tag{14.39a}$$

$$\mathcal{V}_+^* = \ker(P_+ - P). \tag{14.39b}$$

证　因为 (14.13) 是一个直和,

$$\{a'x(0) \mid a \in \mathcal{V}_-^*\} + \{a'x(0) \mid a \in \mathcal{V}_+^*\} = \{a'x(0) \mid a \in \mathcal{V}^*\}. \tag{14.40}$$

那么, 如果 $\{a'x(0) \mid a \in \mathcal{V}_-^*\}$, $\{a'x(0) \mid a \in \mathcal{V}_+^*\}$ 和 $\{a'x(0) \mid a \in \mathcal{V}^*\}$ 的维数分别是 d_-, d_+ 和 d, $d_- + d_+ = d$. 由定理 14.1.9 可知, $\dim X \cap H = d$, 并且由推论 14.1.7 可知, $\dim X \cap H^- \geqslant d_-$, $\dim X \cap H^+ \geqslant d_+$. 于是, 由于 (14.21) 是一个直和, 因此 $\dim X \cap H^- = d_-$, $\dim X \cap H^+ = d_+$, 再结合推论 14.1.7 可得 (14.40). 因此 $\mathcal{V}_-^*$ 和 $\mathcal{V}_+^*$ 的表达式可由 (14.22) 推出.　□

推论 14.1.11　设 X 和 W 如定理 14.1.9 中所定义. 那么 $\dim(X \cap H)$, $\dim(X \cap H^-)$ 和 $\dim(X \cap H^+)$ 分别等于 W 的零点总数, 稳定零点数和反稳定零点数.

接下来, 考虑具有如下不稳定谱因子的倒向系统 (14.27)

$$\bar{W}(z) = \bar{C}(z^{-1}I - A')^{-1}\bar{B} + \bar{D}. \tag{14.41}$$

假设 y 是正规过程, 那么倒向实现 (14.27) 是正规的, 即 $\bar{D}$ 是满秩的. 另外, 因为在正规条件下,Λ 有非零特征根, (14.29) 可以写为

$$\Pi P\bar{x}(t-1) = \Lambda^{-1}\Pi P\bar{x}(t) - \Lambda^{-1}My(t), \tag{14.42}$$

这表示 $\bar{W}(z^{-1})$ 的零点恰是 Λ^{-1} 的特征根. 因此, 正向与倒向模型有相同的零点, 尽管零方向通过协方差矩阵 P 进行了变换. 实际上, 引入矩阵

$$\bar{\Gamma} = A' - \bar{B}\bar{D}'(\bar{D}\bar{D}')^{-1}\bar{C}, \tag{14.43}$$

$\bar{W}$ 的零点与 $\bar{\Gamma}$ 的特征根的倒数以类似 (14.10) 的形式相对应. 因此, 由定理 14.1.9 以及 $x(t) = P\bar{x}(t-1)$, 可知

$$\mathrm{X} \cap \mathrm{H} = \{a'\bar{x}(-1) \mid a \in \bar{\mathcal{V}}^*\}, \tag{14.44}$$

这里

$$\bar{\mathcal{V}}^* := P\mathcal{V}^* \tag{14.45}$$

是 $\bar{W}$ 的一般零方向的空间. 另外, 由注 14.1.2, (14.39b) 有另外一个表示

$$\mathcal{V}_+^* = \ker(\bar{P} - \bar{P}_+). \tag{14.46}$$

为了得到与坐标无关的 Γ' 与 $\bar{\Gamma}'$, 注意到在正规情形下, 通过取 Π 最大使得 $\ker\Pi = \langle\Gamma \mid B_2\rangle$, (14.29) 等价于

$$\mathcal{U}(\mathrm{X} \cap \mathrm{H}) \subset \mathrm{X} \cap \mathrm{H} \dotplus \{y(0)\}, \tag{14.47}$$

这里的和是直和 (命题 14.1.4). 类似地, 由 (14.42) 和命题 14.1.4 可得

$$\mathcal{U}^{-1}(\mathrm{X} \cap \mathrm{H}) \subset \mathrm{X} \cap \mathrm{H} \dotplus \{y(-1)\}. \tag{14.48}$$

接下来引入斜投影 的概念. 给定两个子空间 $\mathrm{Y}_1, \mathrm{Y}_2$ 满足 $\mathrm{Y}_1 \cap \mathrm{Y}_2 = 0$, 对任意 $\eta \in \mathrm{Y}_1 \dotplus \mathrm{Y}_2$ 有唯一的分解 $\eta = \eta_1 + \eta_2$, 其中 $\eta_1 \in \mathrm{Y}_1, \eta_2 \in \mathrm{Y}_2$. 那么, 定义斜投影 $\mathrm{E}_{\|\mathrm{Y}_2}^{\mathrm{Y}_1} : \mathrm{Y}_1 \dotplus \mathrm{Y}_2 \to \mathrm{Y}_1$ 为映到 Y_1 且平行于 Y_2 的线性算子, 其将 η 映到 η_1, 即

$$\mathrm{E}_{\|\mathrm{Y}_2}^{\mathrm{Y}_1} \eta = \eta_1.$$

考虑直和 (14.47) 以及 (14.48), 并对正规情形引入零动态算子 .

定义 14.1.12 (正规情形) 令算子 $\mathcal{V}(\mathrm{X}): \mathrm{X} \cap \mathrm{H} \to \mathrm{X} \cap \mathrm{H}$ 以及 $\bar{\mathcal{V}}(\mathrm{X}): \mathrm{X} \cap \mathrm{H} \to \mathrm{X} \cap \mathrm{H}$ 被定义为

$$\mathcal{V}(\mathrm{X}) = \mathrm{E}^{\mathrm{X} \cap \mathrm{H}}_{\|\{y(0)\}} \, \mathcal{U}|_{\mathrm{X} \cap \mathrm{H}} \tag{14.49a}$$

和

$$\bar{\mathcal{V}}(\mathrm{X}) = \mathrm{E}^{\mathrm{X} \cap \mathrm{H}}_{\|\{y(-1)\}} \, \mathcal{U}^{-1}|_{\mathrm{X} \cap \mathrm{H}}. \tag{14.49b}$$

若 $a \in \mathcal{V}^*$, 由 (14.30) 可知

$$\mathcal{U}a'x(0) = a'x(1) = a'\Gamma x(0) + a'B_1 D_1 y(0),$$

因此

$$\mathcal{V}(\mathrm{X})a'x(0) = a'\Gamma x(0),$$

或等价地

$$\mathcal{V}(\mathrm{X})T_x a = T_x \Gamma' a,$$

这里线性算子 T_x 由下面 (14.51) 式所定义, 倒向情形与此类似, 并且我们有下图

$$
\begin{array}{ccc}
\mathrm{X} \cap \mathrm{H} \xrightarrow{\mathcal{V}(\mathrm{X})} \mathrm{X} \cap \mathrm{H} & \qquad & \mathrm{X} \cap \mathrm{H} \xrightarrow{\bar{\mathcal{V}}(\mathrm{X})} \mathrm{X} \cap \mathrm{H} \\
T_x \uparrow \qquad \uparrow T_x \, , & & T_{\bar{x}} \uparrow \qquad \uparrow T_{\bar{x}} \, . \\
\mathcal{V}^* \xrightarrow{\Gamma'} \mathcal{V}^* & & \bar{\mathcal{V}}^* \xrightarrow{\bar{\Gamma}'} \bar{\mathcal{V}}^*
\end{array}
\tag{14.50}
$$

这里线性算子 $T_x: \mathbb{R}^n \to \mathrm{X}$ 和 $T_{\bar{x}}: \mathbb{R}^n \to \mathrm{X}$ 被分别定义为

$$T_x a = a'x(0) \quad \text{和} \quad T_{\bar{x}} a = a'\bar{x}(-1). \tag{14.51}$$

命题 14.1.13 假设 y 是正规的. 那么 $\mathcal{V}(\mathrm{X})$ 对于所有 $\mathrm{X} \in \mathcal{X}$ 是可逆的, 并且

$$\bar{\mathcal{V}}(\mathrm{X}) = \mathcal{V}(\mathrm{X})^{-1}. \tag{14.52}$$

证 任取 $\xi \in \mathrm{X} \cap \mathrm{H}$. 则由 (14.47), 存在唯一的分解 $\mathcal{U}\xi = \lambda + \eta$, 其中 $\lambda \in \mathrm{X} \cap \mathrm{H}, \eta \in \{y(0)\}$. 这里 $\lambda = \mathcal{V}(\mathrm{X})\xi$. 然而 $\mathcal{U}^{-1}\lambda = \xi - \mathcal{U}^{-1}\eta$, 其中 $\mathcal{U}^{-1}\eta \in \{y(-1)\}$, 因此 $\xi = \bar{\mathcal{V}}(\mathrm{X})\lambda$, 所以有 $\bar{\mathcal{V}}(\mathrm{X})\mathcal{V}(\mathrm{X})\xi = \xi$. $\qquad \square$

因为对所有 $a \in \mathcal{V}^*$, 有 $\Gamma'a = T_x^{-1}\mathcal{V}(\mathrm{X})T_x a$, 且对所有 $\bar{a} \in \bar{\mathcal{V}}^*$ 有 $\bar{\Gamma}'a = T_{\bar{x}}^{-1}\bar{\mathcal{V}}(\mathrm{X})T_{\bar{x}}a$, 则从 (14.45) 和 (14.52) 可以看出

$$\left(\Gamma^{-1}\right)' a = T_x^{-1} T_{\bar{x}} \bar{\Gamma}' T_{\bar{x}}^{-1} T_x a = P^{-1} \bar{\Gamma}' P a$$

对所有 $a \in \mathcal{V}^*$ 成立. 因此 $a'\Gamma^{-1} = a'P\bar{\Gamma}P^{-1}$ 对所有 $a \in \mathcal{V}^*$ 成立, 即

$$\bar{\Gamma}'_{|\bar{\mathcal{V}}^*} = P\left(\Gamma^{-1}\right)'_{|\mathcal{V}^*}. \tag{14.53}$$

由此可以看出 (14.1) 与 (14.41) 的零点重合, 从而得到下面结论.

命题 14.1.14 令 W 和 $\bar{W}$ 分别是一个最小 Markov 表示的解析和上解析谱因子, 那么 W 与 $\bar{W}$ 有同样的不变零点.

定理 14.1.15 子空间 $X \cap X_-$ 在 $\mathcal{V}(X)$ 与 $\mathcal{V}(X_-)$ 下都不变, 并且

$$\mathcal{V}(X)|_{X \cap X_-} = \mathcal{V}(X_-)|_{X \cap X_-}. \tag{14.54}$$

类似地, $X \cap X_+$ 在 $\bar{\mathcal{V}}(X)$ 与 $\bar{\mathcal{V}}(X_+)$ 下都不变, 并且

$$\bar{\mathcal{V}}(X)|_{X \cap X_+} = \bar{\mathcal{V}}(X_+)|_{X \cap X_+}. \tag{14.55}$$

证 由 $X \sim (S, \bar{S})$ 可知 $X \cap X_- = S \cap \bar{S} \cap X_- = \bar{S} \cap X_-$, 另外由于 $\mathcal{U}\bar{S} \subset \bar{S}$, 故

$$\mathcal{U}(X \cap X_-) \subset \bar{S} \cap \mathcal{U}X_-.$$

然而由命题 14.1.3, $\mathcal{U}X_- \subset X_- \dotplus \{y(0)\}$, 因此

$$\mathcal{U}(X \cap X_-) \subset X \cap X_- \dotplus \{y(0)\}. \tag{14.56}$$

因为 $X \cap X_- \subset X \cap H$ 并且 $X \cap X_- \subset X_- \cap H$, 可得 (14.54). 另外 $X \cap X_-$ 是不变的. □

定理 14.1.16 子空间 $\mathcal{V}_-^* := \ker(P - P_-)$ 在 Γ'_- 与 Γ' 下不变, 并且

$$\Gamma'|_{\mathcal{V}_-^*} = \Gamma'_-|_{\mathcal{V}_-^*}. \tag{14.57}$$

W 与 $\bar{W}$ 的稳定零点是 (14.57) 的特征根, 对应的 W 的零方向张成子空间 $\mathcal{V}_-^*$. 类似地, $\bar{\mathcal{V}}_+^* := \ker(\bar{P} - \bar{P}_+)$ 在 $\bar{\Gamma}'_+$ 和 $\bar{\Gamma}'$ 下不变. 另外,

$$\bar{\Gamma}'|_{\bar{\mathcal{V}}_+^*} = \bar{\Gamma}'_+|_{\bar{\mathcal{V}}_+^*}. \tag{14.58}$$

W 和 $\bar{W}$ 的不稳定零点是 (14.58) 中特征根的倒数, 对应的 $\bar{W}$ 的零方向张成子空间 $\bar{\mathcal{V}}_+^*$.

证 从 (14.22) 中可看出 $\mathcal{V}_-^* = \ker(P - P_-) = T_x^{-1}X \cap X_-$. 那么由 (14.50), 定理的第一部分可由定理 14.1.15 和引理 14.1.10 得到. 由注 14.1.2, 定理的第二部分由对称性可得到. □

定理 14.1.15 自然带来了一个问题, 即 $Y \in X \cap H$ 的哪个子空间在 $\mathcal{V}(X)$ 下不变.

定义 14.1.17 一个子空间 $Y \subset X \cap H$ 是严格输出诱导的，如果它有直和分解

$$\mathcal{U} Y \subset Y \dotplus \{y(0)\}, \tag{14.59a}$$

$$\mathcal{U}^{-1} Y \subset Y \dotplus \{y(-1)\}. \tag{14.59b}$$

在第 14.2 节考虑的非正规情形下，这个定义需要被一般化. 在本节讨论的正规情形下，我们已有 $X \cap H$ 是严格输出诱导的，但还有更一般的.

命题 14.1.18 在正规情形下，X 的严格输出诱导子空间是 $X \cap H$ 的 $\mathcal{V}(X)$ 不变子空间，或等价地说，是 $\bar{\mathcal{V}}(X)$ 不变子空间.

证 对任意子空间 $Y \subset X \cap H$，由命题 14.1.4，正规性可推出 $Y \cap \{y(0)\} = 0$ 和 $Y \cap \{y(-1)\} = 0$. 因此 (14.59a) 等价于

$$\mathcal{U} Y \subset Y \dotplus \{y(0)\}, \tag{14.60a}$$

也等价于不变条件 $\mathcal{V}(X) Y \subset Y$，并且 (14.59b) 等价于

$$\mathcal{U}^{-1} Y \subset Y \dotplus \{y(-1)\}, \tag{14.60b}$$

也等价于 $\bar{\mathcal{V}}(X) Y \subset Y$. 接下来只需说明 $\bar{\mathcal{V}}(X) Y \subset Y$ 当且仅当 $\mathcal{V}(X) Y \subset Y$. 然而，因为 $\dim Y < \infty$，且 $\mathcal{V}(X)$ 是可逆的 (命题 14.1.13)，$\mathcal{V}(X) Y \subset Y$ 可推出 $\mathcal{V}(X) Y = Y$，并且由 (14.52) 可看出它等价于 $\bar{\mathcal{V}}(X) Y = Y$. □

推论 14.1.19 在正规情形下，两个条件 (14.59) 等价.

命题 14.1.20 在正规情形下，$X \cap H^-$ 与 $X \cap H^+$ 对所有最小 Markov 子空间 X 都是严格输出诱导的.

证 $X \cap H^- = X \cap X_-$ (引理 14.1.1) 和 (14.56) 可推出 $Y := X \cap H^-$ 满足 (14.60a). 那么，由推论 14.1.19，$X \cap H^-$ 是输出诱导的. 由对称性可知 $X \cap H^+$ 是输出诱导的. □

命题 14.1.21 令 X 为对应于 (14.24) 的最小 Markov 子空间，令 X_{0-} 为最大本质下界，X_{0+} 为最小本质上界，那么

$$\mathcal{V}(X)|_{X_{0-} \cap X_{0+}} = \mathcal{V}(X_{0-})|_{X_{0-} \cap X_{0+}} = \mathcal{V}(X_{0+})|_{X_{0-} \cap X_{0+}}. \tag{14.61}$$

证 注意到 $X \cap H = X_{0-} \cap X_{0+}$ (推论 7.7.15). 因此，对任意 $\xi \in X \cap H$，存在唯一分解 $\mathcal{U} \xi = \lambda + \eta$，其中 $\lambda = \mathcal{V}(X) \xi \in X_{0-} \cap X_{0+}, \eta \in \{y(0)\}$. 类似地，也存在唯

一分解 $\mathcal{U}\xi = \lambda_1 + \eta_1$, 其中 $\lambda_1 = \mathcal{V}(X_{0-})\xi \in X_{0-}, \eta_1 \in \{y(0)\}$. 然而,$X_{0-} \cap X_{0+} \subset X_{0-}$, 因此 $\lambda_1 = \lambda$, 或者说 $\mathcal{U}\xi \in \mathcal{U}X_{0-} \subset X_{0-} + \{y(0)\}$ 有两个直和分解. 这样就建立了 (14.61) 中的第一个等式. 第二个等式的证明类似. □

由定理 14.1.9 立即可得下面推论.

推论 14.1.22 令 Γ, Γ_{0-} 以及 Γ_{0+} 为由 (14.6) 或 (14.50) 确定的矩阵, 分别对应于 X, X_{0-} 和 X_{0+}, 那么

$$\Gamma'|_{\mathcal{V}^*} = \Gamma'_{0-}|_{\mathcal{V}^*} = \Gamma'_{0+}|_{\mathcal{V}^*}. \tag{14.62}$$

14.1.2　连续时间情形

接下来讨论连续时间情形

$$\begin{cases} \mathrm{d}x = Ax\mathrm{d}t + B\mathrm{d}w, \\ \mathrm{d}y = Cx\mathrm{d}t + D\mathrm{d}w. \end{cases} \tag{14.63}$$

假设 y 有强制的谱密度, 因此是正规的, 且 $R := DD' > 0$. 另外, 不像离散时间情形, 对于 y 的所有最小随机实现,R 都相同, 因此, 不失一般性, 由 (14.2) 给定 B, D, 并且

$$D_1 = R^{1/2}. \tag{14.64}$$

因此, 将 w 像 (14.25) 中一样分解, (14.63) 可能被写为

$$\begin{cases} \mathrm{d}x = Ax\mathrm{d}t + B_1\mathrm{d}u + B_2\mathrm{d}v, \\ \mathrm{d}y = Cx\mathrm{d}t + R^{1/2}\mathrm{d}u. \end{cases} \tag{14.65}$$

为证明接下来的主要结论, 我们需要下面的引理.

引理 14.1.23 令 $P \in \mathcal{P}$ 为 (14.65) 的状态协方差矩阵,$P_0 \in \mathcal{P}_0$ 为任何具有一致选择基的内部随机实现的协方差矩阵, 即矩阵 A 和 C 相同. 那么 $Q := P - P_0$ 满足如下的代数 Riccati 方程

$$\Gamma Q + Q\Gamma' - QC'R^{-1}CQ + B_2B_2' = 0, \tag{14.66}$$

其中 Γ 满足 (14.6).

证 回顾正实数引理方程 (10.129). 因为 $B_1 = (\bar{C}' - PC')R^{-1/2}$, 所以

$$\Gamma = A - (\bar{C}' - PC')R^{-1}C,$$

结合 $AP + PA' + B_1B_1' + B_2B_2' = 0$ 有

$$\Gamma P + P\Gamma' - PC'R^{-1}CP + \bar{C}'R^{-1}\bar{C} + B_2B_2' = 0.$$

并且, 从 $AP_0 + P_0A + B_0B_0' = 0$ 和 $B_0 = (\bar{C}' - P_0C')R^{-1/2}$ 可得

$$\Gamma P_0 + P_0\Gamma' + QC'R^{-1}CQ + \bar{C}'R^{-1}\bar{C} - PC'R^{-1}CP = 0,$$

其中 $Q := P - P_0$. 因此 (14.66) 得证.   □

定理 14.1.24 令 (14.63) 为带有 Markov 分切子空间 X 和由 (14.1) 确定的光谱因子 W 的最小随机实现. 并且, 假设光谱密度 $\Phi := WW^*$ 是强制的, 则

$$\mathrm{X} \cap \mathrm{H} = \{a'x(0) \mid a \in \mathcal{V}^*\}, \tag{14.67}$$

其中 $\mathcal{V}^*$ 是 W 的广义零方向的空间 (14.8). 并且

$$\mathcal{V}^* = \ker(P - P_{0-}). \tag{14.68}$$

最后,

$$\mathrm{X} \cap \mathrm{H}^- = \{a'x(0) \mid a \in \mathcal{V}_-^*\}, \qquad \mathrm{X} \cap \mathrm{H}^+ = \{a'x(0) \mid a \in \mathcal{V}_+^*\},$$

其中 $\mathcal{V}_-^*$ 和 $\mathcal{V}_+^*$ 以及相应的由稳定的和不稳定的零方向生成子空间 (14.13). 并且

$$\mathcal{V}_-^* = \ker(P - P_-), \qquad \mathcal{V}_+^* = \ker(P_+ - P).$$

证 在 (14.65) 中消除 $\mathrm{d}u$, 可得

$$\mathrm{d}x = \Gamma x(t)\mathrm{d}t + B_1R^{-1/2}\mathrm{d}y + B_2\mathrm{d}v. \tag{14.69}$$

然后, 应用 (14.14) 和相应的 Π_+ 方程, 可得

$$\Pi_- x(0) = \int_{-\infty}^0 \mathrm{e}^{-\Lambda_- s}\Pi_- B_1R^{-1/2}\mathrm{d}y$$

和

$$\Pi_+ x(0) = \int_0^\infty \mathrm{e}^{-\Lambda_+ s}\Pi_+ B_1R^{-1/2}\mathrm{d}y$$

因此 $\Pi_- x(0)$ 的分量属于 $\mathrm{X} \cap \mathrm{H}^-$, 并且,$\Pi_+ x(0)$ 的分量也属于 $\mathrm{X} \cap \mathrm{H}^+$. 而且, 对任何 $a \in \mathcal{V}^*$ 都存在唯一的分解 $a = a_- + a_+$, 其中 $a_- \in \mathcal{V}_-^*$, $a_+ \in \mathcal{V}_+^*$,$a_-'x(0) \in \mathrm{X} \cap \mathrm{H}^-$,$a_+'x(0) \in \mathrm{X} \cap \mathrm{H}^+$. 因此, $a'x(0) \in \mathrm{X} \cap \mathrm{H}$. 从而, 由引理 14.1.1 可知,

$$\mathcal{V}^* \subset \ker(P - P_{0-}). \tag{14.70}$$

　　为了证明相反的情况, 取引理 14.1.23 中的 $P_0 = P_{0-}$, 则有 $Q = P - P_{0-}$, 并且令 $a \in \ker Q$. 那么由 (14.66) 可得 $a'B_2B_2'a = 0$, 即 $B_2'a = 0$. 并且 $Q\Gamma'a = 0$, 即 $\Gamma'a \in \ker Q$. 因此, 对任何 $a \in \ker Q$, 我们有 $a'\Gamma^k B_2 = 0$, $k = 0, 1, 2, \cdots$, 那么 $a \perp \langle \Gamma \mid B_2 \rangle$, 即 $\ker Q \subset \mathcal{V}^*$, 或者等价地,

$$\ker(P - P_{0-}) \subset \mathcal{V}^*. \tag{14.71}$$

结合 (14.70) 可推出 (14.68), 因此由引理 14.1.1, 可得 (14.67). 该定理的最后一部分作为 14.1.10 的推论得证. □

　　如下的推论和 (通常的) 离散时间情况遵循相同的方式.

　　推论 14.1.25　令 X 为 y 的最小分切 Markov 子空间, 令 W 为相应的解析最小频谱因子. 则 $\dim(X \cap H)$, $\dim(X \cap H^-)$ 和 $\dim(X \cap H^+)$ 分别等于 W 的零点的个数, 开左半平面零 (稳定的零) 的个数, 和开右半平面零 (不稳定的零) 的个数是不相关的.

　　接下来, 考虑相应于 (14.63) 的后向实现 (10.107)

$$\begin{cases} \mathrm{d}\bar{x} = -A'\bar{x}\mathrm{d}t + \bar{B}\mathrm{d}\bar{w}, \\ \mathrm{d}y = \bar{C}\bar{x}\mathrm{d}t + D\mathrm{d}\bar{w}, \end{cases} \tag{14.72}$$

$\bar{x} = P^{-1}x$, 其中, 正如 (10.90) 和 (10.104) 所示, $\bar{B} = P^{-1}B$ 和 $\bar{C} = CP + DB'$. 从 (10.105b) 可以看出, 该系统有与其转换函数一样的分析光谱因子

$$\bar{W}(z) = \bar{C}(zI + A')^{-1}\bar{B} + D, \tag{14.73}$$

并且, 类似于离散情况, (14.72) 也可以写成

$$\begin{cases} \mathrm{d}\bar{x} = -A'\bar{x}\mathrm{d}t + \bar{B}_1\mathrm{d}\bar{u} + \bar{B}_2\mathrm{d}\bar{v}, \\ \mathrm{d}y = \bar{C}\bar{x}\mathrm{d}t + R^{-1/2}\mathrm{d}\bar{u}. \end{cases} \tag{14.74}$$

消除 (14.74) 中的 $\mathrm{d}\bar{u}$ 可得

$$\mathrm{d}\bar{x} = -\bar{\Gamma}\bar{x}\mathrm{d}t + \bar{B}_1 R^{-1/2}\mathrm{d}y + \bar{B}_2\mathrm{d}\bar{v}, \tag{14.75}$$

其中

$$\bar{\Gamma} = A' + \bar{B}_1 R^{-1/2}\bar{C}. \tag{14.76}$$

因为 P 满足 Lyapunov 等式 $AP + PA' + B_1B_1' + B_2B_2' = 0$, 同时

$$\bar{\Gamma} = -P^{-1}\Gamma P - P^{-1}B_2B_2', \tag{14.77}$$

所以 $\langle \bar{\Gamma} \mid \bar{B}_2 \rangle = P^{-1} \langle \Gamma \mid B_2 \rangle$, $\bar{\mathcal{V}}^* := P\mathcal{V}^*$ 是后向设置的零向空间，并且

$$\bar{\Gamma}'|_{\bar{\mathcal{V}}^*} = -P\Gamma'|_{\mathcal{V}^*}, \tag{14.78}$$

因此，W 和 $\bar{W}$ 有相同的零点，因此下面的推论得证.

命题 14.1.26 令 W 和 $\bar{W}$ 为极小 Markov 表示分析和共同分析光谱因子，则 W 和 $\bar{W}$ 有相同的不变零点.

由定理 14.1.24 可以得到

$$\mathrm{X} \cap \mathrm{H} = \{a'\bar{x}(0) \mid a \in \bar{\mathcal{V}}^*\}. \tag{14.79}$$

现在建立 Γ 和 $\bar{\Gamma}$ 的坐标自由的几何表示，或者等效地，建立半群 $e^{\Gamma t}$ 和 $e^{\bar{\Gamma} t}$ 的几何表示.

引理 14.1.27 对每一个 $t \geqslant 0$, 令 $\mathrm{H}_{[0,t]}^+$ 为由基于有限区间 $[0,t]$ 的输出 dy 张成的子空间，即

$$\mathrm{H}_{[0,t]}^+ = \mathrm{closure}\ \{a'\,[y(\tau) - y(s)] \mid a \in \mathbb{R}^m, \tau, s \in [0,t]\}, \tag{14.80a}$$

并且令 $\mathrm{H}_{[-t,0]}^-$ 为由 $[-t,0]$ 上的输出张成的子空间，即

$$\mathrm{H}_{[-t,0]}^- = \mathrm{closure}\ \{a'\,[y(\tau) - y(s)] \mid a \in \mathbb{R}^m, \tau, s \in [-t,0]\} \tag{14.80b}$$

则对所有的 $t \geqslant 0$,

$$\mathrm{X} \cap \mathrm{H}_{[0,t]}^+ = 0, \qquad \mathrm{X} \cap \mathrm{H}_{[-t,0]}^- = 0. \tag{14.81}$$

证 证明 $\mathrm{X} \cap \mathrm{H}_{[-t,0]}^- = 0$, 由平稳性可知，这相当于

$$\mathcal{U}_t\mathrm{X} \cap \mathrm{H}_{[0,t]}^+ = 0. \tag{14.82}$$

其他的关系式可由对称性推出. 为了证明 (14.82), 只需证如果存在 $a \in \mathbb{R}$ 满足

$$a'x(t) \in \mathrm{H}_{[0,t]}^+, \tag{14.83}$$

则 a 必为零. 如果 (14.83) 成立，则 $a'x(t) = a'\hat{x}(t)$, 其中 $\hat{x}(t)$ 为 Kalman 滤波估计 (10.141). 因此，

$$a'Q(t)a = 0, \tag{14.84}$$

其中 $Q(t) := E\{[x(t) - \hat{x}(t)][x(t) - \hat{x}(t)]'\}$ 满足 Riccati 矩阵方程 (10.145). 因为 $P \geqslant P_-$, 则有 $Q \geqslant Q_-$, Q_- 满足相应于预测空间 X_- 的 Riccati 矩阵方程，其中该预测空间可以被重组成如下形式

$$\dot{Q}_- = \Gamma_-Q + Q\Gamma_-' - QC'R^{-1}CQ, \quad Q(0) = P_- > 0.$$

因为 $Q(0) > 0$, $M(t) := Q(t)^{-1}$ 在某个有限区间 $[0, t_1]$ 上是存在的, 并且易知直接看出它满足 Lyapunov 微分方程

$$\dot{M} = -M\Gamma_- - \Gamma'_- M + C'R^{-1}C, \quad M(0) = P_-^{-1} > 0.$$

通过整合可以得到

$$M(t) = \mathrm{e}^{\Gamma'_- t} M(0) \mathrm{e}^{\Gamma_- t} + \int_0^t \mathrm{e}^{\Gamma'_-(t-s)} C'R^{-1}C \mathrm{e}^{\Gamma_-(t-s)} \mathrm{d}s,$$

其中第一项是正定的, 第二项是非负定的. 因此, $M(t)$ 对所有的有限的 $t \geqslant 0$ 是正定的, $Q_-(t)$ 也是一样. 因为 $Q \geqslant Q_-$, 只有当 $a = 0$ 时, (14.84) 才成立. □

接下来, 定义代表零动态的算子. 注意到由 (14.69) 和 (14.10) 可得

$$\mathrm{d}(\Pi x) = \Lambda(\Pi x)\mathrm{d}t + \Pi B_1 R^{-1/2}\mathrm{d}y. \tag{14.85}$$

因此, 由引理 14.1.27 知, 有直和分解

$$\mathcal{U}_t(\mathrm{X} \cap \mathrm{H}) \subset \mathrm{X} \cap \mathrm{H} + \mathrm{H}_{[0,t]}^+, \quad t \geqslant 0 \tag{14.86a}$$

和

$$\mathcal{U}_{-t}(\mathrm{X} \cap \mathrm{H}) \subset \mathrm{X} \cap \mathrm{H} + \mathrm{H}_{[-t,0]}^-, \quad t \geqslant 0. \tag{14.86b}$$

定义 14.1.28　对每个 $t \geqslant 0$, 令算子 $\mathcal{V}_t(\mathrm{X}) : \mathrm{X} \cap \mathrm{H} \to \mathrm{X} \cap \mathrm{H}$ 和 $\bar{\mathcal{V}}_t(\mathrm{X}) : \mathrm{X} \cap \mathrm{H} \to \mathrm{X} \cap \mathrm{H}$ 分别定义如下

$$\mathcal{V}_t(\mathrm{X}) = \mathrm{E}_{\|\mathrm{H}_{[0,t]}^+}^{\mathrm{X} \cap \mathrm{H}} \mathcal{U}|_{\mathrm{X} \cap \mathrm{H}} \tag{14.87a}$$

和

$$\bar{\mathcal{V}}_t(\mathrm{X}) = E_{\|\mathrm{H}_{[-t,0]}^-}^{\mathrm{X} \cap \mathrm{H}} \mathcal{U}_{-t}|_{\mathrm{X} \cap \mathrm{H}}. \tag{14.87b}$$

命题 14.1.29　算子 $\{\mathcal{V}_t(\mathrm{X}) : t \geqslant 0\}$ 和 $\{\bar{\mathcal{V}}_t(\mathrm{X}) : t \geqslant 0\}$ 的集合是 $\mathrm{X} \cap \mathrm{H}$ 上的强连续半群.

证　令 $\xi \in \mathrm{X} \cap \mathrm{H}$, 则有唯一的直和分解

$$\mathcal{U}_s \xi = \xi_1 + \eta_1, \quad \text{其中 } \xi_1 = \mathcal{V}_s(\mathrm{X})\xi \text{ 和 } \eta_1 \in \mathrm{H}_{[0,s]}^+,$$

并且

$$\mathcal{U}_t \xi_1 = \xi_2 + \eta_2, \quad \text{其中 } \xi_2 = \mathcal{V}_t(\mathrm{X})\xi_1 \text{ 和 } \eta_2 \in \mathrm{H}_{[0,t]}^+.$$

而且,

$$\mathcal{U}_{t+s}\xi = \mathcal{U}_t\xi_1 + \mathcal{U}_t\eta_1$$
$$= \xi_2 + \eta_2 + \mathcal{U}_t\eta_1,$$

其中 $\eta_2 + \mathcal{U}_t\eta_1 \in \mathrm{H}_{[0,t+s]}^+$. 因此 $\mathcal{V}_{t+s}(\mathrm{X})\xi = \xi_2$, 因此

$$\mathcal{V}_{t+s}(\mathrm{X}) = \mathcal{V}_t(\mathrm{X})\mathcal{V}_s(\mathrm{X}). \tag{14.88}$$

明显地,$\mathcal{V}_0(\mathrm{X}) = I$, 当 $t \downarrow 0$, $\|\mathcal{V}_t(\mathrm{X})\xi - \xi\| \to 0$. 因此 $\mathcal{V}_t(\mathrm{X})$ 是强连续半群. 其余可由对称性得证. $\quad\square$

因此, 存在无穷小生成子, 即算子 $G, \bar{G} : X \cap \mathrm{H} \to X \cap \mathrm{H}$ 满足

$$\mathcal{V}_t(\mathrm{X}) = \mathrm{e}^{Gt} \quad \text{和} \quad \bar{\mathcal{V}}_t(\mathrm{X}) = \mathrm{e}^{\bar{G}t}. \tag{14.89}$$

命题 14.1.30 对每个 $t \geqslant 0$,

$$\bar{\mathcal{V}}_t(\mathrm{X}) = \mathcal{V}_t(\mathrm{X})^{-1}, \tag{14.90}$$

即特别地 $\bar{G} = -G$.

证 因为 $\xi \in X \cap \mathrm{H}$, 有 $\mathcal{U}_t\xi = \mathcal{V}_t(\mathrm{X})\xi + \eta$, 其中 $\eta \in \mathrm{H}_{[0,t]}^+$. 然而这和

$$\mathcal{U}_{-t}\mathcal{V}_t(\mathrm{X})\xi = \xi - \mathcal{U}_{-t}\eta, \quad -\mathcal{U}_{-t}\eta \in \mathrm{H}_{[-t,0]}^-$$

是一样的. 因此, $\bar{\mathcal{V}}_t(\mathrm{X})\mathcal{V}_t(\mathrm{X})\xi = \xi$, 这证明了 (14.90). $\quad\square$

因此, 对于负值 t 我们也可以定义 $\mathcal{V}_t(\mathrm{X})$. 事实上, 令

$$\mathcal{V}_t(\mathrm{X}) = \bar{\mathcal{V}}_{-t}(\mathrm{X}), \quad \text{若 } t \leqslant 0, \tag{14.91}$$

对所有的 $t \in \mathbb{R}$ 可以定义 $\mathcal{V}_t(\mathrm{X})$. 因此算子集合 $\{\mathcal{V}_t(\mathrm{X}); \ t \in \mathbb{R}\}$ 事实上是一个群.

令 $a \in \mathcal{V}^*$. 则由 (14.69),

$$\mathcal{U}_t a' x(0) = a' x(t) = a' \mathrm{e}^{\Gamma t} x(0) + \int_0^t a' \mathrm{e}^{\Gamma(t-s)} B_1 R^{-1/2} \mathrm{d}y(s),$$

所以 $\mathcal{V}_t(\mathrm{X})a'x(0) = a'\mathrm{e}^{\Gamma t}x(0)$, 或者等价地,

$$\mathcal{V}_t(\mathrm{X})T_x a = T_x \mathrm{e}^{\Gamma' t} a,$$

其中线性算子 T_x 由 (14.51) 定义. 因此可得如下图表:

$$
\begin{array}{ccc}
X \cap H & \xrightarrow{\ \mathcal{V}_t(X)\ } & X \cap H \\
T_x \uparrow & & \uparrow T_x \\
\mathcal{V}^* & \xrightarrow{\ e^{\Gamma' t}\ } & \mathcal{V}^*
\end{array}
\ ,
\qquad
\begin{array}{ccc}
X \cap H & \xrightarrow{\ \bar{\mathcal{V}}_t(X)\ } & X \cap H \\
T_{\bar{x}} \uparrow & & \uparrow T_{\bar{x}} \\
\bar{\mathcal{V}}^* & \xrightarrow{\ e^{\bar\Gamma' t}\ } & \bar{\mathcal{V}}^*
\end{array}
\ .
\qquad (14.92)
$$

其中 T_x 和 $T_{\bar{x}}$ 满足

$$T_x a = a' x(0), \qquad T_{\bar{x}} a = a' \bar{x}(0). \qquad (14.93)$$

定义 14.1.31　令 X 为一个 Markov 分裂子空间. 子空间 Y ⊂ X 称作是输出诱导, 若

(i)　Y ⊂ H;

(ii)　$t \geqslant 0$ 时 $\mathcal{U}_t Y \subset Y \vee H_{[0,t]}^+$, 其中 $H_{[0,t]}^+$ 由 (14.80a) 定义;

(iii)　$\mathcal{U}_t Y \subset Y \vee H_{[t,0]}^-$ 对于 $t \leqslant 0$, 其中 $H_{[t,0]}^-$ 由 (14.80b) 定义.

下列定理是 (14.86) 的结果.

定理 14.1.32　令 X 为一个最小 Markov 分裂子空间. 那么存在一个 X 的最大输出-感应子空间, 即 $Y^* := X \cap H$. 子空间 Y^* 最大意思是: 对于 X 的任意其他输出-感应子空间 Y, Y ⊂ Y^*.

下面定理将 X 的输出-感应子空间描述为集合 $\{\mathcal{V}_t(X); t \in \mathbb{R}\}$ 的不变子空间.

定理 14.1.33　X 的输出-感应子空间是 $X \cap H$ 的 G-不变 (或者等价地, $\bar{G}$-不变) 子空间, 这里 G 与 $\bar{G}$ 定义为 (14.89).

证　首先假设 Y ⊂ X 是输出-感应的. 然后由引理 14.1.27,

$$\mathcal{U}_t Y \subset Y \dotplus H_{[0,t]}^+, \quad \text{当 } t \geqslant 0, \qquad (14.94)$$

因此有 $e^{Gt} Y \subset Y$, 或者等价地, $GY \subset Y$. 相反地, 假设 Y ⊂ X ∩ H 是 e^{Gt}-不变的, 由 (14.86a) 可知有

$$\mathcal{U}_t Y \subset X \cap H + H_{[0,t]}^+, \quad \text{当 } t \geqslant 0. \qquad (14.95)$$

我们希望证明 (14.95) 中的 X ∩ H 可以交换为 Y, 使得 (14.94) 被包含在内. 然而很显然, 通过将

$$E_{\| H_{[0,t]}^+}^{X \cap H}$$

投影到 (14.95) 或者空集, 并且注意到假设条件, 有 $e^{Gt} Y \subset Y$. 一般地, (14.86b) 可类似得到 $t \leqslant 0$ 时的结论. 由性质 14.1.30 同理可以得到 G 不变与 $\bar{G}$ 不变.

□

推论 14.1.34 下列条件是等价的

(ii)′ $\mathcal{U}_t Y \subset Y + H^+_{[0,t]}$, 若 $t \geq 0$;

(iii)′ $\mathcal{U}_t Y \subset Y \vee H^-_{[t,0]}$, 若 $t \leq 0$.

证 条件 (ii)′ 与 Y 的 G-不变等价, 条件 (iii)′ 等价于 Y 的 $\bar{G}$-不变. 但是,$\bar{G} = -G$ (性质 14.1.30), 所以这些不变条件是等价的. □

特别地,$X \cap H^-$ 和 $X \cap H^+$ 是 G-不变的, 正如定理 14.1.33 和下述结果.

命题 14.1.35 令 X 为一个最小 Markov 分裂子空间. 那么 $X \cap H^-$ 和 $X \cap H^+$ 为输出诱导子空间.

证 首先证明 $Y := X \cap H^-$ 满足引理 14.1.34 中条件 (ii)′ ; 然后证明它满足条件 (iii)′. 由于 $X = S \cap \bar{S}$ 与 $S \supset H^-$, 可以得到 $X \cap H^- = \bar{S} \cap H^-$. 因此, 由于 $\mathcal{U}_t \bar{S} \subset \bar{S}$,

$$\mathcal{U}_t (X \cap H^-) = \bar{S} \cap \left(H^- + H_{[0,t]} \right) = X \cap H^- + H_{[0,t]}, \quad \text{对于所有 } t \geq 0,$$

这里我们也用到了性质 B.3.1. 因此 $X \cap H^-$ 是输出诱导的. 由对称性可知 $X \cap H^+$ 是输出诱导的. □

命题 14.1.36 X 是一个最小 Markov 分裂子空间, 并且令 X_{0-} 为其最大内部下界, 令 X_{0+} 为其最小内部上界, 那么有

$$\mathcal{V}_t(X)|_{X_{0-} \cap X_{0+}} = \mathcal{V}_t(X_{0-})|_{X_{0-} \cap X_{0+}} = \mathcal{V}_t(X_{0+})|_{X_{0-} \cap X_{0+}} \tag{14.96}$$

对于任意 $t \in \mathbb{R}$ 成立.

证 由推论 7.7.15, $X \cap H = X_{0-} \cap X_{0+}$. 因此, 对于任意 $\lambda \in X_{0-} \cap X_{0+}$ 和 $t \geq 0$, 存在唯一分解 $\mathcal{U}_t \lambda = \xi + \eta$, 其中 $\xi = \mathcal{V}_t(X)\lambda \in X_{0-} \cap X_{0+}$, $\eta \in H^+_{[0,t]}$. 同样有唯一分解 $\mathcal{U}_t \lambda = \xi_1 + \eta_2$, 其中 $\xi_1 = \mathcal{V}_t(X_{0-})\lambda \in X_{0-}$, $\eta_2 \in H^+_{[0,t]}$. 然而,$X_{0-} \cap X_{0+} \subset X_{0-}$, 因此有 $\xi_1 = \xi$; 否则 $\mathcal{U}_t \lambda \in \mathcal{U}_t X_{0-} \subset X_{0-} + H^+_{[0,t]}$ 将有两个正交分解. 这就得到了 $t \geq 0$ 在 (14.96) 中第一个等式. 第二个等式的证明方法相同. 考虑到 (14.90), 通过对 $\bar{\mathcal{V}}_t(X)$ 进行类似论证可以证明 $t \leq 0$ 的情形. □

接下来的是定理 14.1.24 及 (14.92) 的直接推论.

推论 14.1.37 令 Γ, Γ_{0-} 和 Γ_{0+} 分别为相应于 X, X_{0-} 和 X_{0+} 在 (14.92) 中的定义, 那么

$$\Gamma'|_{\mathcal{V}^*} = \Gamma'_{0-}|_{\mathcal{V}^*} = \Gamma'_{0+}|_{\mathcal{V}^*}. \tag{14.97}$$

14.1.3　零动态和几何控制理论

Markov 表示的零构建与几何控制理论相关. 我们可以在连续时间情形下证明这一点. 离散时间情形下的情形是类似的. 更确切地说, 一个对偶控制系统的输出归零子空间 $\mathcal{V}$

$$\begin{cases} \dot{z} = A'z + C'\omega, \\ \eta = B'z + D'\omega \end{cases} \tag{14.98}$$

是初始状态向量 $z(0)$ 的子空间, 对于这里的初始向量 $z(0)$, 对所有的 $t \geqslant 0$, 存在控制 ω 使得 $z(t)$ 仍然属于 $\mathcal{V}$, 并且同时伴随着输出 $\eta \equiv 0$. 设定 (14.98) 中输出 η 等于零, 则

$$\begin{cases} \dot{z} = A'z + C'\omega, \\ 0 = B_1'z + R^{1/2}\omega, \\ 0 = B_2'z, \end{cases} \tag{14.99}$$

或者说, 消除控制 ω,

$$\begin{cases} \dot{z} = \Gamma'z, \\ B_2'z = 0. \end{cases} \tag{14.100}$$

因此, 最大输出不存在子空间 恰好是可达空间的正交互补 (14.7) ; 也就是说, 零方向的空间 $\mathcal{V}^*$ 定义为 (14.8).

§14.2　一般离散时间背景下的零动态

在一般情况下一个最小 Markov 分裂子空间 X 的算子 $\mathcal{V}(X)$ 和 $\bar{\mathcal{V}}(X)$ 是由其内部子空间 X∩H 所定义的. 这可能归因于直和分解 (14.47) 与 (14.48). 在非正则情况下, 这些分解可能不存在. 因此, 必须缩小零动态算子的范围. 算子 $\mathcal{V}(X)$ 总是可以定义为 X ∩ X_, 可得到稳定零 (包括单位圆上的), 并且 $\bar{\mathcal{V}}(X)$ 总是可以定义为 X∩X_+, 只产生不稳定零点 (包括在单位圆上及无限点). 实际上推出 (14.56) 的计算过程并不需要正则性假设, 于是我们有

$$\mathcal{U}(X \cap X_-) \subset X \cap X_- \dotplus \{y(0)\} \tag{14.101a}$$

也在正则情况下成立. 此外, 由对称性可知

$$\mathcal{U}^{-1}(X \cap X_+) \subset X \cap X_+ \dotplus \{y(-1)\}. \tag{14.101b}$$

但是, 我们倾向于在最大概率空间上定义 $\mathcal{V}(X)$ 和 $\bar{\mathcal{V}}(X)$. 这可以做到, 由于 $\mathcal{V}(X)$ 的特征值恰恰是 X 的有限个零组成的, 并且 $\bar{\mathcal{V}}(X)$ 的特征值是 X 中非零点的倒数 (利用 $1/\infty = 0$). 此外, 我们希望知道在哪一个子空间上 $\mathcal{V}(X)$ 和 $\bar{\mathcal{V}}(X)$ 是可逆的, 因此可以直接将它们互相对应起来. 这需要定义 14.1.17 的推广, 更多地在连续情形下 (定义 14.1.31) 定义输出-感应子空间 的概念.

14.2.1　输出-诱导子空间

定义 14.2.1　令 X 为一个 Markov 分裂空间. 一个子空间 $Y \subset X$ 称作是输出诱导的, 如果

(i)　$Y \subset H$;

(ii)　$\mathcal{U}Y \subset Y \vee \{y(0), y(1), \cdots, y(k)\}$,　对某些 $k \geqslant 0$;

(iii)　$\mathcal{U}^{-1}Y \subset Y \vee \{y(-1), y(-2), \cdots, y(-k-1)\}$,　对某些 $k \geqslant 0$.

称 Y 是严格输出诱导的, 如果它是输出诱导的并且 k 在 (ii) 和 (iii) 中可以选为 0.

接下来的性质是这一定义和 X 有限维的直接结果.

命题 14.2.2　两个输出诱导 (严格输出诱导) 子空间的和仍然是输出诱导的 (严格输出诱导的). 在子空间包含的意义下存在一个最大输出诱导 (严格输出诱导) 子空间.

令 (14.101a) 中 $X = X_+$, (14.101b) 中 $X = X_-$, 我们马上可以得到

命题 14.2.3　子空间 $X_- \cap X_+$ 总是严格输出诱导的.

子空间 $X \cap X_-$ 和 $X \cap X_+$ 是一般而非严格输出诱导的. 然而, 它们都是输出诱导的. 它们都满足条件 (i), 并且由 (14.101) 可知它们至少满足条件 (ii) 和 (iii) 中的一条. 所以在每种情形下, 我们需要证明剩余的条件仍然成立.

命题 14.2.4　子空间 $X \cap X_-$ 和 $X \cap X_+$ 是输出诱导的.

证　为了证明 $X \cap X_+$ 是输出诱导的, 还需要证明

$$\mathcal{U}(X \cap X_+) \subset (X \cap X_+) \vee \{y(0), y(1), \cdots, y(k)\} \tag{14.102}$$

对于某些 $k \geqslant 0$ 成立. 为了这个目的, 首先注意到假设 X 是一个内部分裂子空间没有限制条件, 即 $X \subset H$. 又由推论 7.7.15 和 (14.22), $X \cap X_+ = X \cap H^+ = X_{0+} \cap X_+$, 其中 X_{0+} 是 X 的最紧内部下界. 现在, 如果 D 是列满秩的, 那么有 $w(t) = D^{-1}y(t) - D^{-1}Cx(t)$, 连同 $H^-(w) = S$ 可以得到 $\mathcal{U}S \subset S \vee \mathcal{U}H^-$. 但是, 对于

非正则的 y, 并不属于此情况. 相反, 存在一个矩阵变换 T_1 使得

$$T_1 D = \begin{bmatrix} D_1 \\ 0 \end{bmatrix}, \quad \text{其中 } D_1 \text{ 列满秩}, \quad T_1 y = \begin{bmatrix} y_1 \\ y_2 \end{bmatrix}, \quad T_1 C = \begin{bmatrix} C_1 \\ C_2 \end{bmatrix},$$

并得到系统

$$y_1(t) = C_1 x(t) + D_1 w(t),$$
$$y_2(t+1) = C_2 A x(t) + C_2 B w(t).$$

如果 $(D_1', B'C_2')'$ 是满秩, 可以解出 $w(t)$ 并得到 $\mathcal{U}S \subset S \vee \mathcal{U}^2 H^-$. 否则继续用同样的方法, 最多用 $k \leqslant n$ 步来得到

$$\mathcal{U}S \subset S \vee \mathcal{U}^{k+1} H^- = S \vee \{y(0), y(1), \cdots, y(k)\}.$$

由于 $\mathcal{U}H^+ \subset H^+$, 由推论 B.3.2 可得

$$\mathcal{U}(S \cap H^+) \subset \mathcal{U}S \cap H^+ = S \cap H^+ \vee \{y(0), y(1), \cdots, y(k)\}.$$

但是, 由于 $S \cap H^+ = S \cap \bar{S} \cap H^+ = X \cap H^+ = X \cap X_+$, 如同 (14.102), 可以证明 $X \cap X_+$ 是输出诱导. 与利用后向系统 (14.27) 类似, 可以证明 $X \cap X_-$ 是输出诱导.

$\square$

推论 14.2.5 令 X 为最小 Markov 分裂子空间. 那么 $X \cap H$ 是其最大输出诱导子空间.

证 考虑到 (14.21) 和 (14.22),

$$X \cap H = X \cap X_- \dotplus X \cap X_+, \tag{14.103}$$

由命题 14.2.2 和命题 14.2.4 知其为输出诱导. 显然它是最大的. $\square$

我们已经注意到 (命题 14.2.2) 存在最大严格输出诱导子空间 Y^*. 可以证明 Y^* 恰是满足

$$\mathcal{U}Y \subset Y \vee \{y(0)\} \tag{14.104}$$

的最大子空间 $Y \subset X \cap H$ 与满足

$$\mathcal{U}^{-1}\bar{Y} \subset \bar{Y} \vee \{y(-1)\} \tag{14.105}$$

的最大子空间 $\bar{Y} \subset X \cap H$ 的交集. 事实上, 令 $Y_0 := X \cap H$ 并考虑循环

$$Y_{k+1} = \left\{ \xi \in Y_k \mid \mathcal{U}\xi \in Y_k \vee \{y(0)\} \right\}, \tag{14.106}$$

定义一个内嵌子空间 $Y_0 \supset Y_2 \supset \cdots \supset Y_n$ 序列, 满足

$$\mathcal{U} Y_{k+1} \subset Y_k \vee \{y(0)\}. \tag{14.107}$$

由于 $\dim X \cap H \leqslant n$, 对于某些 $k \leqslant n$, 有 $Y_{k+1} = Y_k$, Y_k 是恒常的. 将此极限空间表示为 Y_n. 显然 Y_n 满足 (14.104). 同理, 通过下列循环定义一个内嵌的 $\bar{Y}_0 \supset \bar{Y}_2 \supset \cdots \supset \bar{Y}_n$ 序列

$$\bar{Y}_{k+1} = \left\{ \xi \in \bar{Y}_k \mid \mathcal{U}^{-1} \xi \in \bar{Y}_k \vee \{y(-1)\} \right\}, \tag{14.108}$$

其中初始空间 $\bar{Y}_0 := X \cap H$, 并且其满足

$$\mathcal{U}^{-1} \bar{Y}_{k+1} \subset \bar{Y}_k \vee \{y(-1)\}. \tag{14.109}$$

且在不大于 n 步后收敛到一个满足 (14.105) 的子空间 $\bar{Y}_n$.

定理 14.2.6　子空间 Y_n 是满足 (14.104) 的最大子空间, 并且 $\bar{Y}_n$ 为满足 (14.105) 的最大子空间. 此外, (14.104) 和 (14.105) 的和是直和的, 即

$$\mathcal{U} Y_n \subset Y_n \dotplus \{y(0)\}, \tag{14.110a}$$

$$\mathcal{U}^{-1} \bar{Y}_n \subset \bar{Y}_n \dotplus \{y(-1)\}. \tag{14.110b}$$

内嵌

$$Y^* := Y_n \cap \bar{Y}_n \tag{14.111}$$

是最大严格输出诱导子空间. 在通常情况下, $Y^* = Y_n = \bar{Y}_n = X \cap H$.

证　为了证明 Y_n 是最大的, 令 $Y \subset X \cap H$ 为满足 (14.104) 的任意子空间. 假设 $Y \subset Y_k$. 那么对于任意 $\xi \in Y$,

$$\mathcal{U} \xi \in Y \vee \{y(0)\} \subset Y_k \vee \{y(0)\},$$

因此 $\xi \in Y_{k+1}$. 由于 $Y \subset Y_0$, 可以归纳得到 $Y \subset Y_k$, $k = 0, 1, \cdots, n$, 因此 Y_n 一定是最大的. 同理可证 $\bar{Y}_n$ 是最大的.

为了证明 (14.110a) 中的和是直和, 需要证明 $Y_n \cap \{y(0)\} = 0$. 为此, 令 $\xi \in Y_n \cap \{y(0)\}$. 由 (14.107) 可知

$$\mathcal{U}^k Y_k \subset (X \cap H) \vee \{y(0), y(1), \cdots, y(k-1)\}, \tag{14.112}$$

因此 $\mathcal{U}^n \xi = \lambda + \eta$, 其中 $\lambda \in X \cap H$, $\eta \in \{y(0), y(1), \cdots, y(n-1)\}$. 从而

$$\lambda = \mathcal{U}^n \xi - \eta \in \{y(0), y(1), \cdots, y(n)\} \subset X \cap H^+. \tag{14.113}$$

因此, 由 (14.22b) 可得到 $\lambda \in X \cap X_+$, 并且存在 $a \in \mathbb{R}^n$ 使得 $\lambda = a'\bar{x}_+(-1)$, 即

$$\lambda = a'\bar{x}_+(-1) = \sum_{k=0}^{n} a'\bar{\Gamma}_+^k \bar{B}_+ \bar{D}_+^{-1} y(k),$$

其中对于 $k \geqslant n$ 有 $a'\bar{\Gamma}_+^k = 0$, 这是因为 (14.113) 以及 $\bar{B}_+$ 有满秩, 从而求和是有限的. 然而, 由于 $\dim X = n$, 其和至多包含 n 项, 所以必须还要有 $a'\bar{\Gamma}_+^n = 0$. 于是 $\lambda \in \{y(0), y(1), \cdots, y(n-1)\}$, 因此有

$$\mathcal{U}^n \xi \in \{y(0), y(1), \cdots, y(n-1)\}.$$

但是, 同样有 $\mathcal{U}^n \xi \in \{y(n)\}$, 因此, 由于 y 是纯不确定的, 有 $\xi = 0$. 同理可以证明 $\bar{Y}_n \cap \{y(0)\} = 0$, 即 (14.110b) 和为直和.

　为了证明最后一条, 首先说明

$$\mathcal{U}Y^* \subset Y^* + \{y(0)\}. \tag{14.114}$$

事实上, 令 $\xi \in Y^*$. 由于 $\xi \in Y_n$, 从 (14.110a) 可以得到

$$\mathcal{U}\xi = \zeta + \eta_0,$$

其中 $\zeta \in Y_n$, $\eta_0 \in \{y(0)\}$. 为了建立 (14.114), 需要证明 $\zeta \in \bar{Y}_n$, 因此有 $\zeta \in Y_n \cap \bar{Y}_n = Y^*$. 对 (14.112) 进行类似处理, 由 (14.109) 可得到

$$\mathcal{U}^{-k} \bar{Y}_k \subset (X \cap H) \vee \{y(-1), y(-2), \cdots, y(-k)\}, \tag{14.115}$$

因此, 又由 $\xi \in \bar{Y}_n$,

$$\xi = \mathcal{U}^n \bar{\lambda} + \bar{\eta},$$

其中 $\bar{\lambda} \in X \cap H$, $\bar{\eta} \in \{y(0), y(1), \cdots, y(n-1)\}$. 因此有

$$\zeta = \mathcal{U}\xi - \eta_0 = \mathcal{U}^{n+1} \bar{\lambda} + \eta,$$

其中 $\eta = \mathcal{U}\bar{\eta} + \eta_0 \in \{y(0), y(1), \cdots, y(n)\}$. 因此可以由 (14.115) 得到 $\zeta \in \bar{Y}_{n+1} = \bar{Y}_n$. 于是 (14.114) 成立. 同理可证 $\mathcal{U}^{-1} Y^* \subset Y^* + \{y(-1)\}$. 最后得到 Y^* 是严格输出诱导. 显然, 考虑到 Y_n 和 $\bar{Y}_n$ 的最大性, Y^* 是最大的. 　　□

　给定 (14.110), 现在定义一般情形下的零动态运算.

　定义 14.2.7 (**一般情形**) 令算子 $\mathcal{V}(X) : Y_n \to Y_n$ 和 $\bar{\mathcal{V}}(X) : \bar{Y}_n \to \bar{Y}_n$ 分别定义如下

$$\mathcal{V}(X) = E_{\|\{y(0)\}}^{Y_n} \mathcal{U}|_{Y_n}, \tag{14.116a}$$

$$\bar{\mathcal{V}}(X) = E_{\|\{y(-1)\}}^{\bar{Y}_n} \mathcal{U}^{-1}|_{\bar{Y}_n}. \tag{14.116b}$$

定理 14.2.8 最大严格输出诱导子空间 Y^* 是 $\mathcal{V}(X)$-不变和 $\bar{\mathcal{V}}(X)$-不变的. 同样的 $\mathcal{V}(X)|_{Y^*}$ 也是可逆的, 并且其逆为 $\bar{\mathcal{V}}(X)|_{Y^*}$. 此外, 子空间 $X \cap \{y(-1)\}$ 和 $X \cap \{y(0)\}$ 分别为 $\mathcal{V}(X)$ 和 $\bar{\mathcal{V}}(X)$ 的零空间. 更一般地,

$$\ker \mathcal{V}(X)^k = X \cap \{y(-1), \cdots, y(-k)\}, \quad k = 1, 2, 3, \cdots,$$

且

$$\ker \bar{\mathcal{V}}(X)^k = X \cap \{y(0), \cdots, y(k)\}, \quad k = 1, 2, 3, \cdots.$$

证 实际上 Y^* 是严格输出诱导的, 从而满足

$$\mathcal{U}Y^* \subset Y^* + \{y(0)\}, \qquad \mathcal{U}^{-1}Y^* \subset Y^* + \{y(-1)\},$$

因此 Y^* 是 $\mathcal{V}(X)$-不变和 $\bar{\mathcal{V}}(X)$-不变的. 为了证明 $\mathcal{V}(X)$ 可逆, 令 $\xi \in Y^*$, 于是有

$$\mathcal{U}\xi = \mathcal{V}(X)\xi + \lambda,$$

这里 $\mathcal{V}(X)\xi \in Y^*$ 且 $\lambda \in \{y(0)\}$, 因此有 $\mathcal{U}^{-1}\mathcal{V}(X)\xi = \xi - \mathcal{U}^{-1}\lambda$. 相应地, 由于 $\mathcal{U}^{-1}\lambda \in \{y(-1)\}$, 有

$$\bar{\mathcal{V}}(X)\mathcal{V}(X)\xi = \xi,$$

这就证明了 $\mathcal{V}(X)|_{Y^*} = \left[\bar{\mathcal{V}}(X)|_{Y^*}\right]^{-1}$. 为了证明关于 $\mathcal{V}(X)$ 核的结论, 注意到 $\xi \in \ker \mathcal{V}(X)$ 当且仅当 $\xi \in Y_n$ 且 $\mathcal{U}\xi \in \{y(0)\}$, 因此 $\ker \mathcal{V}(X) = Y_n \cap \{y(-1)\} \subset X \cap \{y(-1)\}$. 然而

$$Y_n = \{\xi \in X \cap H \mid \xi \in \mathcal{U}^{-n}(X \cap H) \vee \{y(-1), \cdots, y(-n)\}\}, \tag{14.117}$$

包含 $X \cap \{y(-1)\}$, 因此, $Y_n \cap \{y(-1)\} = X \cap \{y(-1)\}$. 剩下部分类似证明. □

这再一次阐明了一般情况下, $\mathcal{V}(X)$ 和 $\bar{\mathcal{V}}(X)$ 在所有的 $X \cap H$ 上是可以定义并且可逆的, 并且仅在一般情况下成立.

为了进一步阐明一个任意最小 Markov 分裂子空间 $X \in \mathcal{X}$ 的零构建, 考虑随机实现的一对对应的 (14.24) 和 (14.27) 及它们的转换函数 (谱因子) $(W, \bar{W})$. 回顾一下第 14.1 节中 (14.16) 的解刻画了 W 的有限零点和相应的空向量, 即

$$\begin{bmatrix} \Pi & -M \end{bmatrix} \begin{bmatrix} A & B \\ C & D \end{bmatrix} = \begin{bmatrix} \Lambda\Pi & 0 \end{bmatrix}, \tag{14.118}$$

在此意义下 Λ 的特征值是 W 的零点并且 Π 的行张成了对应的广义零向量子空间. 为了描述所有的有限零点, 我们需要在 Π 存在最大秩的意义下考虑 (14.118) 的最大解, 或者说在由 Π 的行向量生成的子空间为最大的意义下.

下面我们给出广义命题 14.1.5 的另一种证明方法, 此方法对于非正规情形也适用.

命题 14.2.9　一个矩阵 Π 满足 (14.118), 当且仅当存在矩阵 Λ 和 M 使得

$$\Pi x(t+1) = \Lambda \Pi x(t) + M y(t). \tag{14.119}$$

证　方程 (14.118) 等价于

$$\begin{bmatrix} \Pi & -M \end{bmatrix} \begin{bmatrix} A & B \\ C & D \end{bmatrix} \begin{bmatrix} x(t) \\ w(t) \end{bmatrix} = \begin{bmatrix} \Lambda \Pi & 0 \end{bmatrix} \begin{bmatrix} x(t) \\ w(t) \end{bmatrix},$$

这里 x 代表状态, w 为随机模型 (14.24) 的噪声. 通过观察 $\begin{bmatrix} x(t) \\ w(t) \end{bmatrix}$ 的协方差矩阵可以得知其为满秩. 结合系统方程 (14.24) 可以得到 (14.119). □

自由坐标下的 (14.119) 可以如下表示

$$\mathcal{U} Y \subset Y \vee \{y(0)\}, \tag{14.120}$$

这里 Y 由形如 $b'\Pi x(0)$ 的随机变量组成. 这一结果使得我们可以通过 $\mathcal{V}(X)$ 的特征值描绘 W 的零点.

命题 14.2.10　$\mathcal{V}(X)$ 的特征值恰好是 W 的有限个零点. 类似的, $\bar{\mathcal{V}}(X)$ 的特征值是 $\bar{W}(z^{-1})$ 的有限个零点.

证　考虑 (14.118) 的最大解. Λ 的特征值是 W 的有限个零点. 此外, 由于 Y_n 是满足 (14.120) 的最大子空间 (定理 14.2.6), $z := \Pi x(0)$ 是 Y_n 的基, $\mathcal{V}(X)$ 上的空间可以定义. 由 (14.119) 可以得到

$$\mathcal{V}(X) z_i = \sum_j \Lambda_{ij} z_j,$$

因此, Λ' 是 $\mathcal{V}(X)$ 的一个以 z 为基的矩阵表示. 第二条类似得证. □

以上结合定理 14.2.8, 可以得到非正则情形下的零点. 任何关于 W 零点的研究对于 $\bar{W}$ 同样适用, 反之也成立.

考虑到 (14.101) 以及 Y_n 和 $\bar{Y}_n$ 是最大子空间, $X \cap X_- \subset Y_n$ 并且 $X \cap X_+ \subset \bar{Y}_n$, 因此 $X \cap X_-$ 包含在 $\mathcal{V}(X)$ 中, $X \cap X_+$ 包含在 $\bar{\mathcal{V}}(X)$ 中. 显然 $X_- \cap X_+$ 包含在两个零动力算子中.

定理 14.2.11 令 $(W, \bar{W})$ 为 (14.24) 和 (14.27) 的转换函数，并且令 $X \in \mathcal{X}$ 为其相应的最小分裂子空间. 那么有

$$\mathcal{V}(X)|_{X \cap X_-} = \mathcal{V}(X_-)|_{X \cap X_-} \tag{14.121}$$

与

$$\bar{\mathcal{V}}(X)|_{X \cap X_+} = \bar{\mathcal{V}}(X_+)|_{X \cap X_+}. \tag{14.122}$$

于是，$\mathcal{V}(X)|_{X \cap X_-}$ 的特征值是 W 的稳定零点 (包括在单位圆上的)，并且 $\bar{\mathcal{V}}(X)|_{X \cap X_+}$ 的特征值是非稳定零点的倒数 (包括在单位圆上及无穷远). 最后，

$$\mathcal{V}(X)|_{X_- \cap X_+} = \left[\bar{\mathcal{V}}(X)|_{X_- \cap X_+} \right]^{-1}, \tag{14.123}$$

并且其特征值恰恰是单位圆上的零点.

证 由 (14.101a) 可知 $X \cap X_-$ 在 $\mathcal{V}(X)$ 与 $\mathcal{V}(X_-)$ 下是不变的，从而可以得到 (14.121). 同样地，有 (14.101b) 可知 $X \cap X_+$ 在 $\bar{\mathcal{V}}(X)$ 与 $\bar{\mathcal{V}}(X_+)$ 下是不变的. 也即 (14.122) 成立. 这与定理 (14.1.15) 和 (14.1.16) 一致，并且可推知稳定及不稳定零点的状态. 最后，由推论 14.2.3，$X_- \cap X_+$ 是严格输出诱导的，并且包含在 Y^* 中，在此空间中 $\mathcal{V}(X)$ 可逆 (定理 14.2.8). 于是最后一条得证.   □

特别地，我们可以得到以下结论.

推论 14.2.12 所有的最小谱因子都在单位圆上有相同个零点，即 $\dim X_- \cap X_+ = \dim H^- \cap H^+$.

14.2.2 不变向量

离散时间情形比连续时间情形更复杂，大概是因子空间 $X \cap \{y(-1), \cdots, y(-n)\}$ 和 $X \cap \{y(0), \ldots, y(n-1)\}$ 有可能是非平凡的. 实际上，正如我们所见的，如果这些空间是零空间 (正则情形下)，那么这个问题的构造就会和连续时间情形下的构造非常相似，并且 $X \cap H$ 是其本身的输出诱导. 如果它们不是，那么矩阵 D 会秩宽松，并且 Kalman 滤波的矩阵 Riccati 方程将会在 a 方向上变得连续，其中 $a'x(0)$ 是这些空间的一个元素. 因此这会得到滤波算法的解决方法. 这些 a 被称作不变向量. 因此，不变向量与长度为 0 或者无限的零向量是相关的.

更准确地说，存在两种不变向量. $a \in \mathbb{R}^n$ 是一个可预测变量，若存在一个正整数 k，使得

$$a'x(0) \in \{y(-1), y(-2), \cdots, y(-k)\}. \tag{14.124}$$

具有这一性质的最小的 k 称为不变向量 a 的阶 , 如果 a 满足 (14.124),Kalman 滤波估计 $\hat{x}$ 形如

$$a'\hat{x}(t) = a'x(t) = \sum_{i=1}^{k} c_i'y(t-i),$$

因此估计误差为 0. 这就证明了其本身, 因为其滤波 Riccati 方程可以在有限步后进行降维. 对偶地, 称 $a \in \mathbb{R}^n$ 是一个平滑向量 , 如果存在正整数 k 使得

$$a'\bar{x}(0) \in \{y(0), y(1), \cdots, y(k-1)\}, \tag{14.125}$$

在向后 Kalman 滤波算法中导致降维. 具有此性质的最小的 k 就是不变向量 a 的序.

虽然不变向量的定义是基于 X 中坐标的选取,$a'x(0)$ 和 $a'\bar{x}(0)$ 在 (14.124) 和 (14.125) 定义下是和坐标系统无关的. 因此可以参照 X 的这些元素作为 X 的不变向量.

令 $\mathrm{H}^\square$ 为框架空间:

$$\mathrm{H}^\square = \mathrm{X}_- \vee \mathrm{X}_+, \tag{14.126}$$

即所有内在子空间 $\mathrm{X} \cap \mathrm{H}$ 的闭线性凸区域包括 $\mathcal{X}$, 并且定义子空间

$$\mathrm{H}_{0+} = \mathrm{H}^\square \cap \{y(-n), \cdots, y(n-1)\}. \tag{14.127}$$

类比连续时间情况 [82], H_{0+} 称作是胚空间, 由于其可能包含所有不同的在 $t = 0$ 时序最多为 n 的 y.

命题 14.2.13　胚空间有如下直和分解

$$\mathrm{H}_{0+} = \mathrm{X}_- \cap \{y(-1), \cdots, y(-n)\} + \mathrm{X}_+ \cap \{y(0), \cdots, y(n-1)\}. \tag{14.128}$$

此外,X_- 不包含平滑向量, 并且 X_+ 不包含可预测向量.

证　"$\supset$" 是平凡的. 为了证明 "$\subset$", 注意到由强制性假设, (14.128) 中的两项有一个零交集 (定理 9.4.2), 因此每个 $\xi \in \mathrm{H}_{0+}$ 都有唯一一个表示 $\xi = \xi_- + \xi_+$ 使得 $\xi_- \in \{y(-1), \cdots, y(-n)\} \subset \mathrm{H}^-$ 并且 $\xi_+ \in \{y(0), \cdots, y(n-1)\} \subset \mathrm{H}^+$. 然而, 考虑到引理 2.2.5, ξ_- 有正交分解 $\xi_- = \hat{\xi}_- + \tilde{\xi}_-$ 使得 $\hat{\xi}_- \in \mathrm{X}_-$ 并且 $\tilde{\xi}_- \in \mathrm{H}^- \cap (\mathrm{H}^+)^\perp$, 且 ξ_+ 可以写成 $\xi_+ = \hat{\xi}_+ + \tilde{\xi}_+$, 其中 $\hat{\xi}_+ \in \mathrm{X}_+$, $\tilde{\xi}_+ \in \mathrm{H}^+ \cap (\mathrm{H}^-)^\perp$. 因此, 由于

$$\mathrm{H} = \left[\mathrm{H}^- \cap (\mathrm{H}^+)^\perp\right] \oplus \mathrm{H}^\square \oplus \left[\mathrm{H}^+ \cap (\mathrm{H}^-)^\perp\right],$$

所以 $\xi = \tilde{\xi}_- + (\hat{\xi}_- + \hat{\xi}_+) + \tilde{\xi}_+ \in \mathrm{H}^\square$ 就说明了 $\tilde{\xi}_- = \tilde{\xi}_+ = 0$. 因此有 $\xi_- \in \mathrm{X}_-$ 且 $\xi_+ \in \mathrm{X}_+$, 证明了 "$\subset$".　　　□

所以, 胚空间是由 X_- 中可预测不变向量及 X_+ 中平滑不变向量组成的. 此外, y 是正规的当且仅当其有平凡胚空间.

命题 14.2.14   令 $X \in \mathcal{X}$. 那么有

$$X \cap H_{0+} = X \cap \{y(-1), \cdots, y(-n)\} + X \cap \{y(0), \cdots, y(n-1)\}, \tag{14.129}$$

即 $X \cap H_{0+}$ 是由 X 的不变向量组成的. 此外,

$$X \cap \{y(-1), \cdots, y(-n)\} \subset X_- \cap \{y(-1), \cdots, y(-n)\} \tag{14.130}$$

且

$$X \cap \{y(0), \cdots, y(n-1)\} \subset X_+ \cap \{y(0), \cdots, y(n-1)\}. \tag{14.131}$$

证   令 $X \sim (S, \bar{S})$. 由 $X \cap H^- = X \cap X_-$ 和 $X \cap H^+ = X \cap X_+$, 可以分别得到 (14.130) 及 (14.131). 由此以及命题 14.2.13 可以直接得到, (14.129) 中元素 "$\supset$" 是直接的. 为了证明 "$\subset$", 取 $\xi \in X \cap H_{0+}$. 由推论 14.2.13, 存在唯一分解 $\xi = \xi_- + \xi_+$ 使得 $\xi_- \in X_- \cap \{y(-1), \cdots, y(-n)\}$ 并且 $\xi_+ \in X_+ \cap \{y(0), \cdots, y(n-1)\}$. 所以只需证明 $\xi_- \in X$ 与 $\xi_+ \in X$. 为此, 注意到 $\xi_- \in H^- \subset S$ 并且 $\xi \in X \subset S$, 所以一定有 $\xi_+ \in S$. 但是 $\xi_+ \in H^+ \subset \bar{S}$, 所以 $\xi_+ \in S \cap \bar{S} = X$. 因此 $\xi \in X$, 一定也有 $\xi_- \in X$.   □

已经证明了 X_- 的所有不变向量都是可预测的并且 X_+ 的所有不变向量都是平滑的, 因为任意一个 X 都有两类的不变向量. 考虑到 (14.130), X 的可预测向量同样是 X_- 的可预测向量. 同样的, 由 (14.131) 可知 X 的平滑向量组成了 X_+ 的平滑向量的一个子空间. 称 $X \cap \{y(-1), \cdots, y(-n)\}$ 为 X 的*可预测子空间* 并且称 $X \cap \{y(0), \cdots, y(n-1)\}$ 为 X 的*平滑子空间*.

由定理 14.2.8 可推出关于预测向量和平滑向量的如下性质.

推论 14.2.15   零空间 $\ker \mathcal{V}(X)^n$ 是预测不变向量组成的空间, 并且 $\ker \bar{\mathcal{V}}(X)^n$ 是平滑不变向量组成的空间.

以上结合命题 14.2.10 阐明了 0 和无穷远处的零点与不变向量是相互连通的. 更确切地讲, 可预测向量对应 0 处的零点, 光滑向量对应无穷远处的零点.

下面考虑不变向量与子空间 $Y_n, \bar{Y}_n$ 和 Y^* 之间的关系.

定理 14.2.16 $X \in \mathcal{X}$ 的内部子空间 $X \cap H$ 有直和分解

$$X \cap H = Y_n + X \cap \{y(0), \cdots, y(n-1)\} \tag{14.132a}$$

与

$$X \cap H = \bar{Y}_n + X \cap \{y(-1), \cdots, y(-n)\}. \tag{14.132b}$$

此外,

$$X \cap X_- \subset Y_n, \qquad X \cap X_+ \subset \bar{Y}_n. \tag{14.133}$$

特别地, Y_n 包含 X 的可预测向量, $\bar{Y}_n$ 包含 X 的平滑向量. 最后, 有直和分解

$$Y_n = Y^* \dotplus X \cap \{y(-1), \cdots, y(-n)\}, \tag{14.134a}$$

$$\bar{Y}_n = Y^* \dotplus X \cap \{y(0), \cdots, y(n-1)\}, \tag{14.134b}$$

这里 Y^* 是 X 的最大严格输出诱导子空间.

证　在 (14.101a) 中重复进行 n 步可以得到

$$\mathcal{U}^n(X \cap X_-) \subset (X \cap X_-) \vee \{y(0), y(1), \cdots, y(n-1)\}. \tag{14.135}$$

此外, 由于 $X \cap X_+$ 是输出诱导的 (推论 14.2.4), 则

$$\mathcal{U}(X \cap X_+) \subset (X \cap X_+) \vee \{y(0), y(1), \cdots, y(n-1)\},$$

通过 n 步重复可以得到

$$\mathcal{U}^n(X \cap X_+) \subset (X \cap X_+) \vee \{y(0), y(1), \cdots, y(2n-1)\}. \tag{14.136}$$

由 (14.103), (14.135) 和 (14.136) 可以得到

$$\mathcal{U}^n(X \cap H) \subset (X \cap H) \vee \{y(0), y(1), \cdots, y(2n-1)\},$$

或者等价地

$$X \cap H \subset [\mathcal{U}^{-n}(X \cap H) \vee \{y(-1), \cdots, y(-n)\}] \vee \{y(0), \cdots, y(n-1)\},$$

这里第一项 (在方括号中的) 属于 S, 第二项属于 $\bar{S}$.[这里 $(S, \bar{S})$ 是 X 的分散对.] 与 $\bar{S}$ 相交可得

$$X \cap H \subset [(X \cap H) \cap [\mathcal{U}^{-n}(X \cap H) \vee \{y(-1), \cdots, y(-n)\}]]$$
$$\vee [X \cap \{y(0), \cdots, y(n-1)\}],$$

考虑到 (14.117), 上式如同

$$X \cap H \subset Y_n \vee [X \cap \{y(0), \cdots, y(n-1)\}].$$

由于反向包含是平凡的, 因此

$$\mathrm{X} \cap \mathrm{H} = \mathrm{Y}_n \vee [\mathrm{X} \cap \{y(0), \cdots, y(n-1)\}] . \tag{14.137}$$

为了得到 (14.132a), 还需证明存在直和, 即

$$\mathrm{Y}_n \cap \{y(0), \cdots, y(n-1)\} = 0. \tag{14.138}$$

事实上, 考虑 $\xi \in \mathrm{Y}_n \cap \{y(0), \cdots, y(n-1)\}$. 然后由 (14.117) 可知, $\mathcal{U}^n \xi$ 有如下表达式

$$\mathcal{U}^n \xi = \zeta + \lambda, \tag{14.139}$$

其中 $\zeta \in \mathrm{X} \cap \mathrm{H}$, $\lambda \subset \{y(0), \cdots, y(n-1)\}$. 因此,

$$\zeta = \mathcal{U}^n \xi - \lambda \in \mathrm{X} \cap \{y(0), \cdots, y(2n-1)\}$$

是 X 的一个平滑向量, 所以 $\zeta \in \mathrm{X} \cap \{y(0), \cdots, y(n-1)\}$.(同样参考定理 14.110 的证明.) 因此由 (14.139), $\mathcal{U}^n \xi \in \{y(0), \cdots, y(n-1)\}$. 然而由假设, $\mathcal{U}^n \xi \in \{y(n), \cdots, y(2n-1)\}$, 以及 y 的严格非确定性, 可得 $\xi = 0$, (14.132a) 得证. 由于 $\mathrm{X} \cap \mathrm{X}_-$ 满足 (14.101a), Y_n 的极大值意味着 $\mathrm{X} \cap \mathrm{X}_- \subset \mathrm{Y}_n$, 于是确立了 (14.133) 的第一个关系式. 由对称性可以得到关于 $\bar{\mathrm{Y}}_n$ 的结论.

最后, 将 (14.132a) 的两边与 $\bar{\mathrm{Y}}_n$ 取交集, 并且注意到 $\mathrm{X} \cap \{y(0), \cdots, y(n-1)\} \subset \bar{\mathrm{Y}}_n$, 可得 (14.134b). 同理, 对 (14.132b) 与 Y_n 取交集, 并且注意到 $\mathrm{X} \cap \{y(-1), \cdots, y(-n)\} \subset \mathrm{Y}_n$, 可得到 (14.134a).   □

定理 14.2.16 说明, 特别地, 内部子空间 $\mathrm{X} \cap \mathrm{H}$ 可以被分解为

$$\mathrm{X} \cap \mathrm{H} = \mathrm{X} \cap \{y(-1), \cdots, y(-n)\} + \mathrm{Y}^* + \mathrm{X} \cap \{y(0), \cdots, y(n-1)\}, \tag{14.140}$$

即为可预测子空间的直和,X 的最大严格输出诱导子空间和平滑子空间. 考虑到推论 14.2.14, $\mathrm{X} \cap \mathrm{H}$ 也是 Y^* 的直和, 且为 X 的胚子空间, 即

$$\mathrm{X} \cap \mathrm{H} = \mathrm{Y}^* + \mathrm{X} \cap \mathrm{H}_{0+}. \tag{14.141}$$

这就得到了下面的结论.

推论 14.2.17 过程 y 是正规的当且仅当不存在有不变向量的 $\mathrm{X} \in \mathcal{X}$.

我们给出如下定理, 具体证明可以参考 [191, Appendix A].

定理 14.2.18　X_- 中的可预测向量空间与 X_+ 的平滑向量空间有相同的维数 μ, 即

$$\mu := \dim(X_- \cap \{y(-1), \cdots, y(-n)\}) = \dim(X_+ \cap \{y(0), \cdots, y(n-1)\}).$$

此外, 任意一个 $X \in \mathfrak{X}$ 的不变向量空间的维数不大于 μ, 即

$$\dim(X \cap \{y(-1), \cdots, y(-n)\} + X \cap \{y(0), \cdots, y(n-1)\}) \leqslant \mu.$$

如果 X 是内部的, 不等式取等号.

§14.3　局部框架空间

给定一个离散时间或连续时间 n-维最小线性随机系统形如

$$\begin{cases} x(t+1) = Ax(t) + Bw(t), \\ y(t) = Cx(t) + Dw(t), \end{cases} \quad \text{或} \quad \begin{cases} \mathrm{d}x = Ax\mathrm{d}t + B\mathrm{d}w, \\ \mathrm{d}y = Cx\mathrm{d}t + D\mathrm{d}w, \end{cases} \quad (14.142)$$

这里输出过程 y 是强制的, 考虑当给定 y 时, 如何决定状态过程 x 的最好线性估计

$$\hat{x}_k(t) = \mathrm{E}^H x_k(t), \quad k = 1, 2, \cdots, n. \quad (14.143)$$

这一问题可以看作是第 15 章中所考虑的平滑问题.

14.3.1　几何问题

在几何模型中, 这一问题相当于确定

$$\hat{X} = \mathrm{E}^H X, \quad (14.144)$$

其中 $X \sim (S, \bar{S})$ 为最小 Markov 分裂子空间

$$X = \{a'x(0) \mid a \in \mathbb{R}^n\}. \quad (14.145)$$

一般情况下 $\hat{X}$ 不是 Markov的, 因此为得到 $\hat{x}$ 的循环解我们需要在 Markov 空间中嵌入 $\hat{X}$. 更确切地说, 需要确定一个内部的 Markov 分裂子空间 X_0 来使得 $\hat{X} \subset X_0$, 以及一个相应的状态过程 x_0. 所以存在一个 $n \times n_0$ 矩阵 H 使得

$$\hat{x}(t) = Hx_0(t) \quad (14.146)$$

对于所有的 t 成立, 其中 $n_0 := \dim X_0$. 坐标空间 $H^\square = X_- \vee X_+$, 见第 7 章定义, 就是符合上述条件的一个解. 实际上, 考虑到分解 (7.52) 和推论 7.4.14,

$$\hat{X} = E^{H^\square} X \subset H^\square, \tag{14.147}$$

其中 $\dim H^\square = 2n$, 因为 y 是强制的 (定理 9.4.2). 然而, 我们希望找到一个最小的 X_0, 所谓最小是指, 如果 $X_1 \subset X_0$ 是一个 Markov 分裂子空间使得 $\hat{X} \subset X_1$, 那么有 $X_1 = X_0$. 然后 X_0 也是维数意义下的最小, 参考第 7.6 节.

定理 14.3.1 令 $X \sim (S, \bar{S})$ 为一个最小 Markov 分裂子空间, 并且 $\hat{X}$ 由 (14.144) 定义, 那么存在唯一一个最小的 (在子空间包含意义下) 包含 $\hat{X}$ 的内部 Markov 分裂子空间, 即

$$X_\square = X_{0-} \vee X_{0+}, \tag{14.148}$$

其中 X_{0-} 为 X 的内部最大下界, X_{0+} 为 X 的内部最小上界, 如同定理 7.7.14 中定义的. 特别地,

$$X_\square \sim (E^H S, E^H \bar{S}). \tag{14.149}$$

此外, X_{0+} 可观测, 并且 X_{0-} 是 $X_\square$ 的可构子空间.

由于 $X_\square \subset H^\square$ 是包含 $\hat{X}$ 的最小内部 Markov 分裂子空间 X_0 , 我们称其为 X 的局部框架空间.

证 由推论 7.7.13, $X_\square \sim (S_\square, \bar{S}_\square)$, 由 (14.148) 所定义, 是一个 Markov 分裂子空间, 并且 $S_\square = S_{0+}$, $\bar{S}_\square = \bar{S}_{0-}$, 因此得到了 (14.149) (定理 7.7.14). 故

$$\hat{X} = E^H(S \cap \bar{S}) \subset (E^H S) \cap (E^H \bar{S}) = X_\square,$$

所以 $X_\square$ 包含 $\hat{X}$. 下面我们证明 $X_\square$ 是唯一一个最小 Markov 分裂子空间. 为此, 注意到 $S = H^- \vee X^-$ 是所有以下表达形式的

$$\lambda = \eta + \sum_{k=1}^{N} \mathcal{U}_{t_k} \xi,$$

其中 $\eta \in H^-, \xi \in X$, $t_k (k = 1, 2, \cdots, N)$ 为负数. 那么, 由于 $H^- \subset H$ 和 H 都是双不变的

$$E^H \lambda = \eta + \sum_{k=1}^{N} \mathcal{U}_{t_k} E^H \xi,$$

由此可得

$$S_\square = H^- \vee \hat{X}^-, \tag{14.150a}$$

其中 $\hat{X}^- := \bigvee_{t<0} \mathcal{U}_t \hat{X}$. 对称地, 同样有

$$\bar{S}_\square = H^+ \vee \hat{X}^+. \tag{14.150b}$$

令 $X_1 \sim (S_1, \bar{S}_1)$ 为任意一个包含 $\hat{X}$ 的 Markov 分裂子空间. 由 $X_1^- \supset \hat{X}^-$, $X_1^+ \supset \hat{X}^+$, 和 (14.150), 可得 $S_1 \supset S_\square$ 且 $\bar{S}_1 \supset \bar{S}_\square$, 即 $X_1 = S_1 \cap \bar{S}_1 \supset S_\square \cap \bar{S}_\square = X_\square$, 于是证明了 $X_\square$ 的最小性.

还需证明 X_{0+} 是可观测的且 X_{0-} 是 $X_\square$ 的可构子空间. 由于 X_{0+} 可观测, $E^{X_{0+}} H^+ = X_{0+}$, 因此, 由分裂性质,

$$X_{0+} = E^{S_{0+}} H^+ = E^{S_\square} H^+ = E^{X_\square} H^+$$

是 $X_\square$ 的可观测子空间. 同理可证 $X_{0-} = E^{X_\square} H^-$, 是 $X_\square$ 的可构子空间. 定理 14.3.1 得证.

　　□

定理 14.3.2　令 X 为维数为 n 的最小 Markov 分裂子空间, 令 $X_\square$ 为其局部框架空间 (14.148), 则

$$\dim X_\square = 2n - \dim X \cap H.$$

定理 14.3.2 的证明可以直接由推论 7.7.15 和 $\dim X_{0-} = \dim X_{0+} = n$ 得到.

14.3.2　最紧局部框架

对于一组固定基底 (第 7.7 节), 存在最小 Markov 分裂子空间集合 $\mathcal{X}$ 与相应的状态方差 (7.80) 集合 $\mathcal{P}$ 之间的一一对应关系 (命题 7.7.5), 并且此关系在下面的意义下是保序的: $P_1 \leqslant P_2$ 当且仅当 $X_1 < X_2$ 成立. 在这一双射关系下, $X_{0-} < X < X_{0+}$ 对应于

$$P_{0-} \leqslant P \leqslant P_{0+}. \tag{14.151}$$

令 $\tilde{X}_\square$ 为 $\tilde{X} \in \mathcal{X}$ 的局部框架空间. 以 $\tilde{X}_\square$ 作为局部框架空间的所有 $X \in \mathcal{X}$ 组成的集合, 称作 $\tilde{X}$ 的最紧局部框架. 类似地, 所有满足 (14.151) 的 $P \in \mathcal{P}$ 称作对应于 $\tilde{X}$ 的是状态方差 $\tilde{P}$ 的最紧局部框架.

现在介绍一些记号. 回顾 $\mathcal{X}_0$ 是内部子空间 $\mathcal{X}$ 的子集, $\mathcal{P}_0$ 是 $\mathcal{P}$ 的对应子空间. 对于 $\mathcal{P}_0$ 中任意的 P_1 与 P_2, 令

$$[P_1, P_2] := \{P \in \mathcal{P} \mid P_1 \leqslant P \leqslant P_2\}.$$

那么 $[P_1, P_2]$ 是非空的, 当且仅当 $P_1 \leqslant P_2$ 成立. 此外, 令 (P_1, P_2) 为对于所有非零 $a \in \mathrm{Im}(P_2 - P_1)$, $a'(P - P_1)a > 0$ 和 $a'(P_2 - P)a > 0$ 同时成立的 P 的子集. 对于 $X \in \mathcal{X}$ 会有类似记号.

定理 14.3.3 集合 $[P_1, P_2]$ 是 $P \in \mathcal{P}$ 的最紧坐标空间, 当且仅当 $P \in (P_1, P_2)$.

定理 14.3.3 的证明需要一些预备知识, 将在下文给出.

引理 14.3.4 令 $P_1, P_2 \in \mathcal{P}_0$, $P \in [P_1, P_2]$, 那么有 $\mathrm{Im}\,(P - P_1) \subset \mathrm{Im}\,(P_2 - P_1)$ 且 $\mathrm{Im}\,(P_2 - P) \subset \mathrm{Im}\,(P_2 - P_1)$.

证 回顾在 X, X_1 和 X_2 中分别有基于 x, x_1 和 x_2 的 $P = \mathrm{E}\{xx'\}$, $P_1 = \mathrm{E}\{x_1 x_1'\}$, $P_2 = \mathrm{E}\{x_2 x_2'\}$, 其中 $X_1 < X < X_2$. 令 $\hat{x}_k := \mathrm{E}^{X_1 \vee X_2} x_k$, $k = 1, 2, \cdots, n$. 于是存在矩阵 L_1 和 L_2 使得

$$\hat{x} = L_1 x_1 + L_2 x_2.$$

由于 $(x - \hat{x})$ 的分量与 $X_1 \vee X_2$ 正交, 因此与 X_1 也正交,

$$\mathrm{E}\{xx_1'\} = L_1 \mathrm{E}\{x_1 x_1'\} + L_2 \mathrm{E}\{x_2 x_1'\}.$$

这与 $P_1 = L_1 P_1 + L_2 P_1$ 是等价的, 因为 $X_1 < X < X_2$ 意味着 $\mathrm{E}\{x_2 x_1'\} = \mathrm{E}\{xx_1'\} = P_1$ (命题 7.7.7). 因此, 由于 $P_1 > 0$, 则有

$$L_1 + L_2 = I. \tag{14.152}$$

类似地, 注意到 $(x - \hat{x})$ 的分量也与 X_2 正交, 则

$$P = L_1 P_1 + L_2 P_2$$

结合 (14.152) 得到 $(P - P_1) = L_2(P_2 - P_1)$, 于是 $\mathrm{Im}\,(P - P_1) \subset \mathrm{Im}\,(P_2 - P_1)$, 并且 $(P_2 - P) = L_1(P_2 - P_1)$, 从而 $\mathrm{Im}\,(P_2 - P) \subset \mathrm{Im}\,(P_2 - P_1)$. □

定理 14.3.3 证明. 由定理 7.7.9 和命题 7.7.18, 集合 $[P_1, P_2]$ 是 $P \in \mathcal{P}$ 的最紧局部框架当且仅当

$$\ker(P - P_1) = \ker(P_2 - P_1), \qquad \ker(P_2 - P) = \ker(P_2 - P_1), \tag{14.153}$$

或者等价地说, 当且仅当

$$\mathrm{Im}\,(P - P_1) = \mathrm{Im}\,(P_2 - P_1), \qquad \mathrm{Im}\,(P_2 - P) = \mathrm{Im}\,(P_2 - P_1). \tag{14.154}$$

条件 $P \in (P_1, P_2)$ 等价于 $(P - P_1)$, $(P_2 - P)$ 和 $(P_2 - P_1)$ 有相同的秩, 或者等价于 $\mathrm{Im}\,(P - P_1)$, $\mathrm{Im}\,(P_2 - P)$ 和 $\mathrm{Im}\,(P_2 - P_1)$ 有相同的维数. 然而, 考虑到引理 14.3.4, 这一条件成立当且仅当 (14.154) 成立. □

推论 14.3.5 集合 $[P_1, P_2]$ 是 $P \in \mathcal{P}$ 的最紧局部框架当且仅当 (14.154) 成立, 或者等价地 (14.153) 成立.

推论 14.3.6　集合 $[X_1, X_2]$ 是 $X \in \mathcal{X}$ 的最紧局部框架当且仅当

$$X_1 \cap X_2 = X \cap X_2 \quad \text{和} \quad X_1 \cap X_2 = X \cap X_1$$

成立.

考虑到引理 14.1.1, 可得定理 14.3.3 的如下推论.

推论 14.3.7　给定最紧局部框架 $[P_{0-}, P_{0+}]$ 下的 $P \in \mathcal{P}$, 令 $\mathcal{V}^*$ 为其零方向的子空间, $\mathcal{V}^*_-$ 为其稳定子空间, $\mathcal{V}^*_+$ 为其不稳定子空间, 其定义参考 (14.8) 和 (14.13). 那么有

- $\mathcal{V}^* = \ker(P - P_{0-}) = \ker(P_{0+} - P) = \ker(P_{0+} - P_{0-})$,
- $\mathcal{V}^*_- = \ker(P - P_-) = \ker(P_{0+} - P_-)$,
- $\mathcal{V}^*_+ = \ker(P_+ - P) = \ker(P_+ - P_{0-})$,

其中 $P_-, P_+ \in \mathcal{P}$ 分别为 $\mathcal{P}$ 中的最小最大元素. 换句话说, $\mathcal{V}^*, \mathcal{V}^*_-$ 和 $\mathcal{V}^*_+$ 在开最紧框架 (P_1, P_+) 上是连续的.

§14.4　不变子空间和代数 Riccati 不等式

回顾第 6.7 和 10.4 节中, $\mathcal{P}$ 是线性矩阵不等式

$$M(P) := \begin{bmatrix} P - APA' & \bar{C}' - APC' \\ \bar{C} - CPA' & \Lambda_0 - CPC' \end{bmatrix} \geqslant 0 \tag{14.155}$$

在离散时间下和

$$M(P) := \begin{bmatrix} -AP - PA' & \bar{C}' - PC' \\ \bar{C} - CP & R \end{bmatrix} \geqslant 0 \tag{14.156}$$

在连续时间下的解. 再回顾正规情形下 这些线性矩阵不等式可以由代数 Riccati 不等式代替

$$\Lambda(P) \leqslant 0, \tag{14.157}$$

其中离散时间下的 $\Lambda(P)$ 由 (6.121) 定义, 连续时间下的 $\Lambda(P)$ 由 (10.134) 定义. 由于在连续时间下的正规性结果是标准的, 我们在此情形下展开分析.

更确切地, 对众所周知的代数 Riccati 方程的 (对称) 解的 Potter-MacFarlane 描述

$$\Lambda(P) = 0, \tag{14.158}$$

按照 Hamilton 矩阵下的子空间不变性, 可以推广为代数 Riccati 不等式 (14.157). 令

$$F := A - \bar{C}'R^{-1}C, \tag{14.159}$$

记

$$\Lambda(P) = FP + PF' + PC'R^{-1}CP + \bar{C}'R^{-1}\bar{C}, \tag{14.160}$$

对应 Hamilton 矩阵

$$\mathcal{H} = \begin{bmatrix} F' & C'R^{-1}C \\ -\bar{C}'R^{-1}\bar{C} & -F \end{bmatrix}. \tag{14.161}$$

这一节将证明 $\mathcal{P}$ 的最紧开框架集合与 $\mathbb{R}^{2n}$ 的 Lagrange $\mathcal{H}$-不变子空间 $\mathcal{L}$ 集合是一一对应的关系. 子空间 $\mathcal{L}$ 是 Lagrangian, 如果它在如下意义下是各向同性的

$$a' \begin{bmatrix} 0 & I \\ -I & 0 \end{bmatrix} b = 0 \quad \text{对所有 } a, b \in \mathcal{L}, \tag{14.162}$$

并且它的最大维数为 n. 在这种对应下有

$$\mathcal{L} = \mathrm{Im} \begin{bmatrix} I \\ P \end{bmatrix}. \tag{14.163}$$

这一节的目的是为了说明代数 Riccati 不等式 (14.157) 的解集 $\mathcal{P}$ 有类似关系以及这种关系与上述零构造相关. 在这方面接下来有一个重要的发现.

命题 14.4.1 给定 $P \in \mathcal{P}$, 令 $\mathcal{V}^*$ 为零向量的子空间. 那么 $\mathcal{V}^*$ 是使得

$$\Lambda(P)|_{\mathcal{V}^*} = 0 \tag{14.164}$$

的 $\mathbb{R}^n$ 的最大 Γ'-不变子空间, 其中 Γ 由 (14.6) 定义, 或者等价地说, 由

$$\Gamma = F + PC'R^{-1}C \tag{14.165}$$

定义.

证 考虑到 (14.8), $\mathcal{V}^*$ 是和 B_2 的列正交的最大 Γ'-不变子空间, 因此, 由于 $\Lambda(P) = -B_2 B_2'$, $\mathcal{V}^*$ 是使得 (14.164) 成立的最大 Γ'-不变子空间.   □

现在, 考虑将零向量子空间 (14.13) 直和分解为稳定子空间和不稳定子空间两部分, 即

$$\mathcal{V}^* = \mathcal{V}_-^* + \mathcal{V}_+^*. \tag{14.166}$$

由推论 14.3.7, 上式可以写成

$$\ker(P - P_-) + \ker(P_+ - P) = \ker(P_{0+} - P_{0-}) \tag{14.167}$$

对于每一个 $P \in \mathcal{P}$ 或当

$$\ker(P_{0+} - P_-) + \ker(P_+ - P_{0-}) = \ker(P_{0+} - P_{0-}), \tag{14.168}$$

只包含 $P \in \mathcal{P}_0$. 此外, 如果 $a \in \mathcal{V}_-^*$ 且 $b \in \mathcal{V}_+^*$, 那么有 $a'(P_+ - P)b = a'(P - P_-)b = 0$, 因此 $\mathcal{V}_-^*$ 和 $\mathcal{V}_+^*$ 与 $(P_+ - P_-)$-正交, 即

$$a'(P_+ - P_-)b = 0, \ \text{对所有的} \ a \in \mathcal{V}_-^*, b \in \mathcal{V}_+^* \tag{14.169}$$

如果 P 是代数 Riccati 方程 (14.158) 的一个解, 即 $P \in \mathcal{P}_0$, 那么 $P = P_{0-} = P_{0+}$, 且 (14.167) 与 (14.168) 都退化为 $(P_+ - P_-)$-正交分解

$$\ker(P - P_-) + \ker(P_+ - P) = \mathbb{R}^n \tag{14.170}$$

在整个 $\mathbb{R}^n$ 上. 考虑特殊情形. 为此, 令 $X \in \mathcal{X}_0$ 并且考虑随机情形下的 (14.170), 即

$$X = X \cap X_- \dotplus X \cap X_+, \tag{14.171}$$

由引理 14.1.1 得到. 将斜投影 $\pi_- : X \to X \cap X_-$ 与 $\pi_+ : X \to X \cap X_+$

$$\pi_- := \mathrm{E}_{\|X \cap X_+}^{X \cap X_-}, \qquad \pi_+ := \mathrm{E}_{\|X \cap X_-}^{X \cap X_+},$$

应用到 (14.171) 可以得到

$$\pi_- X = X \cap X_- \quad \text{和} \quad \pi_+ X = X \cap X_+,$$

通过 (14.51) 中的双射 $T_x : \mathbb{R}^n \to X$, 可以将其变为 $\mathbb{R}^n$ 并得到

$$\mathrm{Im}\,\Pi_- = \ker(P - P_-) \quad \text{和} \quad \mathrm{Im}\,\Pi_+ = \ker(P_+ - P).$$

这里 $\Pi_- : \mathbb{R}^n \to \mathbb{R}^n$ 与 $\Pi_+ : \mathbb{R}^n \to \mathbb{R}^n$ 是定义为 $\Pi_- := T_x^{-1}\pi_- T_x$ 与 $\Pi_+ := T_x^{-1}\pi_+ T_x$ 的互补投影. 取 $a \in \mathbb{R}^n$ 并且构建映射 $a_- := \Pi_- a$ 和 $a_+ := \Pi_+ a$. 由 (14.170) 可得到 $a = a_- + a_+$, $Pa_- = P_- a_-$, 和 $Pa_+ = P_+ a_+$, 于是 $Pa = P_-\Pi_- a + P_+\Pi_+ a$ 对于所有的 $a \in \mathbb{R}^n$ 成立. 因此有

$$P = P_-\Pi_- + P_+\Pi_+. \tag{14.172}$$

引理 14.4.2 (J.C. Willems) 令 Γ_- 和 Γ_+ 分别为 P_- 和 P_+ 的反馈矩阵 (14.6)，那么有

(i) 在 Γ'_--不变子空间 $\mathcal{V}_- \subset \mathbb{R}^n$ 和 $P \in \mathcal{P}_0$ 中存在一个一对一的关系，在这一关系下，

$$\mathcal{V}_- = \ker(P - P_-) \tag{14.173}$$

且

$$P = P_-\Pi_- + P_+(I - \Pi_-), \tag{14.174}$$

其中 Π_- 是将 $\mathbb{R}^n$ 射影到 $\mathcal{V}_-$ 上的 $(P_+ - P_-)$-正交射影算子．

(ii) 对偶地，在 Γ'_+-不变子空间 $\mathcal{V}_+ \subset \mathbb{R}^n$ 和 $P \in \mathcal{P}_0$ 中存在一个一一对应关系，在这一关系下，

$$\mathcal{V}_+ = \ker(P_+ - P) \tag{14.175}$$

且

$$P = P_-(I - \Pi_+) + P_+\Pi_+, \tag{14.176}$$

其中 Π_+ 是将 $\mathbb{R}^n$ 投影到 $\mathcal{V}_+$ 上的 $(P_+ - P_-)$-正交投影算子．

证 证明 (ii)．由对称性可以得到 (i)．由 (14.170) 和 (14.172) 可直接得到 (14.176)，还需在分裂-子空间中证明一一对应关系．实际上，由定理 7.7.9，在 (14.51) 所定义的线性系统 $T_{x_+} : \mathbb{R}^n \to X_+$ 中，$\mathcal{V}_+ = \ker(P_+ - P)$，相当于 $Z = X \cap X_+$．因此需要证明在 G_+-不变子空间 $Z \subset X_+$ 和 $X \in \mathcal{X}_0$ 中存在一一对应关系，使得 $Z = X \cap X_+$．为此，首先注意到 G_+-不变子空间 $Z \subset X_+$ 恰恰是 X_+ 的输出诱导子空间 Z(定理 14.1.33)．因此，对于 $t > 0$，$\mathcal{U}_t^* Z \subset Z + H_{[-t,0]}^-$．然后定义

$$S := H^- \dotplus Z,$$

并且注意到 $\mathcal{U}_t^* H^- \subset H^-$，可以得到 $\mathcal{U}_t^* S \subset S$．令 $\bar{S} := H^+ \vee S^\perp$，Markov 分裂子空间 $X \sim (S, \bar{S})$ 可观测 (定理 7.4.9)．此外，由于 $X \subset S_+ \perp N^+$，$X \sim (S, \bar{S})$ 实际上是最小的，因此有 $X \subset S \subset H$，它是内部的．因此有 $X \in \mathcal{X}_0$．现在，$S \sim (S, H)$ 本身就是一个分裂子空间，因此由 (14.21)，

$$S = H^- \dotplus S \cap H^+,$$

进而通过直和的唯一性，$Z = S \cap H^+ = X \cap H^+ = X \cap X_+$ (引理 14.1.1)．最后，我们构建了输出诱导 $Z \subset X_+$ 和 $X \in \mathcal{X}_0$ 之间的一对一关系使得 $Z = X \cap X_+$．   □

总的来说，由引理 14.4.2，任何 $P \in \mathcal{P}_0$ 都对应两个子空间，$\mathcal{V}_-^* = \ker(P - P_-)$，对应 Γ'_- 不变，以及 $\mathcal{V}_+^* = \ker(P_+ - P)$，对应 Γ'_+ 不变，并且由 (14.170) 知它们是

互补的, 即总和为 $\mathbb{R}^n$ 的全部. 如果 $P \in \mathcal{P}$ 不属于 $\mathcal{P}_0$, 那么, (14.170) 可由 (14.167) 替代. 因此, 如果我们用代数 Riccati 方程来表示不变子空间 $\mathcal{V}_-^*$ 和 $\mathcal{V}_+^*$, 如同引理 14.4.2 所做的, 那么还会有形如 $\mathcal{V}_-^* = \ker(P_0 - P_-)$ 和 $\mathcal{V}_+^* = \ker(P_+ - P_0)$ 的表达方式, 但是现在我们不能再使用同样的 P_0. 公式 (14.168) 其实讲的就是这件事情.

以下符号将在之后的结果中使用. 如果 $\mathcal{L}$ 是 $\mathbb{R}^{2n}$ 中具有基矩阵 $L \in \mathbb{R}^{2n \times k}$ 的 k 维子空间, 定义 $\tau(\mathcal{L})$ 为由通过消去 L 的 n 行底部元素的尾矩阵张成的 $\mathbb{R}^n$ 的子空间. 现在介绍本节的主要结论.

定理 14.4.3　令 $\mathcal{P}$ 为矩阵 Riccati 不等式 (14.157) 的解并且令 $\mathcal{H}$ 为 Hamilton 矩阵 (14.161). 那么在维数 $k \leqslant n$ 的各向同性的 $\mathcal{H}$-不变子空间 $\mathcal{L} \subset \mathbb{R}^{2n}$ 和 $\mathcal{P}$ 的开的最紧框架 (P_{0-}, P_{0+}) 集合之间存在一个一一对应关系

$$\mathcal{L} = \begin{bmatrix} I \\ P \end{bmatrix} \mathcal{V}^* \tag{14.177}$$

对于任意的 $P \in (P_{0-}, P_{0+})$ 成立, 其中 $\mathcal{V}^* \subset \mathbb{R}^n$ 为零向量

$$\mathcal{V}^* = \ker(P_{0+} - P_{0-}) \tag{14.178}$$

的子空间, 并且 $k = \dim \mathcal{L}$ 为对应 P 的谱因子 W 中零点个数. 相反地, 给定任意维数 $k \leqslant n$ 各向同性的 $\mathcal{H}$-不变子空间 $\mathcal{L} \subset \mathbb{R}^{2n}$, 由引理 14.4.2, 以及公式 (14.174) 和 (14.176), 可以得到矩阵 P_{0-} 和 P_{0+}, 因为 $\mathcal{P}_0$ 的元素与不变子空间 $\mathcal{V}_- = \tau(\mathcal{L}_-)$ 和 $\mathcal{V}_+ = \tau(\mathcal{L}_+)$ 是对应的. 这里 $\mathcal{L}_-$ 和 $\mathcal{L}_+$ 是由 $\mathcal{H}$ 中稳定与不稳定特征空间的和组成的 $\mathcal{L}$ 的子空间.

证　首先假设 $P \in \mathcal{P}$ 有最紧局部框架 (P_{0-}, P_{0+}), 并且由 (14.177) 和 (14.178) 定义 $\mathcal{L}$. 显然, (14.177) 与 $P \in (P_{0-}, P_{0+})$ 的选取相互独立. 实际上, 如果 $P_1, P_2 \in (P_{0-}, P_{0+})$, 那么由推论 14.3.7, $\mathcal{V}^* = \ker(P_1 - P_{0-}) = \ker(P_2 - P_{0-})$, 因此可以得到 $(P_2 - P_1)a = 0$ 对所有的 $a \in \mathcal{V}^*$ 成立. 现在, 直接使用 (11.130) 与 $\Lambda(P)\mathcal{V}^* = 0$ (命题 14.4.1) 进行计算, 可以得到

$$\mathcal{H} \mathcal{L} = \begin{bmatrix} I \\ P \end{bmatrix} \Gamma' \mathcal{V}^*.$$

由于 $\Gamma' \mathcal{V}^* \subset \mathcal{V}^*$, 于是得到 $\mathcal{H}\mathcal{L} \subset \mathcal{L}$. $P' = P$ 保证了 $\mathcal{L}$ 的各向同性.

反之, 假设 $\mathcal{L} \subset \mathbb{R}^{2n}$ 是维数 $k \leqslant n$ 的任意 $\mathcal{H}$-不变各向同性子空间, 那么 $\mathcal{L}$ 是 $\mathcal{H}$ 的广义特征空间的直和, 由于广义特征空间包含于 $\mathrm{Im} \begin{bmatrix} I \\ P_- \end{bmatrix}$ 或 $\mathrm{Im} \begin{bmatrix} I \\ P_+ \end{bmatrix}$ 中 (因

为 $\mathbb{R}^{2n}$ 是这些子空间的直和), 有直和分解

$$\mathcal{L} = \mathcal{L}_- \dotplus \mathcal{L}_+, \tag{14.179}$$

其中 $\mathcal{L}_- := \mathcal{L} \cap \mathrm{Im} \begin{bmatrix} I \\ P_- \end{bmatrix}$ 且 $\mathcal{L}_- := \mathcal{L} \cap \mathrm{Im} \begin{bmatrix} I \\ P_+ \end{bmatrix}$, 并且 $\mathcal{H}$-不变, 因为 $\begin{bmatrix} I \\ P_- \end{bmatrix}$ 和 $\begin{bmatrix} I \\ P_+ \end{bmatrix}$. 因此存在满秩矩阵 M_- 和 M_+ 使得

$$\mathcal{L}_- = \mathrm{Im} \begin{bmatrix} I \\ P_- \end{bmatrix} M_-, \qquad \mathcal{L}_+ = \mathrm{Im} \begin{bmatrix} I \\ P_+ \end{bmatrix} M_+. \tag{14.180}$$

但是 $\begin{bmatrix} I \\ P_- \end{bmatrix}$ 是 $\mathcal{H}$-不变并且

$$\mathcal{H} \begin{bmatrix} I \\ P_- \end{bmatrix} = \begin{bmatrix} I \\ P_- \end{bmatrix} \Gamma'_-,$$

所以

$$\mathcal{H} \begin{bmatrix} I \\ P_- \end{bmatrix} M_- = \begin{bmatrix} I \\ P_- \end{bmatrix} \Gamma'_- M_-.$$

因此, 由于 (14.180) 的 $\mathcal{L}_-$ 是 $\mathcal{H}$-不变, $\mathrm{Im}\, M_-$ 一定是 Γ'_--不变. 同理我们可以证明 $\mathrm{Im}\, M_+$ 是 Γ'_+-不变. 从而, 由引理 14.4.2 可以得到存在唯一 $P_{0-}, P_{0+} \in \mathcal{P}_0$ 使得

$$\mathcal{V}_- := \mathrm{Im}\, M_- = \ker(P_{0+} - P_-), \tag{14.181}$$

且

$$\mathcal{V}_+ := \mathrm{Im}\, M_+ = \ker(P_+ - P_{0-}). \tag{14.182}$$

还需要证明 $P_{0-} \leqslant P_{0+}$, 从而 (P_{0-}, P_{0+}) 可以组成一个最紧框架, 并且我们可以分别用 $\mathcal{V}_-^*$ 和 $\mathcal{V}_+^*$ 记 $\mathcal{V}_-$ 和 $\mathcal{V}_+$. 为此, 因为

$$\mathcal{L} = \begin{bmatrix} M_- & M_+ \\ P_- M_- & P_+ M_+ \end{bmatrix}$$

是各向同性的,

$$\begin{bmatrix} M_- & M_+ \\ P_- M_- & P_+ M_+ \end{bmatrix}' \begin{bmatrix} 0 & I \\ -I & 0 \end{bmatrix} \begin{bmatrix} M_- & M_+ \\ P_- M_- & P_+ M_+ \end{bmatrix} = 0,$$

即

$$M_-'(P_+ - P_-) M_+ = 0.$$

所以 $\mathcal{V}_-$ 和 $\mathcal{V}_+$ 是 $(P_+ - P_-)$-正交的. 换句话说,

$$\mathcal{V}_+ \subset (\mathcal{V}_-)^\circ, \tag{14.183}$$

其中 $^\circ$ 表示在 $\mathbb{R}^n$ 中的 $(P_+ - P_-)$-正交补. 考虑到 (14.181) 与分解 (14.170),

$$(\mathcal{V}_-)^\circ = \ker(P_+ - P_{0+}). \tag{14.184}$$

因此,

$$\ker(P_+ - P_{0-}) = \mathcal{V}_+ \subset (\mathcal{V}_-)^\circ = \ker(P_+ - P_{0+}),$$

所以由引理 14.4.2 有 $P_{0-} \leqslant P_{0+}$. 令 $P \in \mathcal{P}$ 是开最紧框架 (P_{0-}, P_{0+}) 中的任意一个元素, 那么由 (14.168), (14.181) 与 (14.182) 有

$$\mathcal{V} := \mathcal{V}_- + \mathcal{V}_+ = \ker(P_{0+} - P_{0-}),$$

所以, 由推论 14.3.7, $\mathcal{V} = \mathcal{V}^*$, 对应于 P 的零向量空间. 此外, $\mathcal{V}_-$ 和 $\mathcal{V}_+$ 实际上分别为 $\mathcal{V}_-^*$ 和 $\mathcal{V}_+^*$. □

将我们的分析限制在代数 Riccati 方程的解集 $P \in \mathcal{P}_0$, 定理 14.4.3 中的等价类是序列, 并且不变子空间是 n-维的. P 对应的谱元素所包含的零点越少, 等价类 (最紧框架) 越大, 不变子空间 $\mathcal{L}$ 的维数越小.

§ 14.5 相关文献

本章以 [192] 和 [191] 中结论为基础, 这些结论是 [206] 和 [222] 的延续. 参考 [281] 可以得到其与控制理论的关系.

第 14.1 节在离散时间下衔接了 [191], 在连续时间下衔接了 [192]. 第 14.2 节在非正规离散时间下衔接了 [191]. 参考 [191] 和 [281] 可以得到此类结论的更多细节. (14.118) 表达式最初由 [225] 给出. [263], [264] 和 [262] 介绍了不变向量, 随机实现理论背景下由 [239] 做了介绍. [137] 和 [125] 详细介绍了推论 14.2.12. (由于没有适当地考虑多样性, 在后者中对该推论的介绍不完整.)

第 14.3 节是基于 [206]. 定理 14.2.18 是 [239] 中定理 3.8 的一般化, 解决内部情形问题.

第 14.4 节密切延续了 [192]. 引理 14.4.2 起因于 J.C. Willems 的 [310]. 定理 14.4.3 是众所周知的将 $\mathcal{P}_0$ 耦合到 $\mathcal{H}$-不变 Lagrange 子空间解的一般化, 见[216, 217, 259], 在这一特殊情形中定理 14.4.3 中的等价类是单个的, 并且不变子空间是 n 维的.

第 15 章

平滑和内插

考虑一个 n 维离散或连续时间线性随机系统. 平滑问题相当于确定在某一有限区间 $[t_0, t_1]$ 上的最小二乘估计

$$\hat{x}(t) = \mathrm{E}\{x(t) \mid y(s); \ t_0 \leqslant s \leqslant t_1\}, \quad t_0 \leqslant t \leqslant t_1$$

当 $t_0 \to -\infty$ 且 $t_1 \to \infty$. 我们以第 14.3 节中的平稳集合结束, 并且我们将利用这个事实来减少平滑算法的维数.

可是, 首先要得到各种各样的联合维数为 $2n$ 的二滤波算法. 对于离散时间的情形, 在第 15.1 节中将保持第 12 章的框架, 其中随机系统是平稳的. 严格地来说, 这并不是必要的, 只是为了简单和清楚地阐述. 在耗费更多复杂的表示法, 可能会混淆基本概念下, 非平稳系统乃至有时变系数的系统都可以考虑. 相反, 在第 15.3 节中, 将考虑一个在连续时间情形下的更一般的公式, 其中表示符号的负担将减轻. 在这个背景下有丰富的经典文献, 遗留下了很多开放性问题. 因此我们提供了一份相当详细的说明. 为此我们首先在第 15.2 节中提出了对于非平稳时变系统的随机实现理论.

然后, 在第 15.4 和 15.5 节中, 我们利用第 14 章的结果来表明, 在一定条件下, 稳定态平滑算法的维度能减少.

最后, 第 15.6 节考虑两个内插问题, 一是状态内插问题, 来决定最小二乘估计

$$\hat{x}(t) = \mathrm{E}\{x(t) \mid y(s); \ t \in [t_0, t_1] \cup [t_2, T]\}, \quad t_1 \leqslant t \leqslant t_2$$

当有限区间 (t_1, t_2) 上的观测值缺失时; 二是输出内插问题, 在缺失数据的这一区间内来重构过程 y. 这里考虑一般连续时间的情形, 即第 15.3 节的情形.

§15.1　离散时间的平滑

在第 12 章的框架下, 我们从研究离散时间的平滑问题开始. 给定一个有限记录

$$\{y(0), y(1), y(2), \cdots, y(T)\}, \tag{15.1}$$

它是关于带有分裂子空间 X 的一个胁迫系统 (12.3) 的输出过程 y , 我们想确定平滑估计

$$\hat{x}(t) = \mathrm{E}\{x(t) \mid y(0), y(1), y(2), \cdots, y(T)\}, \tag{15.2}$$

对某些 $t \in \{0, 1, \cdots, T\}$. 让 Y 表示由 (15.1) 的分量张成的子空间, 则

$$\mathrm{Y} = \mathrm{Y}_{t-1}^- \vee \mathrm{Y}_t^+, \tag{15.3}$$

其中 Y_{t-1}^- 和 Y_t^+ 是由在时刻 t (15.1) 的过去和未来张成的子空间, 正如定义 (12.5). 我们也需要向前和向后预测空间,

$$\hat{\mathrm{X}}_-(t) := \mathrm{E}^{\mathrm{Y}_{t-1}^-} \mathrm{Y}_t^+, \qquad \hat{\mathrm{X}}_+(t) = \mathrm{E}^{\mathrm{Y}_t^+} \mathrm{Y}_{t-1}^-, \tag{15.4}$$

正如 (12.9) 定义的那样. 采用这种符号, 由平滑估计 (15.2) 的分量张成的子空间是

$$\hat{\mathrm{X}}(t) = \mathrm{E}^{\mathrm{Y}} \mathrm{X}_t, \tag{15.5}$$

其中 $\mathrm{X}_t := \mathcal{U}^t \mathrm{X}$.

现在, 回顾第 417 页关于观测指数 τ_o 和构造指数 τ_c 的定义, 让我们考虑在区间 $[\tau_o, T - \tau_c]$ 上的时间 t, 其中可观算子和可构算子都是满秩的. 对这样一个 t, 根据定理 12.1.2, 子空间 $\hat{\mathrm{X}}_-(t)$ 是由下面 Kalman 滤波里 $\hat{x}_-(t)$ 的分量张成的

$$\hat{x}_-(t+1) = A\hat{x}_-(t) + K(t)[y(t) - C\hat{x}_-(t)], \quad \hat{x}_-(0) = 0, \tag{15.6}$$

现在用 $\hat{x}_-$ 来表示 Kalman 估计, 而不是在第 12 章里的 $\hat{x}$, 以便于区分它与平滑估计. 这里 Kalman 增益 $K(t)$ 由 (12.37) 给出, 设置 $B_-(t) := K(t)D_-(t)$, $D_-(t)$ 定义在 (12.71), 递归 (15.6) 可以被写成非平稳最小随机实现 (12.72). 同样的, $\hat{\mathrm{X}}_+(t)$ 是由向后 Kalman 滤波 (12.27) 生成的估计 $\hat{x}_+(t)$ 的分量张成的, 即

$$\hat{\bar{x}}_+(t-1) = A'\hat{\bar{x}}_+(t) + \bar{K}(t)[y(t) - \bar{C}\hat{\bar{x}}_+(t)], \quad \hat{x}_+(T) = 0, \tag{15.7}$$

其中 $\bar{K}$ 由 (12.39) 给出. 正如 (12.80), 设置 $\hat{x}_+(t) := \bar{P}_+(t-1)^{-1}\hat{x}_+(t-1)$, $\bar{P}_+$ 由 (12.40) 给出, 得到 (12.81), 即

$$
\begin{cases}
\hat{x}_+(t+1) = A\hat{x}_+(t) + B_+(t)v_+(t), & \hat{x}_+(0) = \xi_+, \\
y(t) = C\hat{x}_+(t) + D_+(t)v_+(t),
\end{cases}
\tag{15.8}
$$

v_+ 是一个标准白噪声, $\xi_+ := \bar{P}_+(-1)^{-1}\hat{x}_+(-1), B_+$ 和 D_+ 见第 12.3 节. 随机系统 (15.8) 是 y 的一个 (非平稳) 随机实现, 且 $\hat{x}_+(t)$ 的分量形成 $\hat{X}_+(t)$. 事实上, 正如第 12 章所述, 对每一个 $t, \hat{X}_+(t)$ 是一个最小 (Y_{t-1}, Y_t)-分裂子空间, $\hat{X}_-(t)$ 和 X_t 也是类似 (定理 12.1.1 和 12.1.2), 且

$$
\mathrm{E}^{Y_{t-1}^-} a'\hat{x}_+(t) = \mathrm{E}^{Y_{t-1}^-} a'x(t) = a'\hat{x}_-(t), \quad \text{对所有的 } a \in \mathbb{R}^n.
\tag{15.9}
$$

因此,

$$
z_-(t) := x(t) - \hat{x}_-(t) \quad \text{和} \quad z(t) := \hat{x}_+(t) - \hat{x}_-(t)
\tag{15.10}
$$

的分量与 $Y_{t-1}^- \supset \hat{X}_-(t)$ 是正交的, 故

$$
Q_-(t) := \mathrm{E}\{z_-(t)z_-(t)'\} = P - P_-(t),
\tag{15.11a}
$$

$$
Q(t) := \mathrm{E}\{z(t)z(t)'\} = P_+(t) - P_-(t),
\tag{15.11b}
$$

其中 $P := \mathrm{E}\{x(t)x(t)'\}$ 由 Lyapunov 方程 (6.9) 给出, $P_-(t) = \mathrm{E}\{\hat{x}_-(t)\hat{x}_-(t)'\}$ 和 $P_+(t) = \mathrm{E}\{\hat{x}_+(t)\hat{x}_+(t)'\}$ 分别由矩阵 Riccati 方程 (12.38) 和 (12.40) 给出. 因为 y 的谱密度是胁迫的, $P_- < P_+$, 由 (12.76) 可知 $P_-(t) \leqslant P_- < P_+ \leqslant P_+(t)$. 所以

$$
Q(t) > 0.
\tag{15.12}
$$

插入由 (15.8) 给出的 $y(t)$ 到 (15.6), 有

$$
\hat{x}_-(t+1) = A\hat{x}_-(t) + K(t)Cz(t) + K(t)D_+(t)v_+(t), \quad \hat{x}_-(0) = 0,
$$

联合 (15.8) 以及 $K(t) = B_-(t)D_-(t)^{-1}$ 可以得到

$$
z(t+1) = \Gamma_-(t)z(t) + G(t)v_+(t), \quad z(0) = \xi_+,
\tag{15.13}
$$

其中

$$
\Gamma_-(t) := A - B_-(t)D_-(t)^{-1}C,
\tag{15.14a}
$$

$$
G(t) := B_+(t) - B_-(t)D_-(t)^{-1}D_+(t).
\tag{15.14b}
$$

15.1.1　框架空间

仿照第 7.4 节中的结构, 我们现在介绍当前背景下的框架空间. 分解 (2.11), 有

$$\mathrm{Y}_{t-1}^- = \hat{\mathrm{X}}_-(t) \oplus \hat{\mathrm{N}}_t^- \quad \text{和} \quad \mathrm{Y}_t^+ = \hat{\mathrm{X}}_+(t) \oplus \hat{\mathrm{N}}_t^+, \tag{15.15}$$

其中

$$\hat{\mathrm{N}}_t^- := \mathrm{Y}_{t-1}^- \cap \left(\mathrm{Y}_t^+\right)^\perp \quad \text{和} \quad \hat{\mathrm{N}}_t^+ := \mathrm{Y}_t^+ \cap \left(\mathrm{Y}_{t-1}^-\right)^\perp. \tag{15.16}$$

则由 (15.3) 定义的完全输入数据的子空间 Y, 有正交分解

$$\mathrm{Y} = \hat{\mathrm{N}}_t^- \oplus \mathrm{Y}_t^\square \oplus \hat{\mathrm{N}}_t^+, \tag{15.17}$$

其中

$$\mathrm{Y}_t^\square := \hat{\mathrm{X}}_-(t) \vee \hat{\mathrm{X}}_+(t) \tag{15.18}$$

是一个框架空间.

引理 15.1.1　对于 $\tau_o \leqslant t \leqslant T - \tau_c$, 子空间 (15.5) 满足

$$\hat{\mathrm{X}}(t) = \mathrm{E}^{\mathrm{Y}_t^\square} \mathrm{X}_t. \tag{15.19}$$

证　首先注意到 $x(t) - \hat{x}_-(t)$ 的分量是正交于 Y_{t-1}^- 的, 所以 $\hat{\mathrm{N}}_t^- \subset \mathrm{Y}_{t-1}^-$. 而且, $\hat{x}_-(t)$ 的分量属于 $\hat{\mathrm{X}}_-(t)$, 也正交于 $\hat{\mathrm{N}}_t^-$, 因此 $\mathrm{X}_t \perp \hat{\mathrm{N}}_t^-$. 同样地, $x(t) - \hat{x}_+(t)$ 和 $\hat{x}_+(t)$ 的分量都正交于 $\hat{\mathrm{N}}_t^+$, 因此 $\mathrm{X}_t \perp \hat{\mathrm{N}}_t^+$. 所以由 (15.17) 可推出 (15.19).　□

因此, 平滑估计 $\hat{x}(t)$ 是在框架空间 $\mathrm{Y}_t^\square$ 中任意基的一个线性函数, 因为 $\hat{\mathrm{N}}_t^-$ 和 $\hat{\mathrm{N}}_t^+$ 的任意信息都是可以被忽略的.

15.1.2　二滤波公式

根据 (15.18), $\hat{x}_+(t)$ 和 $\hat{x}_-(t)$ 的分量一起张成了 $\mathrm{Y}_t^\square$. 但是, $z(t) := \hat{x}_+(t) - \hat{x}_-(t)$ 的分量正交于 $\mathrm{X}_-(t)$, 因此

$$\mathrm{Y}_t^\square = \mathrm{X}_-(t) \oplus \mathrm{Z}(t), \tag{15.20}$$

其中 $\mathrm{Z}(t)$ 是由 $z(t)$ 的分量张成的. 所以对区间 $[\tau_o, T - \tau_c]$ 上的任意整数 t, 有矩阵 L_1 和 L_2 使得

$$\hat{x}(t) = L_1 \hat{x}_-(t) + L_2 z(t).$$

因为 $x(t) - \hat{x}(t)$ 的分量正交于 $\mathrm{Y}_t^\square$, $\mathrm{E}\{[x(t) - \hat{x}(t)]\hat{x}_-(t)'\} = 0$ 和 $\mathrm{E}\{[x(t) - \hat{x}(t)]z(t)'\} = 0$, 因此有如下关系式

$$\mathrm{E}\{x(t)\hat{x}_-(t)'\} = L_1 \mathrm{E}\{\hat{x}_-(t)\hat{x}_-(t)'\}, \tag{15.21a}$$

$$\mathrm{E}\{x(t)z(t)'\} = L_2\,\mathrm{E}\{z(t)z(t)'\}. \tag{15.21b}$$

因为 $\mathrm{E}\{x(t)\hat{x}_-(t)'\} = \mathrm{E}\{\hat{x}_-(t)\hat{x}_-(t)'\} = P_-(t)$，有 $L_1 = I$．相应地，在后向情形下，$\mathrm{E}\{\bar{x}(t-1)\hat{\bar{x}}_+(t-1)'\} = \bar{P}_+(t-1)$．此外，$x(t) = P(t)\bar{x}(t-1)$，且根据 (12.80)，有 $\hat{x}_+(t) = \bar{P}_+(t-1)^{-1}\hat{\bar{x}}_+(t-1)$．因此，$\mathrm{E}\{x(t)z(t)'\} = P(t) - P_-(t)$．最终得出，$\mathrm{E}\{x(t)z(t)'\} = P(t) - P_-(t)$，根据 (15.11) 和 (15.21b)，可以推出 $L_2 = Q_-(t)Q(t)^{-1}$．

定理 15.1.2 对区间 $[\tau_o, T - \tau_c]$ 上的任意整数 t，

$$\hat{x}(t) = \hat{x}_-(t) + Q_-(t)Q(t)^{-1}z(t), \tag{15.22}$$

其中 $Q_-(t)$ 和 $Q(t)$ 由 (15.11) 给出，$\hat{x}_-(t)$ 由 Kalman 滤波 (15.6) 得到，$z(t)$ 由递推式 (15.13) 得到．

用 $\hat{x}_+(t) - \hat{x}_-(t)$ 替代 $z(t)$，由定义 (15.10)，可知

$$\hat{x}(t) = \left[I - Q_-(t)Q(t)^{-1}\right]\hat{x}_-(t) + Q_-(t)Q(t)^{-1}\hat{x}_+(t), \tag{15.23}$$

这联合 (15.6) 和 (15.8) 可以得到一个 Mayne-Fraser 型的平滑公式．回顾在连续时间环境下，第 15.3 节中类似算法的由来．然而用 $\bar{P}_+(t-1)^{-1}\hat{\bar{x}}_+(t-1)$ 来代替 $\hat{x}_+(t)$ 更适合得到

$$\hat{x}(t) = \left[I - Q_-(t)Q(t)^{-1}\right]\hat{x}_-(t) + Q_-(t)Q(t)^{-1}\bar{P}_+(t-1)^{-1}\hat{\bar{x}}_+(t-1), \tag{15.24}$$

通过向前和向后 Kalman 滤波 (15.6) 和 (15.7) 提供了一个平滑过程．

15.1.3 非正规情形下的降阶

由 (14.18) 可以得到分裂子空间 $\mathrm{X} := \{a'x(0) \mid a \in \mathbb{R}^n\}$ 可以被分解为

$$\mathrm{X} = (\mathrm{X} \cap \mathrm{H}) \oplus \mathrm{E}^{\mathrm{X}}\mathrm{H}^{\perp}, \tag{15.25}$$

分为一个内部子空间 $\mathrm{X} \cap \mathrm{H}$，一个外部子空间 $\mathrm{E}^{\mathrm{X}}\mathrm{H}^{\perp}$．如果内部子空间 $\mathrm{X} \cap \mathrm{H}$ 是非平凡的，则有 $a \in \mathbb{R}^n$ 对于所有 t，使得 $a'x(0) \in \mathrm{H}$．因此如果能观测到生成子空间 H 的输出数据的完整 (无限) 集，则能够用 $\nu := \dim \mathrm{X} \cap \mathrm{H}$ 减少平滑算法的阶数．这将在第 15.5 节完成，对于连续时间情形，则在第 15.4 节完成．然而，这里观测数据的空间 Y 是 H 的一个本征子空间．因此，不可能有降阶，除非有一个非平凡胚空间

$$\mathrm{H}_{0+} = \mathrm{H}^{\square} \cap \{y(-n), y(-n+1), \cdots, y(n-1)\}, \tag{15.26}$$

其中 $H^{\square} := X_- \vee X_+$ 是框架空间. 在这种情形下, 由 (14.140), 有直和分解

$$X \cap H = X \cap \{y(-1), \cdots, y(-n)\} \dotplus Y^* \dotplus X \cap \{y(0), \cdots, y(n-1)\}, \qquad (15.27)$$

其中 $X_s := X \cap \{y(-1), \cdots, y(-n)\}$ 和 $X_p := X \cap \{y(0), \cdots, y(n-1)\}$ 分别是光滑的和预测的子空间, 且 Y^* 是 X 最大输出诱导子空间.

由一系列简单的坐标变换, 可以选择 X 中的基 $x(0)$ 使得

$$x(t) = \begin{bmatrix} u(t) \\ z_s(t) \\ z_p(t) \end{bmatrix}, \qquad (15.28)$$

其中 $u(0), z_s(0)$ 和 $z_p(0)$ 是分别是 $E^X H^\perp \oplus Y^*$, X_s 和 X_p 的基. 利用分解

$$x(t) = \begin{bmatrix} u_-(t) \\ z_s(t) \end{bmatrix} \quad \text{和} \quad x(t) = \begin{bmatrix} u_+(t) \\ z_p(t) \end{bmatrix}, \qquad (15.29)$$

其中

$$u_-(t) = \begin{bmatrix} u(t) \\ z_p(t) \end{bmatrix} \quad \text{和} \quad u_+(t) = \begin{bmatrix} u(t) \\ z_s(t) \end{bmatrix}. \qquad (15.30)$$

那么, 在最多时间 n 步后, Kalman 滤波变成

$$\hat{x}_-(t) = \begin{bmatrix} \hat{u}_-(t) \\ z_s(t) \end{bmatrix}, \qquad (15.31)$$

其中 z_s 有如下形式

$$z_s(t) = \sum_{k=1}^{n} L_k y(t-k), \qquad (15.32)$$

其中 L_k, $k = 1, 2, \cdots, n$ 是一些矩阵, 某些可能为零. 同样地, 在最多 n 步后, 向后 Kalman 估计可能变成

$$\hat{\hat{x}}_+(t) = \begin{bmatrix} \hat{\hat{u}}_+(t) \\ z_p(t) \end{bmatrix}, \qquad (15.33)$$

其中 z_p 有如下形式

$$z_p(t) = \sum_{k=0}^{n-1} \bar{L}_k y(t+k). \qquad (15.34)$$

因此, 需要二滤波公式 (15.24) 的动态方程的数量相应地可以减少.

§15.2 连续时间系统的有限区间实现定理

我们将导出在更一般情形下的非平稳系统的连续时间平滑结果

$$(S) \quad \begin{cases} \mathrm{d}x = A(t)x(t)\mathrm{d}y + B(t)\mathrm{d}w, \quad x(0) = \xi, \\ \mathrm{d}y = C(t)x(t)\mathrm{d}y + D(t)\mathrm{d}w, \quad y(0) = 0, \end{cases} \quad (15.35)$$

上式定义在区间 $[0, T]$ 上, 其中 w 有正交增量的向量过程使得

$$\mathrm{E}\{\mathrm{d}w\} = 0, \quad \mathrm{E}\{\mathrm{d}w\mathrm{d}w'\} = I\mathrm{d}y, \quad (15.36)$$

ξ 是一个协方差矩阵为 $\Pi := \mathrm{E}\{\xi\xi'\}$ 的中心化随机向量, 并且与 w 是不相关的, $R(t) := D(t)D(t)'$ 在 $[0, T]$ 上正定, 且 A, B, C, D 和 R^{-1} 是限制在 $[0, T]$ 上的解析函数矩阵. 通常分别设 x, y 和 w 的维数为 n, m 和 p. 回顾

$$x(t) = \Phi(t, s)x(s) + \int_s^t \Phi(t, \tau)B(\tau)\mathrm{d}\tau, \quad (15.37)$$

其中 Φ 是 Green 函数, 满足

$$\frac{\partial\Phi}{\partial t}(t, s) = A(t)\Phi(t, s), \quad \Phi(s, s) = I, \quad (15.38a)$$

$$\frac{\partial\Phi}{\partial s}(t, s) = -\Phi(t, s)A(s), \quad \Phi(t, t) = I \quad (15.38b)$$

和半群性质 $\Phi(t, \tau)\Phi(\tau, s) = \Phi(t, s)$. 而且, 假设 (15.35) 是一个最小随机实现, 即没有形如 (15.35) 的其他模型, 过程 y 作为它的输出以及具有维数小于 n 的状态过程 x. 众所周知 (见文 [36]) 这需要 (A, B) 是完全可达的 (在当前背景下和完全可控是一样的) 和 (C, A) 是完全可观的. 假设条件 A, B, C, D 和 R^{-1} 是解析的, 能确保 (A, B) 是完全可达的 [284], 即

$$\int_{t_0}^{t_1} \Phi(t_1, \tau)B(\tau)B(\tau)'\Phi(t_1, \tau)\mathrm{d}\tau > 0, \quad \text{对所有 } (t_0, t_1) \subset [0, T] \text{ 成立} \quad (15.39)$$

特别地, 当 A 和 B 是常数时, 上式成立. 很明显状态协方差矩阵函数 $P(t) := \mathrm{E}\{x(t)x(t)'\}$ 满足微分方程

$$\dot{P} = AP + PA' + BB', \quad P(0) = \Pi \quad (15.40)$$

在 $[0, T]$ 上, 因为

$$P(t) = \Phi(t_1, \tau)\Pi\Phi(t_1, \tau)' + \int_0^t \Phi(t, \tau)B(\tau)B(\tau)'\Phi(t, \tau)'\mathrm{d}\tau, \quad (15.41)$$

(15.39) 意味着对所有的 $t \in (0, T]$, 有 $P(t) > 0$, 尽管 Π 可能奇异的甚至为零.

为了推进平滑问题, 我们需要发展随机实现理论以解决更一般情形.

15.2.1　状态方程的时间反演

我们回顾定义 2.6.3 以及 $X_t := \{a'x(t) \mid a \in \mathbb{R}\}$ 是一个 Markov 分裂子空间且满足

$$(H_t^-(\mathrm{d}y) \vee X_t^-) \perp (H_t^+(\mathrm{d}y) \vee X_t^+) \mid X_t, \quad t \in [0, T], \tag{15.42}$$

其中 $H_t^-(\mathrm{d}y)$ 和 $H_t^+(\mathrm{d}y)$ 分别是由 $[0, t]$ 和 $[t, T]$ 上 y 的增量的分量张成的子空间. 随机系统 (15.35) 是一个向前 系统,

$$H_t^+(\mathrm{d}w) \perp X_t, \quad t \in [0, T]. \tag{15.43}$$

下面构造相应的向后 系统

$$(\bar{\mathcal{S}}) \quad \begin{cases} \mathrm{d}\bar{x} = \bar{A}(t)\bar{x}(t)\mathrm{d}y + \bar{B}(t)\mathrm{d}\bar{w}, \quad \bar{x}(T) = \bar{\xi}, \\ \mathrm{d}y = \bar{C}(t)\bar{x}(t)\mathrm{d}y + \bar{D}(t)\mathrm{d}\bar{w}, \end{cases} \tag{15.44}$$

以及 $\{a'\bar{x}(t) \mid a \in \mathbb{R}^n\} = X_t$, 它由一个正交增量过程构成的

$$E\{\mathrm{d}\bar{w}\} = 0, \quad E\{\mathrm{d}\bar{w}\mathrm{d}\bar{w}'\} = I\mathrm{d}y, \tag{15.45}$$

具有向后关联结构

$$H_t^-(\mathrm{d}\bar{w}) \perp X_t, \quad t \in [0, T]. \tag{15.46}$$

为此, 令

$$\bar{x}(t) = P(t)^{-1} x(t) \tag{15.47}$$

对所有的 $t \in (0, T]$, 且对于任意的一个 $s \in [0, t)$, 正交分解

$$\bar{x}(s) = E\{\bar{x}(s) \mid X_t^+\} + \left[\bar{x}(s) - E\{\bar{x}(s) \mid X_t^+\}\right] \tag{15.48}$$

可以写成如下形式

$$\bar{x}(s) = \Phi(t, s)'\bar{x}(t) + \int_t^s \Phi(t, \tau)'\bar{B}(\tau)\mathrm{d}\bar{w}, \tag{15.49}$$

其中 $H_t^-(\mathrm{d}\bar{w}) \perp X_t$. 第一项很容易由 Markov 性质和投影公式 (2.5) 获得. 事实上,

$$\begin{aligned} E\{\bar{x}(s) \mid X_t^+\} &= E\{\bar{x}(s) \mid X_t\} \\ &= E\{\bar{x}(s)x(t)'\} \left[E\{x(t)x(t)'\}\right]^{-1} x(t) \\ &= \Phi(t, s)'\bar{x}(t). \end{aligned} \tag{15.50}$$

第二部分需要更详细的分析. 首先注意到, 根据 (15.38b), 我们必须令 $\bar{A} := -A'$ 以得到 (15.49). 其次,

$$\bar{P}(t) = \mathrm{E}\{\bar{x}(t)\bar{x}(t)'\} = P(t)^{-1} \tag{15.51}$$

必须满足微分方程

$$\dot{\bar{P}} = -A'\bar{P} - \bar{P}A - \bar{B}\bar{B}', \quad \bar{P}(T) = \bar{\Pi}, \tag{15.52}$$

这连同 (15.40) 和 $\bar{P} = P^{-1}$ 可以得到 $\bar{B} := P^{-1}B$ 和 $\bar{\Pi} = P(T)^{-1}$. 由 (15.50) 可以推断 $u(t) := \Phi(t,0)'\bar{x}(t)$ 满足

$$\mathrm{E}\{u(s) \mid \mathrm{X}_t^+\} = u(t),$$

即 $u(t)$ 是一个与 $\{\mathrm{X}_t^+\}$ 有关的 (向后) 鞅, 因此有正交增量. 更精确地说, 微分 $u(t) := \Phi(t,0)'\bar{P}(t)x(t)$ 并利用 (15.35), (15.38a) 和 (15.51) 我们得到 $\mathrm{d}u = \Phi(t,0)'\bar{B}(t)\mathrm{d}\bar{w}$, 从而

$$u(s) - u(t) = \int_t^s \Phi(\tau,0)'\bar{B}(\tau)\mathrm{d}\bar{w},$$

其中

$$\mathrm{d}\bar{w} = \mathrm{d}w - \bar{B}(t)'x(t)\mathrm{d}y. \tag{15.53}$$

因此, 因为 (15.48) 能写成

$$\bar{x}(s) = \Phi(t,s)'\bar{x}(t) + \Phi(0,s)'\left[u(s) - u(t)\right],$$

(15.49) 也随之得到.

现在, 如果 $\bar{B}$ 有列满秩, 从上面的分析可推断出 $\mathrm{d}\bar{w}$ 具有所需性质的正交增量. 但是, 一般来说 $p > n$, 因此还需证明如下引理.

引理 15.2.1 一个有增量 (15.53) 的过程满足 (15.45) 且有一个向后关联结构 (15.46).

证 考虑到 (15.37) 和 (15.43),

$$\mathrm{E}\left\{\left[\int_s^t \mathrm{d}\bar{w}\right]x(t)'\right\} = \mathrm{E}\left\{\left[\int_s^t \mathrm{d}w\right]x(t)'\right\} - \int_s^t B(t)'\,\mathrm{E}\{\bar{x}(\tau)x(t)'\}\mathrm{d}\tau$$

$$= \int_s^t B(t)'\Phi(t,\tau)'\mathrm{d}\tau - \int_s^t B(t)'\Phi(t,\tau)'\mathrm{d}\tau = 0,$$

对 $s \leqslant t$, 这连同 (15.36) 可以推出

$$\mathrm{E}\left\{\left[\int_s^t \mathrm{d}\bar{w}\right]x(\tau)'\right\} = 0, \quad s \leqslant t \leqslant \tau, \tag{15.54}$$

反过来可以证明 (15.46). (15.54) 和 (15.43) 可推出一个简单结果

$$\mathrm{E}\left\{\left[\int_{t_1}^{t_2}\mathrm{d}\bar{w}\right]\left[\int_{t_3}^{t_4}\mathrm{d}\bar{w}\right]'\right\}=0,\quad t_1\leqslant t_2\leqslant t_3\leqslant t_4,$$

即 $\bar{w}$ 有正交增量.

接下来证明 $\mathrm{E}\{\mathrm{d}\bar{w}\mathrm{d}\bar{w}'\}=I\mathrm{d}y$, 或者等价地,

$$\mathrm{E}\left\{\left[\int_s^t\mathrm{d}\bar{w}\right]\left[\int_s^t\mathrm{d}\bar{w}\right]'\right\}=(t-s)I.\tag{15.55}$$

令 $s\leqslant\tau\leqslant t$. 从 (15.54) 和 (15.43) 可知

$$\mathrm{E}\left\{\left[\int_s^t\mathrm{d}\bar{w}\right]x(\tau)'\right\}=\mathrm{E}\left\{\left[\int_\tau^t\mathrm{d}\bar{w}\right]x(\tau)'\right\}$$
$$=-\int_\tau^t\bar{B}(\sigma)'\,\mathrm{E}\{x(\sigma)x(\tau)'\}\mathrm{d}\sigma\tag{15.56}$$
$$=-M(t,\tau)P(\tau),$$

其中

$$M(t,\tau)=\int_\tau^t\bar{B}(\sigma)'\Phi(\sigma,\tau)\mathrm{d}\sigma.$$

利用 (15.37) 和 (15.43) 的简单计算可以得到

$$\mathrm{E}\left\{\left[\int_s^t\mathrm{d}\bar{w}\right]\left[\int_s^t\mathrm{d}w\right]'\right\}=(t-s)I-\int_s^t M(t,\tau)B(\tau)\mathrm{d}\tau.\tag{15.57}$$

则因为 $P\bar{B}=B$, 由 (15.56) 和 (15.57) 很容易可以得到 (15.55). □

特别地, 我们已经证明了下面的结果.

定理 15.2.2　对每一个 (解析的) 随机系统

$$\mathrm{d}x=A(t)x(t)\mathrm{d}y+B(t)\mathrm{d}w,\quad x(0)=\xi,$$

它具有以上规定的性质和在 (15.43) 意义下的适时前向演化, 都对应着一个反向系统

$$\mathrm{d}\bar{x}=-A(t)'\bar{x}(t)\mathrm{d}y+\bar{B}(t)\mathrm{d}\bar{w},\quad\bar{x}(T)=\bar{\xi},$$

其中 $\mathrm{d}\bar{w}$ 是由在 (15.46) 的意义下, 具有适时后向演化性质的 (15.53) 给出的,

$$\bar{x}(t)=\bar{P}(t)x(t)\quad\text{和}\quad\bar{B}(t):=\bar{P}(t)B(t),\tag{15.58}$$

其中 $P(t):=\mathrm{E}\{x(t)x(t)'\},\bar{P}(t):=P(t)^{-1}$ 和 $\bar{\xi}:=P(T)^{-1}\bar{x}(T)$.

下面应用这个结果到随机实现 (15.35), 有下面的推论.

推论 15.2.3　给定随机系统 (15.35), 定义

$$\bar{C}(t) := C(t)P(t) + D(t)B(t)', \tag{15.59}$$

对每一个 $t \in [0, T]$. 而且, 令 $\bar{x}$ 由 (15.47) 给出以及 $\mathrm{d}\bar{w}$ 由 (15.53) 给出. 则随机系统

$$(\bar{S}) \quad \begin{cases} \mathrm{d}\bar{x} = -A(t)'\bar{x}(t)\mathrm{d}y + \bar{B}(t)\mathrm{d}\bar{w}, & \bar{x}(T) = \bar{\xi}, \\ \mathrm{d}y = \bar{C}(t)\bar{x}(t)\mathrm{d}y + D(t)\mathrm{d}\bar{w} \end{cases} \tag{15.60}$$

是定义在所有的 $t \in (0, T]$ 和在规则 (15.46) 下适时向后演化. 而且, 对于每一个 $t \in [0, T]$,

$$\{a'\bar{x}(t) \mid a \in \mathbb{R}^n\} = \mathrm{X}_t = \{a'x(t) \mid a \in \mathbb{R}^n\},$$

其中 X_t 是由 (15.42) 定义的 Markov 分裂子空间.

证　只需要证 $\mathrm{d}y = \bar{C}(t)\bar{x}\mathrm{d}y + D(t)\mathrm{d}\bar{w}$. 为此, 首先注意到 (15.53) 能写成

$$\mathrm{d}w = \mathrm{d}\bar{w} + B(t)'\bar{x}(t)\mathrm{d}y, \tag{15.61}$$

将该式插入到 $\mathrm{d}y = Cx\mathrm{d}y + D\mathrm{d}w$ 并连同 $x = P\bar{x}$ 可以得到 (15.60) 的观测方程. □

15.2.2　前向和后向随机实现

沿着第 12.2 节的脉络的标准计算可知, (15.35) 中状态过程的最小二乘估计

$$\hat{x}_-(t) := \mathrm{E}\{x(t) \mid \mathrm{H}_t^-(\mathrm{d}y)\} \tag{15.62}$$

是由 Kalman 滤波生成的

$$\mathrm{d}\hat{x}_- = A\hat{x}_-\mathrm{d}y + B_-R^{-\frac{1}{2}}(\mathrm{d}y - C\hat{x}_-\mathrm{d}y), \quad \hat{x}_-(0) = 0, \tag{15.63}$$

其中 $R(t)^{\frac{1}{2}}$ 是 $R(t) := D(t)D(t)'$ 的对称平方根, 增益函数 B_- 给定为

$$B_- = (Q_-C' + BD')R^{-\frac{1}{2}}, \tag{15.64}$$

$Q_-(t)$ 作为误差协方差

$$Q_-(t) = \mathrm{E}\{[x(t) - \hat{x}_-(t)][x(t) - \hat{x}_-(t)]'\}. \tag{15.65}$$

这里 Q_- 是矩阵 Riccati 方程的解

$$
\begin{cases}
\dot{Q}_- = AQ_- + Q_-A' - (Q_-C' + BD')R^{-1}(Q_-C' + BD')' + BB', \\
Q_-(0) = \Pi.
\end{cases}
\tag{15.66}
$$

我们很快就能看到有许多含相同 Kalman 滤波的随机实现. 因此我们定义所有的在 $[0, T]$ 上最小的. 解析的随机系统 (15.35) 为 $\mathfrak{S}$, 其输出 dy 的 Kalman 滤波具有和 (15.63) 中相同 (解析的) 系数函数 A, C, R 和 B_-, 则 Kalman 估计 $\hat{x}$ 也是相同的, 但是 Q_- 将在整个 $\mathfrak{S}$ 上变化. 具有以下增量的新息过程 w_-

$$
dw_- = R^{-\frac{1}{2}}(dy - C\hat{x}_- dy)
\tag{15.67}
$$

有满足 (15.36) 的正交增量, 并且 $H_t^-(dw_-) = H_t^-(dy)$. 因此, (15.63) 能写成

$$
(\mathcal{S}_-) \quad
\begin{cases}
d\hat{x}_- = A(t)\hat{x}_-(t)dy + B_-(t)dw_-, \quad \hat{x}_-(0) = 0, \\
dy = C(t)\hat{x}_-(t)dy + R(t)^{\frac{1}{2}}dw_-,
\end{cases}
\tag{15.68}
$$

它本身是一个属于 $\mathfrak{S}$ 的随机实现, 其中 $\mathfrak{S}$ 的状态协方差 $P_-(t) := \mathrm{E}\{\hat{x}_-(t)\hat{x}_-(t)'\}$ 在 $[0, T]$ 上满足

$$
\dot{P}_- = AP_- + P_-A' + B_-B_-', \quad P_-(0) = 0,
\tag{15.69}
$$

因为 $\mathrm{E}\{[x(t) - \hat{x}(t)]\hat{x}(t)'\} = 0$, 有

$$
Q_-(t) = P(t) - P_-(t).
\tag{15.70}
$$

引理 15.2.4 定义在 (15.59) 中的矩阵函数 $\bar{C}$ 在随机实现全体构成的 $\mathfrak{S}$ 中是不变的.

证 由 (15.70) 和 (15.64) 可知

$$
\bar{C}' = Q_-C' + P_-C' + BD' = P_-C' + B_-R^{\frac{1}{2}},
$$

这在 $\mathfrak{S}$ 上是不变的. □

因此, $A, C, \bar{C}$ 和 R 是类 $\mathfrak{S}$ 的不变量, 反之 B, D, P, w 和 x 将会在 $\mathfrak{S}$ 变化. 实际上, 甚至过程 w 的维度 p 也将变化. 但是, 因为 R 是满秩的, 总有 $p \geqslant m$. 对所有的 $t \in [0, T], X_t \subset H(dy)$. 在这个意义下, Kalman 滤波实现 $\mathcal{S}_-$ 属于由内部 实现构成的子类 $\mathfrak{S}_0 \subset \mathfrak{S}$. 对于 $\mathcal{S} \in \mathfrak{S}_0$ 有 $p = m$.

根据前向环境的对称性, (15.60) 中状态过程的最小二乘估计

$$\hat{\bar{x}}_+(t) := \mathrm{E}\{\bar{x}(t) \mid \mathrm{H}_t^+(\mathrm{d}y)\} \tag{15.71}$$

是由后向 Kalman 滤波生成的

$$\mathrm{d}\hat{\bar{x}}_+ = -A'\hat{\bar{x}}_+\mathrm{d}y + \bar{B}_+R^{-\frac{1}{2}}(\mathrm{d}y - \bar{C}\hat{\bar{x}}_+\mathrm{d}y), \quad \hat{\bar{x}}_+(T) = 0, \tag{15.72}$$

其中

$$\bar{B}_+ = -(\bar{Q}_+\bar{C}' - \bar{B}D')R^{-\frac{1}{2}}, \tag{15.73}$$

且 $\bar{Q}_+ := \mathrm{E}\{[\bar{x} - \hat{\bar{x}}_+(t)][\bar{x} - \hat{\bar{x}}_+(t)]'\}$ 满足一个矩阵 Riccati 方程

$$\begin{cases} \dot{\bar{Q}}_+ = -A'\bar{Q}_+ - \bar{Q}_+A + (\bar{Q}_+\bar{C}' - \bar{B}D')R^{-1}(\bar{Q}_+\bar{C}' - \bar{B}D')' - \bar{B}\bar{B}', \\ Q_+(T) = P(T)^{-1}, \end{cases} \tag{15.74}$$

这可类比 (15.66) 得到. 后向新息过程

$$\mathrm{d}\bar{w}_+ = R^{-\frac{1}{2}}(\mathrm{d}y - \bar{C}\hat{\bar{x}}_+\mathrm{d}y) \tag{15.75}$$

满足 (15.36) 和 $\mathrm{H}_t^+(\mathrm{d}\bar{w}_+) = \mathrm{H}_t^+(\mathrm{d}y)$ 对所有的 $t \in [0, T]$, 状态协方差 $\bar{P}_+(t) := \mathrm{E}\{\hat{\bar{x}}_+(t)\hat{\bar{x}}_+(t)'\}$ 以及微分方程

$$\dot{\bar{P}}_+ = -A'\bar{P}_+ - \bar{P}_+A - \bar{B}_+\bar{B}'_+, \quad \bar{P}_+(T) = 0. \tag{15.76}$$

由 (15.59) 可得 $\bar{P}\bar{C}' - \bar{B}D' = C'$ 且 $\bar{Q}_+ = \bar{P} - \bar{P}_+$, 则

$$\bar{B}_+ = -(C' - \bar{P}_+\bar{C}')R^{-\frac{1}{2}}, \tag{15.77}$$

这只依赖四个不变矩阵 $A, C, \bar{C}$ 和 R. 事实上, 插入 (15.77) 到 (15.76) 可以得到一个 Riccati 方程, 它的解只依赖这些矩阵.

令 $\bar{\mathcal{S}}$ 是所有具有后向 Kalman 滤波 (15.72), 定义在 $[0, T]$ 上的 y 的后向实现构成的类. 则

$$(\bar{\mathcal{S}}_+) \quad \begin{cases} \mathrm{d}\hat{\bar{x}}_+ = -A(t)'\hat{\bar{x}}_+(t)\mathrm{d}y + \bar{B}_+(t)\mathrm{d}\bar{w}_+, \quad \hat{\bar{x}}_+(T) = 0, \\ \mathrm{d}y = \bar{C}(t)\hat{\bar{x}}_+(t)\mathrm{d}y + R(t)^{\frac{1}{2}}\mathrm{d}\bar{w}_+ \end{cases} \tag{15.78}$$

属于这个类.

接下来, 考虑与 $\bar{\mathbb{S}}_+$ 相应的前向实现, 也即

$$(\mathbb{S}_+) \quad \begin{cases} \mathrm{d}\hat{x}_+ = A(t)\hat{x}_+(t)\mathrm{d}y + B_+(t)\mathrm{d}w_+, \quad \hat{x}_+(0) = \bar{P}_+^{-1}(0)\hat{\bar{x}}_+(0), \\ \mathrm{d}y = C(t)\hat{x}_+(t)\mathrm{d}y + R(t)^{\frac{1}{2}}\mathrm{d}w_+, \end{cases} \tag{15.79}$$

其状态协方差函数 $P_+ = \bar{P}_+^{-1}$ 在 $[0,T)$ 上满足

$$\dot{P}_+ = AP_+ + P_+A' + B_+B_+', \quad P_+(0) = \bar{P}_+^{-1}(0), \tag{15.80}$$

因为 $\bar{P}_+(T) = 0$, $P_+(t) \to \infty$, 当 $t \to T$, 因此它定义在区间 $[0,T)$ 上. 称这个系统为 y 在 $[0,T]$ 上的一个广义随机实现. 消除 (15.79) 中的 $\mathrm{d}w_+$, 则在 $[0,T)$ 上,

$$\mathrm{d}\hat{x}_+ = A\hat{x}_+\mathrm{d}y + B_+R^{-\frac{1}{2}}(\mathrm{d}y - C\hat{x}_+\mathrm{d}y), \quad x_+(0) = \bar{\xi}_+, \tag{15.81}$$

其中 $\bar{\xi}_+ = \bar{P}_+^{-1}(0)\hat{\bar{x}}_+(0)$. 因为 $B_+ = P_+\bar{B}_+$, 由 (15.77) 可得到

$$B_+ = (\bar{C}' - P_+C')R^{-\frac{1}{2}}. \tag{15.82}$$

则根据 (15.59), 有

$$B_+ = -(Q_+C' - BD')R^{-\frac{1}{2}}, \tag{15.83}$$

其中

$$Q_+(t) = P_+(t) - P(t), \tag{15.84}$$

由 (15.40), (15.80) 可知, 它满足矩阵 Riccati 方程

$$\begin{cases} \dot{Q}_+ = AQ_- + Q_+A' + (Q_-C' - BD')R^{-1}(Q_+C' - BD')' - BB', \\ Q_-(0) = \bar{\Pi}_+ - \Pi, \end{cases} \tag{15.85}$$

其中 $\bar{\Pi}_+ := \bar{P}_+(0)^{-1}$. 尽管 (15.81) 是后向预测空间的前向滤波, 它看起来很像一个 Kalman 滤波, 尤其考虑到 (15.83) 和 (15.85). 下面的引理 15.2.5 可直接推出

$$Q_+(t) = \mathrm{E}\left\{ [x(t) - \hat{x}_+(t)] \, [x(t) - \hat{x}_+(t)]' \right\}. \tag{15.86}$$

但很明显 $Q_+(t) \to \infty$ 当 $t \to T$.

　　引理 15.2.5　令 P 是 $\mathfrak{S}$ 中任意一个实现的状态协方差函数. 则对所有的 $t \in [0,T)$,

$$P_-(t) \leqslant P(t) \leqslant P_+(t), \tag{15.87}$$

而且, 对所有的 $t \in [0, T)$,

$$\mathrm{E}\{x(t)\hat{x}_-(t)'\} = P_-(t) \tag{15.88a}$$

$$\mathrm{E}\{x(t)\hat{x}_+(t)'\} = P(t) \tag{15.88b}$$

和

$$\mathrm{E}\left\{[x(t) - \hat{x}_-(t)][\hat{x}_+(t) - x(t)]'\right\} = 0 \tag{15.89}$$

证　因为 $Q_-(t) \geqslant 0$ 对所有的 $t \in [0, T)$ 成立, 由 (15.70) 可知 $P_-(t) \leqslant P(t), t \in [0, T)$. 根据对称性, 有 $\bar{Q}_+ = \bar{P}(t) - \bar{P}_+(t) \geqslant 0$, 即 $\bar{P}_+(t) \leqslant \bar{P}(t)$, 这反过来可以推得对所有的 $t \in [0, T), P(t) \leqslant P_+(t)$. 等式 (15.88a) 由 $\mathrm{E}\{[x(t) - \hat{x}_-(t)]\hat{x}_-(t)'\} = 0$ 可直接得到. 相应的后向关系式 $\mathrm{E}\{\bar{x}(t)\bar{x}_+(t)'\} = \bar{P}_+(t)$ 和 $x(t) = P(t)\bar{x}(t)$ 可以推出 (15.88b). 那么 (15.89) 是 (15.88) 的一个直接结果. 　□

在第 15.3 节我们需要对任意的 $t \in [0, T)$ 转化 Q_- 和 Q_+. 这对 $\mathfrak{S}$ 里所有的实现使得在这个区间上所有的 t 有 $P_-(t) < P(t) < P_+(t)$ 是可能的. 我们称所有这样实现构成的子类为 $\mathfrak{S}$ 的内部 并表示为 int $\mathfrak{S}$.

命题 15.2.6　如果 $\mathfrak{S}$ 包含一个实现 (15.35) 使得 $\Pi := \mathrm{E}\{x(0)x(0)'\}$ 是正定的, 那么 $\mathfrak{S}$ 内部是非空的.

证　如果在 (15.35) 中有 $\mathrm{E}\{x(0)x(0)'\}$ 是正定的, 那么, 由 (15.41), $P(t)$ 在整个闭区间 $[0, T]$ 上是正定且有界的. 那么 $\bar{\Pi} := \bar{P}(T)^{-1}$ 也是正定的. 由于 (15.64), 矩阵 Riccati 方程 (15.66) 可以再表示为

$$\begin{cases} \dot{Q}_- = \Gamma_- Q_- + Q_- \Gamma_-' + (B_- R^{-\frac{1}{2}} D - B)(B_- R^{-\frac{1}{2}} D - B)', \\ Q_-(0) = \Pi, \end{cases} \tag{15.90}$$

其中

$$\Gamma_- := A - B_- R^{-\frac{1}{2}} C. \tag{15.91}$$

像 (15.41) 一样对 (15.90) 积分可得对所有的 $t \in [0, T], Q_-(t) > 0$. 因此, 根据 (15.70), 对所有的 $t \in [0, T], P_-(t) < P(t)$. 利用 (15.74), (15.84) 的对称性以及 $\bar{\Pi} > 0$ 可以推出对所有的 $t \in [0, T), P(t) < P_+(t)$. 　□

推论 15.2.7　如果 $\mathfrak{S}$ 包含一个实现 (15.35) 使得 Π 是正定的, 那么对所有的 $t \in [0, T)$,

$$Q(t) = P_+(t) - P_-(t) \tag{15.92}$$

是正定的.

§15.3 连续时间下的平滑 (一般情形)

给定一个 (解析的) 随机系统 (15.35), 其性质见第 15.2 节, 即接下来的问题是对每一个 $t \in (0, T)$, 确定最小二乘估计

$$\hat{x}(t) = \mathrm{E}\{x(t) \mid y(s), 0 \leqslant s \leqslant T\}, \tag{15.93}$$

当然这是如下误差协方差的迹的最小化线性估计

$$\Sigma(t) = \mathrm{E}\left\{[x(t) - \hat{x}(t)] [x(t) - \hat{x}(t)]'\right\}. \tag{15.94}$$

15.3.1 基本表示公式

定义

$$\mathrm{H}(dy) = \mathrm{H}_t^-(dy) \vee \mathrm{H}_t^+(dy) \tag{15.95}$$

是由 $\{y(s), 0 \leqslant s \leqslant T\}$ 的分量张成的子空间. 因为 (15.68) 和 (15.79) 是 y 最小的随机实现,

$$\hat{X}_-(t) := \{a'\hat{x}_-(t) \mid a \in \mathbb{R}^n\}, \qquad \hat{X}_+(t) := \{a'\hat{x}_+(t) \mid a \in \mathbb{R}^n\} \tag{15.96}$$

是满足 (15.42) 的最小 Markov 分裂子空间. 下面对每一个 $t \in (0, T)$ 定义框架空间

$$\mathrm{H}^\square(t) = \hat{X}_-(t) \vee \hat{X}_+(t). \tag{15.97}$$

与第 15.1 节一样,

$$\mathrm{H}(dy) = \mathrm{N}^-(t) \oplus \mathrm{H}^\square(t) \oplus \mathrm{N}^+(t), \quad 0 \leqslant t \leqslant T, \tag{15.98}$$

其中 $\mathrm{N}^-(t) := \mathrm{H}_t^-(dy) \ominus \hat{X}_-(t)$ 和 $\mathrm{N}^-(t) := \mathrm{H}_t^+(dy) \ominus \hat{X}_+(t)$.

引理 15.3.1 令 x 是 $\mathfrak{S}$ 中一个实现 (15.35) 的状态过程. 那平滑估计 (15.93) 为

$$\hat{x}(t) = \mathrm{E}\{x(t) \mid \mathrm{H}^\square(t)\}, \quad t \in [0, T]. \tag{15.99}$$

证 $x(t) - \hat{x}(t)$ 的分量正交于 $\mathrm{H}_t^-(dy) \supset \mathrm{N}^-(t), \hat{x}(t)$ 的分量正交于 $\mathrm{N}^-(t)$. 因此 $x(t)$ 的分量正交于 $\mathrm{N}^-(t)$. 同样的方法, 可知 $x(t)$ 的分量正交于 $\mathrm{N}^+(t)$. 则 (15.99) 由 (15.98) 可得到. □

存在矩阵函数 M_- 和 M_+ 使得

$$\hat{x}(t) = M_-(t)\hat{x}_-(t) + M_+(t)\hat{x}_+(t). \tag{15.100}$$

下面我们将确定这些.

定理 15.3.2 x 是属于 $\mathfrak{S}$ 的随机系统 (15.35) 的状态空间, 其中 $\mathfrak{S}$ 是满足推论 15.2.7 中技术条件的随机实现的全体, $\hat{x}$ 是平滑估计 (15.93). 而且 Q_-, Q_+ 和 Q 是在第 15.2 节定义的协方差函数,

$$Q(t) = Q_-(t) + Q_+(t). \tag{15.101}$$

那么, 对于每一个 $t \in (0, T)$, 平滑估计为

$$\hat{x}(t) = \left[I - Q_-(t)Q(t)^{-1} \right] \hat{x}_-(t) + Q_-(t)Q(t)^{-1}\hat{x}_+(t), \tag{15.102}$$

且误差协方差 (15.94) 为

$$\Sigma(t) = Q_-(t) - Q_-(t)Q(t)^{-1}Q_-(t) = Q_-(t)Q(t)^{-1}Q_+(t). \tag{15.103}$$

证   由引理 15.3.1, 平滑估计必须满足

$$\mathrm{E}\{[x(t) - \hat{x}(t)]\,\hat{x}_-(t)'\} = 0, \tag{15.104a}$$

$$\mathrm{E}\{[x(t) - \hat{x}(t)]\,\hat{x}_+(t)'\} = 0, \tag{15.104b}$$

对所有的 $t \in [0, T)$. 插入 (15.100) 到 (15.104) 且利用 (15.88), 可得

$$P_-(t) - M_-P_-(t) - M_+P_-(t) = 0, \tag{15.105a}$$

$$P(t) - M_-P_-(t) - M_+P_+(t) = 0. \tag{15.105b}$$

因为在区间 $(0, T)$ 上 $P(t) > 0, M_- + M_+ = I$, 因此, 根据 (15.105b) 和 (15.92), $M_+ = Q_-Q^{-1}$. (15.102) 得证. 注意到

$$\Sigma(t) = \mathrm{E}\{[x(t) - \hat{x}(t)]\,x(t)'\} = P(t) - M_-P_-(t) - M_+P(t) = M_-Q_-(t),$$

于是可以得到 (15.103).   □

因为

$$z(t) = \hat{x}_+(t) - \hat{x}_-(t) \tag{15.106}$$

的分量正交于 $\hat{x}_-(t)$ 的分量, 有框架空间的正交分解

$$\mathrm{H}^\square(t) = \hat{\mathrm{X}}_-(t) \oplus \mathrm{Z}(t), \tag{15.107}$$

其中 $\mathrm{Z}(t)$ 是由 $z(t)$ 的分量张成的空间. 注意到

$$\mathrm{E}\{z(t)z(t)'\} = Q(t). \tag{15.108}$$

推论 15.3.3 给定定理 15.3.2 的假设, 则平滑估计是

$$\hat{x}(t) = \hat{x}_-(t) + Q_-(t)Q(t)^{-1}z(t), \tag{15.109}$$

对所有的 $t \in [0, T]$, 其中 $\hat{x}_-$ 是 Kalman 估计 (15.63),z 由下式生成

$$dz = \Gamma_- z dy - QC'R^{-\frac{1}{2}} dw_+, \quad z(0) = \xi_+, \tag{15.110}$$

其中 Γ_- 由 (15.91) 给出且 $\xi_+ := \bar{P}(0)^{-1}\bar{x}_+(0)$.

证 表示 (15.109) 是 (15.102) 的一个直接结果. 为了得到 (15.110), 将 (15.79) 减去 (15.68), 并注意到

$$dw_- = dw_+ + R^{-\frac{1}{2}}Czdy, \tag{15.111}$$

以及由 (15.64), (15.83) 和 (15.101) 可得到的 $B_+ - B_- = -QC'R^{-\frac{1}{2}}$. □

随机系统 (15.110) 受正交增量过程 dw_+ 驱动适时向后演化. 根据定理 15.2.2 和 (15.111), 系统 (15.110) 有一个对应的后向演化

$$d\bar{z} = -\Gamma_-'\bar{z}dy - C'R^{-\frac{1}{2}}dw_-, \quad \bar{z}(T) = 0, \tag{15.112}$$

其中

$$\bar{z}(t) := Q(t)^{-1}z(t). \tag{15.113}$$

当 $t \to T$ 时,$Q(t) \to \infty$, 因此有 (15.112) 中的末端条件 $\bar{z}(T) = 0$.

15.3.2 Mayne-Fraser 二滤波公式

假设随机实现 (15.35) 属于 $\mathfrak{S}$ 的内部使得 $P_-(t) < P(t) < P_+(t)$ 对所有的 $t \in [0, T]$. 那么 Q_- 和 Q_+ 在区间 $(0, T)$ 上是非奇异的. 由 (15.103) 和 (15.101) 可知

$$\Sigma(t)^{-1} = Q_-(t)^{-1} + Q_+(t)^{-1}, \tag{15.114a}$$

以及 $Q_-(t)Q(t)^{-1} = \Sigma(t)Q_+^{-1}$. 因此, $I - Q_-(t)Q(t)^{-1} = \Sigma(t)Q_-^{-1}$. 于是公式 (15.102) 有如下形式

$$\hat{x}(t) = \Sigma(t)\left[Q_-(t)^{-1}\hat{x}_-(t) + Q_+(t)^{-1}\hat{x}_+(t)\right]. \tag{15.114b}$$

(15.114) 连同 (15.63) 和 (15.81) 形成了 Mayne-Fraser 二滤波公式. 尽管这个算法形式上很容易导出, 它的概率性理由已经在经典文献中造成了相当大的困难, 部

分是由于当 $t \to T$ 时, $Q(t) \to \infty$. 系统 (15.81) 通常被理解为一个后向滤波. 但是, 在我们的随机实现背景下, (15.81) 作为最大方差前向实现 (15.79) 是自然的.

前向滤波 (15.81) 的一个缺点是它需要一个由后向 Kalman 滤波决定的初始条件. 这能通过简单地交换 (15.114b) 中的 $\hat{x}_+$ 所避免, 或者更一般地, 在 (15.102) 中, 通过替换

$$\hat{x}_+(t) = \bar{P}_+(t)^{-1}\hat{\bar{x}}_+ \tag{15.115}$$

估计后向 Kalman $\hat{\bar{x}}_+$. 这就得到了一个带真实后向滤波 (15.72) 的平滑公式.

15.3.3   Bryson 和 Frazier 的平滑公式

另一个有一个向前演化滤波和一个向后演化滤波的二滤波公式, 能利用表示 (15.109) 获得, 根据 (15.113), 该公式能被表示为

$$\hat{x}(t) = \hat{x}_-(t) + Q_-(t)\bar{z}(t). \tag{15.116}$$

这个公式连同 (15.63) 和 (15.112) 是 Bryson 和 Frazier 的平滑公式.

15.3.4   Rauch, Tung 和 Striebel 的平滑公式

在平滑的文献中一个标准的假设是, 状态噪声 $B\mathrm{d}w$ 和观测噪声 $D\mathrm{d}w$ 是不相关的；即

$$BD' = 0. \tag{15.117}$$

那么, 根据 (15.64),

$$B_- = Q_-C'R^{-\frac{1}{2}},$$

其中 (15.66) 能写成

$$\dot{Q}_- = AQ_- + Q_-A' - Q_-C'R^{-1}CQ_- + BB'.$$

对 (15.116) 微分可得

$$\begin{aligned}
\mathrm{d}\hat{x} &= \mathrm{d}\hat{x}_- + Q_-(t)\mathrm{d}\bar{z}(t) + \dot{Q}_-(t)\bar{z}(t)\mathrm{d}y \\
&= A\hat{x}_-\mathrm{d}y - Q_-\Gamma'_-\bar{z}\mathrm{d}y + (B_- - Q_-C'R^{-\frac{1}{2}})\mathrm{d}w_- + \dot{Q}_-(t)\bar{z}(t)\mathrm{d}y \\
&= A\hat{x}\mathrm{d}y + BB'\bar{z}\mathrm{d}y,
\end{aligned}$$

这里用到了 (15.68), (15.112) 和 (15.116). 因为噪声项取消了, 平滑估计 $\hat{x}$ 是可微的, 因此

$$\frac{\mathrm{d}\hat{x}}{\mathrm{d}y} = A\hat{x} + BB'\bar{z}, \quad \hat{x}(T) = \hat{x}_-(T). \tag{15.118}$$

那么从 (15.116) 得到的代换 $\bar{z} = Q_-^{-1}(\hat{x} - \hat{x}_-)$ 产生了 Rauch, Tung 和 Striebel 的平滑公式

$$\frac{\mathrm{d}\hat{x}}{\mathrm{d}y} = A\hat{x} + BB'Q_-^{-1}(\hat{x} - \hat{x}_-), \quad \hat{x}(T) = \hat{x}_-(T), \tag{15.119}$$

其中 $\hat{x}_-$ 是由 Kalman 滤波 (15.63) 生成的.

§15.4　连续时间下的稳态平滑器

给定一个 (平稳的) 最小平稳随机实现

$$\begin{cases} \mathrm{d}x = Ax\mathrm{d}y + B\mathrm{d}w, \\ \mathrm{d}y = Cx\mathrm{d}y + D\mathrm{d}w, \end{cases} \tag{15.120}$$

见第 10 章的定义, 确定最小二乘估计的稳态平滑问题总和

$$\hat{x}(t) = \mathrm{E}\{x(t) \mid y(s); -\infty < s < \infty\}. \tag{15.121}$$

这是有限区间平滑估计均方当 $t_0 \to -\infty$ 和 $t_1 \to \infty$ 的极限

$$\hat{x}_{[t_0,t_1]}(t) = \mathrm{E}\{x(t) \mid y(s); t_0 \leqslant s \leqslant t_1\}, \quad t_0 \leqslant t \leqslant t_1.$$

我们假设输出过程 y 有一个强制谱密度, 其最小实现为

$$\Phi(s) = C(sI - A)^{-1}\bar{C}' + R + \bar{C}(-sI - A')^{-1}C'. \tag{15.122}$$

注意到 $P := \mathrm{E}\{x(t)x(t)'\}$ 满足 Lyapunov 方程

$$AP + PA' + BB' = 0, \tag{15.123}$$

和代数 Riccati 不等式

$$\Lambda(P) \leqslant 0, \tag{15.124}$$

其中

$$\Lambda(P) = AP + PA' + (\bar{C} - CP)'R^{-1}(\bar{C} - CP). \tag{15.125}$$

而且, $\bar{x}(t) := P^{-1}x(t)$ 满足后向实现

$$\begin{cases} \mathrm{d}\bar{x} = A'\bar{x}\mathrm{d}y + \bar{B}\mathrm{d}\bar{w}, \\ \mathrm{d}y = \bar{C}x\mathrm{d}y + D\mathrm{d}\bar{w}, \end{cases} \tag{15.126}$$

其中 $\bar{B} = P^{-1}B$, $\bar{C} = CP + DB'$, $\bar{w}$ 由 (10.96) 给出.

为了阐述方便, 假设 A 是一个稳定矩阵, 其实真正需要的是 A 的特征值不会落在虚轴上. 在这个假设下, 更一般的任意特征值框架可以退化为我们正在考虑的这个情况, 见 [256].

值得争论的是如果观测区间很小, 平稳逼近可能没有太大价值, 因为稳态滤波是次最优的且可能不会正确地逼近一个最优有限区间平滑器. 但是, 万一发生由很少数据点构成的一个小观测区间, 对于递归滤波器需求就会变少, 因为估计的计算能依据静态估计理论的一步算法完成. 这类有效的算法已经在很多文献中被采用了；见 [237].

而且, 考虑稳态平滑的另一个重要原因, 就是它允许降阶算法.

15.4.1　二滤波公式

先引出一个稳态平滑的二滤波公式, 令 X 是对应于系统 (15.120) 的分裂子空间, 其中选择 B 和 D 的标准形式

$$\begin{bmatrix} B \\ D \end{bmatrix} = \begin{bmatrix} B_1 & B_2 \\ R^{1/2} & 0 \end{bmatrix}, \tag{15.127}$$

使得系统 (15.120) 变成

$$\begin{cases} \mathrm{d}x = Ax\mathrm{d}y + B_1\mathrm{d}w_1 + B_2\mathrm{d}w_2, \\ \mathrm{d}y = Cx\mathrm{d}y + R^{1/2}\mathrm{d}w_1, \end{cases} \tag{15.128}$$

则 $X_t := \mathcal{U}_t X$ 是 $x_1(t), x_2(t), \cdots, x_n(t)$ 的线性生成空间, 并且

$$x_-(t) := \mathrm{E}\{x(t) \mid y(s); -\infty < s \leqslant t\} \tag{15.129}$$

是由稳态 Kalman 滤波

$$\mathrm{d}x_-(t) = Ax_-(t)\mathrm{d}y + B_-R^{1/2}(\mathrm{d}y - Cx_-\mathrm{d}y) \tag{15.130}$$

生成的, 其中 $B_- := (\bar{C}' - P_-C')R^{-1/2}$, $P_- = \mathrm{E}\{x_-(t)x_-(t)'\}$, 且

$$\bar{x}_+(t) := \mathrm{E}\{x(t) \mid y(s); t \leqslant s < \infty\} \tag{15.131}$$

是由后向稳态 Kalman 滤波

$$\mathrm{d}\bar{x}_+(t) = A\bar{x}_+(t)\mathrm{d}y + \bar{B}_+R^{1/2}(\mathrm{d}y - \bar{C}\bar{x}_+(t)\mathrm{d}y) \tag{15.132}$$

生成的, 其中 $\bar{B}_+ := (C' - \bar{P}_+\bar{C}')R^{-1/2}, \bar{P}_+ = \mathrm{E}\{\bar{x}_+(t)\bar{x}_+(t)'\}$, 则 $x_-(t)$ 是 $\mathcal{U}_t\mathrm{X}_-$ 中的一个基, 其中 $\mathrm{X}_- = \mathrm{E}^{\mathrm{H}^-}\mathrm{H}^+$ 是预测空间. 而且, $\bar{x}_+(t)$ 是 $\mathcal{U}_t\mathrm{X}_+$ 的一个基, 其中 $\mathrm{X}_+ = \mathrm{E}^{\mathrm{H}^+}\mathrm{H}^-$ 是后向预测空间.

稳态 Kalman 滤波 (15.130) 可以写成随机实现

$$\begin{cases} \mathrm{d}x_- = Ax_-\mathrm{d}y + B_-\mathrm{d}w_-, \\ \mathrm{d}y = Cx_-\mathrm{d}y + R^{1/2}\mathrm{d}w_-, \end{cases} \tag{15.133}$$

它与 X_- 相一致. 而且, 后向稳态 Kalman 滤波 (15.132) 采用后向随机实现的形式

$$\begin{cases} \mathrm{d}\bar{x}_+ = A'\bar{x}_+\mathrm{d}y + \bar{B}_+\mathrm{d}\bar{w}_+, \\ \mathrm{d}y = \bar{C}\bar{x}_+\mathrm{d}y + R^{1/2}\mathrm{d}\bar{w}_+, \end{cases} \tag{15.134}$$

与 X_+ 相一致, 且 $x_+(t) := \bar{P}_+^{-1}\bar{x}_+(t)$ 满足相应的后向随机实现

$$\begin{cases} \mathrm{d}x_+ = Ax_+\mathrm{d}y + B_+\mathrm{d}w_+, \\ \mathrm{d}y = Cx_+\mathrm{d}y + R^{1/2}\mathrm{d}w_+, \end{cases} \tag{15.135}$$

其状态协方差 $P_+ = \mathrm{E}\{x_+(t)x_+(t)'\} = \bar{P}_+^{-1}$. 从第 10 章可知, 我们回顾任意 $P \in \mathcal{P} := \{P \mid P' = P, \Lambda(P) \leqslant 0\}$ 满足

$$P_- \leqslant P \leqslant P_+. \tag{15.136}$$

特别地, 内部实现的所有 P 包括 P_- 和 P_+ 都属于 $\mathcal{P}_0 := \{P \in \mathcal{P} \mid \Lambda(P) = 0\}, B_2 = 0$.

根据 (7.53) 和 (7.57), 由 $\{\hat{x}_1(t), \hat{x}_2(t), \cdots, \hat{x}_n(t)\}$ 线性生成的空间 $\hat{\mathrm{X}}_t$ 满足

$$\hat{\mathrm{X}}_t = \mathrm{E}^{\mathrm{H}} \mathrm{X}_t = \mathrm{E}^{\mathrm{H}_t^{\square}} \mathrm{X}_t, \tag{15.137}$$

其中 $\mathrm{H}_t^{\square} := \mathcal{U}_t\mathrm{H}^{\square}$ 是框架空间, 定义为

$$\mathrm{H}^{\square} = \mathrm{X}_- \vee \mathrm{X}_+. \tag{15.138}$$

定理 15.4.1 设 $Q_- := P - P_-$ 和 $Q := P_+ - P_-$, 则稳态平滑估计 (15.121) 由下式给出

$$\hat{x}(t) = \left[I - Q_-Q^{-1}\right]x_-(t) + Q_-Q^{-1}P_+\bar{x}_+(t), \tag{15.139}$$

其中 $x_-(t)$ 由前向稳态 Kalman 滤波 (15.130) 给出, $\bar{x}_+(t)$ 由后向稳态 Kalman 滤波 (15.132) 给出.

证 根据 (15.137) 和 (15.138), 有矩阵 L_1 和 L_2 使得

$$\hat{x}(t) = L_1 x_-(t) + L_2 x_+(t).$$

因为 $x(t) - \hat{x}(t)$ 的分量正交于 $\mathrm{H}^\square$, 这样尤其是 $x_-(t)$ 和 $x_+(t)$ 的分量, 我们有

$$\mathrm{E}\{x(t)x_-(t)'\} = L_1 \mathrm{E}\{x_-(t)x_-(t)'\} + L_2 \mathrm{E}\{x_+(t)x_-(t)'\}, \tag{15.140a}$$

$$\mathrm{E}\{x(t)x_+(t)'\} = L_1 \mathrm{E}\{x_-(t)x_+(t)'\} + L_2 \mathrm{E}\{x_+(t)x_+(t)'\}, \tag{15.140b}$$

因为 $\mathrm{E}\{x_+(t)x_-(t)'\} = \mathrm{E}\{x(t)x_-(t)'\} = \mathrm{E}\{x_-(t)x_-(t)'\} = P_- > 0$ 和 $\mathrm{E}\{x(t)x_+(t)'\} = P$, 这意味着

$$P_- = L_1 P_- + L_2 P_-, \tag{15.141a}$$

$$P = L_1 P_- + L_2 P_+, \tag{15.141b}$$

从而 $L_2 = Q_- Q^{-1}$ 和 $L_1 = I - L_2$. 最后, $x_+(t) = P_+ \bar{x}_+(t)$. □

15.4.2　降阶平滑

定理 15.4.1 的稳态平滑过程需要 $2n$ 个动态方程, 与在有限区间情形下一样. 然而, 如果 $\mathrm{X} \cap \mathrm{H} \neq 0$, 某些部分可以被确定, 正如从 (14.85) 所看到的, 方程的数量能减少. 由定理 14.3.1 可知这是显然的, 因为

$$\hat{\mathrm{X}} \subset \mathrm{X}_\square = \mathrm{X}_{0-} \vee \mathrm{X}_{0+}, \tag{15.142}$$

其中 $\mathrm{X}_\square$ 是 X 的局部框架空间且 X_{0-} 和 X_{0+} 分别是它的最紧上内界和最紧下内界.

令 $\nu := \dim \mathrm{X} \cap \mathrm{H}$. 我们将证明只需要 $2n - \nu$ 个动态方程来表示 $\hat{x}$. 令 $\mathcal{V}^*$ 为谱因子的零方向空间

$$W(s) = C(sI - A)^{-1}B + D \tag{15.143}$$

对应于系统 (15.120). 利用标准表示 (15.127), $\mathcal{V}^* = \langle \Gamma | B_2 \rangle^\perp$ 由 (14.8) 给出, 其中 Γ 定义在 (14.6). 正如第 14 章详细解释的, 分解

$$\mathbb{R}^n = \langle \Gamma | B_2 \rangle \oplus \mathcal{V}^* \tag{15.144}$$

相应于在分裂子空间环境下

$$\mathrm{X} = \mathrm{E}^{\mathrm{X}} \mathrm{H}^\perp \oplus \mathrm{X} \cap \mathrm{H}. \tag{15.145}$$

选择 $\mathbb{R}^n$ 的一个基使得子空间 $\mathcal{V}^*$ 由形式为 $\begin{bmatrix} 0 & v' \end{bmatrix}'$ 的向量张成, 其中 $v \in \mathbb{R}^\nu$, 可以得到 (Γ, B_2) 的标准可达形式

$$\Gamma = \begin{bmatrix} F & L \\ 0 & \Lambda \end{bmatrix}, \quad B_2 = \begin{bmatrix} G \\ 0 \end{bmatrix}, \tag{15.146}$$

其中 F 是一个 $(n-\nu) \times (n-\nu)$ 矩阵, 且 (F, G) 是可达的. 通过选择 $\mathcal{V}^*$ 的基使得 (14.10) 中的 Π 由 $\Pi = \begin{bmatrix} 0 & I \end{bmatrix}$ 给出, Λ 将恰好由 (14.10) 给出, 否则相似于它. 状态 $x(t)$ 可以分解为

$$x(t) = \begin{bmatrix} u(t) \\ z(t) \end{bmatrix}, \tag{15.147}$$

其中 ν 维部分 $z(t)$ 的分量张成 $X \cap H$ (定理 14.1.24).

让 Γ_{0-} 和 Γ_{0+} 分别是 Γ-矩阵相应的 X 的上确内界 X_{0-} 和下确内界 X_{0+}, 在 (15.146) 的坐标系下. 则由推论 14.1.37,

$$\Gamma'|_{\mathcal{V}^*} = \Gamma_{0-}'|_{\mathcal{V}^*} = \Gamma_{0+}'|_{\mathcal{V}^*}. \tag{15.148}$$

从而 Γ_{0-} 和 Γ_{0+} 将有分解

$$\Gamma_{0-} = \begin{bmatrix} F_- & L_- \\ 0 & \Lambda \end{bmatrix}, \qquad \Gamma_{0+} = \begin{bmatrix} F_+ & L_+ \\ 0 & \Lambda \end{bmatrix}, \tag{15.149}$$

其中 Λ 是 Γ 对 $\mathcal{V}^*$ 的限制, 是一样的. 事实上, Λ 的特征值恰好是 W, W_{0-} 和 W_{0+} 的共同零点. 这些分解引出 C 和 $B_1 = (\bar{C}' - PC')R^{-1/2}$ 的一个相似的分解

$$C = \begin{bmatrix} C_1 & C_2 \end{bmatrix}, \qquad B_1 = \begin{bmatrix} B_{11} \\ B_{12.} \end{bmatrix} \tag{15.150}$$

其中 $C_1 \in \mathbb{R}^{m \times (n-\nu)}$, $C_2 \in \mathbb{R}^{m \times \nu}$, $B_{11} \in \mathbb{R}^{(n-\nu) \times m}$ 和 $B_{12} \in \mathbb{R}^{\nu \times m}$. 而且, 根据推论 14.3.7, 有 $Q := P_{0+} - P_{0-}$, $Q_- := P - P_{0-}$ 和 $Q_+ := P_{0+} - P$ 相应的分解, 也就是

$$Q = \begin{bmatrix} Y & 0 \\ 0 & 0 \end{bmatrix}, \quad Q_- = \begin{bmatrix} Y_- & 0 \\ 0 & 0 \end{bmatrix}, \quad \text{和} \quad Q_+ = \begin{bmatrix} Y_+ & 0 \\ 0 & 0 \end{bmatrix}. \tag{15.151}$$

由 (15.142) 可知存在矩阵 L_1 和 L_2 使得

$$\hat{x}(t) = L_1 x_{0-}(t) + L_2 x_{0+}(t), \tag{15.152a}$$

其中, 依据在定理 15.4.1 的证明中相同的方法,

$$L_2 Q = Q_-, \qquad L_1 = I - L_2. \tag{15.152b}$$

这里状态过程 x_{0-} 和 x_{0+} 有如下形式

$$x_{0-}(t) = \begin{bmatrix} u_-(t) \\ z(t) \end{bmatrix}, \qquad x_{0+}(t) = \begin{bmatrix} u_+(t) \\ z(t) \end{bmatrix}, \tag{15.153}$$

其中共同的 ν 维部分 $z(t)$ 在 H 中有分量.

定理 15.4.2 考虑线性随机系统 (15.128), 其中状态已经在形式 (15.147) 中基的变化下转换且 B_2 是非平凡的. 而且, F, L 和 Λ 由 $\Gamma := A - B_1 R^{-1} C$ 的分解 (15.146) 给出. 则由 (15.151) 定义的 Y, Y_- 和 Y_+ 都是正定的, 且稳态平滑估计为

$$\hat{x}(t) = \begin{bmatrix} (I - Y_- Y^{-1}) u_-(t) + Y_- Y^{-1} u_+(t) \\ z(t) \end{bmatrix}, \tag{15.154}$$

其中

$$\mathrm{d}u_- = F_- u_- \mathrm{d}y + L_- z \mathrm{d}y + M_- \mathrm{d}y, \tag{15.155a}$$

$$\mathrm{d}u_+ = F_+ u_+ \mathrm{d}y + L_+ z \mathrm{d}y + M_+ \mathrm{d}y, \tag{15.155b}$$

$$\mathrm{d}z = \Lambda z \mathrm{d}y + B_{12} R^{-1/2} \mathrm{d}y, \tag{15.155c}$$

以及 F_-, F_+, L_-, L_+, M_- 和 M_+ 为

$$F_- = F - Y_- C_1' R^{-1} C_1, \tag{15.156a}$$

$$F_+ = F + Y_+ C_1' R^{-1} C_1, \tag{15.156b}$$

$$L_- = L - Y_- C_1' R^{-1} C_2, \tag{15.156c}$$

$$L_+ = L + Y_+ C_1' R^{-1} C_2, \tag{15.156d}$$

$$M_- = B_{11} R^{-1/2} - Y_- C_1' R^{-1}, \tag{15.156e}$$

$$M_+ = B_{11} R^{-1/2} + Y_+ C_1' R^{-1} \tag{15.156f}$$

B_{11}, B_{12}, C_1 和 C_2 则由 (15.150) 给出. 矩阵 F_- 是一个所有特征值都位于左半开复平面的稳定矩阵, 反之 F_+ 所有的特征值都位于右半开复平面. 最后, 平滑误差协方差由下式给出

$$\mathrm{E}\{[x(t) - \hat{x}(t)][x(t) - \hat{x}(t)]'\} = \begin{bmatrix} Y_- - Y_- Y^{-1} Y_- & 0 \\ 0 & 0 \end{bmatrix}. \tag{15.157}$$

证 分裂子空间 X_{0-} 是内部的, 因此它的前向随机实现有如下形式

$$\begin{cases} \mathrm{d}x_{0-} = A x_{0-} \mathrm{d}y + B_0 \mathrm{d}w_{0-}, \\ \mathrm{d}y = C x_{0-} \mathrm{d}y + R^{1/2} \mathrm{d}w_{0-}, \end{cases}$$

消去 dw_{0-} 之后得到

$$dx_{0-} = \Gamma_{0-}x_{0-}dy + B_{0-}R^{-1/2}dy, \tag{15.158}$$

其中 $\Gamma_{0-} := A - B_{0-}R^{-1/2}C$. 由 (15.149) 可知这相当于

$$du_- = F_-u_-dy + L_-zdy + (B_{0-})_1 R^{-1/2}dy, \tag{15.159a}$$

$$dz = \Lambda zdy + (B_{0-})_2 R^{-1/2}dy, \tag{15.159b}$$

其中 $(B_{0-})_2$ 是 B_{0-} 底部的 $\nu \times m$ 矩阵和 $(B_{0-})_1$ 是顶部的相应部分. 回顾 (10.129b) 中 $B_1 = (\bar{C}' - PC')R^{-1/2}$ 和 $B_{0-} = (\bar{C}' - P_{0-}C')R^{-1/2}$, 从而 $B_{0-} - B_1 = (P - P_{0-})C'R^{-1/2}$, 即

$$B_{0-} = B_1 + Q_-C'R^{-1/2}, \tag{15.160}$$

则根据 (15.150) 和 (15.151), (15.155a) 和 (15.155c) 可由 (15.159) 得到. 而且, 因为 $\Gamma := A - B_1R^{-1/2}C$, (15.160) 可推出

$$\Gamma_{0-} = \Gamma - Q_-C'R^{-1}C, \tag{15.161}$$

因此 (15.156a) 和 (15.156c) 可由 (15.146) 和 (15.149) 得到. 给定

$$B_{0+} = B_1 - Q_+C'R^{-1/2},$$

$$\Gamma_{0+} = \Gamma + Q_+C'R^{-1}C,$$

类似地可得到 (15.155b), (15.156b) 和 (15.156d).

由引理 14.1.23, Q_- 满足代数 Riccati 方程 (14.66). 因此由 (15.146) 和 (15.151) 可知,Y_- 满足退化的代数 Riccati 方程

$$FX + XF' - XC_1'R^{-1}C_1X + GG' = 0. \tag{15.162}$$

因为根据假设 (C,A) 是可观的, (C,Γ) 也是如此, 更不必说 (C_1,F) 了. 而且, 根据构造, (F,G) 是可达的. 从而 (15.162) 有一个唯一的正定对称解[36, 第23节], 解恰好是 Y_-, 且反馈矩阵 $F_- = F - Y_-C_1'R^{-1}C_1$ 是一个稳定性矩阵. 而且, $-Y_+$ 是唯一的满足 $F_+ = F + Y_+C_1'R^{-1}C_1$ 抗稳定的负定解. 因此 $Y_+ > 0, Y = Y_- + Y_+ > 0$, 正如所断言的.

所以,

$$L_2 = \begin{bmatrix} Y_-Y^{-1} & 0 \\ 0 & 0 \end{bmatrix}, \qquad L_1 = \begin{bmatrix} I - Y_-Y^{-1} & 0 \\ 0 & I \end{bmatrix}$$

是 (15.152b) 的解，从而 (15.154) 由 (15.152a) 直接可得. 最后，平滑误差是

$$\mathrm{E}\{x(t)[x(t) - \hat{x}(t)]'\} = P - L_1 \mathrm{E}\{x(t)x_{0-}(t)\} - L_2 \mathrm{E}\{x(t)x_{0+}(t)\} = L_1 Q_-,$$

这样就可推出 (15.157). □

因为 u_- 和 u_+ 是 $n - \nu$ 维过程，并且 z 有维数 ν，定理 15.4.2 的算法有 $2n - \nu$ 个动态方程. 最小平滑器的动态可以分成三个解耦子系统：(i) 一个受 F_- 的特征值控制的因果关系部分，(ii) 一个受 F_+ 的特征值控制的抗因果关系部分，和 (iii) 对应于 X 的输出诱导子空间 $\mathbf{X} \cap \mathbf{H}$ 的零动态且受 Λ 的特征值控制，即 $W(s)$ 的零点. 根据光谱的强制性，这些特征值可能落在复数域上除虚数轴的任何地方.

推论 15.4.3 令 Y_1 和 Y 是定理 15.4.2 中的矩阵. 则 Y_- 是代数 Riccati 方程 (15.162) 的唯一正定解且 $Y = X^{-1}$，X 是下面 Lyapunov 方程的唯一解

$$F_-'X + XF_- + C_1'R^{-1}C_1 = 0, \tag{15.163}$$

其中 $F_- = F - Y_-C_1'R^{-1}C_1$ 是一个稳定性矩阵. 而且，只需要 Y_- 和 Y 来确定降阶平滑器. 事实上，

$$F_+ = F_- + YC_1'R^{-1}C_1, \tag{15.164a}$$

$$L_+ = L_- + YC_1'R^{-1}C_2, \tag{15.164b}$$

$$M_+ = M_- + YC_1'R^{-1}, \tag{15.164c}$$

能分别代替 (15.156b), (15.156d) 和 (15.156f).

证 注意到 $Y = Y_- + Y_+$，等式 (15.164) 由 (15.156) 直接可得. 根据引理 14.1.23，Q 满足代数 Riccati 方程

$$\Gamma_{0+}Q + Q\Gamma_{0+}' - QC'R^{-1}CQ = 0, \tag{15.165}$$

在降阶之后变成

$$F_+Y + YF_+' - YC_1'R^{-1}C_1Y = 0,$$

因为 (15.164a),

$$F_-Y + YF_-' + YC_1'R^{-1}C_1Y = 0.$$

现在，用 Y^{-1} 左乘和右乘得出 Y^{-1} 满足 (15.163). 因为 F_- 是一个稳定性矩阵，这个解是唯一的. □

§15.5　离散时间下的稳态平滑器

考虑一个 n 维的标准形式为 (15.127) 的最小平稳线性随机实现

$$\begin{cases} x(t+1) = Ax(t) + B_1 w_1(t) + B_2 w_2(t), \\ y(t) = Cx(t) + R^{1/2} w_1(t), \end{cases} \tag{15.166}$$

我们假设 y 的谱密度是正则的, 即所有的最小实现 (15.166) 满足

$$R := DD' > 0. \tag{15.167}$$

(回顾之前, 不像连续时间情形, R 随不同的实现而变化.) 尤其这意味着

$$\Gamma := A - B_1 R^{-1/2} C \tag{15.168}$$

是非奇异的 (命题 9.4.3). 目前的问题是确定稳态平滑估计

$$\hat{x}(t) = \mathrm{E}\{x(t) \mid y(s); s \in \mathbb{Z}\}. \tag{15.169}$$

回顾状态协方差矩阵 $P := \mathrm{E}\{x(t)x(t)'\}$ 满足正实引理方程 (6.108), 即

$$P = APA' + B_1 B_1' + B_2 B_2', \tag{15.170a}$$

$$\bar{C} = CPA' + R^{1/2} B_1', \tag{15.170b}$$

$$\Lambda_0 = CPC' + R', \tag{15.170c}$$

其中 $\bar{C}$ 和 Λ_0 是由 (6.86) 给定的固定参数. 和以前一样, 用 $\mathcal{P}$ 表示所有 (15.170) 对称解 P 的集合, 用 $\mathcal{P}_0$ 表示内部实现的子集, 为此特别有 $B_2 = 0$.

下面的命题将会在后面所需要.

命题 15.5.1 $P \in \mathcal{P}$ 是 (15.166) 的状态协方差矩阵, 且让 $P_0 \in \mathcal{P}_0$ 表示任意一个内部实现的状态协方差

$$\begin{cases} x_0(t+1) = Ax_0(t) + B_0 w_0(t), \\ y(t) = Cx_0(t) + D_0 w_0(t), \end{cases} \tag{15.171}$$

那么 $X := P - P_0$ 满足代数 Riccati 方程

$$X = \Gamma X \Gamma' - \Gamma X C'(CXC' + R)^{-1} CX\Gamma' + B_2 B_2'. \tag{15.172}$$

而且,

$$B_0 = \Gamma X C' D_0^{-1} + B_1 R^{-1/2} D_0, \tag{15.173a}$$

$$D_0 = (CXC' + R)^{1/2}, \tag{15.173b}$$

最后, (15.171) 的反馈矩阵 (15.168) 为

$$\Gamma_0 = \Gamma - \Gamma X C' R_0^{-1} C, \tag{15.174}$$

其中 $R_0 := D_0 D_0' = CXC' + R$.

证 证明的基本思想就是从 P 的正实等式中减掉 P_0 的正实等式 (15.170). 首先由 (15.170c) 可知

$$R_0 = CXC' + R, \tag{15.175}$$

由此我们用 D_0 表示对称平方根 (15.173b). 接下来, 由 (15.170b) 和 (15.168) 可知

$$
\begin{aligned}
D_0 B_0' &= R^{1/2} B_1' + CXA' \\
&= R^{1/2} B_1' + CX\Gamma' + CXC'R^{-1/2}B_1',
\end{aligned}
$$

由此可得 (15.173a). 而且, 由 (15.170a) 可知

$$X = AXA' - B_0 B_0' + B_1 B_1' + B_2 B_2', \tag{15.176}$$

然而, 考虑到 (15.168),

$$
\begin{aligned}
AXA' &= \Gamma X \Gamma' + B_1 R^{-1/2} CXC R^{-1/2} B_1' \\
&\quad + \Gamma X C' R^{-1/2} B_1' + B_1 R^{-1/2} CX\Gamma',
\end{aligned}
$$

和

$$
\begin{aligned}
B_0 B_0' &= B_1 B_1' + \Gamma X C' R_0^{-1} CX\Gamma' + B_1 R^{-1/2} CXC R^{-1/2} B_1' \\
&\quad + \Gamma X C' R^{-1/2} B_1' + B_1 R^{-1/2} CX\Gamma',
\end{aligned}
$$

将其插入到 (15.176) 可推出 (15.172). 最后, 通过插入 (15.173a) 到 $\Gamma_0 - \Gamma = B_1 R^{-1/2} C - B_0 D_0^{1/2} C$ 可获得 (15.174). □

在命题 15.5.1 下, 第 15.4 节连续时间的结论很容易改进为离散时间的情形.

15.5.1　二滤波公式

正如第 15.4 节, 稳态平滑估计 (15.169) 的分量 $\{\hat{x}_1(t), \hat{x}_2(t), \cdots, \hat{x}_n(t)\}$ 构成的线性空间 $\hat{\mathbf{X}}_t$ 满足

$$\hat{\mathbf{X}}_t = \mathbf{E}^{\mathbf{H}} \mathbf{X}_t = \mathbf{E}^{\mathbf{H}_t^{\square}} \mathbf{X}_t, \tag{15.177}$$

其中 $\mathbf{H}_t^{\square} := \mathcal{U}^t \mathbf{H}^{\square}$ 是框架空间, 定义为

$$\mathbf{H}^{\square} = \mathbf{X}_- \vee \mathbf{X}_+. \tag{15.178}$$

则下面定理的证明完全类似于定理 15.4.1 的证明, 需记住的是 $\bar{x}_+(t-1) = P_+^{-1} x_+(t)$; 参见 (8.58).

定理 15.5.2　设 $Q_- := P - P_-$ 和 $Q := P_+ - P_-$. 那么稳态平滑估计 (15.169) 为

$$\hat{x}(t) = \left[I - Q_- Q^{-1} \right] x_-(t) + Q_- Q^{-1} P_+ \bar{x}_+(t-1), \tag{15.179}$$

其中 $x_-(t)$ 由 (前向) 稳态 Kalman 滤波 (6.76) 给出, 即

$$x_-(t+1) = A x_-(t) + B_- D_-^{-1} [y(t) - C x_-(t)] \tag{15.180}$$

和 $\bar{x}_+(t)$ 由后向稳态 Kalman 滤波 (6.79) 给出, 即

$$\bar{x}_+(t-1) = A' \bar{x}_+(t) + \bar{B}_+ \bar{D}_+ [y(t) - \bar{C} \bar{x}_+(t)]. \tag{15.181}$$

注意到 Q 是正定的, 从而是可逆的, 由强制性 (定理 9.4.2), Q_- 是半正定的却未必是正定的. 下面的命题为确定这些来自 (15.166) 系统参数的矩阵提供了一种方法.

命题 15.5.3　$Q_- := P - P_-$ 和 $Q := P_+ - P_-$ 是定理 15.5.2 中的矩阵. 那么 Q_- 是下面代数 Riccati 方程的唯一最大 (在 $\leqslant$ 顺序下) 对称解,

$$Q_- = \Gamma Q_- \Gamma' - \Gamma Q_- C' (C Q_- C' + R)^{-1} C Q_- \Gamma' + B_2 B_2, \tag{15.182}$$

其中 $\Gamma := A - B_1 R^{1/2} C$. 而且 $Q = X^{-1}, X$ 是 Lyapunov 方程的唯一解

$$X = \Gamma'_- X \Gamma_- + C' R_-^{-1} C, \tag{15.183}$$

其中 $\Gamma_- := A - B_- D_-^{-1} C$ 和 $R_- := D_- D'_-$.

证 因为 (C, A) 是可观的, 所以代数 Riccati 方程 (15.172) 有一个唯一最大解[177, p. 307]. 根据命题 15.5.1, 对所有的 $P_0 \in \mathcal{P}_0, P - P_0$ 满足 (15.172). 因此 Q_- 肯定是所要求的最大解.

下一步, 设命题 15.5.1 中 $P = P_+$ 和 $P_0 = P_-$, 则 Q 满足

$$Q = \Gamma_+ Q \Gamma'_+ - \Gamma_+ Q C' R_-^{-1} C Q \Gamma'_+, \tag{15.184}$$

其中 $\Gamma_+ := A - B_+ D_+^{-1} C$ 和

$$R_- = R_+ + CQC', \tag{15.185}$$

以及 $R_+ = D_+ D'_+$. 从 (15.174), 可知

$$\Gamma_- = \Gamma_+ (I - QC' R_-^{-1} C). \tag{15.186}$$

现在重复利用 (15.185), 可知

$$Q - QC' R_-^{-1} C Q = (I - QC' R_-^{-1} C)(Q + QC' R_+^{-1} CQ)(I - QC' R_-^{-1} C)',$$

这连同 (15.184) 和 (15.186) 可推出

$$Q = \Gamma_- Q \Gamma'_- + \Gamma_- QC' R_+^{-1} C Q \Gamma'_-. \tag{15.187}$$

由定理 9.4.2, Γ_- 是一个非奇异稳定性矩阵. 因此 (15.187) 可以被写成

$$\Gamma'_- Q^{-1} \Gamma_- = (Q + QC' R_+^{-1} CQ)^{-1},$$

根据矩阵求逆引理 (B.20), 这等价于

$$\Gamma'_- Q^{-1} \Gamma_- = Q^{-1} - C'(CQC' + R_+)^{-1} C',$$

结合 (15.185) 反推出

$$Q^{-1} = \Gamma'_- Q^{-1} \Gamma_- + C R^{-1} C'.$$

最后, 因为 Γ_- 是一个稳定性矩阵, Q^{-1} 正是所要求的 (15.183) 的唯一解.　　□

15.5.2 降阶平滑

我们现在考虑当系统 (15.166) 的分裂子空间 X 有一个非平凡的 ν-维内部子空间 $X \cap H$ 的情形. 则有一个非平凡的分解 (15.145), 对应于 $\mathbb{R}^n = \langle \Gamma | B_2 \rangle \oplus \mathcal{V}^*$. 类似于 (15.146) 和 (15.147) 分解 $\Gamma := A - B_1 R^{-1/2} C$ 和 $x(t)$, 即

$$\Gamma = \begin{bmatrix} F & L \\ 0 & \Lambda \end{bmatrix}, \quad B_2 = \begin{bmatrix} G \\ 0 \end{bmatrix}, \quad x(t) = \begin{bmatrix} u(t) \\ z(t) \end{bmatrix}. \tag{15.188}$$

类似于连续时间情形, 稳态平滑估计 $\hat{x}(0)$ 的分量属于局部框架空间, 即

$$\hat{X} \subset X_\square = X_{0-} \vee X_{0+}. \tag{15.189}$$

我们回顾 X_{0-} 和 X_{0+} 的前向实现分别是

$$\begin{cases} x_{0-}(t+1) = Ax_{0-}(t) + B_{0-}w_{0-}(t), \\ y(t) = Cx_{0-}(t) + D_{0-}w_{0-}(t), \end{cases} \tag{15.190}$$

和

$$\begin{cases} x_{0+}(t+1) = Ax_{0+}(t) + B_{0+}w_{0+}(t), \\ y(t) = Cx_{0+}(t) + D_{0+}w_{0+}(t), \end{cases} \tag{15.191}$$

且 X_{0+} 的后向实现为

$$\begin{cases} \bar{x}_{0+}(t+1) = A'\bar{x}_{0+}(t) + \bar{B}_{0+}\bar{w}_{0+}(t), \\ y(t) = \bar{C}\bar{x}_{0+}(t) + \bar{D}_{0+}\bar{w}_{0+}(t), \end{cases} \tag{15.192}$$

其中

$$\bar{x}(t-1) = P^{-1}x(t). \tag{15.193}$$

由于 (15.148), 即 $\Gamma'|_{\mathcal{V}^*} = \Gamma_{0-}|_{\mathcal{V}^*} = \Gamma_{0+}|_{\mathcal{V}^*}$, $\Gamma_{0-} := A - B_{0-}D_{0-}^{-1}C$ 和 $\Gamma_{0+} := A - B_{0+}D_{0+}^{-1}C$ 可以如 (15.149) 一样分解. 状态过程 x_{0-} 和 x_{0+} 相应地被分解为

$$x_{0-}(t) = \begin{bmatrix} u_-(t) \\ z(t) \end{bmatrix}, \qquad x_{0+}(t) = P_{0+}\bar{x}_{0+}(t-1) = \begin{bmatrix} u_+(t-1) \\ z(t) \end{bmatrix}. \tag{15.194}$$

定理 15.5.4 考虑线性随机系统 (15.166), 其中状态已经通过基的改变转化为形式 (15.147) 并且 B_2 是非平凡的. 而且, F, G, L 和 Λ 由 $\Gamma := A - B_1R^{-1}C$ 和 B_2 的分解 (15.146) 给出. 那么由 (15.151) 定义的 Y 和 Y_- 都是正定的. 事实上, Y_- 是下面代数 Riccati 方程的唯一正定解

$$Y_- = F_-Y_-F'_- - F_-Y_-C'_1(C_1Y_-C'_1 + R)^{-1}C_1Y_-F'_- + GG', \tag{15.195}$$

且 $X := Y^{-1}$ 是 Lyapunov 方程的唯一解

$$X = F'_-XF_- + C_1R_{0-}^{-1}C_1, \tag{15.196}$$

其中 $R_{0-} = C_1Y_-C'_1 + R$. 而且, 稳态平滑估计为

$$\hat{x}(t) = \begin{bmatrix} (I - Y_-Y^{-1})u_-(t) + Y_-Y^{-1}u_+(t-1) \\ z(t) \end{bmatrix}, \tag{15.197}$$

其中

$$u_-(t+1) = F_-u_-(t) + L_-z(t) + M_-y(t), \tag{15.198a}$$

$$u_+(t-1) = \bar{F}_+u_+(t) - \bar{L}_+z(t) - \bar{M}_+y(t), \tag{15.198b}$$

$$z(t+1) = \Lambda z(t) + B_{12}R^{-1/2}y(t), \tag{15.198c}$$

$F_-, \bar{F}_+, L_-, \bar{L}_+, M_-$ 和 $\bar{M}_+$ 为

$$F_- = F - FYC_1'R_{0-}^{-1}C_1, \tag{15.199a}$$

$$\bar{F}_+ = F_+^{-1} := YF_-'Y^{-1}, \tag{15.199b}$$

$$L_- = L - FYC_1'R_{0-}^{-1}C_2, \tag{15.199c}$$

$$\bar{L}_+ = F_+^{-1}L_- + YC_1'R_{0-}^{-1}C_2, \tag{15.199d}$$

$$M_- = B_{11}R^{-1/2} + FYC_1'R_{0-}^{-1}, \tag{15.199e}$$

$$\bar{M}_+ = F_+^{-1}M_- - YC_1'R_{0-}^{-1}, \tag{15.199f}$$

B_{11}, B_{12}, C_1 和 C_2 由 (15.150) 给出，且 F_+ 为

$$F_+ = F_- + F_-YC_1'R_{0+}^{-1}C_1. \tag{15.200}$$

矩阵 F_- 和 $\bar{F}_+$ 是所有特征值都位于开单位圆的稳定性矩阵. 最后，平滑误差协方差是

$$\mathrm{E}\{[x(t) - \hat{x}(t)][x(t) - \hat{x}(t)]'\} = \begin{bmatrix} Y_- - Y_-Y^{-1}Y_- & 0 \\ 0 & 0 \end{bmatrix}. \tag{15.201}$$

证 令命题 15.5.1 中取 $P_0 = P_{0-}$，可知 $Q_- := P - P_{0-}$ 满足

$$Q_- = \Gamma Q_-\Gamma' - \Gamma Q_-C'(CQ_-C' + R)^{-1}CQ_-\Gamma' + B_2B_2',$$

应用分解 (15.151), (15.146) 和 (15.149)，这直接可推出 (15.195). 根据构造，(F_-, G) 是可达的和 (C_1, F_-) 是可观测的，因此 Y_- 是 (15.195) 的唯一正定解. 为了证明 Y^{-1} 是 (15.196) 的唯一解，首先令命题 15.5.1 中 $P = P_{0-}$ 和 $P_0 = P_{0+}$ 以及 $R_{0+} = R_{0-} - CQC', Q := P_{0+} - P_{0-}$ 满足

$$Q = \Gamma_0 Q\Gamma_{0-}' - \Gamma_0 QC'R_{0+}^{-1}CQ\Gamma_{0-}',$$

退化之后可推出

$$Y = F_-YF_- - F_-YC_1'R_{0+}^{-1}C_1YF_-',$$

或者等价地,

$$F'_- Y^{-1} F_- = (Y + Y C_1 R_{0+}^{-1} C_1 Y)^{-1}.$$

由矩阵求逆引理 (B.20) 和

$$R_{0-} = C'_1 Y C_1 + R_{0+}, \tag{15.202}$$

可得到

$$Y^{-1} = F'_- Y^{-1} F_- + C_1 R_{0-}^{-1} C_1. \tag{15.203}$$

因此, 因为 F_- 是一个稳定性矩阵, Y^{-1} 正是 (15.196) 的唯一解. 表示 (15.197) 可由 (15.194), (15.151) 和 (15.152) 得到.

消除 X_{0-} 的前向实现 (15.190) 中的 w_{0-} 可得

$$x_{0-}(t+1) = \Gamma_{0-} x_{0-}(t) + B_{0-} D_{0-}^{-1} y(t), \tag{15.204}$$

其中 $\Gamma_{0-} := A - B_{0-} D_{0-}^{-1} C$. 根据 (15.173a),

$$B_{0-} D_{0-}^{-1} = B_1 R^{-1/2} + \Gamma Q_- C' R_{0-}^{-1}$$

和 $R = DD'$, 因此, 由 (15.149) 可知, (15.204) 可以写成

$$u_-(t+1) = F_- u_-(t) + L_- z(t) + M_- y(t), \tag{15.205a}$$

$$z(t+1) = \Lambda z(t+1) + B_{12} R^{-1/2} y(t), \tag{15.205b}$$

其中 M_- 由 (15.199e) 给出. 而且, 根据 (15.174) 有

$$\Gamma_{0-} = \Gamma - \Gamma Q_- C' R_{0-}^{-1} C,$$

对此我们应用分解 (15.146) 和 (15.151), 可以得到 (15.199a) 和 (15.199c).

下面, 消除 X_{0+} 的前向实现 (15.191) 中的 w_{0+}, 可以得到

$$x_{0+}(t+1) = \Gamma_{0+} x_{0+}(t) + B_{0+} D_{0+}^{-1} y(t), \tag{15.206}$$

然后, 令 (15.173) 和 (15.174) 中的 $P = P_{0+}, P_0 = P_{0-}$, 有

$$B_{0+} D_{0+}^{-1} = B_{0-} D_{0-}^{-1} - \Gamma_{0+} Q C' R_{0-}^{-1}, \tag{15.207a}$$

和

$$\Gamma_{0-} = \Gamma_{0+} - \Gamma_{0+} Q C' R_{0-}^{-1} C. \tag{15.207b}$$

由 (15.206) 和 (15.207), 在降阶之后可以得到以下关于 (15.194) 中 u_+ 的递推关系

$$u_+(t) = F_+ u_+(t-1) + L_+ z(t) + M_+ y(t), \tag{15.208}$$

其中

$$F_+ = F_-(I - YC_1' R_{0-}^{-1} C_1)^{-1}, \tag{15.209a}$$

$$L_+ = L_- + F_+ YC_1' R_{0-}^{-1} C_2, \tag{15.209b}$$

$$M_+ = M_- - F_- YC_1' R_{0-}^{-1}. \tag{15.209c}$$

利用矩阵求逆引理 (B.20) 和 (15.209a) 中的 (15.202), 可得 (15.200). 现在, 颠倒 (15.208) 中时间的方向, 可得

$$u_+(t-1) = F_+^{-1} u_+(t) - F_+^{-1} L_+ z(t) - F_+^{-1} M_+ y(t),$$

这恰恰是 (15.198b), 其中 $\bar{L}_+$ 由 (15.199d) 定义,$\bar{M}_+$ 由 (15.199f) 定义. 而且, (15.203) 可推出

$$I - YC_1' R_{0-}^{-1} C_1 = YF_-' Y^{-1} F_-,$$

这连同 (15.209a) 可推出

$$F_+^{-1} = YF_-' Y^{-1}. \tag{15.210}$$

因此 (15.199b) 可以得到. 因为 F_- 是稳定性矩阵, 则根据 (15.210), $\bar{F}_+$ 也是. 最后, (15.201) 的证明与 (15.157) 的证明是类似的.   □

§15.6 内插

给定一个解析的线性随机系统

$$(\mathcal{S}) \quad \begin{cases} \mathrm{d}x = A(t)x(t)\mathrm{d}y + B(t)\mathrm{d}w, & x(0) = \xi, \\ \mathrm{d}y = C(t)x(t)\mathrm{d}y + D(t)\mathrm{d}w, & y(0) = 0, \end{cases} \tag{15.211}$$

定义在区间 $[0, T]$ 上, 且具有在第 15.2 节开始时所规定的性质, 考虑两个不同的问题: 第一, 状态内插问题 , 即寻找最优线性二乘估计

$$\hat{x}(t) = \mathrm{E}\{x(t) \mid y(\tau) - y(\sigma); \tau, \sigma \in [0, t_1] \cup [t_2, T]\}, \tag{15.212}$$

定义在 $[t_1, t_2] \subset [0, T]$；第二，输出内插问题，即确定估计

$$\hat{y}(t) - \hat{y}(s) = \mathrm{E}\{y(t) - y(s) \mid y(\tau) - y(\sigma); \tau, \sigma \in [0, t_1] \cup [t_2, T]\}, \tag{15.213}$$

对任意区间 $(s, t) \subset [t_1, t_2]$. 这些问题当然也可以在离散时间环境下描述和解决. 但是，这里我们主要关注一般的连续时间情形. 在平稳过程 y 的特殊情形下，输出内插问题的解能够根据来自谱密度的数量被完全表示出来.

15.6.1　状态内插

先从估计 (15.212) 开始.

引理 15.6.1　假设 $0 \leqslant t_1 \leqslant t \leqslant t_2 \leqslant T$. 那么内插估计 (15.212) 满足

$$\hat{x}(t) = \mathrm{E}\{x(t) \mid \hat{\mathrm{X}}_-(t_1) \vee \hat{\mathrm{X}}_+(t_2)\}, \tag{15.214}$$

其中 $\hat{\mathrm{X}}_-(t_1)$ 和 $\hat{\mathrm{X}}_+(t_2)$ 由 (15.96) 定义.

证　类比 (15.97)，有分解

$$\mathrm{H}_{t_1}^-(\mathrm{d}y) \vee \mathrm{H}_{t_2}^+(\mathrm{d}y) = \mathrm{N}^-(t_1) \oplus \left[\hat{\mathrm{X}}_-(t_1) \vee \hat{\mathrm{X}}_+(t_2)\right] \oplus \mathrm{N}^+(t_2), \tag{15.215}$$

其中 $\mathrm{N}^-(t_1) := \mathrm{H}_{t_1}^-(\mathrm{d}y) \ominus \hat{\mathrm{X}}_-(t_1)$ 和 $\mathrm{N}^+(t_2) := \mathrm{H}_{t_2}^+(\mathrm{d}y) \ominus \hat{\mathrm{X}}_+(t_2)$. 因为

$$\mathrm{E}\{\hat{x}(t) \mid \mathrm{H}_{t_1}^-(\mathrm{d}y)\} = \mathrm{E}\{x(t) \mid \mathrm{H}_{t_1}^-(\mathrm{d}y)\} = \Phi(t, t_1)\hat{x}_-(t_1), \tag{15.216}$$

则 $\hat{x}(t)$ 的分量正交于 $\mathrm{N}^-(t_1)$. 同样，$\hat{x}(t)$ 正交于 $\mathrm{N}^+(t_2)$. 因此 (15.214) 由 (15.215) 可得.　　　　　　　　　　　　　　　　　　　　　　　　　　　　□

从 (15.216) 也能得出

$$u_-(t) := x(t) - \Phi(t, t_1)\hat{x}_-(t_1) \tag{15.217}$$

正交于 $\mathrm{H}_{t_1}^-(\mathrm{d}y)$ 对所有的 $t \geqslant t_1$. 当然对下面式子同样成立

$$\begin{aligned}
u(t) &:= \Phi(t, t_2)\hat{x}_+(t_2) - \Phi(t, t_1)\hat{x}_-(t_1) \\
&= \Phi(t, t_2)\left[\hat{x}_+(t_2) - \Phi(t_2, t_1)\hat{x}_-(t_1)\right].
\end{aligned} \tag{15.218}$$

引入

$$u_+(t) := u(t) - u_-(t) = \Phi(t, t_2)\hat{x}_+(t_2) - x(t). \tag{15.219}$$

很明显 $\hat{\mathrm{X}}_-(t_1) \vee \hat{\mathrm{X}}_+(t_2)$ 是由 $\hat{x}_-(t_1)$ 和 $u(t_2)$ 的分量张成的. 因此，有下面修正的引理 15.6.1.

引理 15.6.2　假设 $0 \leqslant t_1 \leqslant t \leqslant t_2 \leqslant T$. 那么内插估计 (15.212) 是

$$\hat{x}(t) = \mathrm{E}\{x(t) \mid \hat{X}_-(t_1) \oplus \mathrm{U}(t_2)\}, \tag{15.220}$$

其中 $\mathrm{U}(t_2)$ 是由 $u(t_2)$ 的分量张成的.

下面证明引理 15.2.5 中的 (15.88) 和 (15.89) 的内插版本.

引理 15.6.3　假设 $0 \leqslant t_1 \leqslant t \leqslant t_2 \leqslant T$, 那么

$$\mathrm{E}\{x(t)\hat{x}_-(t_1)'\} = \Phi(t, t_1)P_-(t_1), \tag{15.221a}$$

$$\mathrm{E}\{\hat{x}_+(t_2)x(t)'\} = \Phi(t_2, t)P(t), \tag{15.221b}$$

而且,

$$\mathrm{E}\{u_+(t)u_-(t)'\} = 0 \tag{15.222}$$

对所有的 $t \in [t_1, t_2]$.

证　因为

$$x(t) = \Phi(t, t_1)x(t_1) + \int_{t_1}^t \Phi(t, \tau)B(\tau)\mathrm{d}\tau, \tag{15.223}$$

$\mathrm{H}_{t_1}^+(\mathrm{d}w) \perp \mathrm{H}_{t_1}^-(\mathrm{d}y) \supset \hat{X}_-(t_1)$, 则有

$$\mathrm{E}\{x(t)\hat{x}_-(t_1)'\} = \Phi(t, t_1)\,\mathrm{E}\{x(t_1)\hat{x}_-(t_1)'\} = \Phi(t, t_1)P_-(t_1),$$

这证明了 (15.221a). 由后向设定下的完全对称性分析可得

$$\mathrm{E}\{\bar{x}(t)\hat{\bar{x}}_+(t_2)'\} = \Phi(t_2, t)'\bar{P}_+(t_2),$$

这结合 $\bar{x}(t) = P(t)^{-1}x(t)$ 和 $\bar{x}_+(t) = P_+(t)^{-1}x_+(t)$, 可得到 (15.221b). 最后, 反复利用 (15.221) 和半群性质 $\Phi(t, s) = \Phi(t, \tau)\Phi(\tau, s)$ 进行直接计算就可得到 (15.222).

$\square$

引理 15.6.4　(15.217) 的协方差矩阵

$$U_-(t) := \mathrm{E}\{u_-(t)u_-(t)'\} = P(t) - \Phi(t, t_1)P_-(t_1)\Phi(t, t_1)' \tag{15.224}$$

是正定的对所有的 $t > t_1$ 且满足微分方程

$$\dot{U}_- = AU_- + U_-A' + BB', \quad U_-(t_1) = Q_-(t_1), \tag{15.225}$$

其中 Q_- 由 (15.66) 给出. 而且, (15.219) 的协方差矩阵

$$U_+(t) := \mathrm{E}\{u_+(t)u_+(t)'\} = \Phi(t, t_2)P_+(t_2)\Phi(t, t_2)' - P(t) \tag{15.226}$$

是正定的, 对于 $t < t_2$ 且满足微分方程

$$\dot{U}_+ = AU_+ + U_+A' - BB', \quad U_+(t_2) = Q_+(t_2), \tag{15.227}$$

其中 Q_+ 由 (15.85) 给出. 最后, 当 u 由 (15.218) 给出时, 可知

$$U(t) := \mathrm{E}\{u(t)u(t)'\} = U_-(t) + U_+(t) \tag{15.228}$$

在整个区间 $[t_1, t_2]$ 上是正定的.

证　对 (15.224) 取微分, 并应用 (15.40) 和 (15.38a), 可得到微分方程 (15.225). 初始条件由 (15.70) 可得. 按照 (15.39) 和 (15.41) 的分析过程可知 $U_-(t) > 0$ 对于 $t > t_1$. 关于 U_+ 同理可证. 最后, 因为 $u = u_- + u_+$, (15.228) 可由 (15.222) 推出. 正定性是显然的.　　　　　□

定理 15.6.5　按照引理 15.6.4 定义 U_- 和 U. 那么 (t_1, t_2) 上的内插估计 (15.212) 为

$$\hat{x}(t) = \left[I - U_-(t)U(t)^{-1}\right]\Phi(t, t_1)\hat{x}_-(t_1) + U_-(t)U(t)^{-1}\Phi(t, t_2)\hat{x}_+(t_2), \tag{15.229}$$

误差协方差 $\Sigma(t) := \mathrm{E}\{[x(t) - \hat{x}(t)][x(t) - \hat{x}(t)]'\}$ 为

$$\Sigma(t) = U_-(t) - U_-(t)U(t)^{-1}U_-(t) \tag{15.230a}$$
$$= U_-(t)U(t)^{-1}U_+(t). \tag{15.230b}$$

在 (15.229) 中, $\hat{x}_-(t_1)$ 由定义在区间 $[0, t_1]$ 上的 Kalman 滤波 (15.63) 生成, 并且

$$\hat{x}_+(t_2) = \bar{P}_+(t_2)^{-1}\hat{\bar{x}}_+(t_2), \tag{15.231}$$

其中 $\hat{\bar{x}}_+(t_2)$ 由在区间 $[t_2, T]$ 上收集信息的后向 Kalman 滤波 (15.72) 给出, $\bar{P}_+$ 由 (15.76) 给出.

证　根据引理 15.6.2,

$$\hat{x}(t) = L_1\hat{x}_-(t_1) + L_2 u(t_2) \tag{15.232}$$

对某些矩阵 L_1 和 L_2 成立. 估计误差 $x(t) - \hat{x}(t)$ 的分量正交于 $\hat{\mathrm{X}}_-(t-1)$ 和 $\mathrm{U}(t_2)$. 由引理 15.6.3, 条件 $\mathrm{E}\{[x(t) - \hat{x}(t)]\hat{x}_-(t_1)'\} = 0$ 可推出 $\Phi(t, t_1)P_-(t_1) - L_1 P_-(t_1) = 0$ 即

$$L_1 = \Phi(t, t_1), \tag{15.233}$$

因为 $P_-(t_1) > 0$. 同样,$\mathrm{E}\{[x(t) - \hat{x}(t)]u(t_2)'\} = 0$ 可推出

$$
\begin{aligned}
0 &= \mathrm{E}\{x(t)\hat{x}_+(t_2)'\} - \mathrm{E}\{x(t)\hat{x}_-(t_1)'\}\Phi(t_2,t_1)' - L_2\,\mathrm{E}\{u(t_2)u(t_2)'\} \\
&= P(t)\Phi(t_2,t)' - \Phi(t,t_1)P_-(t_1)\Phi(t_2,t_1)' - L_2 U(t_2) \\
&= U_-(t)\Phi(t_2,t)' - L_2\Phi(t_2,t)U(t)\Phi(t_2,t)',
\end{aligned}
$$

因此,

$$
L_2 = U_-(t)U(t)^{-1}\Phi(t,t_2). \tag{15.234}
$$

然后将 (15.233) 和 (15.234) 插入到 (15.6.2) 可得

$$
\hat{x}(t) = \Phi(t,t_1)\hat{x}_-(t_1) + U_-(t)U(t)^{-1}\left[\Phi(t,t_2)\hat{x}_+(t_2) - \Phi(t,t_1)\hat{x}_-(t_1)\right], \tag{15.235}
$$

或者等价地, (15.229).

$$
\begin{aligned}
\Sigma(t) &= \mathrm{E}\{[x(t) - \hat{x}(t)]x(t)'\} \\
&= P(t) - L_1 P_-(t_1)\Phi(t,t_1)' - L_2\left[\Phi(t_2,t)P(t) - \Phi(t_2,t_1)P_-(t_1)\Phi(t,t_1)'\right] \\
&= U_-(t) - L_2\Phi(t_2,t)U_-(t),
\end{aligned}
$$

由此可得到 (15.230a). 则显然有 (15.230b). 最后, (15.231) 只是应用于 $\hat{x}_+$ 的变形 (15.47). □

注意到当 $t_1 \to t$ 时,$U_-(t_1) \to Q_-(t)$, 以及当 $t_2 \to t$ 时,$U_+(t_2) \to Q_+(t)$(引理 15.6.4). 所以, 内插公式 (15.229) 退化为平滑公式 (15.102) , 当区间 $[t_1, t_2]$ 的长度缩为零时, 此时也有 $U(t) \to Q(t)$. 同样, (15.230) 退化为 (15.103).

我们也有下面是内插估计的表示, 当区间 $[t_1, t_2]$ 的长度缩为零时, 其退化为 Mayne-Fraser 平滑公式 (15.114).

推论 15.6.6 给定定理 15.6.5 中的符号,(t_1, t_2) 上的内插估计为

$$
\hat{x}(t) = \Sigma(t)\left[U_-(t)^{-1}\Phi(t,t_1)\hat{x}_-(t_1) + U_+(t)^{-1}\Phi(t,t_2)\hat{x}_+(t_2)\right], \tag{15.236a}
$$

其中

$$
\Sigma(t)^{-1} = U_-(t)^{-1} + U_+(t)^{-1}. \tag{15.236b}
$$

证 根据 (15.230b) 和 (15.228),$\Sigma^{-1} = U_+^{-1}(U_- + U_+)U_-^{-1}$, 这可推出 (15.236b). 同样,$U_- U^{-1} = \Sigma U_+^{-1}$ 和 $I - U_- U^{-1} = \Sigma(\Sigma^{-1} - U_+^{-1}) = U_-^{-1}$, 依据 (15.229), 就得到了 (15.236a). □

最后, 注意到内插估计 $\hat{x}$ 在 (t_1, t_2) 是可微的.

推论 15.6.7　内插估计 (15.212) 满足微分方程

$$\frac{\mathrm{d}\hat{x}}{\mathrm{d}y} = A\hat{x}(t) + BB'U_-^{-1}\left[\hat{x}(t) - \Phi(t,t_1)\hat{x}_-(t_1)\right], \tag{15.237a}$$

其定义在 $(t_1, t_2]$ 上且边界条件为

$$\hat{x}(t_2) = \hat{x}_+(t_2) - Q_+(t_2)U(t_2)^{-1}\left[\hat{x}_+(t_2) - \Phi(t_2,t_1)\hat{x}_-(t_1)\right], \tag{15.237b}$$

其中 Q_+ 由 (15.66) 给出.

证　根据 (15.225) 和 (15.227), 有 $\dot{U} = AU + UA'$, 因此

$$\frac{\mathrm{d}}{\mathrm{d}x}\left[U^{-1}\right] = -U^{-1}\dot{U}U^{-1} = -(A'U^{-1} + U^{-1}A).$$

利用上式, (15.38a) 和 (15.225), 对 $(t_1, t_2]$ 上的 (15.235) 取微分可以得到

$$\begin{aligned}
\frac{\mathrm{d}\hat{x}}{\mathrm{d}y} &= A\Phi(t,t_1)\hat{x}_-(t_1) + (AU_- + U_-A' + BB')U^{-1}\Phi(t,t_2)u(t_2) \\
&\quad - U_-(A'U^{-1} + U^{-1}A)U^{-1}\Phi(t,t_2)u(t_2) + U_-U^{-1}A\Phi(t,t_2)u(t_2) \\
&= A\hat{x}(t) + BB'U^{-1}\Phi(t,t_2)u(t_2).
\end{aligned} \tag{15.238}$$

但是, (15.235) 意味着

$$U^{-1}\Phi(t,t_2)u(t_2) = U_-^{-1}[\hat{x}(t) - \Phi(t,t_1)\hat{x}_-(t_1)],$$

从而 (15.237a) 可以由 (15.238) 得到. 因为微分方程 (15.237a) 定义在 $(t_1, t_2]$ 上, 我们想要一个末端点 $t = t_2$ 的边界条件. 为此, 注意到 (15.228) 意味着 $U_-U^{-1} = I - U_+U^{-1}$, 因此由 (15.235) 可得到 (15.237b).　□

15.6.2　输出内插

下面考虑输出内插问题, 确定估计

$$\hat{y}(t) - \hat{y}(s) = \mathrm{E}\{y(t) - y(s) \mid y(\tau) - y(\sigma); \tau, \sigma \in [0, t_1] \cup [t_2, T]\}, \tag{15.239}$$

对任意区间 $(s, t) \subset [t_1, t_2]$.

引理 15.6.8　假设 $(s, t) \subset [t_1, t_2] \subset [0, T]$. 那么输出内插估计 (15.239) 满足

$$b'[\hat{y}(t) - \hat{y}(s)] \in \hat{\mathrm{X}}_-(t_1) \vee \hat{\mathrm{X}}_+(t_2), \quad 对所有的 \ b \in \mathbb{R}^m, \tag{15.240}$$

其中 $\hat{\mathrm{X}}_-(t_1)$ 和 $\hat{\mathrm{X}}_+(t_2)$ 由 (15.96) 定义.

证　由 (15.68) 可知

$$y(t) - y(s) = \int_s^t C(\tau)\hat{x}_-(\tau)\mathrm{d}\tau + \int_s^t R^{\frac{1}{2}}(\tau)\mathrm{d}w_-, \tag{15.241}$$

因此

$$\begin{aligned}
\mathrm{E}\{\hat{y}(t) - \hat{y}(s) \mid \mathrm{H}_{t_1}^-(\mathrm{d}y)\} &= \mathrm{E}\{y(t) - y(s) \mid \mathrm{H}_{t_1}^-(\mathrm{d}y)\} \\
&= \int_s^t C(\tau)\Phi(\tau, t_1)\mathrm{d}\tau\,\hat{x}_-(t_1),
\end{aligned}$$

上式的分量正交于 $\mathrm{N}^-(t_1) := \mathrm{H}_{t_1}^-(\mathrm{d}y) \ominus \hat{\mathrm{X}}_-(t_1)$. 但是，

$$\hat{y}(t) - \hat{y}(s) - \int_s^t C(\tau)\Phi(\tau, t_1)\mathrm{d}\tau\,\hat{x}_-(t_1)$$

的分量正交于 $\mathrm{H}_{t_1}(\mathrm{d}y) \supset \mathrm{N}^-(t_1)$，因此 $b'[\hat{y}(t) - \hat{y}(s)] \perp \mathrm{N}^-(t_1)$ 对所有的 $b \in \mathbb{R}^m$ 成立. 由 (15.78) 可知

$$y(t) - y(s) = \int_s^t \bar{C}(\tau)\hat{\bar{x}}_+(\tau)\mathrm{d}\tau + \int_s^t R^{\frac{1}{2}}(\tau)\mathrm{d}\bar{w}_+, \tag{15.242}$$

通过完全对称性分析，可以得到 $b'[\hat{y}(t) - \hat{y}(s)] \perp \mathrm{N}^+(t_2) := \mathrm{H}_{t_2}^+(\mathrm{d}y) \ominus \hat{\mathrm{X}}_-(t_1)$，对所有的 $b \in \mathbb{R}^m$. 因此由 (15.215) 可得 (15.240).　　　□

定理 15.6.9　输出内插估计 (15.239) 在 (t_1, t_2) 是可微的且它的导数为

$$\frac{\mathrm{d}\hat{y}}{\mathrm{d}y} = N_1(t) + N_2(t)\left[\hat{x}_+(t_2) - \Phi(t_2, t_1)\hat{x}_-(t_1)\right], \tag{15.243a}$$

其中

$$N_1(t) = C(t)\Phi(t, t_1), \tag{15.243b}$$

$$N_2(t) = \left[\bar{C}(t)\Phi(t_2, t)' - C(t)\Phi(t, t_1)P_-(t_1)\Phi(t_2, t_1)'\right]U(t_2)^{-1}, \tag{15.243c}$$

$U(t_2)$ 由引理 15.6.4 给出.

证　根据引理 15.6.8，有矩阵函数 M_1 和 M_2 使得

$$\hat{y}(t) - \hat{y}(s) = M_1(t, s)\hat{x}_-(t_1) + M_2(t, s)\hat{x}_+(t_2). \tag{15.244}$$

那么，考虑到 (15.241)，则

$$\mathrm{E}\left\{\left[y(t) - y(s) - \left(\hat{y}(t) - \hat{y}(s)\right)\right]\hat{x}_-(t_1)'\right\} = 0.$$

可推出

$$\int_s^t C(\tau)\Phi(\tau,t_1)\mathrm{d}\tau\, P_-(t_1) - M_1(t,s)P_-(t_1) - M_2(t,s)\Phi(t_2,t_1)P_-(t_1) = 0,$$

或者等价地, 因为 $P_-(t_1) > 0$,

$$M_1(t,s) + M_2(t,s)\Phi(t_2,t_1) = \int_s^t C(\tau)\Phi(\tau,t_1)\mathrm{d}\tau. \tag{15.245a}$$

类似地, 根据 (15.242), 则

$$\mathrm{E}\left\{\left[y(t) - y(s) - \left(\hat{y}(t) - \hat{y}(s)\right)\right]\hat{x}_+(t_2)'\right\} = 0$$

可推出

$$M_1(t,s)P_-(t_1)\Phi(t_2,t_1)' + M_2(t,s)P_+(t_2) = \int_s^t \bar{C}(\tau)\Phi(t_2,\tau)'\mathrm{d}\tau. \tag{15.245b}$$

因此,

$$\hat{\bar{x}}_+(\tau) = \Phi(t_2,\tau)'\hat{\bar{x}}_+(t_2) + \int_{t_2}^\tau \Phi(\sigma,\tau)'\bar{B}_+(\sigma)\mathrm{d}\bar{w}_+,$$

并且

$$\mathrm{E}\{\hat{\bar{x}}_+(\tau)\hat{x}_+(t_2)'\} = \Phi(t_2,\tau)'.$$

由 (15.244) 可知

$$\frac{\mathrm{d}\hat{y}}{\mathrm{d}y} = \frac{\partial M_1}{\partial t}\hat{x}_-(t_1) + \frac{\partial M_2}{\partial t}\hat{x}_+(t_2)$$

$$= \left[\frac{\partial M_1}{\partial t} + \frac{\partial M_2}{\partial t}\Phi(t_2,t_1)\right]\hat{x}_-(t_1) + \frac{\partial M_2}{\partial t}\left[\hat{x}_+(t_2) - \Phi(t_2,t_1)\hat{x}_-(t_1)\right],$$

又因为

$$\frac{\partial M_1}{\partial t} + \frac{\partial M_2}{\partial t}\Phi(t_2,t_1) = C(t)\Phi(t,t_1)$$

和对 (15.245a) 和 (15.245b) 取微分得到的

$$\frac{\partial M_2}{\partial t}\left[P_+(t_2) - \Phi(t_2,t_1)P_-(t_1)\Phi(t_2,t_1)'\right]$$

$$= \bar{C}(t)\Phi(t_2,t)' - C(t)\Phi(t,t_1)P_-(t_1)\Phi(t_2,t_1)',$$

故定理得证. □

　　注意到第 543 页定义的表示 (15.243) 关于随机实现集合 $\mathfrak{S}$ 是不变的, 只依赖于前向和后向 Kalman 滤波的数量. 如果想要一个包括特殊随机实现 (15.211) 的表达式, 表达示 (15.243) 可作如下修正.

推论 15.6.10　输出内插估计 (15.239) 的导数由 (15.243) 给出, 且 (15.243c) 被替换为

$$N_2(t) = [C(t)U_-(t) + D(t)B(t)'] \, U(t)^{-1}\Phi(t, t_2), \tag{15.246}$$

其中 U_- 和 U 定义在引理 15.6.4 中.

证　注意到 $U(t) = \Phi(t, t_2)U(t_2)\Phi(t, t_2)'$ 以及 $\Phi(t_2, t)'U(t_2)^{-1} = U(t)^{-1}\Phi(t, t_2)$, 将其插入到 (15.243c) , 并利用 (15.59) 可推出 (15.246) .　　　□

注意到当 $DB' = 0$ 时, 在状态内插和输出内插之间有一个特别的简单关系式. 事实上, 就是 $N_1 = CL_1$ 和 $N_2 = CL_2$, 其中 L_1 和 L_2 分别由 (15.233) 和 (15.234) 定义.

§15.7　相关文献

线性随机系统的平滑是一个经典的主题, 早期有大量的研究: [38, 99, 100, 154, 186, 213, 214, 220, 265, 283, 301, 322]. 从不同出发点对平滑的处理方法也可以在教材如 [12, 185] 中找到. 正如 [206] 中所期待的, 在 [17–19, 91] 中随机实现理论 [205, 206] 被描述为解决平滑问题的自然框架, 这也是本章所推崇的观点.

第 15.1 节介绍了在离散时间过程 [17] 的背景下平滑的基本几何范例. 在第 15.2 和 15.3 节描述了在一般时变连续情形下的一般几何理论, 主要参考 [19] 和 [18]. Mayne-Fraser 二滤波公式 [99, 220] 在早期的文献 [100, 154, 213, 214, 283, 301] 中受到极大的关注, 但是递归 (15.81) 的性质仍然是不清楚的, 因为它普遍被当作一个后向滤波. Bryson 和 Frazier 的平滑公式出现在 [38] 以及 Rauch, Tung 和 Striebel 的平滑公式出现在 [265].

第 15.4 节和第 15.5 节的以同样方式介绍了稳态理论. 降阶算法首次在 [91] 中出现.

最后, 在第 15.6 节中, 我们对状态内插问题的处理主要参考 [243], 而输出内插问题则参考 [240, 242].

第 16 章

非因果关系的线性随机模型和谱分解

这本书里大部分结果是基于一个有一定偏差的前向和后向随机实现来处理平稳过程模型，并表明相似的结果在非平稳情形下也成立. 本章旨在说明, 在随机模型的框架下, 文献里呈现的关于随机实现的所有结果都能推广到涵盖任意因果关系的结构. 特别地, 第 6 章中线性矩阵不等式和 Riccati 方程的结论可以推广到在矩阵 A 上具有相当一般的假设的情形, 产生一个很好的统一框架, 也可以应用到其他领域比如线性二次控制理论. 确实, 正如之前所指出的, 一个随机过程没有时间上的优先方向, 因此必须容许许多其他既不是因果关系的也不是非因果关系的表示, 如模型 (6.1) 和 (6.22). 非关系随机系统也发生在反馈下的系统中, 这将会在第 17 章中看到. 而且, 谱分解本质上就是一个一般不需要稳定性的代数问题. 事实上, 第 6 章的几个证明不需要一个稳定的 A.

§16.1 非因果关系的随机系统

考虑一个最小线性随机系统

$$\begin{cases} x(t+1) = Ax(t) + Bw(t), \\ y(t) = Cx(t) + Dw(t), \end{cases} \tag{16.1}$$

其中 A 在单位圆上没有特征值, 但是不需要是一个稳定性矩阵. 假设输出过程 y 有满秩, 那么传递函数 $(zI - A)^{-1}B$ 的行属于单位圆里的 L^2 且是 $\mathbb{Z}$ 上关于平方可求和序列的 Fourier 变换. 因此

$$x(t) = \int_{-\pi}^{\pi} e^{it\theta}(e^{i\theta}I - A)^{-1}Bd\hat{w} = \sum_{k=-\infty}^{+\infty} G(t-k)w(k), \tag{16.2}$$

其中 G 是系统的一个所谓的 Green 函数 $.G(t)$ 的行是 $\mathbb{Z}$ 上的平方可求和序列且必须趋向于零, 当 $t \to \pm\infty$ 时. 事实上, 根据 $(zI - A)^{-1}B$ 的一个部分分式分解, 可以看出 G 能被分成一个支撑在正时间轴上的因果关系的部分和一个支撑在负时间轴上的反因果关系的部分. 这个分解可以这样得到, 即将状态空间分成 A 的稳定和不稳定不变流形的直和, 相应地将 x 的状态空间模型分成在这些不变流形上演变的一个因果关系和一个反因果关系分量. 由常见的因果关系加反因果关系的状态响应公式, 这赋予了公式 (16.2) 一个意义.

通过基的改变, 模型 (16.1) 可以被写成

$$
\begin{bmatrix} x_s(t+1) \\ x_a(t+1) \end{bmatrix} = \begin{bmatrix} A_s & 0 \\ 0 & A_a \end{bmatrix} \begin{bmatrix} x_s(t) \\ x_a(t) \end{bmatrix} + \begin{bmatrix} B_s \\ B_a \end{bmatrix} w(t), \tag{16.3}
$$

其分解为一个稳定子系统和一个反稳定子系统. 更准确地说,A_s 的所有特征值都在开单位圆中,A_a 的所有特征值都在闭单位圆的补集中, 即 $|\lambda(A_s)| < 1$ 和 $|\lambda(A_a)| > 1$. 很明显全体系统 (16.1) 的可达性成立当且仅当 (16.3) 的子系统都是可达的. 而且 A_a^{-1} 存在, 且 (16.3) 的两个分量都能分别在时间的前向和后向上被解出, 从而

$$
x_s(t) = \sum_{k=-\infty}^{t-1} A_s^{t-k-1} B_s w(k) \in \mathrm{H}_t^-(w),
$$

$$
x_a(t) = -\sum_{k=t}^{+\infty} A_a^{t-k-1} B_a w(k) \in \mathrm{H}_t^+(w).
$$

因此, 因为 $x_a(t)$ 的分量正交于 $x_s(t)$ 的分量, 状态协方差矩阵 $P := \mathrm{E}\{x(t)x(t)'\}$ 是块对角化的；即 $P = \mathrm{diag}\{P_s, P_a\}$, 其中 P_s 和 P_a 分别是下面 Lyapunov 方程的唯一正定解

$$
P_s = A_s P_s A_s' + B_s B_s', \qquad P_a = A_a P_a A_a' - B_a B_a',
$$

一般而言, 全体状态协方差不满足一个单个 Lyapunov 方程, 但需要结合稳定和反稳定分量的协方差来计算. 但是, 不确定 矩阵 $P = \mathrm{diag}\{P_s, -P_a\}$ 满足 Lyapunov 方程

$$
P = APA' + BB', \tag{16.4}
$$

且在本章中将会碰到这样的情形. 注意到 (16.3) 的反稳定部分可以改写成形式:

$$
x_a(t-1) = A_a^{-1} x_a(t) - A_a^{-1} B_a w(t-1), \tag{16.5}
$$

这是一个反因果关系的 (后向) 模型, 因为 w 的过去是正交于 x_a 过程的未来.

注意到 (16.1) 有传递函数

$$W(z) = C(zI - A)^{-1}B + D, \tag{16.6}$$

且 y 是一个平稳过程, 其谱密度为

$$\Phi(e^{i\theta}) = W(e^{i\theta})W(e^{-i\theta})'. \tag{16.7}$$

因此 $X := \{a'x(0) \mid a \in \mathbb{R}^n\}$ 是一个具有一个前向实现 (6.1) 和一个后向实现 (6.22) 的 Markov 分裂子空间. 这里补充了具有混合因果关系和反因果关系分量 X 的随机实现. 这是由 (16.6) 中的跳极点得到的. 这可以和第 14 章中改变零结构导致不同的 Markov 分裂子空间的情形相比较.

§16.2 有理谱分解

考虑一个有理 $m \times m$ 矩阵函数 $\Phi(z)$ 且是准 Hermitian 的; 即满足对称条件

$$\Phi(z^{-1}) = \Phi(z)',$$

且使得 $\Phi(e^{i\theta})$ 在单位圆上是可积的; 根据有理性, 这意味着 $\Phi(z)$ 在单位圆上没有极点. 明显地, 每一个这样的有理 L^1-准 Hermite 函数在单位圆的一个邻域内有一个 Laurent 展式

$$\Phi(z) = \sum_{k=-\infty}^{+\infty} \Lambda_k z^{-k}, \tag{16.8}$$

其中 (Λ_k) 是一个 $m \times m$ 可求和矩阵序列, 满足对称关系 $\Lambda_{-k} = \Lambda_k'$. 如果, 此外, $\Phi(z)$ 是在单位圆上半正定的, 那它是平稳过程 y 的一个真实的 谱密度, 并且序列 (Λ_k) 由 (6.60) 给出.

考虑下面的逆问题, 它是第 6 章中的逆问题的一般化. 给定一个在单位圆中的有理准 Hermite 函数 $\Phi \in L^1$, 考虑找到 Φ 的最小谱因子 W 的问题和相应的 (最小) 实现

$$W(z) = H(zI - F)^{-1}B + D. \tag{16.9}$$

注意到在当前一般环境下, 谱因子的存在性不是自动保证的, 事实上是等价于 $\Phi(z)$ 在单位圆上的非负性, 因为 $\Phi(e^{i\theta}) = W(e^{i\theta})W(e^{-i\theta})' \geqslant 0$.

准 Hermite 函数 $\Phi(z)$ 的极点具有倒数对称性, 即如果 $\Phi(z)$ 有一个极点 $z = p_k$, 那么 $1/p_k$ 肯定也是具有相同重数的一个极点 (不管它是否有限). 而且

根据可积性, 这些极点不可能在单位圆上. 因此一个 McMillan 度为 $2n$ 的 L^1-准 Hermite 函数 $\Phi(z)$ 的极点集可以分成两个互为倒数的子集 σ_1 和 σ_2, 且每一个包含 n 个复数 (根据重数可以重复), 使得 σ_2 恰好包含 σ_1 中的倒数元素, 简写为 $\sigma_2 = 1/\sigma_1$. 由部分分式展开, $\Phi(z)$ 的奇异值分解可以推出下面这类有理和分解

$$\Phi(z) = Z(z) + Z(z^{-1})', \tag{16.10a}$$

其中 $Z(z)$ 是一个有理矩阵函数

$$Z(z) = C(zI - A)^{-1}\bar{C}' + \frac{1}{2}\Lambda_0, \tag{16.10b}$$

它的所有极点在 σ_1 中, 而 $Z(z^{-1})'$ 的极点必定在 $\sigma_2 = 1/\sigma_1$ 中. 有许多具有类型 (16.10) 的准 Hermite 函数 $\Phi(z)$ 的和分解, 特别地, 也有 (6.88) 类的分解式, 其中 Φ_+ 是解析的. 但是, 没有对正值性的先天保证.

称一个实 $n \times n$ 矩阵 A 有非混合谱, 或者简称为 A 是非混合的, 如果它的谱 $\sigma(A)$, 其元素是根据代数重数列出的, 不包含倒数对. 特别地, A 不能有模为 1 的特征值. 假设最小化 $(C, A, \bar{C}')$, 那么 A 有非混合谱当且仅当挑选的极点集 $\sigma_1 \equiv \sigma(A)$ 没有自己互倒的元素. 明显地这发生当且仅当 $\sigma_1 \cap \sigma_2 = \varnothing$.

例 16.2.1 当 $\sigma_1 \equiv \sigma(A)$ 有自己互倒的元素, 可能在形成分解 (16.10) 上有歧义. 实际上在某些情况下分解甚至可能不存在. 下面的准 Hermite 函数

$$\Phi(z) = \frac{K^2}{(z - 1/2)^2 (z^{-1} - 1/2)^2} = \frac{4K^2 z^2}{(z - 1/2)^2 (z - 2)^2}$$

在 $\sigma(\Phi) = \{1/2, 1/2, 2, 2\}$ 中有极点. 一个如同 (16.10) 的有 $\sigma_1 = \{1/2, 2\}$ 的和分解应该满足等式

$$C + \frac{A_1}{z - 1/2} + \frac{A_2}{z - 2} + \frac{-2A_1 z}{z - 2} + \frac{-\frac{A_2}{2} z}{z - 1/2} = \Phi(z),$$

这明显是不可能的, 因为左边有一个二维多项式的分母, 而 $\Phi(z)$ 的分母维数为 4. $\sigma(\Phi)$ 中仅有的两个非交叉子集是 $\{1/2, 1/2\}$ 和 $\{2, 2\}$. 因此在这种情形下, 或者 Z 是稳定的且对应于 Φ 的正实数部分 Φ_+, 或者是反稳定的且极点在 $\{2, 2\}$ 中. □

注意到未混合谱条件恰好确保 Lyapunov 方程 $P - APA' = Q$ 有一个 (唯一的) 解, 对任意的 Q; 见附录里的命题 B.1.19. 也注意到对一般的 A, (16.8) 中序列 $\{\Lambda_k\}$ 的表示公式 (6.60) 无需成立.

今后将考虑有理谱分解问题的一个一般化版本, 纯粹的从代数角度开始而不参考任何的概率思想. 称 (16.10) 为 Φ 的一个**非混合和分解**, 如果 A 有未混合谱.

问题 16.2.2　给定一个有理准 Hermite 矩阵 $\Phi(z)$ 的一个未混合和分解 (16.10), 找到和 $Z(z)$ 有相同极点的 $\Phi(z)$ 的有理谱因子.

"与 $Z(z)$ 有相同的极点"的要求应该用下面的方式解释. 假设 $(C, A, \bar{C}')$ 是一个最小实现, 谱因子 $W(z)$ 则有一个具有相同对 (C, A) 的实现. 稍后我们将在概率的环境下详细说明这个问题.

下面的定理给出了使得 $\Phi(z)$ 成为一个谱密度的一个充分条件.

定理 16.2.3　令有理准 Hermite 矩阵 $\Phi(z)$ 有一个和分解 (16.10). 如果存在一个实对称矩阵 $P = P'$ 满足线性矩阵不等式 (LMI)

$$M(P) := \begin{bmatrix} P - APA' & \bar{C}' - APC' \\ \bar{C} - CPA' & \Lambda_0 - CPC' \end{bmatrix} \geqslant 0, \tag{16.11}$$

那么 $\Phi(z)$ 有谱因子. 事实上, 对于 B 和 D 满足因子分解:

$$M(P) = \begin{bmatrix} B \\ D \end{bmatrix} \begin{bmatrix} B' & D' \end{bmatrix}, \tag{16.12}$$

(16.6) 是一个谱因子, 且 $\Phi(z)$ 实际上是一个谱密度.

证　在第 175 页生成 (6.102) 的运算是纯代数的, 且没有在 Φ 上强加任何正值条件. 所以, 在当前问题中它们可以完全应用.　□

因此, 特别地, 我们能在 (16.9) 选择 $F = A$ 和 $H = C$, 注意到既不需要 A 的稳定性也不需要它的最小性.

命题 16.2.4　任何带有实现 (16.6) 的 $W(z)$ 是由 (16.10) 给定的 $\Phi(z)$ 的一个谱因子.

证　这个证明是严格代数的, 和命题 6.7.1 的证明相同.　□

命题 16.2.5　如果 (16.10b) 是 $Z(z)$ 的一个最小实现且 A 未混合, 那么 (16.6) 是一个最小谱因子 $W(z)$ 的一个最小实现. 反过来也是成立的.

证　根据命题 16.2.4, W 是由 (16.10a) 给定的 Φ 的一个谱因子. 如果 $\sigma_1 \cap \sigma_2 = \varnothing$, McMillan 度 $\deg Z$ 等于 $\frac{1}{2} \deg \Phi = n$. 因此, 如果 (16.10b) 是一个最小实现, A 的维数是 $n \times n$, 意味着 $\deg W \leqslant n$, 再根据命题 6.7.2 (它对任何谱因子都成立), 则 W 有阶数 n, 从而是一个最小谱因子. 下面, 假设 W 是一个有最小实现 (16.6) 的 n 阶最小谱因子. 则 $\deg \Phi = 2n$, 因此 $\deg Z \geqslant n$. 但是, 因为 A 是 $n \times n$, $\deg Z \leqslant n$. 因此 $\deg Z = n$, 则实现 (16.10b) 是最小的, 且 A 是未混合的.　□

相反地, 我们想证明如果有谱因子, 则也有矩阵 $P = P'$ 满足由某些 $Z(z)$ 的参数 $(A, C, \bar{C}, \Lambda_0)$ 构成的线性矩阵不等式.

定理 16.2.6 $W(z) = C(zI - A)^{-1}B + D$ 是带有一个未混合 A 矩阵的 $\Phi(z)$ 的一个有理谱因子，那么有一个相应的和分解 (16.10) 以及 $Z(z) = C(zI - A)^{-1}\bar{C}' + \frac{1}{2}\Lambda_0$ 和一个满足如下线性矩阵等式的唯一解 $P = P'$

$$M(P) = \begin{bmatrix} BB' & BD' \\ DB' & DD' \end{bmatrix}, \tag{16.13}$$

其中矩阵函数 $P \mapsto M(P)$ 由 (16.11) 给出. 特别地, 如果 $|\lambda(A)| < 1$, 并且 (A, B) 是可达的, 则 $P > 0$.

证 对任意有理谱因子 $W(z) = C(zI - A)^{-1}B + D$ 有

$$\Phi(z) = \begin{bmatrix} C(zI - A)^{-1} & I \end{bmatrix} \begin{bmatrix} BB' & BD' \\ DB' & DD' \end{bmatrix} \begin{bmatrix} (z^{-1}I - A')^{-1}C' \\ I \end{bmatrix}, \tag{16.14}$$

然而, 减去恒等式 (6.99), 该式对任意的 (未混合的)A 和所有对称的 P 都成立, 从 (16.14), 我们有

$$\Phi(z) = \begin{bmatrix} C(zI - A)^{-1} & I \end{bmatrix} N(P) \begin{bmatrix} (z^{-1}I - A')^{-1}C' \\ I \end{bmatrix}, \tag{16.15a}$$

其中

$$N(P) = \begin{bmatrix} BB' - P + APA' & BD' + APC' \\ DB' + CPA' & DD' + CPC' \end{bmatrix}. \tag{16.15b}$$

根据未混合假设,Lyapunov 方程

$$P - APA' = BB' \tag{16.16}$$

有一个唯一的对称解 P (命题 B.1.19), 由此我们定义

$$\bar{C} := CPA' + DB' \quad \text{和} \quad \Lambda_0 := CPC' + DD'. \tag{16.17}$$

结果有

$$\Phi(z) = \begin{bmatrix} C(zI - A)^{-1} & I \end{bmatrix} \begin{bmatrix} 0 & \bar{C}' \\ \bar{C} & \Lambda_0 \end{bmatrix} \begin{bmatrix} (z^{-1}I - A')^{-1}C' \\ I \end{bmatrix} = Z(z) + Z(z^{-1}),$$

最后的证明部分由命题 B.1.20 可得出. □

$M : \mathbb{R}^{n \times n} \to \mathbb{R}^{(n+m) \times (n+m)}$ 是在 $\Phi(z)$ 的任意一个未混合和分解下, 由 (16.11) 定义的线性映射, $\mathcal{P}$ 表示所有满足下面线性矩阵不等式的对称矩阵 P 的集合

$$M(P) \geqslant 0. \tag{16.18}$$

定理 16.2.3 和 16.2.6 特指下面的正值性检验.

定理 16.2.7 $\mathcal{P}$ 表示所有满足线性矩阵不等式 (16.18) 的对称矩阵 P 的集合, 则 Φ 是一个谱密度, 即对所有的 $\theta \in [-\pi, \pi]$, $\Phi(\mathrm{e}^{\mathrm{i}\theta}) \geqslant 0$, 当且仅当 $\mathcal{P}$ 是非空的.

注意到不同于第 6 章 (以及之前的其他章节), 其中 $\mathcal{P}$ 是正定矩阵的一个集合, $\mathcal{P}$ 现在一般包含不定矩阵. 当然, 如果 A 是一个稳定性矩阵, 我们恰好有第 6 章的情形.

定理 16.2.3 和 16.2.6 一起也提供了谱分解的一个充分必要条件, 至少在原理上通过以下的程序提供了一种方式来计算谱因子: 首先计算 $\Phi(z)$ 的一个未混合和分解, 再检验 $\mathcal{P}$ 是否为非空的. 任意解 $P = P'$ 将通过对 $M(P)$ 因子分解为 (16.13) 提供一个谱因子, 从而得到 B 和 D. 为了避免冗余, 要求 $\begin{bmatrix} B' & D' \end{bmatrix}'$ 是列满秩的. 那么由因子分解 (16.13) 可以得到 (B, D), 这是唯一一个模正交变换.

以下定理是定理 6.7.5 的一般形式.

定理 16.2.8 设

$$Z(z) = C(zI - A)^{-1}\bar{C}' + \frac{1}{2}\Lambda_0 \tag{16.19}$$

是一个谱密度矩阵 Φ 的如下未混合和分解中 Z 的一个最小实现

$$\Phi(z) = Z(z) + Z(z^{-1}), \tag{16.20}$$

则在与 Z 有相同极点结构的 Φ 的最小谱因子

$$W(z) = C(zI - A)^{-1}B + D \tag{16.21}$$

和满足线性矩阵不等式 (16.11) 的对称 $n \times n$ 矩阵 P 之间是一一对应的, 也即对应于每一个 (16.11) 的 $P = P'$, 有一个最小谱因子 W, 其中 A 和 C 由上面给出且 $\begin{bmatrix} B' & D' \end{bmatrix}'$ 是 $M(P)$ 唯一的 (模正交变换) 满秩因子 (16.13). 相反地, 对于与 Z 有相同极点结构的 Φ 的每一个最小谱因子, 存在基的变化使得 $F = A$, $H = C$ 和在实现 $(A, C, \bar{C}, \Lambda_0)$ 的基础上唯一一个满足方程 (16.13) 的 $P \in \mathcal{P}$. 特别地, 如果 $Z = \Phi_+$, 那么对应关系就在 (16.11) 的解 $P = P'$ 和最小解析谱因子之间.

证 需要证明逆命题, 对每一个最小谱因子 W, 则相应有一个 $P \in \mathcal{P}$, 满足所要求的性质. 证明思想恰好和定理 6.7.5 一样, 仅仅注意到 F 在变换 $(H, F) = (CT^{-1}, TAT^{-1})$ 下保持未混合的.   □

§16.3 对偶有理全通函数

第 6.2 节和第 6.3 节中的定理 16.2.3 和 16.2.6 是对偶的, 它们从一个更广的角度概括了向前/向后模型.

给定一个有理准 Hermite 矩阵 $\Phi(z)$ 的未混合和分解 $\Phi(z) = Z(z) + Z(z^{-1})$，考虑有理谱分解问题

$$\Phi(z) = \bar{W}(z)\bar{W}(z^{-1})', \tag{16.22}$$

其中谱因子

$$\bar{W}(z) = \bar{C}(z^{-1}I - A')^{-1}\bar{B} + \bar{D} \tag{16.23}$$

和

$$Z(z^{-1})' = \bar{C}(z^{-1}I - A')^{-1}C' + \frac{1}{2}\Lambda_0. \tag{16.24}$$

有相同的极点结构. 我们将称这个问题为问题 16.2.2 的对偶形式.

下面定理的证明完全类似于定理 16.2.3 和命题 16.2.5 的证明，并提供了对偶问题的一个充分条件.

定理 16.3.1　有理 Hermite 矩阵 $\Phi(z)$ 有一个和分解 $\Phi(z) = Z(z) + Z(z^{-1})$，其中 Z 由 (16.24) 给定. 如果存在一个实对称矩阵 $Q = Q'$ 满足对偶 线性矩阵不等式

$$\bar{M}(Q) := \begin{bmatrix} Q - A'QA & C' - A'Q\bar{C}' \\ C - \bar{C}QA & \Lambda_0 - \bar{C}'Q\bar{C} \end{bmatrix} \geqslant 0, \tag{16.25}$$

则 $\Phi(z)$ 有谱因子且是一个谱密度. 事实上, (16.23) 是 $\Phi(z)$ 的一个谱因子,$\bar{B}, \bar{D}$ 由因子分解定义

$$\bar{M}(Q) = \begin{bmatrix} \bar{B} \\ \bar{D} \end{bmatrix} \begin{bmatrix} \bar{B}' & \bar{D}' \end{bmatrix}. \tag{16.26}$$

如果 (16.23) 是一个最小实现, 则 $\bar{W}(z)$ 是一个最小谱因子. 反过来也成立.

谱因子 $\bar{W}$ 的存在性也有一个必要条件, 其证明和定理 16.2.6 的证明类似.

定理 16.3.2　(16.23) 是 $\Phi(z)$ 的一个对偶有理谱因子且矩阵 A 是未混合的, 则有一个对应的和分解 (16.10) 和唯一一个 $Q = Q'$ 满足线性矩阵不等式

$$\bar{M}(Q) = \begin{bmatrix} \bar{B} \\ \bar{D} \end{bmatrix} \begin{bmatrix} \bar{B}' & \bar{D}' \end{bmatrix}, \tag{16.27}$$

其中矩阵函数 $Q \mapsto \bar{M}(Q)$ 由 (16.25) 给出.

用 $\mathbb{Q}$ 表示所有满足下面线性矩阵不等式的对称矩阵 Q 的集合

$$\bar{M}(Q) \geqslant 0. \tag{16.28}$$

特别地, 定理 16.3.1 和 16.3.2 特别意味着 Φ 是一个谱密度当且仅当 $\mathbb{Q}$ 是非空的.

注意到因为 $\bar{W}(z)$ 是一个谱因子, 它可以解释为 y 的一个随机实现的传递函数

$$\begin{cases} \bar{x}(t-1) = A'\bar{x}(t) + \bar{B}\bar{w}(t), \\ y(t) = \bar{C}\bar{x}(t) + \bar{D}\bar{w}(t), \end{cases} \tag{16.29}$$

这恰好是与第 6.2 节中的后向系统的形式相同. 比较定义 $\bar{B}$ 和 $\bar{D}$ 的关系式 (6.24). 但是只有当 $|\lambda(A)| < 1$ 时, 这个实现有在 (6.25) 中描述的后向性质但不得不近似解释为第 16.1 节中的 (16.1). 另外, 对于一个一般未混合 A, 矩阵将不再如 (6.23) 中是状态过程 $\bar{x}$ 的协方差矩阵. 尽管如此, 我们有下面值得关注的事实.

定理 16.3.3 给定一个谱密度矩阵 Φ 的未混合和分解 (16.10), 且 (16.10b) 是 Z 的一个最小实现, 两个线性矩阵不等式 (16.18) 和 (16.28) 的解是非奇异矩阵, 满足关系式

$$Q = P^{-1}, \tag{16.30}$$

也即如果 P 是生成最小谱因子 (16.19) 的线性矩阵不等式 (16.18) 的一个解, 那么 $Q = P^{-1}$ 是 (16.28) 的一个解, 其生成了对偶谱分解 (16.22) 中最小谱因子 (16.23), 反过来也成立.

因此, 如果 (16.19) 是一个 A 未混合的最小实现, 那么 (16.18) 的解集 $\mathcal{P}$ 和 (16.28) 的解集 $\mathcal{Q}$ 是互倒集, 可以用符号表示为

$$\mathcal{Q} = \mathcal{P}^{-1}.$$

更重要的是, 映射 $P \to P^{-1}$ 在最小谱因子 W 和它的对偶 $\bar{W}$ 之间建立了一对一的关系. 下面我们将展示这种关系能够表示为一个全通函数的乘法运算, 这个函数和第 6.3 节中定义的结构函数的作用是一样的.

证 根据命题 16.2.5, 任意满足 (16.18) 的解 P 生成一个最小谱因子 $W(z) = C(zI - A)^{-1}B + D$; 对偶地, 任意满足 (16.28) 的解 Q 生成一个最小谱因子 $\bar{W}(z) = \bar{C}(z^{-1}I - A')^{-1}\bar{B} + \bar{D}$, 其中 A 和 A' 是未混合的且 (A, B) 和 $(A', \bar{B})$ 都是可达对. 因此 P 和 Q 都是 Lyapunov 方程的可逆解.

其次注意到 $M(P)$ 和 $\bar{M}(Q)$ 可以再用形式表示为

$$M(P) = \begin{bmatrix} P & \bar{C}' \\ \bar{C} & \Lambda_0 \end{bmatrix} - \begin{bmatrix} A \\ C \end{bmatrix} P \begin{bmatrix} A' & C' \end{bmatrix},$$

$$\bar{M}(Q) = \begin{bmatrix} \Lambda_0 & C \\ C' & Q \end{bmatrix} - \begin{bmatrix} \bar{C} \\ A' \end{bmatrix} Q \begin{bmatrix} \bar{C}' & A \end{bmatrix},$$

其中 $\bar{M}(Q)$ 的分块已经被置换, 这当然并不影响不等式 $\bar{M}(Q) \geq 0$. 将让 $M(P)$ 和 $\bar{M}(P^{-1})$ 同时具有相同的惯性和半正定性. 为此, 考虑矩阵

$$R := \begin{bmatrix} P & \bar{C}' & A \\ \bar{C} & \Lambda_0 & C \\ A' & C' & P^{-1} \end{bmatrix}, \tag{16.31}$$

且注意到 $M(P)$ 和 $\bar{M}(P^{-1})$ 都分别是 (16.31) 中 P 和 P^{-1} 的 Schur 补 (附录 B.1). 事实上,

$$R = T_1' \begin{bmatrix} M(P) & 0 \\ 0 & P^{-1} \end{bmatrix} T_1 = T_2' \begin{bmatrix} P & 0 \\ 0 & \bar{M}(P^{-1}) \end{bmatrix} T_2, \tag{16.32}$$

其中

$$T_1 = \begin{bmatrix} I & 0 & 0 \\ 0 & I & 0 \\ PA' & PC' & I \end{bmatrix}, \quad T_2 = \begin{bmatrix} I & P^{-1}\bar{C}' & P^{-1}A \\ 0 & I & 0 \\ 0 & 0 & I \end{bmatrix}.$$

因此 (16.32) 中的两个分块对角化矩阵是相似的, 并根据 Sylvester 定理 (定理 B.1.21), 它们必须有相同的惯性. 然而 P 和 P^{-1} 有相同的惯性, 因此

$$\text{In}\,[M(P)] = \text{In}\,[\bar{M}(P^{-1})],$$

这意味着它们同时是半正定的. 从而只要 P 满足 (16.18), 则 P^{-1} 满足 (16.28), 且反过来也成立. □

16.3.1 有理全通函数

下面, 我们将推广在第 6.3 节中介绍的结构函数 的概念. 为此, 首先给出一个有理全通函数的一般描述 (在离散时间下). 这是定理 16.2.3 和 16.2.6 在谱密度矩阵 $\Phi(z) \equiv I$ 的因子分解中的应用. 结果证明它在其他情形下也是适用的.

回顾 $m \times m$ 有理矩阵函数

$$U(z) = H(zI - A)^{-1}G + V, \tag{16.33}$$

它被称为一个全通 函数, 如果 $U(z)U(z^{-1})' = I$.

定理 16.3.4　(16.33) 是一个含未混合 A 的 $m \times m$ 有理函数矩阵. 如果有一个对称 $n \times n$ 矩阵 P 满足方程

$$\begin{cases} P = APA' + GG', \\ APH' + GV' = 0, \\ VV' + HPH' = I, \end{cases} \tag{16.34}$$

则 $U(z)$ 是一个全通函数. 相反地, 如果 (16.33) 是一个全通函数且 (H, A) 是一个可观测对, 那么存在一个对称的 P 使得 (16.34) 成立.

对偶地, 如果有一个对称的 Q 满足

$$\begin{cases} Q = A'QA + H'H, \\ A'QG + H'V = 0, \\ V'V + G'QG = I, \end{cases} \tag{16.35}$$

则有理矩阵函数 (16.33) 是一个全通函数. 相反地, 如果 (16.33) 是一个全通函数且 (A, G) 是一个可达对, 那么存在一个对称的 Q 使得 (16.35) 成立. 此外, 如果 (16.33) 是一个最小实现, 则 $PQ = I$.

证　给定一个定义为 (16.33) 的矩阵函数, $\Phi(z) := U(z)U(z^{-1})'$ 是一个谱密度, 因此, 根据定理 16.2.3 和 16.2.6, 它有一个和分解 $\Phi(z) = Z(z) + Z(z^{-1})$ 以及

$$Z(z) = H(zI - A)^{-1}\bar{H}' + \frac{1}{2}\Omega, \tag{16.36}$$

其中 $\bar{H}' := APH' + GV'$ 和 $\Omega := HPH' + VV'$, P 是 Lyapunov 方程 $P = APA' + GG'$ 的唯一解. 因此, 根据 (16.34), $\bar{H} = 0, \Omega = I$, 即 $Z(z) = \frac{1}{2}I$. 所以 $U(z)U(z^{-1})' = I$, 满足定理要求. 反过来, 如果 $U(z)$ 是一个全通函数, $\Phi(z) := U(z)U(z^{-1})' = I$. 因此有一个由 (16.36) 给出的 Z 使得 $Z(z) + Z(z^{-1}) = I$. 因为 (H, A) 是可观测的, $\bar{H} = 0$. 则在一个对相应矩阵进行合适辨识后, (16.34) 恰好是 (16.12) 且 $\bar{H} = 0$.

首先注意到 $U(z)'$ 是全通的. 如果 $U(z)$ 是全通的, 其次 (A, G) 的可达性与 (A', G') 的可观性是等价的, 那么通过对称性分析可以得到对偶的结论. 还需要证明的是当 (16.33) 是一个最小实现时, $PQ = I$. 为此, 首先由实现 (A, G, H) 的最小性, P 和 Q 是满足 Lyapunov 方程的唯一一个非奇异解. 由定理 16.3.3 可得 $PQ = I$. 　□

这个定理有一个稍微更一般的形式, 也描述了非平方全通函数的特性. 但是本书这里并不是追求这种一般化.

16.3.2 结构函数概念的推广

令 $(W, \bar{W})$ 是对应于

$$Z(z) = C(zI - A)^{-1}\bar{C}' + 1/2\Lambda_0$$

的固定最小实现的基所表示的最小谱因子的一个对偶对, 且 $Z(z)$ 也是满足谱密度矩阵 Φ 的一个未混合和分解式. 类似于 (6.39), 定义

$$K(z) := \bar{B}'(zI - A)^{-1}B + V, \tag{16.37}$$

其中 V 是一个还不明确的 $m \times m$ 矩阵. 注意到 $(\bar{B}', A, B)$ 明显也是一个最小实现, 因为 (A, B) 和 $(A, \bar{B})$ 是可达对. 我们想要 K 成为一个全通函数, 也就是

$$K(z)K(z^{-1})' = I. \tag{16.38}$$

设置 (16.34) 中 $G := B$ 和 (16.35) 中 $H = \bar{B}'$, 由定理 16.3.4 可以得到两个有唯一解 P 和 $Q = P^{-1}$ 的 Lyapunov 方程. 很明显存在解 P 和 $Q = P^{-1}$, 等于两个对偶方程的解, 它们通过映射 (16.30) 参数化对偶最小谱因子 $(W, \bar{W})$. 在 (16.34) 和 (16.35) 中的其他方程则引出一组关于 V 的条件, 也就是说,

$$\begin{cases} AP\bar{B} + BV' = 0, \\ VV' + \bar{B}'P\bar{B} = I, \end{cases} \tag{16.39a}$$

和

$$\begin{cases} A'P^{-1}B + \bar{B}V' = 0, \\ V'V + B'P^{-1}B = I, \end{cases} \tag{16.39b}$$

这看起来正像 V 在 (6.38a) 和 (6.33) 中的关系, 其中 V 被定义为两个白噪声过程的相关矩阵. 但这里不能引入 $(w, \bar{w})$, 如果我们不能证明 $K(z)$ 是全通的且这些关系式有一个解.

命题 16.3.5 *给定* $A \in \mathbb{R}^{n \times n}, G \in \mathbb{R}^{n \times m}, H \in \mathbb{R}^{m \times n}$, *如果存在一对* $P = P'$ *和* $Q = Q'$ *使得*

$$\begin{cases} P = APA' + GG', \\ Q = A'QA + H'H, \\ PQ = I, \end{cases} \tag{16.40}$$

那么存在一个矩阵 $V \in \mathbb{R}^{m \times m}$ *使得* $U(z) = H(zI - A)^{-1}G + V$ *是全通的. 如果* A *是非奇异的, 那么* V *能被选为非奇异的.*

证 设 $(\rho, n-\rho, 0)$ 是 P 的惯性, 等价于 $Q = P^{-1}$ 的惯性.

$$E := \begin{bmatrix} Q & 0 & A' \\ 0 & I_m & G' \\ A & G & P \end{bmatrix}$$

的惯性等于 $\begin{bmatrix} Q & 0 \\ 0 & I_m \end{bmatrix}$ 的惯性, 即 $(m+n-\rho, \rho, 0)$ 加上相应的如下 Schur 补的惯性,

$$Q^{-1} - \begin{bmatrix} A & G \end{bmatrix} \begin{bmatrix} Q & 0 \\ 0 & I_m \end{bmatrix}^{-1} \begin{bmatrix} A' \\ G' \end{bmatrix} = Q^{-1} - AQ^{-1}A' - GG' = 0_{n \times n}.$$

因此, E 的惯性等于 $(m+n-\rho, \rho, n)$. 另一方面, E 的惯性也等于 $Q^{-1} = P$ 的惯性, 即 $(n-\rho, \rho, 0)$ 加上相应的由下式给出的反 Schur 补的惯性

$$\tilde{M}(Q) := \begin{bmatrix} Q & 0 \\ 0 & I_m \end{bmatrix} - \begin{bmatrix} A' \\ G' \end{bmatrix} (Q^{-1})^{-1} \begin{bmatrix} A & G \end{bmatrix} = \begin{bmatrix} Q - A'QA & -A'QG \\ -G'QA & I - G'QG \end{bmatrix}.$$

从而 $\tilde{M}(Q)$ 的惯性是 E 的惯性减去 Q 的惯性, 即 $(m, 0, n)$. 从而 $\tilde{M}(Q)$ 是半正定的且秩为 m, 因此存在一个矩阵 $\begin{bmatrix} \tilde{H} & \tilde{V} \end{bmatrix}' \in \mathbb{R}^{(n+m) \times m}$ 使得

$$\tilde{M}(Q) = \begin{bmatrix} \tilde{H}' \\ \tilde{V}' \end{bmatrix} \begin{bmatrix} \tilde{H} & \tilde{V} \end{bmatrix}.$$

特别地, $Q - A'QA = H'H = \tilde{H}'\tilde{H}$, 所以存在一个实正交矩阵 T 使得 $H = T\tilde{H}$. 因为 $T'T = I$, 设 $V := T\tilde{V}$, 有

$$\tilde{M}(Q) = \begin{bmatrix} H' \\ V' \end{bmatrix} \begin{bmatrix} H & V \end{bmatrix},$$

从而 V 满足

$$V'V = I - G'QG$$

和

$$V'H + G'QA = 0,$$

这表明 (16.35) 有一个解. 因此根据 16.3.4 可知, $U(z) = H(zI - A)^{-1}G + V$ 是全通的.

还需要证明如果 A 是非奇异的, 那么这个矩阵 V 是非奇异的. 为此, 注意到如果 A 是非奇异的,$APA' = P - GG'$ 意味着 P 和 $P - GG'$ 有相同的惯性. 现在考虑矩阵

$$M := \begin{bmatrix} P & G \\ G' & I \end{bmatrix}, \quad L_1 := \begin{bmatrix} I & 0 \\ -G'P^{-1} & I \end{bmatrix} \quad 和 \quad L_2 := \begin{bmatrix} I & -G \\ 0 & I \end{bmatrix},$$

则

$$V_1 := L_1 M L_1' = \begin{bmatrix} P & 0 \\ 0 & I - G'P^{-1}G \end{bmatrix} \quad 和 \quad V_2 := L_2 M L_2' = \begin{bmatrix} P - GG' & 0 \\ 0 & I \end{bmatrix},$$

这表明 V_1 和 V_2 有相同的惯性, 同时与 M 的惯性一致. 从而, 由于 P 和 $P - GG'$ 有相同的惯性, I 和 $I - G'P^{-1}G$ 也有相同的惯性, 即 $I - G'P^{-1}G$ 是正定的. 但是 $PQ = I$, 因此 $I - G'QG$ 也是正定的. 从而 V 是非奇异的. □

定理 16.3.6 $(W, \bar{W})$ 是一个由 (16.6) 和 (16.23) 给出的谱因子的对偶对, 令 (16.37) 中的 $K(z)$ 是全通的. 那么

$$\bar{W} = WK^*. \tag{16.41}$$

反过来, 如果 K 满足 (16.41), 它肯定是全通的且有一个如同 (16.37) 中的最小实现.

证 可以利用定理 6.3.3 证明中的相同计算, 除了 (6.38b), 即

$$CP\bar{B} + DV' = \bar{D} \tag{16.42}$$

需要在当前更一般的环境下建立. 这将在下一步完成. 将由 (16.26) 得到的 $\bar{B}\bar{B}' = Q - A'QA$, 和由 (16.39b) 得到的 $V'V = I - B'P^{-1}B, \bar{B}V = -A'P^{-1}B$ 插入到

$$(CP\bar{B} + DV')(\bar{B}'PC' + VD')$$
$$= CP\bar{B}\bar{B}'PC' + DV'VD' + CP\bar{B}VD' + DV'\bar{B}'PC',$$

并注意到 $P^{-1} = Q$, 得到

$$(CP\bar{B} + DV')(\bar{B}'PC' + VD') = \Lambda_0 - \bar{C}Q\bar{C}' = \bar{D}\bar{D}',$$

这里用到了由 (16.12) 得到的方程 $\bar{C} = CPA' + BD'$ 和 $\Lambda_0 = CPC' + DD'$, 以及由 (16.26) 得到的 $\Lambda_0 = \bar{C}Q\bar{C}' + \bar{D}\bar{D}'$. 因此 $CP\bar{B} + DV' = \bar{D}T$, 其中 T 是一个 $m \times m$ 正交矩阵. 但是, $\bar{D}$ 是唯一这样一个按模计算的正交变换. □

§16.4　Markov 分裂子空间的等价表示

正如第 6.1 节所述, 有许多不同动态方程模型描述相同的最小 Markov 分裂子空间 X. 在这点上我们已经提出方法来描述所有这样等价的动态模型和它们的不变性质.

16.4.1　关于对偶的不变性

这个不变性与对偶性有关. 给定一个形如 (16.1) 且具有一个未混合 A 矩阵和一个相应的传递函数 W 的最小随机实现, 令 $\bar{W}$ 是与有最小实现 (16.29) 的 W 相关的对偶最小谱因子. 根据由 (16.37) 给出的 (一般的) 结构函数 $K(z)$, 这个谱因子与 W 是相关的. 这个模型的输入噪声定义为过程

$$\bar{w}(t) = \int_{-\pi}^{\pi} e^{it\theta} d\hat{\bar{w}}, \quad \text{其中 } d\hat{\bar{w}} := K(e^{i\theta}) d\hat{w}.$$

所以, $\bar{w}$ 是一个标准 p-维白噪声且生成和 w 相同的环绕空间, 也即

$$H(\bar{w}) = H(w);$$

见第 3.7 节. 因为 $d\hat{\bar{w}} = K^*(z) d\hat{w}$, 由定理 16.3.6 可以推出过程 y 也是一个表示, 作为传递函数 $\bar{W}$ 的系统输出和 $\bar{w}$ 的系统输入. 事实上有

命题 16.4.1　在上面输入噪声 $\bar{w}$ 的选择下, 随机系统 (16.29) 的状态 $\bar{x}$ 与随机实现 (16.1) 的状态 x 是相关的, 其方程为

$$\bar{x}(t) = P^{-1} x(t+1), \tag{16.43}$$

其中 P 是 Lyapunov 方程 $P = APA' + BB'$ 的解. 此外噪声过程的相互关系为

$$\bar{w}(t) = \bar{B}' x(t) + V w(t), \tag{16.44a}$$

$$w(t) = B' \bar{x}(t) + V' \bar{w}(t). \tag{16.44b}$$

特别地, 当 $|\lambda(A)| < 1$ 时, 其中一个恢复为第 6.3 节中的前—后向关系式.

证　(16.43) 的证明由 (16.41) 和导数不依赖于 A 的任何假设的关系式 (6.43b) 推出. 事实上, 由 (6.43b)

$$x(t) = \int_{-\pi}^{\pi} e^{it\theta} (e^{i\theta} I - A)^{-1} B d\hat{w}$$

$$= P \int_{-\pi}^{\pi} e^{i(t-1)\theta} (e^{-i\theta} I - A')^{-1} \bar{B} d\hat{\bar{w}} = P \bar{x}(t-1).$$

关系式 (16.44) 分别由 $\mathrm{d}\hat{w} := K(z)\mathrm{d}\hat{w}$ 和倒数 $\mathrm{d}\hat{w} := K(z)^*\mathrm{d}\hat{w}$ 得出. □

在当前更一般的环境下, 对偶实现 (16.1) 和 (16.29) 也描述了 (以一个单位时间变化为模) 相同的 Markov 分裂子空间.

16.4.2   关于极点结构的不变性

给定一个 m-维满秩, 有 $2n$ 阶有理谱密度的平稳随机过程 y, 考虑一个最小线性随机实现

$$\begin{cases} x(t+1) = Ax(t) + Bw(t), \\ y(t) = Cx(t) + Dw(t), \end{cases} \tag{16.45}$$

和相关的 n 维 Markov 分裂子空间 X. 正如本章前面所述, A 不需要是稳定的但必须是非混合的. 为了避免专业术语, 假设 A 是非奇异的. 与之前一样, 我们假设

$$\mathrm{rank} \begin{bmatrix} B \\ D \end{bmatrix} = p, \tag{16.46}$$

其中 p 是白噪声过程 w 的维度. 因此 $m \leqslant p \leqslant m+n$, 对于内部实现 $p = m$. 满秩的性质 (16.46) 确保 $\mathrm{H}(x) \vee \mathrm{H}(y)$ 与环绕空间 $\mathrm{H}(w)$ 一致.

下面考虑另一个有相同状态过程 x, 即有相同 X 和相同基的选择, y 的最小随机实现

$$\begin{cases} x(t+1) = Fx(t) + Gv(t), \\ y(t) = Hx(t) + Jv(t). \end{cases} \tag{16.47}$$

这里 F 被假设为未混合且与 A 有不同的谱, 但白噪声 v 有和 w 相同的维度 p, 并且相应的满秩条件 (16.46) 成立. 因此 (16.45) 是一个内部实现当且仅当 (16.47) 也是.

从 (16.45) 中减去 (16.47) 并乘以 $\begin{bmatrix} G' & J' \end{bmatrix}'$ 的左逆元, 可得

$$v(t) = Mx(t) + Vw(t), \tag{16.48a}$$

其中

$$M := \begin{bmatrix} G \\ J \end{bmatrix}^{-L} \begin{bmatrix} A-F \\ C-H \end{bmatrix}, \qquad V := \begin{bmatrix} G \\ J \end{bmatrix}^{-L} \begin{bmatrix} B \\ D \end{bmatrix}. \tag{16.48b}$$

将 (16.48a) 插入到 (16.47) 有

$$\begin{cases} x(t+1) = (F+GM)x(t) + GVw(t), \\ y(t) = (H+JM)x(t) + JVw(t), \end{cases}$$

这与 (16.45) 相比较表明

$$A = F + GM, \quad C = H + JM, \quad B = GV, \quad D = JV. \tag{16.49}$$

现在, 为了使

$$\begin{cases} x(t+1) = Ax(t) + Bw(t), \\ v(t) = Mx(t) + Vw(t) \end{cases}$$

成为一个输入为一个 (标准) 白噪声 w 和输出为一个 (标准) 白噪声 v 的系统, 传递函数

$$U(z) = M(zI - A)^{-1}B + V$$

必须是全通的. 因此, 为了研究这一类等价表示 (16.45) 和 (16.47), 可以调用定理 16.3.4 的第二个论述, 并研究矩阵方程可解的条件

$$\begin{cases} Q = A'QA + M'M, \\ A'QB + M'V = 0, \\ V'V + B'QB = I, \end{cases} \tag{16.50}$$

这引出下面的定理.

定理 16.4.2 (16.45) 是一个最小随机实现, 其中 A 有一个任意但未混合的谱. 那么, 假若 F 也是未混合的, (16.47) 是一个含有同样 x 和 y 的最小随机实现当且仅当

$$v(t) = Hx(t) + Vw(t),$$

并且矩阵 (F, G, H, J) 是由反馈转换 (16.49) 生成的, 其中对某些对称 Q, M 和 V 满足 (16.50). 如果 A 是非奇异的, 则 V 也是, 且

$$F = A + B(I - B'QB)^{-1}B'QA, \tag{16.51a}$$

$$H = C + D(I - B'QB)^{-1}B'QA, \tag{16.51b}$$

其中 Q 是齐次代数 Riccati 方程的一个解

$$Q = A'QA + A'QB(I - B'QB)^{-1}B'QA. \tag{16.52}$$

证 如果 A 是非奇异的, $U(\infty)U(0)' = V(V - MA^{-1}B)' = I$, 这意味着 V 是非奇异的. 那么从 (16.50) 可以得到 $M' = -A'QBV^{-1}$ 和 $V'V = I - B'QB$, 插入 $F = A - BV^{-1}M$ 和 $Q = A'QA + M'M$ 分别可以得到 (16.51a) 和 (16.52).   □

因此在最小 Markov 子空间 X 中, 有和齐次 Riccati 方程 (16.52) 的解一样多的具有一组确定基 x 的最小随机实现. 注意到 Q 不需要是可逆的. 事实上, 与 (16.52) 解 $Q = 0$ 相对应的是模正交变换, $M = 0$, $F = A$ 和 $v = w$, 即初始模型. 实质上, 具有相同状态过程的随机实现之间的等价关系可以用一个作用在 (A, B) 和输入噪声 w 上的一般反馈族 的有限子族描述. 这个族的动态可以明确地根据 Riccati 方程 (16.52) 的解来参数化. 这个方程的分析将放到第 16.6 节中, 因为它是更一般 Riccati 方程的一个特殊情形, 这将在下一节讨论.

推论 16.4.3 设 (16.45) 和 (16.47) 是内部实现. 那么 D 是非奇异的当且仅当 J 是非奇异的. 此外, 在这种情形下, (16.49) 中的 V 也是非奇异的.

证 因为 $D = JV$, D 的非奇异性蕴含着 J 和 V 的非奇异性 (没有任何关于 A 的假设). 为了证明反过来的结论, 只需交换上面分析中的 (16.45) 和 (16.47). □

16.4.3 关于零结构的不变性

现在执行在第 6.8 节介绍的正则性条件

$$\Delta(P) := \Lambda_0 - CPC' > 0, \quad \text{对所有的 } P \in \mathcal{P}. \tag{16.53}$$

特别地, 因为 $\Lambda_0 = CPC' + DD'$, 这等同于需要 $m \times p$ 矩阵 D 在所有的表示 (16.45) 中是满秩的.

因为 A 可以是不稳定的, 一般来说 P 不再是一个协方差矩阵. 不过在第 14 章 489 -490 页所有的计算依然是有效的, 因为无需 A 的稳定性, 所以, 系统 (16.45) 的传递函数 (谱因子)

$$W(z) = C(zI - A)^{-1}B + D$$

的零点是下面分子矩阵 的转置 的特征值

$$\Gamma = A - BD'(DD')^{-1}C, \tag{16.54}$$

它被限制在由 (14.8) 定义的零方向构成的空间 $\mathcal{V}^*$ 上, 即

$$\{W \text{ 的零点}\} = \sigma\{\Gamma'|_{\mathcal{V}^*}\}. \tag{16.55}$$

如果实现是内部的, 即 $p = m$, 则 D 是方阵且是非奇异的, $\mathcal{V}^* = \mathbb{R}^n$. 在这种情形下 W 的零点恰好是

$$\Gamma = A - BD^{-1}C \tag{16.56}$$

的特征值.

定理 16.4.4 设 (16.45) 和 (16.47) 是两个具有相同状态过程的 y 的内部最小随机实现. 则它们有相同的分子矩阵, 即

$$A - BD^{-1}C = F - GJ^{-1}H.$$

证 对 (16.56) 应用反馈关系 (16.49) 可以得到

$$\Gamma = F + GM - GV(JV)^{-1}(H + JM)$$
$$= F + GM - GJ^{-1}H - GM = F - GJ^{-1}H,$$

因为 V 是非奇异的 (推论 16.4.3). $\square$

因此, 以坐标的选择为模计算, 分子矩阵 Γ 是 X 的不变量, 至少在内部情形当 Γ 的特征值恰好是 W 的零点时. 用 Γ_- 和 Γ_+ 分别表示预测空间 X_- 和后向预测空间 X_+ 的分子矩阵. 正如在第 6.6 节所述的, Γ_- 的谱包含在 $\bar{\mathcal{D}}_- := \{z; |z| \leqslant 1\}$ 中, Γ_+ 的谱包含在 $\bar{\mathcal{D}}_+ := \{z; |z| \geqslant 1\}$ 中.

§16.5 Riccati **不等式和代数** Riccati **方程**

给定一个 $2n$ 阶满秩的 $m \times m$ 有理谱密度 Φ, 再次考虑一个和分解 $\Phi(z) = Z(z) + Z(z^{-1})$, 其中

$$Z(z) = C(zI - A)^{-1}\bar{C} + \frac{1}{2}\Lambda_0, \tag{16.57}$$

A 是一个未混合的 $n \times n$ 矩阵. 我们感兴趣的是 Φ 的所有谱因子

$$W(z) = C(zI - A)^{-1}B + D \tag{16.58}$$

在相同的坐标系系统下组成的类, 由 (C, A) 确定, 类似于 (16.57). 这里 W 是 $m \times p$, 其中 $m \leqslant p \leqslant m + n$. 已经证明 (定理 16.2.8), 以一个平凡正交变换为模, 在 W 和满足下面线性矩阵不等式的 $n \times n$ 对称矩阵 P 之间有一个一一对应的关系

$$M(P) := \begin{bmatrix} P - APA' & \bar{C}' - APC' \\ \bar{C} - CPA' & \Lambda_0 - CPC' \end{bmatrix} \geqslant 0, \tag{16.59}$$

其中 B 和 D 由如下最小秩因子分解给出 (唯一地取决于一个正交变换)

$$M(P) = \begin{bmatrix} B \\ D \end{bmatrix} \begin{bmatrix} B' & D' \end{bmatrix}. \tag{16.60}$$

用 $\mathcal{P}$ 表示所有这样 P 的集合. 明显地 $p = \operatorname{rank} M(P)$, 随着不同的 $P \in \mathcal{P}$ 而变化. 注意到, 收缩到第 6.9 节中的情形, A 一般是不稳定的, 且 $\mathcal{P}$ 中的元素一般不是正定的, 因此不能被解释为协方差矩阵. 但是, 因为 A 是未混合的, P 依然是 Lyapunov 方程 $P = APA' + BB'$ 的解.

正如在第6.9节中, 我们想用一个更紧凑的表示来代替线性矩阵不等式(16.59), 也就是代数 Riccati 不等式, 其维数是 n 而不是 $n + m$. 为此, 需要正则性条件 (16.53), 这将会在本章的余下部分用得到.

在第 6.9 节,

$$\begin{bmatrix} I & T \\ 0 & I \end{bmatrix} M(P) \begin{bmatrix} I & 0 \\ T' & I \end{bmatrix} = \begin{bmatrix} R(P) & 0 \\ 0 & \Delta(P) \end{bmatrix},$$

其中 $T := -(\bar{C}' - APC')\Delta(P)^{-1}$, $R(P)$ 是 Riccati 算子

$$R(P) = P - APA' - (\bar{C}' - APC')\Delta(P)^{-1}(\bar{C}' - APC')', \tag{16.61}$$

它是对所有满足条件 (16.53) 的 $P = P'$ 定义的. 因此, 如果正则性成立,$P \in \mathcal{P}$ 当且仅当它满足代数 Riccati 不等式

$$R(P) \geqslant 0. \tag{16.62}$$

从而可以将集合 $\mathcal{P}$ 描述为 $n \times n$ 对称半正定矩阵构成的圆锥体 $\mathbb{S}_+^{n \times n}$ 在映射 R 下的逆象, 也即

$$\mathcal{P} = R^{-1}(\mathbb{S}_+^{n \times n}). \tag{16.63}$$

它是由一个矩阵不等式定义的, 明显 $\mathcal{P}$ 是一个闭集和凸集. 假若正则性成立,$\mathcal{P}$ 有界, 有一个最小元素和最大元素, 这将在下面证明.

显然, $p = \operatorname{rank} M(P) = m + \operatorname{rank} R(P) \geqslant m$. 如果 $\operatorname{rank} M(P) = m$, 对应的谱因子是 $m \times m$ 方阵,P 满足代数 Riccati 方程 (ARE)

$$P = APA' + (\bar{C}' - APC')\Delta(P)^{-1}(\bar{C}' - APC')'. \tag{16.64}$$

用 $\mathcal{P}_0$ 表示这样的 $P \in \mathcal{P}$ 的子集. 显然, 相应的谱因子 W 是随机系统 (16.1) 的传递函数, 且系统是内部的, 即 $\mathbf{X} \subset \mathbf{H}$. 事实上, 正如我们在第 16.4 节指出的, 在这种情形下 D 是一个非奇异 $m \times m$ 矩阵, 且

$$\begin{cases} x(t+1) = \Gamma x(t) + BD^{-1}y(t), \\ w(t) = -D^{-1}Cx(t) + D^{-1}y(t), \end{cases} \tag{16.65}$$

其中 Γ 由 (16.56) 给出. 因为这种表示的传递函数是 $W(z)^{-1}$, Γ 的特征值正好是 $W(z)$ 的零点.

16.5.1　谱密度的零点

回顾 λ 是 Φ 的一个 (不变) 零点, 如果 $\Phi(\lambda)a = 0$, 对于某些 $a \in \mathbb{R}^m$.

定理 16.5.1　给定一个 $m \times m$ 方阵谱因子 (16.58), $\Gamma := A - BD^{-1}C$ 是非奇异的且特征值为 $z_1, z_2, \cdots, z_n$. 则谱密度 $\Phi(z) = W(z)W(z^{-1})'$ 有 $2n$ 个零点位于 $z_1, z_2, \cdots, z_n, z_1^{-1}, z_2^{-1}, \cdots, z_n^{-1}$.

证　$\Phi(z) = W(z)W(z^{-1})'$ 作为有理传递函数, 它可以用串联系统来说明

$$\xrightarrow{u} \boxed{W(z^{-1})'} \xrightarrow{\eta} \boxed{W(z)} \xrightarrow{v}$$

其中右边的方框代表输入输出映射

$$\begin{cases} \xi_1(t+1) = A\xi_1(t) + B\eta(t), \\ v(t) = C\xi_1(t) + D\eta(t), \end{cases}$$

左边的方框代表

$$\begin{cases} \xi_2(t) = A'\xi_2(t+1) + C'u(t), \\ \eta(t) = B'\xi_2(t+1) + D'u(t), \end{cases}$$

消除 η, 有

$$\begin{cases} \xi_1(t+1) = A\xi_1(t) + BB'\xi_2(t+1) + BD'u(t), \\ v(t) = C\xi_1(t) + DB'\xi_2(t+1) + DD'u(t), \end{cases}$$

下面通过用 v 表示 u 来反转这个系统, 则

$$u(t) = -(DD')^{-1}C\xi_1(t) - (D')^{-1}B'\xi_2(t+1) + (DD')^{-1}v(t).$$

因此,

$$\xi_1(t+1) = \Gamma\xi_1(t) + BD^{-1}v(t),$$

和

$$\xi_2(t) = -C'(DD')^{-1}C\xi_1(t) + \Gamma'\xi_2(t+1) + C'(DD')^{-1}v(t),$$

对上式进行时间的颠倒, 可得

$$\xi_2(t+1) = (\Gamma')^{-1}C'(DD')^{-1}C\xi_1(t) + (\Gamma')^{-1}\xi_2(t) - (\Gamma')^{-1}C'(DD')^{-1}v(t).$$

因此, 设 $\xi = \begin{bmatrix} \xi_1' & \xi_2' \end{bmatrix}'$, 从 v 到 u 的逆映射可建模为一个系统

$$\begin{cases} \xi(t+1) = F\xi(t) + G\eta(t), \\ u(t) = H\xi_1(t) + Jv(t), \end{cases}$$

其中特别地,

$$F = \begin{bmatrix} \Gamma & 0 \\ (\Gamma')^{-1} C' (DD')^{-1} C & (\Gamma')^{-1} \end{bmatrix}.$$

Φ 的零点位于

$$\Phi(z)^{-1} = H(zI - F)^{-1}G + J \tag{16.66}$$

的极点上且与 Γ 和 $(\Gamma')^{-1}$ 的谱并集一致, 引理得证.　　　　□

定理 16.5.2　考虑两个具有相同未混合 A 的随机实现 (16.45), S_-, 作为预测空间 X_- 的一个实现；另一个 S_+, 作为后向预测空间 X_+ 的一个实现. 那么 S_- 的分子矩阵 Γ_- 是非奇异的当且仅当 D_+, 即 S_+ 的 D 矩阵是非奇异的.

定理 16.5.2 的证明由定理 6.8.2 和推论 16.4.3 可以得出.

推论 16.5.3　假如正则性条件 (16.53) 成立. 那么不管未混合 A 的选择如何, 对于所有内部最小随机实现, 分子矩阵 Γ 是非奇异的.

证　假设由 (16.58) 给出的 $W(z)$, 是一个对应于一个内部随机实现的任意 $m \times m$ 谱因子. 根据正则性条件 (16.53), D 是非奇异的, 因此, 根据 (B.20),

$$W^{-1}(z) = D^{-1} - D^{-1} C (zI - \Gamma)^{-1} B D^{-1}.$$

特别地, D_+ 是非奇异的, 因此根据定理 16.5.2 的证明, 可知 $\Phi(0)^{-1}$ 是有限的. 但是, $\Phi(0)^{-1} = (W(\infty)')^{-1} W(0)^{-1} = (D')^{-1} W(0)^{-1}$, 它是有限的当且仅当 Γ 是非奇异的.　　　　□

所以, 给定正则性, 定理 16.5.1 意味着

$$\{\Phi \text{ 的零点}\} = \sigma(\Gamma) \cup \sigma(\Gamma^{-1}) \tag{16.67}$$

对任意与平方谱因子对应的分子矩阵 Γ. 特别地, Γ_- 的所有特征值在闭单位圆中, Γ_+ 所有特征值在开单位圆的补集中. 我们想证明代数 Riccati 方程 (16.64) 的解 P_+ 和 P_- 是集合 $\mathcal{P}$ 中的最大解和最小解, 对于一般的未混合 A 也成立.

对于本章的其余部分, 正则性条件 (16.53) 将默认假定的.

16.5.2　在最小随机实现下的反馈零跳跃

下面的定理表明最小随机实现的分子矩阵是由一个反馈机制关联的.

定理 16.5.4　设 $W_k(z) = C(zI - A)^{-1}B_k + D_k, k = 1, 2$, 分别是两个用 $\mathcal{P}$ 中 P_1 和 P_2 参数化且带未混合 A 的最小谱因子, Γ_1 和 Γ_2 是相应的分子矩阵. 那么, 对于 $k, j = 1, 2$,

$$\Gamma_k = \Gamma_j - L_j C, \tag{16.68a}$$

其中

$$L_j = \Gamma_j (P_j - P_k) C' \Delta(P_k)^{-1}. \tag{16.68b}$$

证　回顾

$$\Gamma_k = A - B_k D_k' \Delta(P_k)^{-1} C; \quad k = 1, 2,$$

其中 $\Delta(P)$ 由 (16.53) 定义, 则

$$
\begin{aligned}
L_1 \Delta(P_2) &= \Gamma_1 (P_1 - P_2) C' \\
&= A(P_1 - P_2)C' - B_1 D_1' \Delta(P_1)^{-1} C(P_1 - P_2)C' \\
&= B_2 D_2' - B_1 D_1' \Delta(P_1)^{-1} \Delta(P_2),
\end{aligned}
$$

其中用到了 $\bar{C}' = AP_k C' + B_k D_k'$ 和 $\Lambda_0 = CP_k C' + D_k D_k'$, 对于 $k = 1, 2$. 因此,

$$L_1 C = B_2 D_2' \Delta(P_2)^{-1} C - B_1 D_1' \Delta(P_1)^{-1} C = \Gamma_1 - \Gamma_2,$$

满足定理要求. 因为这个证明关于 P_1 和 P_2 是对称的, 剩下部分自然可以得出. □

因此, 特别地, 当 $W_1(z)$ 和 $W_2(z)$ 是方阵, 带增益 L_1 的反馈从 $W_1(z)$ 的零点跳到 $W_2(z)$ 的零点, 带增益 L_2 的反馈从 $W_2(z)$ 的零点跳到 $W_1(z)$ 的零点. 当然, 一般而言, 只有分子矩阵的部分 (甚至没有) 特征值是零点, 正如 (16.55).

16.5.3　集合 $\mathcal{P}$ 的偏序关系

尽管代数 Riccati 不等式 (16.62) 的解一般不像第 6 章中是正定的, 不过有一个解集合 $\mathcal{P}$ 的偏序关系, 解集合里有一个最小和最大元素, P_- 和 P_+, 都属于 $\mathcal{P}_0$.

引理 16.5.5　设 $Q \in \mathbb{S}_+^{n \times n}$ 是任意的, $P = R^{-1}(Q) \in \mathcal{P}$ 是代数 Riccati 不等式 (16.62) 对应的解, P_0 是代数 Riccati 方程 (16.64) 的一个任意解, 那么 $\Sigma := P - P_0$ 满足

$$\Sigma = \Gamma_0 \Sigma \Gamma_0' + L_0 \Delta(P) L_0' + Q, \tag{16.69}$$

其中 $\Gamma_0 := A - (\bar{C}' - AP_0 C') \Delta(P_0)^{-1}, L_0 := -\Gamma_0 \Sigma C' \Delta(P)^{-1}$. 对于一个任意确定的 $P_0 \in \mathcal{P}_0$, 通过关系 $P = \Sigma + P_0$, 代数 Riccati 方程 $R(P) = Q$ 的所有解和下面代数 Riccati 方程的解是一一对应的,

$$\Sigma = \Gamma_0 \Sigma \Gamma_0' + \Gamma_0 \Sigma C' [\Delta(P_0) - C\Sigma C']^{-1} C\Sigma \Gamma_0' + Q. \tag{16.70}$$

证 从 $R(P) = Q$ 减去 $R(P_0) = 0$, 可得

$$\Sigma = A\Sigma A' + S\Delta(P)S' - S_0\Delta(P_0)S_0' + Q, \tag{16.71}$$

其中 $S := (\bar{C}' - APC')\Delta(P)^{-1}, S_0 := (\bar{C}' - AP_0C')\Delta(P_0)^{-1}$. 首先注意到

$$S_0\Delta(P_0) - S\Delta(P) = A\Sigma C',$$

这样, 因为

$$\Delta(P_0) = \Delta(P) + C\Sigma C', \tag{16.72}$$

我们有

$$\Gamma_0\Sigma C' = (S_0 - S)\Delta(P). \tag{16.73}$$

或者等价地,

$$S = S_0 + L_0. \tag{16.74}$$

将 $A = \Gamma_0 + S_0C$ 插入到 (16.71), 可得

$$\begin{aligned}
\Sigma - \Gamma_0\Sigma\Gamma_0' - Q &= S_0C\Sigma C'S_0' + \Gamma_0\Sigma C'S_0' + S_0C\Sigma\Gamma_0' + S\Delta(P)S' - S_0\Delta(P_0)S_0' \\
&= -S_0\Delta(P)S_0' - L_0\Delta(P)S_0' - S_0\Delta(P)L_0' + S\Delta(P)S' \\
&= L_0\Delta(P)L_0',
\end{aligned}$$

这里用到了 (16.72), (16.73) 和 (16.74). 这样就建立了 (16.69), 反过来可以写成 (16.70). □

因此随着 Q 在 $\mathbb{S}_+^{n\times n}$ 变化, 可以将 $\mathcal{P}$ 参数化为 Riccati 方程 (16.70) 的解集合中任意一个元素 $P_0 \in \mathcal{P}_0$ 变换的集合. 令 (16.70) 中 $Q = 0$, 可以得到 $\mathcal{P}_0$ 的一个相似描述.

定理 16.5.6 假设谱密度 Φ 在单位圆上没有零点. 那么代数 Riccati 不等式 (16.62) 的解集合 $\mathcal{P}$ 有一个最小和最大元素, 分别是 P_- 和 P_+, 即

$$P_- \leqslant P \leqslant P_+, \quad 对所有\ P \in \mathcal{P}, \tag{16.75}$$

其中 P_- 和 P_+ 属于 $\mathcal{P}_0$. 分子矩阵

$$\Gamma_- = A - (\bar{C}' - AP_-C')\Delta(P_-)^{-1}C \tag{16.76}$$

的特征值的模小于 1, 即 $\sigma(\Gamma_-) \subset \mathcal{D}_- = \{z; |z| < 1\}$, 而

$$\Gamma_+ = A - (\bar{C}' - AP_+C')\Delta(P_+)^{-1}C \tag{16.77}$$

的特征值的模大于 1, 即 $\sigma(\Gamma_+) \subset \mathcal{D}_+ = \{z; |z| > 1\}$.

证 首先注意到 Γ_- 和 Γ_+ 有在第 593 页描述的性质. 那么, 因为 Φ 在单位圆上没有零点, Γ_- 和 Γ_+ 的特征值位置如上所述 (定理 16.5.1). 而且, 令 $P \in \mathcal{P}$ 是任意的. 根据引理 16.5.5, $\Sigma_- := P - P_-$ 满足

$$\Sigma_- = \Gamma_- \Sigma_- \Gamma'_- + \Gamma_- \Sigma_- C' \Delta(P)^{-1} C \Sigma_- \Gamma'_- + Q, \tag{16.78}$$

其中 $Q \geqslant 0$. 因为 Γ_- 是一个稳定性矩阵, (16.78) 能被解出并得到

$$\Sigma_- = \sum_{k=0}^{\infty} \Gamma_-^k \left[\Gamma_- \Sigma_- C' \Delta(P)^{-1} C \Sigma_- \Gamma'_- + Q \right] (\Gamma'_-)^k.$$

可是, 根据正则性, $\Delta(P) > 0$, 因此 $\Sigma_- \geqslant 0$. 这就证明了 $P \geqslant P_-$, 对所有的 $P \in \mathcal{P}$. 为了证明 $P \leqslant P_+$ 对所有的 $P \in \mathcal{P}$ 成立, 采用对偶的论述. 从定理 16.3.3 和与 $\bar{M}(Q)$ 相对应的对偶 Riccati 不等式开始, 导出引理 16.5.5 的一个对偶版本. 由此可知 $Q - Q_+ = P^{-1} - P_+^{-1} \geqslant 0$ 对所有的 $P \in \mathcal{P}$, 因此 $P \leqslant P_+$. □

16.5.4   代数 Riccati 方程的解集 $\mathcal{P}_0$

下面将证明, 即使 Φ 在单位圆上有零点, P_- 和 P_+ 是代数 Riccati 方程 (16.64) 的解集 $\mathcal{P}_0$ 中的最小和最大元素.

推论 16.5.7 $P_1, P_2 \in \mathcal{P}_0$ 是代数 Riccati 方程 (16.64) 的两个解, 并设 $\Gamma_k := A - (\bar{C}' - A P_k C') \Delta(P_k)^{-1} C, k = 1, 2$. 则 $\Sigma := P_2 - P_1$ 满足齐次二次方程式

$$\Sigma = \Gamma_1 \Sigma \Gamma'_1 + \Gamma_1 \Sigma C' \Delta(P_2)^{-1} C \Sigma \Gamma'_1, \tag{16.79}$$

这也可以写成

$$\Sigma = \Gamma_1 \Sigma \Gamma'_1 + \Gamma_1 \Sigma C' \left[\Delta(P_1) - C \Sigma C' \right]^{-1} C \Sigma \Gamma'_1. \tag{16.80}$$

而且

$$\Sigma = \Gamma_2 \Sigma \Gamma'_1. \tag{16.81}$$

证 通过设置引理 16.5.5 的 $P_0 = P_1, P = P_2$ 和 $Q = 0$, 得到 (16.79). 利用 $L_1 = -\Gamma_1 \Sigma C' \Delta(P_2)^{-1}$, 根据 (16.68a), 可得

$$\Sigma = (\Gamma_1 - L_1 C) \Sigma \Gamma'_1 = \Gamma_2 \Sigma \Gamma'_1,$$

那么 (16.81) 成立. □

在一组适应于正交分解的基上，

$$\mathbb{R}^n = \ker \Sigma \oplus \operatorname{Im} \Sigma,$$

有 $\Sigma = \operatorname{diag}(0, \hat{\Sigma})$ 且 $\hat{\Sigma}$ 是非奇异的. 则由 (16.81) 可知

$$\hat{\Gamma}_2^{-1} \hat{\Sigma} = \hat{\Sigma} \hat{\Gamma}_1',$$

其中 $\hat{\Gamma}_1$ 和 $\hat{\Gamma}_2$ 分别是 Γ_1 和 Γ_2 在 $\operatorname{Im} \Sigma$ 上的限制, 因此 $\hat{\Gamma}_2^{-1}$ 和 $\hat{\Gamma}_1'$ 是相似的, 所以变换 (16.81) 将 Γ_2 的特征值跳跃到 Γ_1 的倒数位置上, 同时特征值原封不动地保持在单位圆上.

引理 16.5.8 设 $P \in \mathcal{P}_0$ 是任意的, $\Sigma_- := P - P_-$, 则 $\ker \Sigma_-$ 是 Γ_-'-不变的, Γ_-' 对应于模为 1 的所有特征值构成的特征空间包含在 $\ker \Sigma_-$ 中.

证 在推论 16.5.7 中, 设 $P_1 = P_-$ 和 $P_2 = P$, 则有

$$\Sigma_- = \Gamma_- \Sigma_- \Gamma_-' + \Gamma_- \Sigma_- C' \Delta(P)^{-1} C \Sigma_- \Gamma_-' \tag{16.82}$$

和 $\Gamma^{-1} \Sigma_- = \Sigma_- \Gamma_-'$, 其中 Γ 是 P 的分子矩阵. 因此 $\ker \Sigma_-$ 是 Γ_-'- 不变的. 接下来令 a 是对应于模为 1 的 Γ_-' 的一个特征值 λ_0 的一个特征向量, 则由 (16.82) 可以得出

$$a' \Sigma_- a = |\lambda_0|^2 a' \Sigma_- a + |\lambda_0|^2 a' \Sigma_- C' \Delta(P)^{-1} C \Sigma_- a,$$

其中 $|\lambda_0|^2 = 1$, 即 $C \Sigma_- a = 0$. 然后, 由 (16.82) 可知 $\Sigma_- a = \lambda_0 \Gamma_- \Sigma_- a$, 即 $(\Gamma_- - \bar{\lambda}_0 I) \Sigma_- a = 0$. 所以

$$\begin{bmatrix} C \\ \Gamma_- - \bar{\lambda}_0 I \end{bmatrix} \Sigma_- a = 0,$$

根据 (C, Γ_-) 的可观性, 这意味着 $\Sigma_- a = 0$, 从而 $a \in \ker \Sigma_-$. 这个证明对于广义特征值的情况也是成立的. □

当 Φ 在单位圆上有零点时, 下面的排序关系式也成立.

定理 16.5.9 对于任意 $P \in \mathcal{P}_0$, 有 $P_- \leqslant P \leqslant P_+$.

证 设 $\Sigma_- := P - P_-, T$ 为一个改变基的正交矩阵, 使得它适应于分解 $\mathbb{R}^n = \ker \Sigma_- \oplus \operatorname{Im} \Sigma_-$. 在这个基下我们有 $\Sigma_- = \operatorname{diag}(0, \hat{\Sigma}_-)$. 为了证明 $P_- \leqslant P$, 需要得出 $\hat{\Sigma}_- \geqslant 0$. 现在, 由 (16.82) 有

$$\Sigma_- = (\Gamma_-)^{-1} \Sigma_- (\Gamma_-')^{-1} - \Sigma_- C' \Delta(P)^{-1} C \Sigma_-. \tag{16.83}$$

因为对应于 Γ'_- 和 $(\Gamma'_-)^{-1}$ 的模为 1 的特征值的特征空间是一致的, 由引理 16.5.8 可知这些都包含在 $\ker \Sigma_-$ 中. 因此

$$T'(\Gamma'_-)^{-1}T = \begin{bmatrix} A_1 & A_{12} \\ 0 & A_2 \end{bmatrix},$$

其中 A_2 只有在闭单位圆之外的特征值. 在这组基下, (16.83) 退化为

$$\hat{\Sigma}_- = A'_2 \hat{\Sigma}_- A_2 - Q_2,$$

其中 Q_2 是 $T'\Sigma_- C'\Delta(P)^{-1}C\Sigma_- CT$ 的下对角块, 是对称的和半正定的. 那么

$$\hat{\Sigma}_- = (A'_2)^{-1}\hat{\Sigma}_-(A_2)^{-1} + Q_2,$$

其中 $(A_2)^{-1}$ 是一个稳定矩阵. 所以, 在定理 16.5.6 的证明中, $\hat{\Sigma}_- \geqslant 0$. 则 $\Sigma_- \geqslant 0$, 从而 $P \geqslant P_-$. 根据定理 16.5.6 的证明过程中的一个对偶论述即可得出 $P \leqslant P_+$. □

定理 16.5.10　Γ_- 的所有特征值的模小于 1 当且仅当 $P_+ - P_-$ 是正定的.

证　考虑到推论 16.5.7, (16.82) 也可以写成

$$\Sigma = \Gamma_-\Sigma\Gamma'_- + \Gamma_-\Sigma C'\left[\Delta(P_-) - C\Sigma C'\right]^{-1}C\Sigma\Gamma'_-. \tag{16.84}$$

首先假设 Γ_- 的所有特征值的模小于 1. 那么, 因为 (C, Γ_-) 是可观的, 所以 (Γ'_-, C') 是可达的, Lyapunov 方程

$$X = \Gamma'_- X\Gamma_- + C\Delta(P_-)^{-1}C \tag{16.85}$$

有唯一正定的解 (命题 B.1.20). 根据正则性, Γ_- 是可逆的, 从而 (16.85) 可以被写成

$$X = (\Gamma'_-)^{-1}[X - C'\Delta(P_-)^{-1}C]\Gamma_-^{-1},$$

或者等价地

$$X^{-1} = \Gamma_-[X - C'\Delta(P_-)^{-1}C]^{-1}\Gamma'_-.$$

但是, 根据矩阵求逆引理 (B.20),

$$[X - C'\Delta(P_-)^{-1}C]^{-1} = X^{-1} - X^{-1}C'[\Delta(P_-) - CX^{-1}C']^{-1}CX^{-1},$$

因此

$$X^{-1} = \Gamma_- X^{-1}\Gamma'_- - \Gamma_- X^{-1}C'[\Delta(P_-) - CX^{-1}C']^{-1}CX^{-1}\Gamma'_-.$$

结果齐次 Riccati 方程 (16.84) 有唯一正定解 X^{-1}, 因此有一个 $P \in \mathcal{P}_0$ 使得 $P - P_- > 0$. 那么 $P_+ - P_- \geqslant P - P_- > 0$, 又因为 (16.84) 的正定解是唯一的, 则 $P = P_+$. 故 $P_+ - P_- > 0$.

反过来, 如果 $\Sigma := P_+ - P_- > 0$, 由引理 16.5.8 直接可以得出 Γ_- 在单位圆上没有特征值. □

16.5.5　只在单位圆上的零点

考虑极限情况, 当谱密度 $\Phi(z)$ 的所有零点在单位圆上时, 则特别地, $\Phi(z)$ 在无穷远处没有零点, 所以过程肯定是正则的.

定理 16.5.11　$\Phi(z)$ 是一个零点只在单位圆的有理谱密度, 则线性矩阵不等式 (16.11) 有唯一解 P, 以及以一个正交变换为模, 有 $\Phi(z)$ 的唯一最小谱因子 $W(z)$, 必要时 $\Phi(z)$ 可以是方阵.

证　根据定理 16.5.1, Γ_- 的所有特征值肯定都在单位圆上, 因此对应于 Γ_-' 的特征值模为 1 的特征空间是 $\mathbb{R}^n$ 的全部. 但是, 根据引理 16.5.8, 这个特征空间包含在 $\ker(P_+ - P_-)$, 所以, $P_- = P_+$. 若以一个正交变换为模, 则 P 和谱因子之间是一一对应的关系, 唯一性得证. □

这并不让人感到奇怪, 因为一个所有零点都在单位圆上的有理谱密度 Φ 的任意解析的最小谱因子 W, 其所有零点也在单位圆上 (定理 16.5.1), 从而肯定是外部的. 因此 $H_p^2 W = H_p^2$, 这样, 按照第 9.1 节的方法, 可知

$$\mathrm{H}^- = \int_{-\pi}^{\pi} H_p^2 W \mathrm{d}\hat{w} = \int_{-\pi}^{\pi} H_p^2 \mathrm{d}\hat{w} = \mathrm{H}^-(\mathrm{d}w) = \mathrm{S}.$$

同样可以证明 $\bar{\mathrm{S}} = \mathrm{H}^+$. 因此, 根据定理 8.1.1, 相应的最小 Markov 分裂子空间是

$$\mathrm{X} = \mathrm{S} \cap \bar{\mathrm{S}} = \mathrm{H}^- \cap \mathrm{H}^+,$$

且因此肯定是唯一的和内部的. 从而在这个意义下, H^- 和 H^+ 垂直相交. 这种几何结构在极点跳跃下是不变的, 故对任意未混合 A 的选择都成立.

§16.6　连续随机实现的等价表示

现在完成在第 16.4 节中提出的状态过程 x 多种多样的参数化的研究是可能的. 我们将暂时假设 A 是可逆的以便 V 也能被假设是可逆的 (命题 16.3.5). 起始

点是注意通过以下替换

$$A \to A', \quad C \to B', \quad \Lambda_0 \to I, \quad \bar{C} = 0, \tag{16.86}$$

标准代数 Riccati 方程 (16.64) 变成齐次 Riccati 方程 (16.52)，使得 $\Delta(P)$ 变成

$$\Delta(Q) = I - B'QB = V'V. \tag{16.87}$$

为了研究所有 A-矩阵表示的集合，一个给定的 Markov 过程 x 对介绍以下集合是方便的

$$\mathcal{Q}_A := \{Q = Q' \mid \Omega_A(Q) = 0\}, \tag{16.88}$$

其中

$$\Omega_A(Q) := Q - A'QA - A'QB\Delta(Q)^{-1}B'QA. \tag{16.89}$$

根据定理 16.4.2，所有的最小表示 (16.47) 是由反馈机制 (16.51) 参数化的. 然而，齐次 Riccati 方程 (16.52) 只与 (16.47) 中的过程 x 有关，所以我们在这只对 (16.51a) 感兴趣，即

$$F = A + B(I - B'QB)^{-1}B'QA \tag{16.90}$$

和状态过程 x 的谱密度 Φ_x. 当然 $Q = 0$ 相当于确定的参考矩阵 A.

注意到在变换 (16.86) 下，分子矩阵 $\Gamma = A - (\bar{C}' - APC')\Delta(P)^{-1}C$ 恰好变成 (16.90). 特别地它意味着推论 16.5.7 的结果能够适用于当前设置中，下面的引理只是在当前环境下对这些结果重新表示.

引理 16.6.1　Q_1 和 Q_2 是两个 $n \times n$ 对称矩阵使得 $\Delta(Q_k) := (I - B'Q_kB)$, $k = 1, 2$, 是可逆的，并设 $F_k := A + B\Delta(Q_k)^{-1}B'Q_kA$, $k = 1, 2$, 那么差 $X := Q_2 - Q_1$ 满足

$$X = F_1'XF_1 + F_1'XB\Delta(Q_2)^{-1}B'XF_1. \tag{16.91}$$

一个对称矩阵 Q 属于 $\mathcal{Q}_{F_2}$ 当且仅当存在 (16.91) 的一个解 X 和一个 $Q_1 \in \mathcal{Q}_{F_1}$ 使得 $Q = X + Q_1$. 而且，

$$X = F_2'XF_1. \tag{16.92}$$

根据引理 16.6.1 中提到的可加性，它足以分析 $Q_2 = Q$ 和 $Q_1 = 0$ 的情形. 那么 (16.92) 有如下形式

$$(A')^{-1}Q = QF, \tag{16.93}$$

因为 A 是非奇异的. 这意味着 $\ker Q$ 对于 F 和 A 都是一个不变子空间. 相关结果总结在下面的定理中.

定理 16.6.2 假设 A 是未混合的且 (A, B) 是一个可达对. 在代数 Riccati 方程 (16.52) 的解集 $\mathcal{Q}_A$ 和 $\mathbb{R}^n$ 的 A-不变子空间组成的类之间存在一个一一对应的关系. 对应关系是指定每一个 $Q \in \mathcal{Q}_A$ 到它的核的映射

$$Q \leftrightarrow \ker Q \tag{16.94}$$

对于每一个 $Q = Q' \in \mathcal{Q}_A$, 反馈律 (16.90) 保持 A 对 A-不变子空间 $\ker Q$ 的约束不变, 而它使得由 A 诱导在正交补 $\operatorname{Im} Q$ 上的映射 A_2 相似于 $(A_2')^{-1}$. 特别地, 这些由 A 诱导在 $\operatorname{Im} Q$ 的映射的特征值反射到复平面单位圆中的一个倒数集合中.

所以, 反馈律 (16.90) 将 A 的特征值跳跃到关于单位圆的倒数位置. 特别地, 我们只对 Q 和反馈变换引起稳定和不稳定的 A-矩阵感兴趣. 为此, 首先有必要检验 (16.52) 是否有任何非奇异解. 暂时假设 $Q = Q'$ 是这样一个解以及 F 由这个 Q 生成, 由 (16.93) 可以得到 $F = Q^{-1}(A')^{-1}Q$; 即 F 相似于 $(A')^{-1}$. 特别地, A 的所有特征值跳到它们的倒数位置.

现在注意到如果 Q 是可逆的, 根据矩阵求逆引理 (B.20), Riccati 方程 (16.52) 可以写成一个简化形式, 也就是

$$Q = A'\big(Q^{-1} - BB'\big)^{-1}A,$$

根据 A 的可逆性, 这可以变成 Lyapunov 方程

$$Q^{-1} = AQ^{-1}A' + BB. \tag{16.95}$$

现在, 因为 A 是未混合的且 (A, B) 是可达对, (16.95) 有唯一解. 因此通过这个论述进行逆向推理, 可以看到 (16.52) 确实有一个非奇异解且这个解事实上是唯一的. 所有其他的解必须是奇异的.

在 (16.64) 的情形下, 代数 Riccati 方程 (16.52) 有一个最大解和最小解, 分别表示为 Q_+ 和 Q_-.

定理 16.6.3 对应于齐次 Riccati 方程 (16.52) 的最小解和最大解 Q_- 和 Q_+ 的线性反馈律 (16.90) 分别将 Markov 表示 (16.45) 转化为关于 x 的因果模型和反因果模型. 而且,

$$P := (Q_+ - Q_-)^{-1} \tag{16.96}$$

等于过程 x 的状态协方差矩阵, 即 $P = \mathrm{E}\{x(t)x(t)'\}$.

证 首先注意到因为 Φ_x 在单位圆上没有零点, $Q_+ - Q_- > 0$ (定理 16.5.6). 其次利用引理 16.6.1 中的 $Q_1 = Q_-$ 和 $Q_2 = Q_+$, 令 P 由 (16.96) 给定. 那么 (16.91)

变成

$$P^{-1} = F'_- \Big(P^{-1} + P^{-1} B (\Delta(Q_-) - B' P^{-1} B)^{-1} B' P^{-1} \Big) F_-,$$

根据矩阵求逆公式 (B.20), 这可以写成

$$P^{-1} = F'_- \Big(P - B \Delta(Q_-)^{-1} B' \Big)^{-1} F_-,$$

反过来可以再描述为

$$P = F_- P F'_- + B \Delta(Q_-) B'.$$

但是, 基于 (16.87) 和 (16.49), 这可以写成

$$P = F_- P F'_- + G_- G'_-, \tag{16.97}$$

其中 G_- 是对应于 F_- 的 G-矩阵. 现在, 因为 $P > 0$ 和 (F_-, G_-) 是一个可达对, F_- 是一个稳定矩阵, 即 F_- 的所有特征值的模比 1 小. 而且, 从 (16.97) 可以得出 $P = \mathrm{E}\{x(t)x(t)'\}$.

对 Q_+ 的相应证明, 通过在引理 16.6.1 中利用替换式 $Q_1 = Q_+$ 和 $Q_2 = Q_-$ 并按上面步骤继续可以得到. 这表明 F_+ 是严格反稳定的. □

显然 P 是 x 的等价表示类中的一个不变量.

16.6.1　有理全通函数的结构

考虑参数化所有阶数最多为 n 的 $n \times n$ 有理全通函数的问题

$$Q(z) = C(zI - A)^{-1} B + D, \tag{16.98}$$

其中 A 是未混合的和非奇异的, 且 (C, A) 是一个可观测对. 全通结构意味着 $\Phi(z) := Q(z)Q(z^{-1})' = I$, 所以在和分解 (16.10) 中, 必须有 $\bar{C} = 0$ 和 $\Lambda_0 = I$. 由定理 16.2.6, 谱因子 $Q(z)$ 根据求解线性矩阵不等式 (16.11) 得到, 在当前环境下线性矩阵不等式变成

$$\begin{bmatrix} P - APA' & -APC' \\ -CPA' & I - CPC' \end{bmatrix} \geqslant 0.$$

因为 $Q(\infty)Q(0) = D(D - CA^{-1}B) = I$, 有 $\Delta(P) := I - CPC' = DD' > 0$, 所以我们能形成相应的代数 Riccati 方程

$$P - A\big(P + PC'(I - CPC')^{-1}CP\big)A' = 0, \tag{16.99}$$

它的解——对应于找到的全通函数 $Q(z)$. 注意到 $P = 0$ 的平凡解相当于 $Q(z) = D$, 一个常数 $m \times m$ 酉矩阵.

以上面同样的方式, 可以从 (16.99) 导出不变性关系 $\Gamma P = P(A')^{-1}$, 其中 Γ 是零动态矩阵

$$\Gamma := A - BD^{-1}C = A + APC'(I - CPC')^{-1}C.$$

因此, 如果 P 是 (16.99) 的一个可逆解, 那么

$$P^{-1}\Gamma P = (A')^{-1}, \tag{16.100}$$

从而 $Q(z)$ 的所有零点都在 A 的特征值的倒数位置. 需要确定这样一个解的存在性和唯一性.

为此, 假设 P 是 (16.99) 的一个非奇异解. 那么, 将矩阵求逆引理 (B.20) 应用于 $P + PC'(I - CPC')^{-1}CP$, (16.99) 可推出

$$P = A(P^{-1} - C'C)^{-1}A',$$

这可以再描述为一个 Lyapunov 方程

$$P^{-1} = A'P^{-1}A + C'C, \tag{16.101}$$

由可观性和未混合性质, 它有唯一的非奇异解. 因此齐次 Riccati 方程 (16.99) 有一个唯一的非奇异解. 所以其他的解肯定都是奇异的.

下面是定理 16.6.2 适用于当前情形下的推论.

定理 16.6.4 令 A 是未混合的和非奇异的, 且 (C,A) 是一个可观测对. 那么在全通有理方阵函数 (16.98) 之间存在一个一一对应的关系, 这些矩阵函数定义模运算为右乘任意一个常数酉矩阵, 和齐次 Riccati 方程 (16.99) 的解 $P = P'$. 在正交直和分解中

$$\mathbb{R}^n = \operatorname{Im} P \oplus \ker P, \tag{16.102}$$

$\operatorname{Im} P$ 是一个关于 Γ 的不变子空间, $\ker P$ 是一个关于 A 的左不变子空间, 其中它是正交于 (A,B) 的可达子空间. $Q(z)$ 的 McMillan 度等于 $\dim(\operatorname{Im} P)$. 在适应于直和分解 (16.102) 的一组基中, $P = \operatorname{diag}(\hat{P}, 0)$, 分别对应于 $(A')^{-1}$ 和 Γ 的 $\operatorname{Im} P$ 的约束 $(\hat{A}')^{-1}$ 和 $\hat{\Gamma}$ 是相似的, 即

$$\hat{P}^{-1}\hat{\Gamma}\hat{P} = (\hat{A}')^{-1}.$$

一个奇异 A 矩阵的情形. 下面分析当 A 是奇异的情形. 假设一组合适的基以及

$$A = \begin{bmatrix} N & 0 \\ 0 & A_0 \end{bmatrix},$$

其中 N 是幂零的, A_0 是可逆的. 因为齐次代数 Riccati 方程 (16.99) 可以写成 $P = \Gamma P A'$, 根据任意整数 $k \geqslant 0$ 次迭代, 可以得到 $P = \Gamma^k P (A')^k$, 使得 (16.99) 的任意解肯定具有形式

$$P = \begin{bmatrix} 0 & 0 \\ 0 & P_0 \end{bmatrix},$$

其中 P_0 满足降阶齐次代数 Riccati 方程

$$P_0 - A_0 \big(P_0 + P_0 C_0' (I - C_0 P_0 C_0')^{-1} C_0 P_0 \big) A_0' = 0, \tag{16.103}$$

C_0 的定义是很显然的. 用这种方式我们把这个问题降为在一个维数为 n_0 的更小维空间中有一个非奇异 A 的问题. 特别地, (16.102) 现在变成 $\mathbb{R}^{n_0} = \operatorname{Im} P_0 \oplus \ker P_0$, 其中 $\operatorname{Im} P_0$ 是关于 Γ_0 的一个不变子空间, $\ker P_0$ 是一个关于 A_0 的左不变子空间. 定理 16.6.4 的所有描述在这个降维的环境下是成立的.

注 16.6.5　由于事实 $Q(z)^{-1} = Q(z^{-1})'$, 满 McMillan 度为 n 的全通函数的结构可以通过一个类似的论述得到.

§16.7　相关文献

这里首次呈现了对于可能不稳定 (未混合) 随机实现的线性矩阵不等式理论的扩展. 它简单并统一引出了在 [261] 和 [312] 中出现的离散时间 Riccati 方程理论, 现在也可以根据随机建模来解释, 而不仅仅是 LQG 控制. 它也导出了对定理 16.3.4 中的离散时间全通函数的特性描述, 这和 Glover 的文章 [119, 定理 5.1] 有相同之处且似乎是第一次在这里给出, 过去的文献都是一些无效的尝试. 这份资料的一个初步版本在 [92] 中呈现.

一个广义 Markov 过程的各个最小动力学模型之间的等价关系是在 [256] 中离散时间情形下研究的, 但是似乎离散时间的情形在以前还没有被考虑过. 第 16.6 节的最后部分给出了一个关于 [105] 和 [223] 里的离散时间内部函数到全通函数的一般化表示结果. 这份资料是在 [254] 中总结的.

第 17 章

输入随机系统

本章研究带输入的随机实现问题. 目标是, 对于一个由可观测的外部输入信号 u 驱动的平稳过程 y, 提供一种构建状态空间模型的方法, 同时这个模型也是一个平稳过程. 模型具有下面的形式

$$
\begin{cases}
x(t+1) = Ax(t) + Bu(t) + Gw(t), \\
y(t) = Cx(t) + Du(t) + Jw(t),
\end{cases}
\tag{17.1}
$$

其中 w 是一个正态白噪声过程, 使得对所有的 $t \in \mathbb{Z}, w(t)$ 与 $x(t)$ 和 $u(t)$ 是不相关的. 正如之前, 我们特别倾向采用无坐标方法, 对由观测数据产生的子空间构建模型 (17.1), 即过程 y 和 u.

输入随机实现理论为基于输入输出数据的子空间辨识提供理论基础, 后者在多变量状态空间模型构造上表现了很好的性能优越性, 并已经被大量地研究. 对第 13 章的理论进行推广, 子空间算法的基本步骤是在某些向量空间上的几何运算, 现在这些向量空间将由观测到的输入输出时间序列构成. 这些运算可以被解释为随机实现理论中抽象几何运算的实例.

在外部输入作用存在时, 一个关于辨识的基本问题是, 如何由在一个可能是有限区间上观测到的输入输出数据开始构建状态空间模型. 在这里呈现的构造法是基于 Markov 分裂子空间概念的一个扩展, 我们称之为倾斜 Markov 分裂子空间, 它采用的一个基本几何工具是倾斜投影, 而不是正交投影.

了解含输入的子空间辨识对于进行输入随机实现问题的第一原理分析是一个基本动机. 但是, 这不是对平稳过程理论的简单扩展, 因为有一些新的概念被引入进来, 比如从输出到输入过程中反馈 存在的可能性. 这些新的概念形成了一个更

加丰富的理论, 这个理论更新了大量的以前的概念, 并且是从一个更加开阔的视野来看待整个学科.

§17.1　因果关系和反馈

y 和 u 是两个向量值的二阶随机过程, 并且假设它们是具有零均值和完全非确定性的联合平稳过程. 这些假设只是出于简化的考虑, 并不是定义必要的, 因为这些概念将应用到更一般的情形. 先考虑离散时的情况.

一般来说,$y(t)$ 和 $u(t)$ 都可以被表示为基于另一随机向量的过去和当前信息的最优线性估计之和加上一个误差项, 即

$$y(t) = \mathrm{E}\big[y(t) \mid \mathrm{H}_{t+1}^{-}(u)\big] + v(t), \tag{17.2a}$$

$$u(t) = \mathrm{E}\big[u(t) \mid \mathrm{H}_{t+1}^{-}(y)\big] + r(t), \tag{17.2b}$$

从而 $y(t)$ 和 $u(t)$ 能表示为另一变量过去信息的一个因果线性变换加噪声. 这里的噪声项与 $y(t)$ 和 $u(t)$ 的过去信息是分别不相关的, 但一般来说它们可能是相互关联的.

为了分析这种情况, 我们将使用在第 4 章介绍的方块图符号. (17.2) 中每一个线性估计量都可以表示为一个由因果传递函数 $F(z)$ 和 $H(z)$ 构成的线性滤波器的输出, 我们将写成各自的乘法算子的符号.

因为 (17.2) 中的两个平稳误差过程也是 p.n.d., 采用 z-变换的符号, 它们可以被表示成一种新的形式

$$v(t) = G(z)w_1(t), \qquad r(t) = K(z)w_2(t),$$

其中, 不失一般性,$G(z)$, $K(z)$ 都分别可以假设为信号 v 和 r 的谱线密度 $\Phi_v(z)$ 和 $\Phi_r(z)$ 的最小相位谱向量. 总的来说, 联合模型 (17.2) 相当于图 17.1 中的方框图, 该图描述了控制论里的一种经典反馈机制.

在这种规划下, 误差 r 和 v 一般而言是相关的. 更多有用的反馈机制存在于包含不相关误差过程的系统中, 因为在反馈系统的物理模型中, 这种情况是很常见的. 我们能看出任何一个联合平稳过程都能被上面那种方式表示. 在这种情况下, 尽管整体的联合系统肯定是内部稳定的, 但是各自的传递函数 $F(z)$ 和 $H(z)$ 可能是不稳定的.

图 17.1 表明, 总是存在一个与这两个过程 y 和 u 相关的内在反馈 机制. 因果关系的概念将被证明与这种机制是密切相关的.

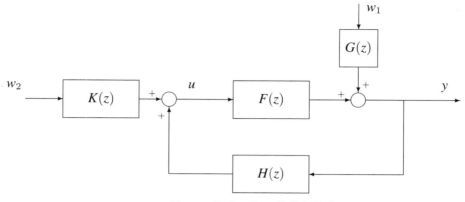

图 17.1 信号 y 和 u 的联合模型

定义 17.1.1　如果

$$\mathrm{H}_t^-(y) \perp \mathrm{H}_t^+(u) \mid \mathrm{H}_t^-(u), \tag{17.3a}$$

则不存在 y 到 u 的反馈. 即在给定 u 的过去状态的条件下, u 的未来状态与 y 的过去状态是条件不相关的.

由于平稳性, 按惯例令 $t = 0$, 将式 (17.3a) 写成

$$\mathrm{H}^-(y) \perp \mathrm{H}^+(u) \mid \mathrm{H}^-(u). \tag{17.3b}$$

无反馈条件 (17.3) 表示, 一旦过程 u 的过去状态已知, 那么 u 的未来时间演化是不受 y 的过去状态所影响的. 这用一种无坐标的方式得到了反馈的不存在性 (从 y 到 u). 命题 2.4.2 的条件 (iii) 表明, 条件 (17.3b) 是等价于

$$\mathrm{H}^-(y) \perp \mathrm{H}(u) \mid \mathrm{H}^-(u), \tag{17.4}$$

进一步, 根据命题 2.4.2(iv), 也等价于

$$\mathrm{E}^{\mathrm{H}(u)} \mathrm{H}^-(y) = \mathrm{E}^{\mathrm{H}^-(u)} \mathrm{H}^-(y), \tag{17.5}$$

从而

$$\mathrm{E}\{y(t) \mid \mathrm{H}(u)\} = \mathrm{E}\{y(t) \mid \mathrm{H}^-(u)\}, \quad \text{对所有 } t < 0. \tag{17.6}$$

特别地,

$$\mathrm{E}[y(t) \mid \mathrm{H}(u)] = \mathrm{E}[y(t) \mid \mathrm{H}_{t+1}^-(u)], \quad \text{对所有 } t \in \mathbb{Z}. \tag{17.7}$$

也就是说, 在给定过程 u 的全部历史状态下, $y(t)$, $\mathrm{E}[y(t) \mid \mathrm{H}(u)]$ 的非因果估计只依赖 u 的过去值和当前值, 而不依赖它的未来状态. 等式 (17.7) 可以被视为因果

关系 的定义. 根据 Granger 的定义, 在这个意义下, 我们可以说有从 u 到 y 的因果关系 (或者 u 产生 y).

称 u 是一个输入 变量是合适的, 当且仅当存在因果关系, 这样才能把 u 解释为 y 的一个外在因素. 在这种情形下, 一般来说 (虽然有很多类似图 17.1 的表示), 反馈回路的转移函数 $H(z)$ 一定是 0. 当形成的全部传递函数没有删除项时, 这个凭直觉得到的事实才发生, 这一点在文献里讨论过, 在这里不予考虑.

接下来, 对于所有的 $t \in \mathbb{Z}, y$ 的随机分量, 也就是

$$y_s(t) := y(t) - \mathrm{E}[y(t) \mid \mathrm{H}(u)] = \mathrm{E}[y(t) \mid \mathrm{H}(u)^\perp]. \tag{17.8}$$

再结合 (17.6), 有

$$\mathrm{H}^-(y_s) = \overline{\mathrm{span}}_{t<0, a\in\mathbb{R}^m}\{\mathrm{E}^{\mathrm{H}(u)^\perp} a'y(t)\} \tag{17.9a}$$

$$= \overline{\mathrm{span}}_{t<0, a\in\mathbb{R}^m}\{\mathrm{E}^{\mathrm{H}^-(u)^\perp} a'y(t)\}. \tag{17.9b}$$

在无反馈情形下, (17.2a) 的估计误差 v 恰好就是 y_s. 同样地, 由互补投影定义的随机过程 y_d,

$$y_d(t) := \mathrm{E}[y(t) \mid \mathrm{H}(u)], \quad t \in \mathbb{Z}, \tag{17.10}$$

称为 y 的确定分量 .

我们强调在分解式

$$y(t) = y_s(t) + y_d(t) \tag{17.11}$$

的随机分量和确定分量 是完全不相关的, 即 $\mathrm{E}[y_s(t)y_d(\tau)'] = 0$, 对所有的 $t, \tau \in \mathbb{Z}$. 此外, 我们不仅仅有 $\mathrm{H}(y) \vee \mathrm{H}(u) = \mathrm{H}(y_s) \oplus \mathrm{H}(u)$, 由于因果关系, 也有如下的分解.

命题 17.1.2　在无坐标情形下, 有如下的分解式

$$\mathrm{H}^-(y) \vee \mathrm{H}^-(u) = \mathrm{H}^-(y_s) \oplus \mathrm{H}^-(u), \tag{17.12}$$

$$\mathrm{H}^-(y) \vee \mathrm{H}(u) = \mathrm{H}^-(y_s) \oplus \mathrm{H}(u). \tag{17.13}$$

证　为了证明 (17.12), 令 $\mathrm{V}^- := [\mathrm{H}^-(y) \vee \mathrm{H}^-(u)] \ominus \mathrm{H}^-(u)$. 然后, 根据 (17.9b),

$$\mathrm{V}^- = \mathrm{E}^{\mathrm{H}^-(u)^\perp}[\mathrm{H}^-(y) \vee \mathrm{H}^-(u)]$$

$$= \overline{\mathrm{span}}_{t<0, a\in\mathbb{R}^m, b\in\mathbb{R}^p}\{\mathrm{E}^{\mathrm{H}^-(u)^\perp}[a'y(t) + b'u(t)]\}$$

$$= \overline{\mathrm{span}}_{t<0, a\in\mathbb{R}^m}\{\mathrm{E}^{\mathrm{H}^-(u)^\perp} a'y(t)\}$$

$$= \mathrm{H}^-(y_s),$$

这就证明了 (17.12). (17.13) 的证明是类似的, 只需要利用 (17.9a).

用 $e_s(t)$ 表示过程 y_s 基于自己过去状态 $H_t^-(y_s)$ 的一步预测误差, 即

$$e_s(t) = y_s(t) - \mathrm{E}[y_s(t) \mid H_t^-(y_s)], \tag{17.14}$$

过程 e_s 是 y_s 的向前新息过程.

命题 17.1.3 在无反馈情形下, 过程 y_s 的新息是在给定到当前为止 u 的观测信息下 y 的条件新息过程. 更准确地说, 如果 (17.7) 成立, 则

$$e_s(t) = y(t) - \mathrm{E}[y(t) \mid H_t^-(y) \vee H_{t+1}^-(u)] \tag{17.15}$$
$$= y(t) - \mathrm{E}[y(t) \mid H_t^-(y) \vee H(u)]. \tag{17.16}$$

证 根据 (17.8) 和事实 $y_d(t) \perp H_t^-(y_s)$, 以及引理 2.2.5, 有

$$e_s(t) = y(t) - \mathrm{E}[y(t) \mid H(u)] - \mathrm{E}[y(t) \mid H_t^-(y_s)]$$
$$= y(t) - \mathrm{E}[y(t) \mid H_t^-(y_s) \oplus H(u)],$$

结合 (17.13), 用 $\mathcal{U}^t$ 转移, 得到 (17.16). 同样, 利用 (17.7), 有

$$e_s(t) = y(t) - \mathrm{E}[y(t) \mid H_t^-(y_s) \oplus H_{t+1}^-(u)],$$

这等价于 (17.15), 因为 $H_t^-(y) \vee H_{t+1}^-(u) = H_t^-(y_s) \oplus H_{t+1}^-(u)$. 这最后一个关系式可由命题 17.1.2 得到, 首先是源自于依照 $H_{t+1}^-(u)^\perp$ 对 $H^-(y_s)$ 的表达式 (17.9). □

如果没有因果关系, 或等价地说, 如果没有从 y 到 u 的反馈, 输入这个概念本身就失去了意义. 事实上, 正如 (17.2) 所表示的, 变量 $u(t)$ 也是被一个包含过去输出过程 y 的动态关系所决定的, 这个输出过程现在反过来自己又扮演一个输入确定性变量 u 的角色.

§17.2 倾斜 Markov 分裂子空间

这一章我们考虑同时具有输出过程 y 和输入过程 u 的随机状态空间模型. 基本思想是在不对 u 建立动态模型的情况下, 去描述外部输入 u 对输出过程的影响. 这符合大多数辨识实验的目的, 大家只对描述"开环"系统的动态表现感兴趣, 并不是找到 u 的一个动态描述. 当应用这本书前面介绍的实现理论于联合输入输出过程 (y, u) 时, 不必要的 u 的动态总是自动建模的, 这并不是我们想要的. 所以状态空间的概念不得不推广到新阶段. 这将引入倾斜 (条件) 分裂和倾斜 (条

件) Markov 的概念. 这些定义下的思想就是排除掉本不该建模的输入过程的动态表现.

注意到目前为止, 因为输入 u 是一个可观测的变量, 并不像在随机实现里的白噪声是一个潜变量, 我们只致力于和 u 有因果关系的实现. 因为这个原因, 在这种更一般的情形下, 我们不能期待像时间序列里过去和未来之间的数学对称性.

处理带输入的实现问题的一个难点在于从 y 到 u 的反馈的存在性. 在本章中, 对于 y 和 u 之间的反馈存在性, 我们将尽量保持一定程度的普遍性, 而不做太多限制性的假设. 处理反馈是辨识算法设计中必不可少的, 为了学术普遍性, 我们没有研究复杂情形. 一个比较简洁精炼的理论将被提出来专门解决没有反馈时的情形.

17.2.1　输入随机系统的无坐标表示

给定输入过程 u 和输出过程 y, 它们处在一个确定的由零均值随机变量构成的外围空间 $\mathbb{H}$, 并且这个空间关于酉移位算子 $\mathcal{U}$ 具有有限重数. 如果

$$\mathrm{X} := \{a'x(0) \mid a \in \mathbb{R}^n\} \subset \mathrm{H} := \mathrm{H}(y) \vee \mathrm{H}(u), \tag{17.17}$$

我们称随机实现 (17.1) 是内部的；如果

$$\mathrm{X} \subset \mathrm{H}^- := \mathrm{H}^-(y) \vee \mathrm{H}^-(u). \tag{17.18}$$

则称随机实现 (17.1) 是因果关系的. 正如在没有输入的情况下, 我们用符号 H 和 H^- 来表示由观测量测量的子空间. 之前我们定义 $\mathrm{H}_t^+ := \mathcal{U}^t\mathrm{H}^+$, 并用相应的符号表示其他不变子空间. 然而正如上面所指出的, 过去和未来不再有对称性, 更方便的定义是

$$\mathrm{H}^+ := \mathrm{H}^+(y), \tag{17.19}$$

尽管 $\vee_{t<0}\mathrm{H}_t^+ \neq \mathrm{H}$. 一般来说, 状态空间 X 不是因果关系的或者内部的, 在系统没有输入的情况下, 我们定义

$$\mathrm{S} := \mathrm{H}^- \vee \mathrm{X}^-, \qquad \bar{\mathrm{S}} := \mathrm{H}^+ \vee \mathrm{X}^+, \tag{17.20}$$

其中 X^- 和 X^+ 是在第 7.4 节中定义的重叠子空间, 即

$$\mathrm{X}^- := \overline{\operatorname{span}}\{\mathcal{U}^t\mathrm{X} \mid t \leqslant 0\} \quad \text{和} \quad \mathrm{X}^+ := \overline{\operatorname{span}}\{\mathcal{U}^t\mathrm{X} \mid t \geqslant 0\}.$$

下面介绍标准的假设, 假设联合过程 (u, w) 是强制性的, 即它的谱密度在单位圆中没有零点. 根据定理 9.4.2, 这等价于

$$[H^-(u) \vee H^-(w)] \wedge \left[H^+(u) \vee H^+(w)\right] = 0, \tag{17.21}$$

如果 (u, w) 有一个有理谱密度. 这是输入过程是充分丰富 这一条件的一般化, 就这个意义而言是

$$H^-(u) \wedge H^+(u) = 0, \tag{17.22}$$

因此, $H(u)$ 有一个 (封闭的) 直和分解

$$H(u) = H^-(u) \dotplus H^+(u) = H^-(u) \vee H^+(u). \tag{17.23}$$

根据命题 2.4.2 (iv), 从 y 到 u 没有反馈的条件 (17.3a) 也可以写成

$$H^- \perp H^+(u) \mid H^-(u), \tag{17.24}$$

按照新的符号. 称实现 (17.1) 是无反馈, 如果

$$S \perp H^+(u) \mid H^-(u). \tag{17.25}$$

正如下面将会看到的, 这等价于与整个输入历史信息 $H(u)$ 都正交的 $H(w)$, 它也是无反馈情况下的一个著名几何公式.

由 (17.1) 可知

$$x(t) = A^t x(0) + \sum_{k=0}^{t-1} A^{t-k-1} B u(k) + \sum_{k=0}^{t-1} A^{t-k-1} G w(k) \tag{17.26}$$

对于所有的 $t \geqslant 0$ 成立. 因此, 如果这个实现 (17.1) 是无反馈的, 对于所有的 $a \in \mathbb{R}^n$ 有

$$\begin{aligned}
E^{S \vee H^+(u)} a' x(t) &= a' A^t x(0) + \sum_{k=0}^{t-1} a' A^{t-k-1} B u(k) \\
&= E^{X \vee H^+(u)} a' x(t),
\end{aligned} \tag{17.27a}$$

且对于所有的 $b \in \mathbb{R}^m$,

$$\begin{aligned}
E^{S \vee H^+(u)} b' y(t) &= b' C A^t x(0) + \sum_{k=0}^{t-1} b' C A^{t-k-1} B u(k) + b' D u(t) \\
&= E^{X \vee H^+(u)} b' y(t),
\end{aligned} \tag{17.27b}$$

因为 $S \subset H^-(u) \vee H^-(w)$, 由 (17.21) 可得

$$S \wedge H^+(u) = 0. \tag{17.28}$$

建议读者参考第 2.7 节中斜投影的定义. 根据 (17.28), 引理 2.7.3 意味着 (17.27) 等价于

$$E^S_{\|H^+(u)} a'x(t) = E^X_{\|H^+(u)} a'x(t), \quad \text{对于所有的 } a \in \mathbb{R}^n,$$

$$E^S_{\|H^+(u)} b'y(t) = E^X_{\|H^+(u)} b'y(t), \quad \text{对于所有的 } b \in \mathbb{R}^m,$$

这反过来又等价于

$$E^S_{\|U^+} \bar{S} = E^X_{\|U^+} \bar{S}, \tag{17.29}$$

这里为了简单起见, 常写成

$$U^+ := H^+(u), \tag{17.30}$$

一种和 X^+ 一致的符号, 如果同时定义 U 为由 $u(0)$ 的分量张成的子空间.(同样由于一致性的原因, 我们将不会用符号 U^-.)

在无反馈情形下, 分解式 (17.11) 中的正交分量分别具有下面的表达式

$$\begin{cases} x_s(t+1) = Ax_s(t) + Gw(t), \\ y_s(t) = Cx_s(t) + Jw(t), \end{cases} \tag{17.31a}$$

和

$$\begin{cases} x_d(t+1) = Ax_d(t) + Bu(t), \\ y_d(t) = Cx_d(t) + Du(t), \end{cases} \tag{17.31b}$$

定义

$$X_s := E^{H^-(w)} X \quad \text{和} \quad X_d := E^{H^-(u)} X, \tag{17.32}$$

易知

$$X_s := \{a'x_s(0) \mid a \in \mathbb{R}^n\} \quad \text{和} \quad X_d := \{a'x_d(0) \mid a \in \mathbb{R}^n\} \tag{17.33}$$

以及

$$X \subset X_s \oplus X_d. \tag{17.34}$$

稍后再讨论这个分解.

在一般情形下, 当从 u 到 y 没有反馈时, (17.26) 中的后两项是相关的, 从而上面的分析不成立. 有两种不同的策略来克服这点, 首先注意到由 (17.21) 可得

$$S \wedge F^+ = 0, \qquad (17.35)$$

其中

$$F^+ := H^+(u) \vee H^+(w) \qquad (17.36)$$

是所有观测和隐藏的输入的扩展未来空间. 然后如上所述, 有

$$E^{S \vee F^+} a'x(t) = E^{X \vee F^+} a'x(t), \quad 对所有的 \ a \in \mathbb{R}^n,$$

$$E^{S \vee F^+} b'y(t) = E^{X \vee F^+} b'y(t), \quad 对所有的 \ b \in \mathbb{R}^m,$$

由 (17.35) 和以上的步骤, 可以得出

$$E^S_{\|F^+} \bar{S} = E^X_{\|F^+} \bar{S}. \qquad (17.37)$$

这两个条件(17.29)和(17.37)分别是在无反馈和一般情况下, X 的倾斜 Markov 分裂性质. 然而, (17.37) 限制性太强. 而利用假设 $w(0)$ 与 $x(0)$ 和 $u(0)$ 是不相关的, 由 (17.1) 有

$$E^{S \vee U} a'x(1) = E^{X \vee U} a'x(1), \quad 对所有的 \ a \in \mathbb{R}^n,$$

$$E^{S \vee U} b'y(0) = E^{X \vee U} b'y(0), \quad 对所有的 \ b \in \mathbb{R}^m,$$

由 (17.21) 易得 $S \wedge U = 0$, 从而得出一步向前倾斜 Markov 分裂性质

$$E^S_{\|U}(\mathcal{U}X \vee Y) = E^X_{\|U}(\mathcal{U}X \vee Y), \qquad (17.38)$$

这里 Y 是由 $y(0)$ 的分量张成的子空间.

这些关于输入线性随机系统 (17.1) 的无坐标描述将是一般几何理论的基本定义, 理论也涵盖了无限维空间 X, 这将在后面介绍.

§17.3 基于基本几何原理的状态空间构造

令 X 是一个由零均值随机变量构成的环绕 Hilbert 空间 $\mathbb{H}$ 的子空间, 该空间关于单位移位算子 $\mathcal{U}$ 有有限重数, 且被赋予一般的内积运算 $\langle \xi, \eta \rangle := E\{\xi\eta\}$. (17.20) 中的 S 的定义为

$$S = H^- \vee X^-. \qquad (17.39)$$

子空间 X 被称为 (向前) 纯粹非决定性的 (p.n.d.)，当相应的传入子空间有 p.n.d. 性质时，

$$S_{-\infty} := \cap_{t<0} S_t = 0, \tag{17.40}$$

其中 $S_t := \mathcal{U}^t S$. 推广 (8.11), 可以定义与 S 有关的 (条件) 徘徊子空间 为

$$W := \mathcal{U}S \ominus (S \vee U), \tag{17.41}$$

且设 $W_t = \mathcal{U}^t W$.

引理 17.3.1　徘徊子空间是两两正交的，即 $W_t \perp W_s$, 对有的 $t \neq s$.

证　假设 $t > s$. 根据构造，有 $W_s \subset S_{s+1}$ 和 $W_t \perp S_t$. 因为 S_t 是非减的 (向后移位不变的)，因此 $S_{s+1} \subset S_t$, 从而 $W_t \perp S_{s+1} \supset W_s$. □

因为 $\mathbb{H}$ 有有限重数，故徘徊子空间 W 是有限维的，且有一组标准正交基 $w(0)$. 则

$$w(t) := \mathcal{U}^t w(0) \tag{17.42}$$

是一个正态白噪声过程，被称为 X 的 (向前) 发生过程. 由 (17.41) 可以得出

$$\mathcal{U}S = (S \vee U) \oplus W, \tag{17.43}$$

在这种情形下, X 是 p.n.d., 其迭代形式为

$$\mathcal{U}S = [H^-(w) \vee \mathcal{U}H^-(u)] \oplus W,$$

因为由 p.n.d. 性质 (17.40) 可知遥远的过去 $S_{-\infty}$ 是平凡的. 这个公式推广了在第 8.1 节中描述的 Wold 分解. 为了以后引用, 用下面的命题把它表示出来.

命题 17.3.2　如果 X 是 p.n.d.,

$$S = H^-(u) \vee H^-(w), \tag{17.44}$$

且 $H^+(w)$ 与 $S \vee U$ 是正交的.

现在来推广分裂子空间的概念.

定义 17.3.3　一个子空间 X 是一个关于 (y, u) 的倾斜分裂子空间，如果

$$H^- \perp H^+ \mid (X \vee F^+), \tag{17.45}$$

其中 $H^- := H^-(y) \vee H^-(u)$, $H^+ := H^+(y)$ 和 $F^+ := H^+(u) \vee H^+(w)$ 分别在 (17.18), (17.19) 和 (17.36) 中定义. 这个子空间 X 被称为一个因果关系的 倾斜分裂子空间，如果 $X \subset H^-$.

条件 (17.45) 与条件 (7.7) 相比较, 表明一旦 (真实的附加的不可观测的白噪声) 未来输入给定, 为预测 y 的未来状态, 当前状态空间 X 的信息等价于输入和输出的所有 (联合) 历史状态信息. 事实上, (17.45) 等价于

$$E^{H^- \vee X \vee F^+} H^+ = E^{X \vee F^+} H^+ \tag{17.46}$$

(命题 2.4.2), 并且倘若

$$(H^- \vee X) \wedge F^+ = 0, \tag{17.47}$$

根据引理 2.7.3 可以得出 (17.45) 等价于

$$E^{H^- \vee X}_{\|F^+} H^+ = E^X_{\|F^+} H^+. \tag{17.48}$$

如果没有输入,$F^+ = H^+(w) \perp X$ (命题 17.3.2), 所以 (17.45) 退化为 $H^-(y) \perp H^+(y) \mid (X \oplus H^+(w))$, 由于 $H^+(w) \perp H^-(y)$ (命题 17.3.2), 这等价于 $H^-(y) \perp H^+(y) \mid X$.

定义 17.3.4 一个子空间 X 是一个关于 (y, u) 的倾斜 Markov 分裂空间子空间, 如果

$$(H^- \vee X^-) \perp (H^+ \vee X^+) \mid (X \vee F^+) \tag{17.49}$$

是一个因果关系的 倾斜 Markov 分裂空间子空间, 如果 $X \subset H^-$.

用下面这个更强的条件来代替条件 (17.47)

$$S \wedge F^+ = 0, \tag{17.50}$$

考虑到 (17.44) 和 (17.36), 其与条件 (17.21) 是相同的, 则条件 (17.49) 可以被写成

$$E^S_{\|F^+} \bar{S} = E^X_{\|F^+} \bar{S},$$

其中 $\bar{S} := H^+ \vee X^+$ 由 (17.20) 给出. 然而, 因为

$$E^S_{\|F^+} (\lambda + \eta) = E^S_{\|F^+} \lambda, \quad 对每个 \lambda \in \bar{S} 和 \eta \in H^+(u),$$

$\bar{S}$ 的选择不是唯一的. 事实上, 我们有下面定理 8.1.1 的倾斜配对.

定理 17.3.5 给定一对过程 (y, u), 令 $H^- := H^-(y) \vee H^-(u), H^+ := H^+(y), H := H(y) \vee H(u)$ 和 $U^+ := H^+(u)$. 令 X 是一个带有移位算子 $\mathcal{U}$ 的环绕 Hilbert 空间 $\mathbb{H}$ 的子空间

$$\mathbb{H} = H \vee \overline{\text{span}} \{\mathcal{U}^t X \mid t \in \mathbb{Z}\},$$

最后, 令 $F^+ := H(u) \vee H(w)$, 其中 w 由 (17.42) 给出. 这样 X 是一个倾斜的 Markov 分裂子空间当且仅当对某一对子空间 $(S, \bar{S})$,

$$X = S \cap \bar{S}, \tag{17.51}$$

使得

(i) $H^+ \subset \bar{S}$ 和 $H^- \subset S$ 以及 $S \wedge F^+ = 0$;

(ii) $\mathcal{U}^* S \subset S$ 和 $\mathcal{U} \bar{S} \subset \bar{S}$;

(iii) $S \perp \bar{S} \,|\, \big((S \cap \bar{S}) \vee F^+ \big)$ (在 X 上的斜交).

条件 (iii) 等价于

$$E^S_{\|F^+} \bar{S} = E^X_{\|F^+} \bar{S}, \tag{17.52}$$

这里, X 由 (17.51) 给出. 而且, 任何一个满足条件 (i) - (iii) 的子空间对 $(S, \bar{S})$ 同样满足

$$S = H^- \vee X^-, \tag{17.53a}$$

和

$$H^+ \vee X^+ \subset \bar{S} \subset H^+ \vee X^+ \vee U^+, \tag{17.53b}$$

其中 $X = S \cap \bar{S}$. 满足 (i), (ii) 和 (iii) 的最小空间 (在子空间包含的意义下) $\bar{S}$ 是

$$\bar{S} = H^+ \vee X^+, \tag{17.54}$$

　　证　令 $(S, \bar{S})$ 是满足条件 (i) - (iii) 的 $\mathbb{H}$ 的子空间. 定义 $X := \bar{S} \cap S$, 然后根据条件 (i) 和 (ii), 有 $H^- \vee X^- \subset S$ 和 $H^+ \vee X^+ \subset \bar{S}$, 再结合斜交性质 (iii) 得到 (17.49), 即 X 是一个倾斜 Markov 分裂子空间 (定义 17.3.3). 而且, 根据命题 2.4.2(iv), 条件 (iii) 等价于

$$E^{S \vee F^+} \bar{S} = E^{X \vee F^+} \bar{S}, \quad X := S \cap \bar{S},$$

又等价于 (17.52) (引理 2.7.3). 反之, 令 X 是一个倾斜 Markov 分裂子空间. 于是 $S = H^- \vee X^-$ 和 $\bar{S} = H^+ \vee X^+$ 满足条件 (i) - (iii) 以及 $X \subset S \cap \bar{S}$. 为了证明 $X = S \cap \bar{S}$, 取 $\lambda \in S \cap \bar{S}$, 则 $\lambda \in S$, $\lambda \in \bar{S}$, 从而

$$\lambda = E^S_{\|F^+} \lambda = E^X_{\|F^+} \lambda \in X,$$

这样就建立了相反的包含关系 $S \cap \bar{S} \subset X$.

接下来证明 S 和 S̄ 满足 (17.53). 注意到 $S_0 := H^- \vee X^- \subset S$. 假设这个包含关系是严格的, 则有一个 $\lambda \in S \subset \mathbb{H} = S_0 \vee \bar{S} \vee U^+$ 使得 $\lambda \notin S_0, \lambda = \lambda_0 + \bar{\lambda} + \omega$, 其中 $\lambda_0 \in S_0, \bar{\lambda} \in \bar{S}, \omega \in U^+$. 因此

$$\lambda = E^S_{\|F^+} \lambda = \lambda_0 + E^S_{\|F^+} \bar{\lambda} = \lambda_0 + E^X_{\|F^+} \bar{\lambda} = \lambda_0 + \xi,$$

其中 $\xi \in X \subset S_0$, 这与假设 $\lambda \notin S_0$ 相矛盾, 所以 (17.53a) 成立. 至于 (17.53b), 我们已经确定 $\bar{S}_0 := H^+ \vee X^+ \subset \bar{S}$. 令 $\bar{\lambda} \in \bar{S}$ 是任意的. 因为 $\mathbb{H} = \bar{S}_0 \vee U^+ \vee S$, 有 $\bar{\lambda} = \bar{\lambda}_0 + \omega + \lambda$, 其中 $\bar{\lambda}_0 \in \bar{S}_0, \omega \in U^+, \lambda \in S$ (或者是对这个总和取闭包的极限). 由 (17.52), 对这个总和应用算子 $E^S_{\|F^+}$, 有

$$E^X_{\|F^+} \bar{\lambda} = E^X_{\|F^+} \bar{\lambda}_0 + \lambda,$$

这表明 $\lambda \in X \in \bar{S}_0$. 从而可以得出 (17.53b). □

对应关系 $X \sim (S, \bar{S})$ 是 U^+ 中 $\bar{S}$ 的以模计算的一一对应的一个附加成分. 采用第 7 章和第 8 章的记号, 我们称 $S = H^- \vee X^-$ 和 $\bar{S} = H^+ \vee X^+$ 的组合 $(S, \bar{S})$ 是 X 的散射对.

推论 17.3.6 沿用定理 17.3.5 记号, X 是一个关于 (y, u) 的倾斜分裂子空间当且仅当 $X = S \cap \bar{S}$ 对某些子空间对 $(S, \bar{S})$ 满足定理 17.3.5 的条件 (i) 和 (iii).

证 证明方法与定理 17.3.5 的相应部分类似, 不同之处在于现在取 $S = H^- \vee X$ 和 $\bar{S} = H^+ \vee X$, 正如定理 7.3.6 的证明. □

值得注意的是, 在推论 17.3.6 中, S 和 S̄ 并不是唯一和不变的, 所以一般来讲它们和上面定义的空间 S 和 S̄ 不是一致的.

17.3.1 一步向前倾斜 Markov 分裂子空间

条件 (17.50), 即 $S \wedge F^+ = 0$, 是很强的且与反馈不相符. 一般地, 当有反馈时, 过去的输出可能会被未来的输入所影响, 正如上面所看到的, 这意味着模型是非因果关系的. 这将发生即使反馈联结是内部稳定的, 图 17.1 前环的传递函数 $F(z)$ 是不稳定的情况. 在这种情形下, 矩阵 A 就可能有特征值 (完全地) 落在单位圆之外. 这样通常的将此状态空间模型 (17.1) 解释为一个向前差分方程 就没有意义了, 因为不稳定模型必须整合成向后的 ; 可以参考第 16.1 节. 为简单起见, 考虑一个有限维 X 的一个不稳定模型 $\xi := a'x(0)$. 根据第 16.1 节中的步骤, 我们可以看到必须有 $\xi \in H^+(u) \vee H^+(w)$, 即 $\xi \in F^+$. 从而有 $X \cap F^+ \neq 0$, 从而必有 $S \cap F^+ \neq 0$, 这就违背了 (17.50).

考虑到一个较弱的相交条件, 引入一个较弱的倾斜 Markov 分裂性质.

定义 17.3.7 *一个子空间* X *是一个关于* (y, u) *的一步向前倾斜* Markov *分裂子空间, 如果*

$$S \wedge U = 0, \tag{17.55}$$

其中 $S := H^- \vee X^-,$

$$E_{\|U}^{H^- \vee X^-}(Y \vee \mathcal{U}X) = E_{\|U}^{X}(Y \vee \mathcal{U}X), \tag{17.56}$$

这里 Y 和 U 分别是由 $y(0)$ 和 $u(0)$ 的分量张成的子空间.

这个条件恰好对子空间 X 是需要的, 这样它作为由形式为 (17.1) 的方程描述的随机模型的状态空间是合适的. 实际上, 下面给出了定理 8.1.2 (向前部分) 的一般情形, 提供了关于一步向前倾斜 Markov 分裂子空间和由形式为 (17.1) 的状态空间模型之间等价性的无坐标描述. 这个定理在没有有限维假设下也成立.

定理 17.3.8 X *是一个关于* (y, u) p.n.d. *一步向前倾斜* Markov *分裂子空间, 则下面的结论成立*

$$\mathcal{U}X \subset (X \vee U) \oplus W, \tag{17.57a}$$

$$Y \subset (X \vee U) \oplus W, \tag{17.57b}$$

其中 W 由 (17.41) 给出.

证 因为 $\mathcal{U}X \subset \mathcal{U}S$, 使用分解 $\mathcal{U}S = (S \vee U) \oplus W$, 可得

$$\mathcal{U}X = E^{\mathcal{U}S} \mathcal{U}X = E^{(S \vee U) \oplus W} \mathcal{U}X \subset \left(E^{(S \vee U)} \mathcal{U}X \right) \oplus W$$

$$\subset \left(E_{\|U}^{S} \mathcal{U}X \vee U \right) \oplus W \subset (X \vee U) \oplus W,$$

最后一个等式由 (17.56) 可知. 对于第二个结论, 首先注意到 $Y \subset \mathcal{U}S$, 一个完全类似的过程成立. □

当 X 是有限维的, 与第 8.1 节中类似, 选取子空间 X 和 W 基来准确得到形式为 (17.1) 的状态空间表达式. 当这个更强的相交条件 (17.50) 成立时, 这两个倾斜 Markov 分裂性质是等价的.

定理 17.3.9 *在条件* (17.50) *下,* X *是一个倾斜* Markov *分裂子空间当且仅当它是一个一步向前倾斜* Markov *分裂子空间.*

证 假设 (17.50) 成立, 我们需要证明

$$E^{S \vee U}(\mathcal{U}X \vee Y) = E^{X \vee U}(\mathcal{U}X \vee Y) \tag{17.58}$$

和

$$E^{S \vee F^+} \bar{S} = E^{X \vee F^+} \bar{S} \tag{17.59}$$

是等价的, 其中 $S := H^- \vee X^-$ 和 $\bar{S} := H^+ \vee X^+$.

首先, 假设 (17.59) 成立. 根据 (17.43) 和 $S \wedge F^+ = 0$,

$$\mathcal{U}X \vee Y \subset \mathcal{U}S = (S \vee U) \oplus W = S \dotplus (U \oplus W) \tag{17.60}$$

(定理 2.7.1), 因此, 由于 $U \oplus W \subset F^+$,

$$E^{S \vee F^+}(\mathcal{U}X \vee Y) \subset S \dotplus (U \oplus W). \tag{17.61}$$

考虑到 (17.59),

$$E^{S \vee F^+}(\mathcal{U}X \vee Y) \subset X \dotplus F^+. \tag{17.62}$$

因为 $X \subset S$ 和 $U \oplus W \subset F^+$, 由 (17.61) 和 (17.62) 推出

$$E^{S \vee F^+}(\mathcal{U}X \vee Y) \subset X \dotplus (U \oplus W) = (X \vee U) \oplus W,$$

因此, 由于 $S \vee U \subset S \vee F^+$ 和 $S \vee U \perp W$ (命题 17.3.2),

$$E^{S \vee U}(\mathcal{U}X \vee Y) \subset X \vee U, \tag{17.63}$$

这意味着 (17.58).

反之, 假如 (17.58) 成立. 迭代包含关系式 (17.57), 可得

$$\mathcal{U}^{t+1}X \vee \mathcal{U}^t Y \subset X \vee [U \vee \mathcal{U}^2 U \vee \cdots \mathcal{U}^t U] \vee [W \vee \mathcal{U}^2 W \vee \cdots \mathcal{U}^t W],$$

这可以推出 $H^+ \vee \mathcal{U}X^+ \subset X \vee H^+(u) \vee H^+(w) = X \vee F^+$, 从而

$$\bar{S} \subset X \vee F^+. \tag{17.64}$$

因此,

$$E^{S \vee F^+} \bar{S} \subset X \vee F^+, \tag{17.65}$$

这意味着 (17.59). □

正如在没有输入的理论中, 我们可以单独考虑 X 的 Markov 性质.

定义 17.3.10 子空间 X 是一个一步向前倾斜 Markov 子空间, 如果

$$U \cap (H^-(u) \vee X^-) = 0 \tag{17.66}$$

和

$$E_{\|U}^{H^-(u) \vee X^-} \mathcal{U}X = E_{\|U}^{X} \mathcal{U}X \tag{17.67}$$

成立.

当然一般来说, 当我们向预测未来的随机变量$X_{t+k}, k > 1$ 时, 一步向前Markov 性质并不能确保 $X_t := \mathcal{U}'X$ 的充分统计的性质. 但是, 随后我们将看到, 当没有从 x 到 u 的反馈时, 一步向前性质可以扩展到任意步向前性质, 在这种情况下, 条件 (17.67) 等价于

$$\mathrm{E}_{\|\mathrm{U}^+}^{\mathrm{H}^-(u) \vee \mathrm{X}^-} \mathrm{X}^+ = \mathrm{E}_{\|\mathrm{U}^+}^{\mathrm{X}} \mathrm{X}^+,$$

其中 $\mathrm{U}^+ := \mathrm{H}^+(u)$.

如果 X 是一个一步向前 Markov 分裂子空间, 它也是一个分裂子空间和一个 一步向前 Markov 子空间, 但是反过来并不成立. 这可以类比于在第 7 章和第 8 章研究过的情形.

命题 17.3.11　令 X 为一步向前倾斜 Markov 分裂子空间, 那么它是一个倾斜 分裂子空间和一个一步向前倾斜 Markov 子空间, 即如果 (17.55) 成立, (17.56) 蕴含着 (17.67) 和 (17.45).

证　将 (17.57a) 的元素平行地投影到 U, 可得

$$\mathrm{E}_{\|\mathrm{U}}^{\mathrm{X} \vee \mathrm{H}^-(u)} \mathcal{U}\mathrm{X} \subset \mathrm{X},$$

蕴含一步向前倾斜 Markov 性质 (17.67). 结合 (17.57a) 和 (17.57b), 可得

$$\mathrm{H}^+ \subset \mathrm{X} \vee \mathrm{H}^+(u) \vee \mathrm{H}^+(w) = \mathrm{X} \vee \mathrm{F}^+,$$

这意味着 (17.46). 于是等价于 (17.45).　　　　　　　　　　　　□

17.3.2　倾斜预测空间

下面考虑因果关系的倾斜 Markov 分裂子空间, 也就是满足 $\mathrm{X} \subset \mathrm{H}^-$ 的子空间. 这些空间当然是内部的, 即 $\mathrm{X} \subset \mathrm{H} := \mathrm{H}^-(y) \vee \mathrm{H}(u)$, 所以环绕空间是 H. 而且,

$$\mathrm{S} = \mathrm{H}^- \vee \mathrm{X}^- = \mathrm{H}^-. \tag{17.68}$$

在系统辨识方面, 如果必须构造从观测的输入输出数据开始的模型, 这些实现作为 实例是有用的. 同时考虑物理上的原因, 这个状态过程应该是一个可用数据的因果 函数.

用 W_- 表示与 (17.68) 对应的徘徊子空间 (17.41), 即

$$\mathcal{U}\mathrm{H}^- = (\mathrm{H}^- \vee \mathrm{U}) \oplus \mathrm{W}_-, \tag{17.69}$$

令 w_- 是相应的正态白噪声过程, 也是新息过程 的标准化

$$e(t) := y(t) - \mathrm{E}\left[y(t) \mid \mathrm{H}_t^- \vee \mathrm{U}_t\right]. \tag{17.70}$$

因为 y 是满秩的, e 作为一个非正态白噪声过程有维度 m 和一个正定的协方差矩阵. 事实上, $u(t) - \mathrm{E}\left[u(t) \mid \mathrm{H}_t^- \vee \mathrm{U}_t\right] = 0$. 特别地,

$$\mathrm{H}^-(w_-) = \mathrm{H}^-(e), \tag{17.71}$$

现在能够构造一个因果关系且最小的倾斜 Markov 分裂子空间. 定义倾斜预测空间

$$\mathrm{X}_- := \mathrm{E}_{\|\mathrm{F}^+}^{\mathrm{H}^-} \mathrm{H}^+, \tag{17.72a}$$

其中

$$\mathrm{F}^+ := \mathrm{H}^+(u) \vee \mathrm{H}^+(w_-), \qquad \mathrm{H}^- \wedge \mathrm{F}^+ = 0. \tag{17.72b}$$

很明显, 这和在第 6 章定义过的预测空间 X_- 并不相同.

定理 17.3.12 X_- 是由 (17.72) 定义的倾斜预测空间, 则 X_- 是最小的倾斜 Markov 分裂子空间.

证 根据引理 2.7.4 和 $\mathcal{U}\mathrm{F}^+ \subset \mathrm{F}^+$, 有

$$\mathrm{E}_{\|\mathrm{F}^+}^{\mathrm{H}^-} \mathcal{U}\mathrm{X}_- = \mathrm{E}_{\|\mathrm{F}^+}^{\mathrm{H}^-} \mathrm{E}_{\|\mathcal{U}\mathrm{F}^+}^{\mathcal{U}\mathrm{H}^-} \mathcal{U}\mathrm{H}^+$$
$$= \mathrm{E}_{\|\mathrm{F}^+}^{\mathrm{H}^-} \mathrm{E}^{\mathcal{U}\mathrm{H}^- \vee \mathcal{U}\mathrm{F}^+} \mathcal{U}\mathrm{H}^+ = \mathrm{E}_{\|\mathrm{F}^+}^{\mathrm{H}^-} \mathcal{U}\mathrm{H}^+ \subset \mathrm{X}_-,$$

最后一个等式由 $\mathrm{H} = \mathrm{H}^- \vee \mathrm{F}^+$ 得出. 所以,

$$\mathrm{E}_{\|\mathrm{F}^+}^{\mathrm{H}^-} \mathcal{U}\mathrm{X}_- \subset \mathrm{X}_-,$$

这结合关系式 $\mathrm{E}_{\|\mathrm{F}^+}^{\mathrm{H}^-} \mathrm{Y} \subset \mathrm{X}_-$ 可以推出

$$\mathrm{E}_{\|\mathrm{F}^+}^{\mathrm{H}^-} (\mathcal{U}\mathrm{X}_- \vee \mathrm{Y}) \subset \mathrm{X}_-,$$

或者等价地,

$$\mathrm{E}^{\mathrm{H}^- \vee \mathrm{F}^+}(\mathcal{U}\mathrm{X}_- \vee \mathrm{Y}) = \mathrm{E}^{\mathrm{X}_- \vee \mathrm{F}^+}(\mathcal{U}\mathrm{X}_- \vee \mathrm{Y}) \tag{17.73}$$

(引理 2.7.3). 对 (17.73) 应用映射 $\mathrm{E}^{\mathrm{H}^- \vee \mathrm{U}}$, 可得

$$\mathrm{E}^{\mathrm{H}^- \vee \mathrm{U}}(\mathcal{U}\mathrm{X}_- \vee \mathrm{Y}) = \mathrm{E}^{\mathrm{X}_- \vee \mathrm{U}}(\mathcal{U}\mathrm{X}_- \vee \mathrm{Y}),$$

或者等价地,

$$\mathrm{E}_{\|\mathrm{U}}^{\mathrm{H}^-}(\mathcal{U}\mathrm{X}_- \vee \mathrm{Y}) = \mathrm{E}_{\|\mathrm{U}}^{\mathrm{X}_-}(\mathcal{U}\mathrm{X}_- \vee \mathrm{Y}), \tag{17.74}$$

这就建立了 X_-, 一个一步向前倾斜 Markov 分裂子空间 (定义 17.3.7). 又因为 $H^- \wedge F^+ = 0$, X_- 也是一个所声称的倾斜 Markov 分裂子空间 (定理 17.3.9).

为了证明最小性, 假设 X 包含在 X_- 中的任意倾斜 Markov 分裂子空间, 即 $X \subset X_-$. 那么 X 也是因果关系的, 并且

$$E_{\|F^+}^{H^-} H^+ = E_{\|F^+}^X H^+ \subset X,$$

这意味着 $X_- \subset X$. 因此 $X = X_-$, 证明了 X_- 的最小性. □

倾斜预测空间 X_- 是依据上面从数据 (y, u) 开始的新息空间构造的, 但是有一个更直接的方法, 虽然有一点复杂, 但不用确定 W_-. 事实上, 定义 k 步向前倾斜预测空间

$$X_-^k := E_{\|F^+}^{H^-} \mathcal{U}^k Y, \quad k = 0, 1, 2, \cdots, \tag{17.75}$$

其中 F^+ 由 (17.72b) 定义.

命题 17.3.13　倾斜预测空间可以用 (闭) 无穷个向量之和来计算

$$X_- = \bigvee_{k=0}^{\infty} X_-^k, \tag{17.76}$$

其中, X_-^k 在 (17.75) 中定义, 且有

$$X_-^k = E_{\|U}^{H^-} E_{\|\mathcal{U}U}^{\mathcal{U}H^-} \cdots E_{\|\mathcal{U}^kU}^{\mathcal{U}^kH^-} \mathcal{U}^k Y. \tag{17.77}$$

证　表达式 (17.76) 由 (17.75) 直接得出, 所以只需证明 (17.77). 首先通过归纳法证明

$$X_-^k = E_{\|U}^{H^-} \mathcal{U} X_-^{k-1}, \quad k = 1, 2, 3, \cdots. \tag{17.78}$$

注意到 $X_-^{k-1} \subset X_-$, 从而 $\mathcal{U} X_-^{k-1} \subset (X_- \vee U) \oplus W_-$ (定理 17.3.8). 从而, 根据命题 17.3.2,

$$E_{\|U}^{H^-} \mathcal{U} X_-^{k-1} = E_{\|F^+}^{H^-} \mathcal{U} X_-^{k-1} = E_{\|F^+}^{H^-} E_{\|\mathcal{U}F^+}^{\mathcal{U}H^-} \mathcal{U}^k Y,$$

最后一个等式由引理 2.7.4 可得. 但是, 对于每一个 $\lambda \in \mathcal{U}^k Y$,

$$\lambda = E^{\mathcal{U}H^- \vee \mathcal{U}F^+} \lambda = E_{\|\mathcal{U}F^+}^{\mathcal{U}H^-} \lambda + E_{\|\mathcal{U}H^-}^{\mathcal{U}F^+} \lambda,$$

因为 $\mathcal{U}H^- \vee \mathcal{U}F^+ = \mathcal{U}H = H$. 又因为 $\mathcal{U}F^+ \subset F^+$,

$$E_{\|U}^{H^-} \mathcal{U} X_-^{k-1} = E_{\|F^+}^{H^-} \mathcal{U}^k Y = X_-^k,$$

这就证明了 (17.78). 假定当 $k = j-1$ 时, (17.77) 成立, 反复地应用引理 2.7.4 , 由 (17.78) 可推出 (17.77), 当 $k = j$ 时. 只需证明当 $k = 0$ 时 (17.77) 成立. 为此, 注意到由定理 17.3.8 可得

$$X_-^0 = E_{\|F^+}^{H^-} Y = E_{\|U}^{H^-} Y.$$

$\square$

注 17.3.14   在有限维情形下, 总和 (17.76) 可以被限制为 n 项, 其中 n 是 X_- 的维数.

第 17.5 节将研究子空间辨识应用, 基于被反馈所影响的数据的倾斜预测空间构造需要重新形成 (17.57), 使新息过程 e 作为白化滤波器的输出. 事实上, 在系统零点满足适当的条件下, 这样的滤波器是渐进稳定的. 下面的命题用几何的方式陈述了这个众所周知的事实,

命题 17.3.15   令 W_- 是由 (17.70) 定义的新息过程更新的空间, X_- 是倾斜预测空间, 则有下面的包含关系成立

$$\mathcal{U}X_- \subset X_- \vee U \vee Y, \tag{17.79a}$$

$$Y \subset (X_- \vee U) \oplus W_-, \tag{17.79b}$$

$$W_- \subset X_- \vee U \vee Y. \tag{17.79c}$$

事实上, 关于联合过去信息 H^-, X_- 也是过程 17.5 的一个最小倾斜 Markov 分裂子空间.

证   这个证明仅仅基于重排定理 17.3.8 的包含关系, 以及回顾倾斜分裂的定义.

$$e(0) := y(0) - E[y(0) \mid H^- \vee U] = y(0) - E[y(0) \mid X_- \vee U].$$

$\square$

注 17.3.16   等式 (17.79) 表明 X_- 是从过去输入和输出测量 $\{y(s), u(s), s \leq t\}$ 产生新息 $e(t)$ 的可逆系统的状态. 于是可以得出 X_- 是 $H^+(w_-)$ 的倾斜预测空间, 平行于 $H^+ \vee U^+$, 即

$$X_- = E_{\|H^+ \vee U^+}^{H^-} H^+(w_-), \tag{17.80}$$

当然, 这个斜投影有意义当且仅当丰富性条件

$$(H^+ \vee U^+) \wedge H^- = 0 \tag{17.81}$$

成立, 如果联合过程 (y, u) 有界且距离零点很远, 那么上式就能成立.

§17.4　缺少反馈的几何理论

当没有从 y 到 u 的反馈时, 几何理论是相当精简的, 可以提出一个更加丰富的理论. 根据命题 2.4.2, 描述从 y 到 u 的反馈缺失特征的条件 (17.3a) 能被写成

$$H^- \perp H^+(u) \mid H^-(u).$$

对于因果关系的实现, $X^- \subset S = H^-$, 进一步有 (引理 2.4.1)

$$X^- \perp H^+(u) \mid H^-(u),$$

即从 x 到 u 也没有反馈. 我们将对不一定是因果关系的 X 一般化这些条件.

定义 17.4.1　一个关于 (y, u) 的倾斜分裂子空间是无反馈的, 如果

$$S \perp H^+(u) \mid H^-(u), \tag{17.82}$$

其中 $S := H^- \vee X^-$.

这等价于与整个输入历史都正交的 S 的徘徊子空间 W, 是一个对于反馈缺失时的著名几何公式.

命题 17.4.2　X 是一个 p.n.d. 倾斜分裂子空间, 定义于 (17.43) 的徘徊子空间 W 与整个输入历史都是正交的当且仅当满足无反馈条件 (17.82). 特别地,

$$S = H^-(u) \oplus H^-(w), \qquad F^+ = H^+(u) \oplus H^+(w), \tag{17.83}$$

其中,F^+ 是未来输入 (17.36) 的空间, 且 $H(u) \perp H(w)$.

证　(充分性) 考虑到 (17.44),$W \subset \mathcal{U}S$, 因此, 由 (17.82) 有 $W \perp \mathcal{U}H^+(u) \mid \mathcal{U}H^-(u)$. 根据命题 2.4.2, 这等价于

$$E^{H(u)} W = E^{\mathcal{U}H^-(u)} W,$$

但是 $W \perp \mathcal{U}H^-(u)$ (命题 17.3.2), 从而 $W \perp H(u)$, 充分性得证.

(必要性) 假设 $W \perp H(u)$, 则显然,

$$E^{H^+(u) \vee H^-(u)} H^-(w) = E^{H^+(u)} H^-(w) = 0,$$

使得 $H^-(w) \perp H^+(u) \mid H^-(u)$. 因为 $S = H^-(u) \vee H^-(w)$, 再由命题 2.4.2(iii) 可得

$$S \perp H^+(u) \mid H^-(u),$$

这就是 (17.82).

最后, 条件 (17.83) 由 (17.44) 和 (17.36) 可以推出.　□

推论 17.4.3　X 是一个无反馈 p.n.d. 倾斜分裂子空间, 则

$$S \vee F^+ = \left(S \vee H^+(u)\right) \oplus H^+(w), \tag{17.84}$$

其中 $S := H^- \vee X^-$.

证　由命题 17.3.2, 有 $S \perp H^+(w)$, 再结合 $F^+ = H^+(u) \oplus H^+(w)$ (命题 17.4.2) 可推出 (17.84). □

(17.84) 中的正交性允许我们能简化第 17.3 节中得到的大部分公式. 所有与联合未来空间 F^+ 平行的斜投影一般会退化为投影平行于 $U^+ := H^+(u)$, 它并不像 F^+ 一样是确定的, 且不隐式依赖 X. 为此我们需要下面的引理.

引理 17.4.4　假设

$$E^{B \oplus C} A = E^{X \oplus C} A,$$

其中 $X \subset B$, 则 $E^B A = E^X A$.

证　令 $\alpha \in A$, 因为 $E^{X \oplus C} \alpha = E^X \alpha + E^C \alpha, X \subset B$, 则

$$E^B \alpha = E^B E^{B \oplus C} \alpha = E^B E^{X \oplus C} \alpha = E^B E^X \alpha + 0 = E^X \alpha,$$

然后取闭包即可. □

17.4.1　无坐标倾斜分裂子空间

为简单起见, 将在下文中使用记号

$$U^+ := H^+(u). \tag{17.85}$$

假设一般化的丰富性条件

$$S \wedge U^+ = 0 \tag{17.86}$$

对任意倾斜分裂子空间 X 都满足, 这里通常 $S := H^- \vee X^-$.

定理 17.4.5　X 是一个满足无反馈条件 (17.82) 和丰富性条件 (17.86) 的子空间, 则 X 是一个关于 (y, u) 倾斜 Markov 分裂子空间当且仅当

$$S \perp \bar{S} \,|\, (X \vee U^+), \tag{17.87}$$

其中 $\bar{S} := H^+ \vee X^+$, 或者相当于

$$X = E^S_{\|U^+} \bar{S} = E^X_{\|U^+} \bar{S}. \tag{17.88}$$

证　根据定义 17.3.4, X 是一个关于 (y, u) 倾斜 Markov 分裂子空间当且仅当

$$S \perp \bar{S} \mid (X \vee F^+), \tag{17.89}$$

由命题 2.4.2 和推论 17.4.3, 又可以写成

$$E^{(S \vee U^+) \oplus H^+(w)} \bar{S} = E^{(X \vee U^+) \oplus H^+(w)} \bar{S}.$$

因此, 由引理 17.4.4,

$$E^{S \vee U^+} \bar{S} = E^{X \vee U^+} \bar{S}, \tag{17.90}$$

这等价于 (17.87). 给定丰富性条件 (17.86), (17.90) 具有形式 $E^S_{\parallel U^+} \bar{S} = E^X_{\parallel U^+} \bar{S} \subset X$ (引理 2.7.3). 令 $\lambda \in X$, 由定理 17.3.5 可知, $X = S \cap \bar{S}$, 从而 $\lambda \in S \cap \bar{S}$. 所以 $E^S_{\parallel U^+} \lambda = \lambda$, 进一步 $X \subset E^S_{\parallel U^+} \bar{S}$. 因此可得 (17.88). □

在无坐标情形下定理 17.3.5 中的斜交条件 (iii) 可用下式代替

$$\bar{S} \perp S \mid (\bar{S} \cap S \vee U^+). \tag{17.91}$$

推论 17.4.6　子空间 X 是一个关于 (y, u) 的无反馈倾斜分裂子空间当且仅当

$$H^- \perp H^+ \mid (X \vee U^+). \tag{17.92}$$

给定丰富性条件 $(H^- \vee X) \wedge U^+ = 0$, (17.92) 等价于

$$E^{H^- \vee X}_{\parallel U^+} H^+ = E^X_{\parallel U^+} H^+. \tag{17.93}$$

证　(17.92) 的证明和 (17.87) 类似, 只需要用 H^- 和 H^+ 分别替换 S 和 $\bar{S}$. 与 (17.93) 的等价性可由引理 2.7.3 得到. □

17.4.2　可观性, 可构造性和最小性

接下来我们将研究在反馈缺失下, 一个倾斜分裂子空间的可观性, 可构造性和最小性. X 的状态空间性质将依据定义在数据空间上某一条件 Hankel 算子的因子分解进行解释. 不像第 7 章的情形, 在过去和未来之间不存在对称性, 所以只能提出向前的性质.

定义 17.4.7　一个无坐标倾斜分裂子空间是 (条件) 可观的, 如果 $\overline{\mathrm{Im} \ \mathcal{O}^*} = X$, 其中

$$\mathcal{O}^* \lambda = E^X_{\parallel U^+} \lambda, \quad \lambda \in H^+, \tag{17.94}$$

即如果 $\mathcal{O}^*$ 有一个稠密的值域.

一个倾斜分裂子空间 X 的可观性是在给定未来输入下预测未来输出的能力的衡量指标. 算子 $\mathcal{O}^* : H^+ \to X$ 是这个 (条件) 可观测算子 $\mathcal{O} : X \to H^+$ 的伴随算子, 并且有定理 B.2.5,

$$X = \overline{\operatorname{Im} \mathcal{O}^*} \oplus \ker \mathcal{O},$$

其中 $\ker \mathcal{O}$ 是 X 的不可观子空间.

定义 17.4.8 一个无反馈分裂子空间是 (条件) 可构造的, 如果 $\ker \mathcal{C} = 0$, 其中

$$\mathcal{C}\xi = E_{\|U^+}^{H^-} \xi, \quad \xi \in X, \tag{17.95}$$

即如果 $\mathcal{C}$ 是单射的.

算子 $\mathcal{C}$ 测量的是在给定未来输入 U^+ 下, 基于联合过去 H^- 的少许 X 的可预测性程度. 关于可观性,

$$X = \overline{\operatorname{Im} \mathcal{C}^*} \oplus \ker \mathcal{C},$$

其中 $\ker \mathcal{C}$ 是 X 的不可构子空间. 我们也有下面条件可构算子的替代描述.

命题 17.4.9 一个无反馈倾斜分裂子空间的条件可构算子 (17.95) 也能写成

$$\mathcal{C}\xi = E^{H^-} \xi, \quad \xi \in X. \tag{17.96}$$

特别地,

$$\ker \mathcal{C} = X \cap (H^-)^\perp. \tag{17.97}$$

证 给定一个任意的 (不一定是有限维的) 无反馈倾斜分裂子空间 X, 如在 (17.33) 中定义 $X_s := E^{H^-(w)} X$ 和 $X_d := E^{H^-(u)} X$, 则 (17.34) 成立, 即 $X \subset X_s \oplus X_d$. 令 $\xi \in X$, 并设 $\xi = \xi_s + \xi_d$, 其中 $\xi_s \in X_s, \xi_d \in X_d$. 由 (17.13) 有

$$H^- \vee U^+ = H^-(y_s) \oplus H(u), \tag{17.98}$$

因此

$$E^{H^- \vee U^+} \xi_s = E^{H^-(y_s)} \xi_s \in H^-,$$

从而

$$E_{\|U^+}^{H^-} \xi_s = E^{H^-(y_s)} \xi_s.$$

但是,

$$E^{H^-} \xi_s = E^{H^-} E^{H^- \vee U^+} \xi_s = E^{H^-(y_s)} \xi_s,$$

所以

$$E_{\|U^+}^{H^-} \xi_s = E^{H^-} \xi_s. \tag{17.99}$$

而且, 因为 $\xi_d \in \mathrm{H}^-(u) \subset \mathrm{H}^-$, 有

$$E^{\mathrm{H}^-}_{\|\mathrm{U}^+} \xi_d = \xi_d = E^{\mathrm{H}^-} \xi_d. \tag{17.100}$$

由 (17.99) 和 (17.100) 可知

$$E^{\mathrm{H}^-}_{\|\mathrm{U}^+} \xi = E^{\mathrm{H}^-} \xi. \tag{17.101}$$

$\square$

定理 17.4.10　设 $\mathcal{H}^* : \mathrm{Y}^+ \to \mathrm{H}^-$ 是条件 Hankel 算子

$$\mathcal{H}^* \lambda := E^{\mathrm{H}^-}_{\|\mathrm{U}^+} \lambda, \quad \text{对所有 } \lambda \in \mathrm{H}^+. \tag{17.102}$$

则对任意关于 (y, u) 的无反馈倾斜分裂子空间, X 的倾斜分裂性质等价于因子分解

$$\mathcal{H}^* = \mathcal{C}\mathcal{O}^*, \tag{17.103}$$

其中 $\mathcal{O}^*, \mathcal{C}$ 分别由 (17.94) 和 (17.95) 给出.

证　根据命题 2.4.2 (iii) 和引理 2.4.1 (iii), 分裂性质 (17.92) 等价于 $(\mathrm{H}^- \vee \mathrm{U}^+) \perp \mathrm{H}^+ \mid (\mathrm{X} \vee \mathrm{U}^+)$, 由命题 2.4.2 (vi) 可以写成

$$E^{\mathrm{H}^- \vee \mathrm{U}^+} \lambda = E^{\mathrm{H}^- \vee \mathrm{U}^+} E^{\mathrm{X} \vee \mathrm{U}^+} \lambda, \quad \text{对所有的 } \lambda \in \mathrm{H}^+.$$

考虑到丰富性条件 $\mathrm{H}^- \wedge \mathrm{U}^+ = 0$, 这又等价于

$$E^{\mathrm{H}^-}_{\|\mathrm{U}^+} \lambda = E^{\mathrm{H}^-}_{\|\mathrm{U}^+} E^{\mathrm{X} \vee \mathrm{U}^+} \lambda, \quad \text{对所有的 } \lambda \in \mathrm{H}^+. \tag{17.104}$$

但是

$$E^{\mathrm{X} \vee \mathrm{U}^+} \lambda = E^{\mathrm{X}}_{\|\mathrm{U}^+} \lambda + E^{\mathrm{U}^+}_{\|\mathrm{X}} \lambda,$$

因此 (17.104) 等价于

$$E^{\mathrm{H}^-}_{\|\mathrm{U}^+} \lambda = E^{\mathrm{H}^-}_{\|\mathrm{U}^+} E^{\mathrm{X}}_{\|\mathrm{U}^+} \lambda, \quad \text{对所有的 } \lambda \in \mathrm{H}^+, \tag{17.105}$$

这恰好是因式分解 (17.103).

$\square$

最后图解

$$
\begin{array}{ccc}
\mathrm{H}^+ & \xrightarrow{\ \mathcal{H}^*\ } & \mathrm{H}^- \\
{}^{\mathcal{O}^*}\searrow & & \nearrow{}^{\mathcal{C}}, \qquad \mathcal{H}^* = \mathcal{C}\mathcal{O}^* \\
& \mathrm{X} &
\end{array} \tag{17.106}
$$

可转变为每一个无反馈倾斜分裂子空间 X, 照例我们称这个因子分解 (17.106) 是规范化的, 如果 $\mathcal{O}^*$ 有一个稠密的值域并且 $\mathcal{C}$ 是单射的.

一个关于 (y, u) 的无反馈倾斜分裂子空间 X 是最小的, 如果 X 不存在也是倾斜分裂子空间的真子空间. 下面证明 X 是最小的当且仅当因式分解 (17.103) 是规范化的.

定理 17.4.11　一个无反馈倾斜分裂子空间 X 是最小的当且仅当它同时是可观的和可构的.

证　如果 X 不是可观的,$X_o := \overline{\mathrm{Im}\ \mathcal{O}^*}$ 是 X 的一个真子空间. 因为在 X_o 上有一个因式分解 (17.106), 故 X 不是最小的. 如果 X 不是可构的, 在真子空间 $X_c := X \ominus \ker \mathcal{C}$ 有一个因式分解, 因此 X 不是最小的. 相反地, 假设有一个倾斜分裂子空间 X_1, 且是 X 的真子空间. 那么, 如果 $\mathcal{C}$ 是单射的, 则有 $\overline{\mathrm{Im}\ \mathcal{O}}^* \subset X_1$, 所以 X 不是可观的. 另一方面, 如果 $\mathcal{O}^*$ 有一个稠密的值域,$\ker \mathcal{C}$ 定是非平凡的, 所以 X 不是可构的.　　　　□

作为一个说明并且供以后参考, 现在考虑有限维情形. 考虑一个类似 (17.1) 的缺乏反馈的平稳系统, 不是一般性, 我们可以假设 A 是一个稳定性矩阵. 使用和第 11.2 节中同样的符号, 我们想导出关于输出过程 y 的无穷过去和未来向量 (11.40) 的关系式. 未来输出向量 y_+ 则由下式给出:

$$y_+ = \Omega x + T_D u_+ + T_J w_+, \tag{17.107}$$

其中

$$\Omega = \begin{bmatrix} C \\ CA \\ CA^2 \\ \vdots \end{bmatrix}, \tag{17.108}$$

u_+ 和 w_+ 是输入和噪声的无穷未来向量, 形如 (11.40). T_D 和 T_J 是块 Toeplitz 矩阵.

$$T_D := T(A, B, C, D), \qquad T_J := T(A, G, C, J), \tag{17.109a}$$

其中 $T(A, B, C, D)$ 的定义为

$$T(A, B, C, D) = \begin{bmatrix} D & 0 & 0 & 0 & \cdots \\ CB & D & 0 & 0 & \cdots \\ CAB & CB & D & 0 & \cdots \\ CA^2B & CAB & CB & D & \cdots \\ \vdots & \vdots & \vdots & \vdots & \ddots \end{bmatrix}. \tag{17.109b}$$

现在, 因为

$$\mathcal{O}^* b' y_+ = \mathrm{E}_{\|\mathrm{U}^+}^{\mathrm{X}} b' y_+ = \mathrm{E}_{\|\mathrm{F}^+}^{\mathrm{X}} b' y_+ = b'\Omega x, \quad b \in \ell_2,$$

由 (17.108) 给出的 Ω 实际上是一个可观测算子的矩阵表示. 但是, 关于可构性的情形更复杂, 因为包含了输入过程 u 的可构性和可达性的概念. 与 $\mathcal{O}^*$ 的推导类似, 推导对 $\mathcal{C}$ 的矩阵表示时需要 y^- 下 $x(0)$ 的表示, y^- 与 (17.107) 类似, 但是只有在 $\Gamma := A - GJ'(JJ')^{-1}C$ 存在且稳定时, 才能得到这个表示. 这需要一些对系统技术上的假设和限制. 无论怎样, 和以前一样, 几何理论提供了一个合适的答案, 这在本章的结尾将会揭晓.

17.4.3　无反馈倾斜预测空间

下面的定理就是在反馈缺失下, 倾斜预测空间 (17.72) 的特征描述.

定理 17.4.12　在反馈缺失下, 倾斜预测空间由下式给出

$$\mathrm{X}_- = \mathrm{E}_{\|\mathrm{U}^+}^{\mathrm{H}^-} \mathrm{H}^+, \tag{17.110}$$

并且它是一个最小倾斜分裂子空间.

证　在一般式 (17.72) 中, 有 $\mathrm{F}^+ = \mathrm{U}^+ \oplus \mathrm{H}^+(w_-)$, 其中 $\mathrm{H}^+(w_-) \perp (\mathrm{H}^- \vee \mathrm{U}^+)$ (命题 17.4.2). 因此,

$$\mathrm{E}^{\mathrm{H}^- \vee \mathrm{F}^+} \mathrm{H}^+ = \mathrm{E}^{\mathrm{H}^- \vee \mathrm{U}^+} \mathrm{H}^+,$$

从而

$$\mathrm{X}_- = \mathrm{E}_{\|\mathrm{F}^+}^{\mathrm{H}^-} \mathrm{H}^+ = \mathrm{E}_{\|\mathrm{U}^+}^{\mathrm{H}^-} \mathrm{H}^+,$$

这正如前面所述. 因为 $\mathrm{X}_- \subset \mathrm{H}^-$, 预测空间 X_- 是平凡可构的. 此外,

$$\mathrm{E}_{\|\mathrm{U}^+}^{\mathrm{X}} \mathrm{H}^- = \mathrm{E}_{\|\mathrm{U}^+}^{\mathrm{H}^-} \mathrm{H}^+ = \mathrm{X}_-,$$

这样 X_- 也是可观的. 所以, X_- 是最小的 (定理 17.4.11). □

如果 X_- 是最小的倾斜分裂子空间, 那么更不必说 它也是一个最小的倾斜 Markov 分裂子空间, 这已经被证明过 (定理 17.3.12).

17.4.4　扩展散射对

下面我们将垂直相交的概念和在第 7 章中介绍的可观性和可构性的几何条件应用于倾斜 Markov 分裂子空间. 为此, 通过引入扩展散射子空间

$$S_e := S \vee U^+, \qquad \bar{S}_e := \bar{S} \vee U^+ \tag{17.111}$$

来扩大散射对 $(S, \bar{S})$ 中的子空间. 也许出乎意料, 增加子空间 U^+ 没有破坏 S_e 的不变性.

引理 17.4.13 $(S, \bar{S})$ 是一个倾斜 Markov 分裂子空间 X 的散射对. 则由 (17.111) 定义的扩展散射对 $(S_e, \bar{S}_e)$ 满足不变性

$$\mathcal{U}^* S_e \subset S_e \quad \text{和} \quad \mathcal{U} \bar{S}_e \subset \bar{S}_e.$$

证　因为 S 和 U^+ 都是平凡 $\mathcal{U}$-不变的, 所以扩展子空间 $\bar{S}_e$ 是平凡 $\mathcal{U}$-不变的. 为了证明 S_e 是 $\mathcal{U}^*$-不变的, 注意到

$$S_e = H^- \vee X^- \vee U^+ = H^-(y) \vee X^- \vee H(u)$$

也是 $\mathcal{U}^*$-不变的, 因为 $H(u)$ 是双重不变的.　　　　　　　□

扩展散射对 $(S_e, \bar{S}_e)$ 有一个由斜交包含的垂直相交的性质.

定理 17.4.14 $(S, \bar{S})$ 满足斜交性质

$$S \perp \bar{S} \mid (X \vee U^+), \tag{17.112}$$

其中 $X := S \cap \bar{S}$, 那么由 (17.111) 定义的扩展子空间 S_e 和 $\bar{S}_e$ 是垂直相交的, 即

$$S_e \perp \bar{S}_e \mid S_e \cap \bar{S}_e. \tag{17.113}$$

而且,

$$S_e \cap \bar{S}_e = X \vee U^+ \tag{17.114}$$

和

$$\mathbb{H} = (S_e)^\perp \oplus (X \vee U^+) \oplus (\bar{S}_e)^\perp, \tag{17.115}$$

这里 $\mathbb{H}$ 是一个环绕 Hilbert 空间 $\mathbb{H} := S \vee \bar{S} \vee U^+$.

证　由命题 2.4.2, 从 (17.112) 可以推出

$$S_e \perp \bar{S}_e \mid (X \vee U^+).$$

又由引理 7.2.1, 可知 $S_e \cap \bar{S}_e \subset X \vee U^+$. 但是, 易知 $X \vee U^+ \subset S_e \cap \bar{S}_e$, 因此可以推出 (17.114). 这立即可以得到 (17.113), 所以 S_e 和 $\bar{S}_e$ 是垂直相交的. 因此, 由定理 7.2.4 可知(17.115) 成立. □

定理 17.4.15 X 是一个倾斜 Markov 分裂子空间且带有由 (17.111) 给出的扩展散射对 $(S_e, \bar{S}_e)$, 那么 X 是可观的当且仅当

$$\bar{S}_e = (S_e)^\perp \vee H^+ \vee U^+; \qquad (17.116a)$$

是可构的当且仅当

$$S_e = (\bar{S}_e)^\perp \vee H^- \vee U^+. \qquad (17.116b)$$

证 因为 $S_e^\perp \subset \bar{S}$ 和 $\bar{S}_e^\perp \subset S$(定理 7.2.4), 我们有

$$\bar{S}_e \supset (S_e)^\perp \vee H^+ \vee U^+ \qquad (17.117a)$$

和

$$S_e \supset (\bar{S}_e)^\perp \vee H^- \vee U^+. \qquad (17.117b)$$

首先, 假设 (17.116a) 成立, 那么根据倾斜 Markov 性质,

$$X = E_{\|U^+}^S \bar{S} = E_{\|U^+}^X \bar{S}_e = E_{\|U^+}^X H^+,$$

最后一个等式成立是因为 $S_e^\perp \perp (S \vee U^+)$. 这就证明了可观性. 反之, 假设 X 是可观的, 即 $E_{\|U^+}^X H^+ = X$, 则有

$$X \vee U^+ = E^{X \vee U^+} (H^+ \vee U^+). \qquad (17.118)$$

事实上, 对每一个 $\lambda \in H^+ \vee U^+$, 有

$$E^{X \vee U^+} \lambda = E_{\|U^+}^X \lambda + E_{\|X}^{U^+} \lambda,$$

它的闭值域明显就是 $X \vee U^+$ 的全部. 由 (17.114) 可知, (17.118) 等价于

$$S_e \cap \bar{S}_e = E^{S_e \cap \bar{S}_e}(H^+ \vee U^+),$$

由引理 2.2.6, 它又等价于

$$S_e \cap \bar{S}_e \cap (H^+ \vee U^+)^\perp = 0,$$

或者是

$$(\bar{S}_e)^\perp \vee (S_e)^\perp \vee H^+ \vee U^+ = \mathbb{H}.$$

但是, 由于 (17.117), 这可以写成

$$(\bar{S}_e)^\perp \oplus [(S_e)^\perp \vee H^+ \vee U^+] = \mathbb{H},$$

与 (17.116a) 是一样的.

假设 X 不是可构的. 则存在一个非零 $\xi \in X$ 使得 $E_{\|U^+}^{H^-} \xi = 0$, 从而 $\xi \in U^+ \oplus (H^- \vee U^+)^\perp$, 因此 $\xi = \eta + \lambda$ 对某些 $\eta \in U^+$ 和 $\lambda \in (H^- \vee U^+)^\perp$ 成立. 但是, $X \wedge U^+ = 0$, 故 $\lambda \neq 0$. 由 (17.114) 可知, $\lambda = \xi - \eta \in S_e \cap \bar{S}_e$, 所以

$$\lambda \perp (\bar{S}_e)^\perp \vee H^- \vee U^+, \tag{17.119}$$

进一步, 因为 $\lambda \in X \subset S_e$, 于是可以推出 (17.117b) 真包含关系成立. 反之, 假设 (17.117b) 严格成立, 则有一个非零 $\lambda \in S_e$ 使得 (17.119) 成立, 即

$$\lambda \in S_e \cap \bar{S}_e \cap (H^- \vee U^+)^\perp = (X \dotplus U^+) \cap (H^- \vee U^+)^\perp,$$

最后一个等式由 (17.114) 和 $X \wedge U^+ = 0$ 得出 (定理 2.7.1). 因此 $\lambda = \xi + \eta$, 其中 $\xi \in X$ 和 $\eta \in U^+$. 但 $\lambda \perp U^+$, 从而 $\xi \neq 0$. 而且, $\xi = \lambda - \eta \in U^+ \oplus (H^- \vee U^+)^\perp$, 所以 $E_{\|U^+}^{H^-} \xi = 0$, 与可构性相矛盾. □

可观性和可构性已经很明确地被描述为一个垂直相交的子空间对, 所以我们能诉诸于第 7.4 节中关于最小性的争论.

定理 17.4.16 一个关于 (y, u) 的无反馈倾斜 Markov 分裂子空间 X 最小当且仅当它既是可观的又是可构的.

证 假设 X 有一个满足 (17.116) 的扩展散射对 $(S_e, \bar{S}_e)$, 即 X 是可观的且可构的. 但是, 假设有一个关于含有散射对 $(\hat{S}_e, \hat{\bar{S}}_e)$ 的 (y, u) 的无反馈倾斜 Markov 分裂子空间, 使得 $\hat{X} \subset X$. 则 $\hat{X} \dotplus U^+ \subset X \dotplus U^+$, 因此, 根据定理 17.4.14 和引理 7.4.2 中类似的证明, 有 $\hat{S}_e \subset S_e$ 和 $\hat{\bar{S}}_e \subset \bar{S}_e$. 那么, 由 (17.117a) 得

$$\hat{\bar{S}}_e \supset (\hat{S}_e)^\perp \vee H^+ \vee U^+ \subset (\bar{S}_e)^\perp \vee H^+ \vee U^+ = \bar{S}_e, \tag{17.120}$$

这意味着 $\hat{\bar{S}}_e = \bar{S}_e$. 同样可证明 $\hat{S}_e = S_e$. 所以, 由 (17.114), $\hat{X} \dotplus U^+ = X \dotplus U^+$, 又根据假设的 $\hat{X} \subset X$, 我们有 $\hat{X} = X$. 这就证明了 X 是最小的当它既是可观的又是可构的.

反之, 我们想证明如果 X 不是可观的或者不是可构的, 则它不可能是最小的. 从可构性开始. 我们假设 (17.117b) 对包含关系严格成立 (定理 17.4.15), 定义 $\hat{S}_e := (\bar{S}_e)^\perp \vee H^- \vee U^+$. 很明显, $\hat{S}_e \vee \bar{S}_e = \mathbb{H}$ 和 $(\bar{S}_e)^\perp \subset \hat{S}_e$, 因此 $\hat{S}_e$ 和 $\bar{S}_e$ 是垂直相交的, 即

$$\hat{S}_e \perp \bar{S}_e \mid \hat{S}_e \cap \bar{S}_e. \tag{17.121}$$

而且, 由于定理 17.4.14,

$$\hat{X}_e := \hat{S}_e \cap \bar{S}_e \subset S_e \cap \bar{S}_e = X \dotplus U^+,$$

即 $U^+ \subset \hat{X}_e \subset X \vee U^+$, 这里包含关系是真包含. 则根据直和分解,

$$\hat{X} := X \cap \hat{X}_e$$

是 X 的一个真子空间. 下面来证明 $\hat{X}$ 是一个倾斜 Markov 分裂子空间, 并且 X 不是最小的.

为此, 注意到 $\hat{X} \subset \hat{X}_e$ 和 $U^+ \subset \hat{X}_e$, 从而 $\hat{X} \dotplus U^+ \subset \hat{X}_e$. 但是, $\hat{X}_e \subset X \dotplus U^+$, 所以对任意 $\lambda \in \hat{X}_e$, 有唯一的一个分解 $\lambda = \xi + \omega$, 其中 $\xi \in X$ 和 $\omega \in U^+$. 因为 $\omega \in U^+ \subset \hat{X}_e$, 有 $\xi = \lambda - \omega \in \hat{X}_e$, 从而 $\xi \in \hat{X}_e \cap X = \hat{X}$. 于是

$$\hat{X}_e := \hat{S}_e \cap \bar{S}_e = \hat{X} \dotplus U^+. \tag{17.122}$$

定义

$$\hat{S} := S \cap \hat{S}_e.$$

则 $H^- \subset \hat{S}$ 和 $\hat{S} \wedge U^+ = 0$. 而且, 因为 $\hat{X} \subset X$, 有 $\hat{X} \subset \bar{S}$ 和 $\hat{X} \subset S$, 所以 $\hat{X} \subset \hat{S}$. 从而 $\hat{X} \subset \hat{S} \cap \bar{S}$. 另一方面, 由 (17.122),

$$(\hat{S} \cap \bar{S}) \dotplus U^+ \subset \hat{S}_e \cap \bar{S}_e = \hat{X} \dotplus U^+,$$

再由直和分解, $\hat{S} \cap \bar{S} \subset \hat{X}$. 因此 $\hat{S} \cap \bar{S} = \hat{X}$. 为了证明 $\hat{X}$ 是一个含有散射对 $(\hat{S}, \bar{S})$ 的倾斜 Markov 分裂子空间, 需要证明定理 17.3.5 中的条件 (i)-(iii) 满足 S 替换为 $\hat{S}$, 因为这是一个无反馈情况, 故 F^+ 对应 U^+. 已经证明了条件 (i) 成立, 由 (17.122) 可知, 条件 (iii) 由 (17.121) 可得. 为了证明条件 (ii) 是满足的, 还需证明 $\mathcal{U}^* \hat{S} \subset \hat{S}$. 由于 S 满足假设的不变性条件以及 $\hat{S}_e$ 满足引理 17.4.13 的不变性条件, 故 $\mathcal{U}^* \hat{S} \subset \hat{S}$. 所以 $\hat{X}$ 是一个倾斜 Markov 分裂子空间 (定理 17.3.5).

已经证明如果 X 不是可构的, 那么它不是最小的. 一个完全类似的论述可以得到如果 X 不是可观的, 那它也不是最小的. □

推论 17.4.17 一个关于 (y, u) 的最小无反馈倾斜 Markov 分裂子空间是一个关于 (y, u) 的最小无反馈倾斜分裂子空间.

定理 17.4.16 的证明提供了一种从一个非最小倾斜 Markov 分裂子空间得到最小倾斜 Markov 分裂子空间的构造方法. 事实上, 这可以精简为两步, 首先确保可观性, 然后是可构性, 于是有下面的推论.

推论 17.4.18 $(S_e, \bar{S}_e)$ 是一个关于 (y, u) 的倾斜 Markov 分裂子空间 X 的扩展散射对，定义

$$\hat{\bar{S}}_e := (S_e)^\perp \vee H^+ \vee U^+,$$
$$\hat{S}_e := (\hat{\bar{S}}_e)^\perp \vee H^- \vee U^+.$$

那么 $(\hat{S}_e, \hat{\bar{S}}_e)$ 是一个关于 (y, u) 的最小倾斜 Markov 分裂子空间 $\hat{X} \subset X$ 的扩展散射对.

17.4.5　随机和确定最小性

回顾在无反馈情形下，一个有限维系统 (17.1) 可以被分解为一个随机系统和一个确定系统 (17.31)，分解为

$$X \subset X_s \oplus X_d, \tag{17.123a}$$

其中

$$X_s := E^{H^-(w)} X \quad \text{和} \quad X_d := E^{H^-(u)} X, \tag{17.123b}$$

在一般情形下，这个几何描述也成立. 下面我们将根据 X_s 和 X_d 的相关性质，描述 X 的可观性，可构性和最小性.

为此注意到，由 (17.12) 知，在无反馈情形下，

$$H^- = H^-(y_s) \oplus H^-(u), \tag{17.124}$$

则 X 的不可构子空间 (17.97) 可以被表示为一个交集

$$\ker \mathcal{C} = [X \cap H^-(y_s)^\perp] \cap [X \cap H^-(u)^\perp], \tag{17.125}$$

其中 $X \cap H^-(y_s)^\perp$ 只是受限制可构算子的核心,

$$\mathcal{C}_r = E^{H^-(y_s)}|_X, \tag{17.126}$$

通过令 $\mathcal{C}_r^* = \mathcal{C}^*|_{H^-(y_s)}$ 可以得到上述算子. 同样地定义确定性可达算子

$$\mathcal{R}_d := E^X|_{H^-(u)} = \mathcal{C}^*|_{H^-(u)}, \tag{17.127}$$

(17.125) 可以写成

$$\ker \mathcal{C} = \ker \mathcal{C}_r \cap \ker \mathcal{R}_d^*. \tag{17.128}$$

类似地, 如同第 8.4 节定义的随机可达算子

$$\mathcal{R}_s := \mathrm{E}^{\mathrm{X}}|_{\mathrm{H}^-(w)}, \tag{17.129}$$

使得

$$\mathrm{X}_s := \mathrm{E}^{\mathrm{H}^-(w)}\, \mathrm{X} = \overline{\mathcal{R}_s^* \mathrm{X}}, \qquad \mathrm{X}_d := \mathrm{E}^{\mathrm{H}^-(u)}\, \mathrm{X} = \overline{\mathcal{R}_d^* \mathrm{X}}. \tag{17.130}$$

因为

$$\mathrm{E}^{\mathrm{H}^-(y_s)}\, \xi = \mathrm{E}^{\mathrm{H}^-(y_s)}\, \mathrm{E}^{\mathrm{H}^-(w)}\, \xi, \qquad \text{对所有的 } \xi \in \mathrm{X},$$

受限可构算子 $\mathcal{C}_r$ 因子分解为

$$\mathcal{C}_r = \mathcal{C}_s \mathcal{R}_s^*, \tag{17.131}$$

其中

$$\mathcal{C}_s := \mathrm{E}^{\mathrm{H}^-(y_s)}|_{\mathrm{X}_s} \tag{17.132}$$

是 X_s 的可构算子.

下面的充分条件阐明了联合模型可构性和随机分量可构性之间的联系.

命题 17.4.19 如果 X 的随机分量是可构的, 即 $\ker \mathcal{C}_s = 0$, 那么 X 是可构的, 即 $\ker \mathcal{C} = 0$.

证 假设 X 不是可构的. 则有一个非零 $\xi \in \ker \mathcal{C}$. 根据 (17.128), 有 $\xi \in \ker \mathcal{R}_d^*$ 和 $\xi \in \ker \mathcal{C}_r$. 因为 $\mathrm{X}_s \cap \mathrm{X}_d = 0$, $\ker \mathcal{R}_s^* \cap \ker \mathcal{R}_d^* = 0$, 故 $\xi \notin \ker \mathcal{R}_s^*$, 或者等价地, $\eta := \mathcal{R}_s^* \xi \neq 0$. 而且, 因为 $\xi \in \ker \mathcal{C}_r$, 由 (17.131) 可知 $\mathcal{C}_s \eta = 0$. 从而 $\ker \mathcal{C}_s \neq 0$, 这与假设矛盾. □

注意到, 一般而言 $\ker \mathcal{C} = 0$ 并不意味着 $\ker \mathcal{C}_s = 0$. 在有限维情形下, 这表示系统 (17.1) 是最小的, 尽管随机系统 (17.31a) 不是最小. 我们需要一个更强的最小性概念.

定义 17.4.20 一个倾斜分裂子空间 X 是强最小的, 如果它是最小的且 X_s 是可构的, 即 $\ker \mathcal{C}_s = 0$.

但是, 在因果关系情形下, 最小性和强最小性是等价的.

命题 17.4.21 任何因果关系的最小倾斜 Markov 分裂子空间 X 是强最小的.

证 在因果关系情形下, $\mathrm{X}_s \subset \mathrm{H}^-(y_s)$, 这意味着

$$\ker \mathcal{C}_s = \mathrm{X}_s \cap \mathrm{H}^-(y_s)^\perp = 0.$$

因此, X 是强最小的, 如果它是最小的. □

注意到强最小性只和随机分量 y_s 有关系, 额外的条件 $\ker \mathcal{C}_s = 0$ 可以采用 (8.7) 的标准几何学形式表示为

$$S_s = (\bar{S}_s)^{\perp} \vee H^{-}(y_s), \tag{17.133}$$

其中

$$S_s := H^{-}(y_s) \vee X_s^{-} \quad \text{和} \quad \bar{S}_s := H^{+}(y_s) \vee X_s^{+}, \tag{17.134}$$

且正交补包含在 $H(w)$ 里.

定理 17.4.22 X 是一个含有散射对 $(S,\bar{S})$ 的倾斜 Markov 分裂子空间, 设 $S_e := S \vee U^{+}$ 和 $\bar{S}_e := \bar{S} \vee U^{+}$. 而且, 令 $(S_s, \bar{S}_s)$ 由 (17.134) 给出. 那么下面的条件是等价的

(i) X 是强最小的;

(ii) X 是最小的且 $\mathcal{C}_s$ 是单射;

(iii) X 是可观的且 $\mathcal{C}_s$ 是单射;

(iv) $\bar{S}_e = (S_e)^{\perp} \vee H^{+} \vee U^{+}$ 和 $S_s = (\bar{S}_s)^{\perp} \vee H^{-}(y_s)$;

(v) $\bar{S}_e = (S_e)^{\perp} \vee H^{+} \vee U^{+}$ 和 $S_e = (\bar{S}_s)^{\perp} \vee H^{-} \vee U^{+}$.

证 由定义可知条件 (i) 和 (ii) 是等价的, 根据定理 17.4.16 和命题 17.4.19, 它们也等价于 (iii). 假如 (iii) 成立, 因为 X 是可观的,$\bar{S}_e = S_e^{\perp} \vee H^{+} \vee U^{+}$ (定理 17.4.15). 而且单射 $\mathcal{C}_s$ 是等价于 (17.133), 因此推出 (iv). 为了证明 (iv) 包含 (v), 首先注意到

$$S_e = S_s \oplus H(u). \tag{17.135}$$

利用 (17.124) 得到

$$S_e = H^{-} \vee X^{-} \vee U^{+} = H^{-}(y_s) \vee X^{-} \vee H(u) \subset S_s \oplus H(u),$$

其中最后一个包含关系可以利用 $S_s \perp H(u)$ 和 (17.123a) 得出. 因为 $H(u) \subset S_e$ 和 $H^{-}(y_s) \subset S_e$, 只需要证明 $X_s^{-} \subset S_e$ 来得到 (17.135). 但是, 由 (17.123b) 知 $X_s \subset H^{-}(w)$, 再由不变性推出 $X_s^{-} \subset H^{-}(w) \subset S \subset S_e$, 这正是我们所需要的. $S_s = (\bar{S}_s)^{\perp} \vee H^{-}(y_s)$ 插入到 (17.135), 应用 (17.124) 后有

$$S_e = (\bar{S}_s)^{\perp} \vee H^{-}(y_s) \vee H(u) = (\bar{S}_s)^{\perp} \vee H^{-} \vee U^{+},$$

结合可观性条件 (17.116a) 可以推出 (v). 反之, 如果 (v) 成立, X 是可观测的且

$$S_s = S_e \ominus H(u) = [(\bar{S}_s)^{\perp} \vee H^{-} \vee U^{+}] \ominus H(u)$$

$$= (\bar{S}_s)^{\perp} \vee \big([H^{-}(y) \vee H(u)] \ominus H(u)\big).$$

根据 (17.13), $S_s = (\bar{S}_s)^\perp \vee H_s^-(y_s)$, 即 $\ker \mathcal{C}_s = 0$. 这样就推出 (iii). □

§17.5　子空间辨识的应用

这一节是对带输入子空间辨识主要思想的一个总览. 重点在于说明在这一章前面遇到的随机建模的几何思想是如何应用于辨识问题和生成现在标准软件库中的算法. 关于证明我们建议读者查阅相关文献.

问题 17.5.1　假设输入输出数据由一个形式为 (17.1) 的"真实系统"产生, 从观测的输入输出时间序列

$$(y_0, y_1, y_2, \cdots, y_T), \quad y_t \in \mathbb{R}^m, \qquad (u_0, u_1, u_2, \cdots, u_T), \quad u_t \in \mathbb{R}^p, \qquad (17.136)$$

找到系统矩阵的估计 $\widehat{\begin{bmatrix} A & B \\ C & D \end{bmatrix}}_T$ (有一定的偏差) 使得

$$\lim_{T \to \infty} \widehat{\begin{bmatrix} A & B \\ C & D \end{bmatrix}}_T \equiv \begin{bmatrix} A & B \\ C & D \end{bmatrix},$$

在这个意义下, 极限是存在的且相当于生成系统的四倍 (一致性).

17.5.1　子空间辨识的基本思想

假设我们能观测到状态轨迹

$$(x_0, x_1, x_2, \cdots, x_T)$$

它与观测到的输入输出数据 (17.136) 是一致的. 类似于 (13.15), 形成了 (截) 尾矩阵

$$Y_N(t) := \begin{bmatrix} y_t & y_{t+1} & y_{t+2} & \cdots & y_{t+N} \end{bmatrix}, \qquad (17.137a)$$

$$X_N(t) := \begin{bmatrix} x_t & y_{t+1} & x_{t+2} & \cdots & x_{t+N} \end{bmatrix}, \qquad (17.137b)$$

$$U_N(t) := \begin{bmatrix} u_t & y_{t+1} & u_{t+2} & \cdots & u_{t+N} \end{bmatrix}, \qquad (17.137c)$$

其中 $N \leqslant T$ 相对于 t 是固定的且假定很大. 事实上, 在下面的分析中, N 和 T 将都趋于无穷, 所以 (17.137) 能被替代为相应的如 (13.4) 中的无穷矩阵形式, 因此可以用相应的随机过程来分析它们; 见第 13 章, 这些思想都被介绍过. 给定由系统

产生的样本轨迹 $\{y_t\}$, $\{x_t\}$, $\{u_t\}$, 一定存在一个相应的白噪声轨迹 $\{w_t\}$ 使得数据满足模型方程. 事实上, 上面定义的尾矩阵也必须满足模型方程

$$\begin{bmatrix} X_N(t+1) \\ Y_N(t) \end{bmatrix} = \begin{bmatrix} A & B \\ C & D \end{bmatrix} \begin{bmatrix} X_N(t) \\ U_N(t) \end{bmatrix} + \begin{bmatrix} G \\ J \end{bmatrix} W_N(t). \tag{17.138}$$

在系统参数未知时, 辨识问题可以看作一个线性回归问题, 这样参数可以通过最小二乘估计

$$\min_{(A,C,B,D)} \left\| \begin{bmatrix} X_N(t+1) \\ Y_N(t) \end{bmatrix} - \begin{bmatrix} A & B \\ C & D \end{bmatrix} \begin{bmatrix} X_N(t) \\ U_N(t) \end{bmatrix} \right\| \tag{17.139}$$

重新得到, 并有

$$\begin{bmatrix} \widehat{A} & B \\ C & D \end{bmatrix}_N := \frac{1}{N+1} \begin{bmatrix} X_N(t+1) \\ Y_N(t) \end{bmatrix} \begin{bmatrix} X_N(t) \\ U_N(t) \end{bmatrix}' \left\{ \frac{1}{N+1} \begin{bmatrix} X_N(t) \\ U_N(t) \end{bmatrix} \begin{bmatrix} X_N(t) \\ U_N(t) \end{bmatrix}' \right\}^{-1}, \tag{17.140}$$

在 Gaussian 情形下, 这些估计是渐近的, 并且是我们所能得到最好的.

定理 17.5.2 如果这些数据是二阶遍历 且逆存在 (至少当 $N \to \infty$ 时), 则

$$\lim_{N \to \infty} \begin{bmatrix} \widehat{A} & B \\ C & D \end{bmatrix}_N = \begin{bmatrix} A & B \\ C & D \end{bmatrix},$$

即 A, B, C, D 的估计是一致的.

正如第 13 章所述, 由随机向量 x 和 y 取样生成的有限向量序列

$$X = [x_0, x_1, \cdots, x_N], \quad Y = [y_0, y_1, \cdots, y_N],$$

内积的矩阵表示为

$$\mathrm{E}_N[XY'] := \frac{1}{N+1} \sum_{k=0}^{N} x_k y_k', \tag{17.141}$$

这只是 x 和 y 的样本协方差 矩阵, 也记为 $\hat{\Sigma}_{xy}$. 类似于 (2.5), 也有

$$\mathrm{E}_N[X \mid Y] := \mathrm{E}_N[XY'] \, \mathrm{E}_N[YY']^{-1} \, Y.$$

回顾二阶遍历性 (定义 13.1.3), 这意味着当 $N \to \infty$ 时, 样本协方差收敛于真实的协方差. 例如,

$$\frac{1}{N+1} \sum_{k=t}^{t+N} y_k u_k' = \frac{1}{N+1} Y_N(t) U_N(s)' \to \mathrm{E}\{y(t) u(s)'\}, \quad \text{当 } N \to \infty.$$

因此, 当 $N \to \infty$ 时, 样本协方差能被真实的协方差所代替.

这是第 13.1 节研究过的等距对应. 事实上, 在这章前面介绍的子空间 Y, X 和 U, 以及它们的转换 $Y_t := \mathcal{U}'Y, X_t := \mathcal{U}'X$ 和 $U_t := \mathcal{U}'U$, 都能被视为尾矩阵 (17.137) 的行空间

$$Y_t \simeq \operatorname{rowspan} Y(t), \tag{17.142a}$$

$$X_t \simeq \operatorname{rowspan} X(t), \tag{17.142b}$$

$$U_t \simeq \operatorname{rowspan} U(t), \tag{17.142c}$$

其中 $Y(t)$, $X(t)$ 和 $U(t)$ 是当 $N \to \infty$ 时, (17.137) 的无穷 版本. 思路是在 N 很大时, 空间可以被截尾矩阵的行空间所逼近. 同样, 在这章之前定义的子空间 H, $H_t^- := \mathcal{U}'H^-$, $H_t^+ := \mathcal{U}'H^+$ 和 $U_t^+ := \mathcal{U}'U^+$, 可以被看为观测数据的合适尾矩阵的行空间. 这里所有的状态空间都是内部的, 所以 H 是环绕 Hilbert 空间.

以上所述方法的主要问题是状态序列 (17.137b) 是无法获取的. 这里的基本思想来源于 H. Akaike (最早在时间序列下研究), 利用可获得的输入输出数据来构造状态空间. 事实上, 在当前环境下, 这个思想较合适的推广是精确地构造倾斜预测空间 (17.72). 这把模型和白噪声修整为向前新息模型和新息过程. 如果无限的过去数据 在时间 t 是可获得的, 那么原则上这很简单. 例如, 假设生成的系统是无反馈的, 只需根据尾矩阵的相应空间构造

$$X_-(t) := \mathcal{U}'X_- := \mathrm{E}_{\| U_t^+}^{H_t^-} H_t^+,$$

然后选择 $X_-(t)$ 中合适的基向量. 但是在实际中只有有限数据可以获得, 无限的过去近似可能会导致估计中的错误 (偏差), 它可能不会收敛到真值 (当 $N \to \infty$ 时). 因此, 正如第 13.3 节所述, 我们需要有限区间的随机实现.

17.5.2　有限区间辨识

考虑以下问题 (依照随机变量等价陈述的).

问题 17.5.3　在一个有限区间 $[t_0, T]$ 上, 只利用输入输出过程中的随机变量来构造 y 的一个随机实现的状态空间.

样本波动 (来自有限数据长度) 在下面的分析中将毫无意义, 我们这里假设

$N \to \infty$ 且在随机环境下. 定义有限过去和未来 (随机) 输入

$$u_t^- := \begin{bmatrix} u(t-1) \\ u(t-2) \\ \vdots \\ u(t_0) \end{bmatrix}, \qquad u_t^+ := \begin{bmatrix} u(t) \\ u(t+1) \\ \vdots \\ u(T) \end{bmatrix},$$

并设

$$\mathrm{U}_{[t_0,t)} := \mathrm{rowspan}\{u_t^-\}, \qquad \mathrm{U}_{[t,T]} := \mathrm{rowspan}\{u_t^+\}.$$

这些有限维 Hilbert 子空间与相应的 (无限) 尾矩阵的行空间是同构的,

$$\mathrm{U}_{[t_0,t)} \simeq \mathrm{rowspan}\left\{ \begin{bmatrix} U(t-1) \\ U(t-2) \\ \vdots \\ U(t_0) \end{bmatrix} \right\}, \qquad \mathrm{U}_{[t,T]} \simeq \mathrm{rowspan}\left\{ \begin{bmatrix} U(t) \\ U(t+1) \\ \vdots \\ U(T) \end{bmatrix} \right\}.$$

类似地, 定义

$$\mathrm{Y}_t^+ := \mathrm{Y}_{[t,T]} \subset \mathrm{H}_t^+, \quad \mathrm{U}_t^+ := \mathrm{U}_{[t,T]}, \tag{17.143a}$$

和

$$\mathrm{Z}_t^- := \mathrm{Z}_{[t_0,t)} \subset \mathrm{H}_t^-, \quad \text{其中 } z(t) = \begin{bmatrix} y(t) \\ u(t) \end{bmatrix}. \tag{17.143b}$$

假设没有从 y 到 u 的反馈 且丰富性条件

$$\mathrm{H}^- \wedge \mathrm{U}^+ = 0 \tag{17.144}$$

成立. 这个条件经常被称做相容性条件. 令 $\mathrm{X}_t := \mathcal{U}^t \mathrm{X}$ 是一个平稳的 倾斜 Markov 分裂子空间且定义

$$\hat{\mathrm{X}}_t := \mathrm{E}^{\mathrm{Z}_t^- \vee \mathrm{U}_t^+} \mathrm{X}_t, \quad t = t_0, \cdots, T. \tag{17.145}$$

设 $x(t)$ 是 X_t 的一个基且 $x(t+1)$ 是它的平稳转换. 选择 $\hat{\mathrm{X}}_t$ 的基

$$\hat{x}(t) := \mathrm{E}\big[x(t) \mid \mathrm{Z}_t^- \vee \mathrm{U}_t^+\big], \tag{17.146}$$

并令

$$\hat{x}(t+1) := \mathrm{E}\big[x(t+1) \mid \mathrm{Z}_{t+1}^- \vee \mathrm{U}_{t+1}^+\big], \tag{17.147}$$

这是和 (17.146) 一致的一个选择.

用 $\hat{E}_t$ 表示由正交分解

$$Z_{t+1}^- \vee U_{t+1}^+ = \left(Z_t^- \vee U_t^+\right) \oplus \hat{E}_t \tag{17.148}$$

定义的瞬时新息空间, 从而 $\hat{E}_t = \text{span}\{\hat{e}(t)\}$, 其中 $\hat{e}(t)$ 是瞬时 (条件) 新息过程, 定义如下

$$\hat{e}(t) = y(t) - \text{E}\left[y(t) \mid Z_t^- \vee U_t^+\right]. \tag{17.149}$$

假设 (17.1) 是在状态空间 X_t 下和偏差 $x(t)$ 有关的平稳模型. 直接的计算可以得到如下著名的结果, 它一直是文献中使用的关键方法.

定理 17.5.4　子空间 $\{\hat{X}_t\}$ 是有限区间的倾斜 Markov 分裂子空间. 如果 X_t 是最小的, 则 $\hat{X}_t$ 也是. 过程 y 容许下面的有限区间实现, 并被称作在区间 $[t_0, T]$ 上的瞬时条件 Kalman 滤波实现

$$\begin{cases} \hat{x}(t+1) = A\hat{x}(t) + Bu(t) + K(t)\hat{e}(t), & \hat{x}(t_0) = \text{E}\left[x(t_0) \mid U_{t_0}^+\right], \\ y(t) = C\hat{x}(t) + Du(t) + \hat{e}(t), \end{cases} \tag{17.150}$$

其中 $K(t)$ 是 Kalman 增益 (可以通过解 Riccati 微分方程计算出来).

注意到 y 能被一个有限区间模型表示, 这个模型的状态只是在有限区间 $[t_0, T]$ 上输入输出数据的一个函数, 且它的 (常数) 系统参数 (A, B, C, D) 恰好是我们想鉴定的 (17.1) 中的那些参数.

与一般有一个零初始条件的标准 Kalman 滤波相反, 这个初始状态估计 $\hat{x}(t_0)$ 不是零且依赖 $U_{t_0}^+$ 里的未来输入. 正如 [255, 引理 6.1] 所说, 这个情况产生的原因是平稳初始状态 $x(t_0)$ 是一个关于过去输入历史信息的函数, 并且如果 u 不是白噪声, 那 $\text{E}\left[x(t_0) \mid U_{t_0}^+\right]$ 就是一个关于未来输入的非平凡函数. 这意味着, 尽管状态方程 (17.150) 有因果关系特征, $\hat{x}(t)$ 也是一个在 $[t, T]$ 上未来输入的函数. 因为对每一个 $b \in \mathbb{R}^m$ 有

$$\text{E}^{Z_t^- \vee U_t^+} b'y(t+k) = \text{E}^{Z_t^-}_{\parallel U_t^+} b'y(t+k) + \text{E}^{U_t^+}_{\parallel Z_t^-} b'y(t+k)$$

$$= \text{E}^{Z_t^-}_{\parallel U_t^+} b'CA^k x(t) + \text{E}^{U_t^+}_{\parallel Z_t^-} b'CA^k x(t) + b'(T_D)_k u_t^+,$$

其中 $(T_D)_k$ 是由 (17.109) 定义的 T_D 的第 k 块行, 所以没有显然的方式从 $b'(T_D)_k u_t^+$ 中分离状态分量 $\text{E}^{U_t^+}_{\parallel Z_t^-} b'CA^k x(t)$. 因为这两项都属于 U_t^+, 所以将未来输出沿平行于 U_t^+ 方向投影将会消掉这个分量. 这并不是模型 (17.150) 的一个不幸产物, 而是一个一般的事实. 因为, 如果我们尝试限制到因果关系的 倾斜 Markov 分裂子空间, 即对每一个 t 包含在 $Z_t^- \subset H_t^-$ 中的状态空间, 那么我们将以一类相当受限制的模型结束.

命题 17.5.5 y 和 u 是形式为 (17.1) 的有限维平稳模型的输出输入过程, 则有一个包含在过去 Z_t^- 里的有限区间倾斜 Markov 分裂子空间 X_t 当且仅当这个模型是阶数比 $t - t_0$ 小的 ARX 型. 特别地, 如果一般动态是不允许的, 则命题成立当且仅当确定子系统的传递函数

$$F(z) = C(zI - A)^{-1}B + D$$

是一个关于 z^{-1} 的矩阵多项式, 即 $F(z)$ 是 FIR 型, 且 (17.1) 中随机子系统的传递函数

$$G(z) = C(zI - A)^{-1}G + J$$

是纯 AR 型, 其中随机子系统可以通过令 $B = 0, D = 0$ 得到.

这个结果显示, 把一类相对平凡的平稳过程排除在外, 带有输入的有限区间状态空间模型不能因果地依赖输入过程. 一般而言, u 的未来不得不进入动态方程的状态中. 我们只好用条件因果关系的倾斜 Markov 分裂子空间来满足我们的要求, 即使得 $X_t \subset Z_t^- \vee U_t^+$, 就像 Kalman 滤波模型 (17.150). 这个概念描述了在输入信号下, 一个有限时间模型的状态能成为因果关系的程度. 很明显如果 $t_0 = -\infty$, 情形是彻底不同的. 在这种情况下, 预测空间 (17.110) 是无限过去 H_t^- 的一个子空间且定义了平稳 Kalman 预测模型, 其中状态是关于过去输入和输出变量的一个因果关系函数.

由于这些原因, Kalman 滤波模型 (17.150) 的状态空间不是直接由区间 $[t_0, T]$ 上的输入输出数据可构的. 事实上提取输出预测状态空间的生成器是不可能的.(这个论述的一个比较正式的证明出现在 [58] 中.) 更一般地, 没有已知的只从可用输入输出数据 $Y_{[t_0, T]} \vee U_{[t_0, T]}$ 开始的方法来构造 $\hat{X}_t$ (或者任意有限区间倾斜 Markov 分裂子空间). 这种状态的一个结果就是没有一个实际的规则来实施基本原理, 而输入子空间辨识算法却是基于这个基本原理的. 对于时间序列 (无输入) 的子空间辨识却不是这种情况, 我们知道如何构造基于在有限区间上观测的随机输出数据 (无限尾) 的有限区间状态空间. 现有文献从未解释这个难点, 都是通过逼近或者看似不相关的特别 技巧绕开它.

17.5.3 N4SID 算法

子空间算法主要利用鲁棒的线性代数数值计算, 对形如 (13.22) 的尾观测数据进行处理. 很明显, 尽管在标准遍历性假设下, 这个算法必须在有限尾矩阵上才能起作用, 当 $N \to \infty$ 时, 这些运算与随机过程上, 或者更准确地说, 其中随机变量

的有限序列上的线性运算是同构的. 为此在这个子空间上, 我们废除尾矩阵中的下标 $_N$. 这个公式最初是关于有限长度尾数据的代数运算, 也可以被解释为关于随机量的概率运算 (假设 $N \to \infty$), 这样就可以实施在本章前面几节中提到的抽象方法.

我们快速复习所谓的 N4SID 算法和它的一些模型. 这一大类的算法都是源于在无反馈数据的假设下. 第一个被计算的量是基于联合输入输出数据 $Z_{[t_0,t)} \vee U_{[t,T]}$ 的输出预测矩阵, 其中 $Z_{[t_0,t)}$ 和 $U_{[t,T]}$ 现在是在 (13.22) 中生成的有限长度尾数据, 矢量和 $\vee$ 表示行跨距之和. 按照形成 (17.110) 的步骤, 可以得到一个输入预测的表达式

$$\hat{Y}_{[t,T]} := \mathrm{E}_N \big[Y_{[t,T]} \mid Z_{[t_0,t)} \vee U_{[t,T]} \big], \tag{17.151}$$

与 (17.107) 形式一样, 也就是

$$\hat{Y}_{[t,T]} = \Omega_\nu \hat{X}_t + T_D U_{[t,T]} + T_K \tilde{E}_{[t,T]}, \tag{17.152}$$

其中 $\Omega_\nu, \nu = T - t$, 是模型 (17.150) 的 (扩展) 可观矩阵, $\hat{X}_t$ 是 Kalman 滤波状态的 $n \times (N+1)$ 尾矩阵, T_D 由 (17.109) 给出

$$T_K = \begin{bmatrix} I & 0 & 0 & 0 & \cdots \\ CK(0) & I & 0 & 0 & \cdots \\ CAK(0) & CK(1) & I & 0 & \cdots \\ CA^2K(0) & CAK(1) & CK(2) & I & \cdots \\ \vdots & \vdots & \vdots & \vdots & \ddots \end{bmatrix},$$

$\tilde{E}_{[t,T]}$ 是一个误差项

$$\tilde{E}_{[t,T]} := \mathrm{E}_N \big[E_{[t,T]} \mid Z_{[t_0,t)} \vee U_{[t,T]} \big], \tag{17.153}$$

当 $N \to \infty$ 时, 它趋于零.

因为这个算法计算了未来输出 $Y_{[t,T]}$ 沿平行于 $U_{[t,T]}$ 的行张成空间方向往 $Z_{[t_0,t)}$ 的行张成空间的斜投影, 所以这个投影提供了一个 $\Omega_\nu \hat{X}_t$ 的估计, 且它的列空间提供了一个以一组特殊基为模的扩展观测矩阵 Ω_ν 的估计. 在这个算法里, Ω_ν 的一个满秩估计可以由 $\hat{Y}_{[t,T]}$ 的一个 SVD 因子分解以及忽略掉小的奇异值得到. 这个满秩因子分解等价于阶数估计, 并在 $\hat{X}_t$ 中选择一组基. 然而, 因为部分 "真实" 的 $\hat{X}_t$ 已经被斜投影切断, 这需要说明一下.

命题 17.5.6 (随机) 伪状态 $\check{x}(t)$, 由斜投影 Kalman 滤波 $\hat{x}(t)$ 到与 $U_{[t,T]}$ 平行的 $Z_{[t_0,t)}$ 上, 满足递推

$$\begin{bmatrix} \check{x}(t+1) \\ y(t) \end{bmatrix} = \begin{bmatrix} A \\ C \end{bmatrix} \check{x}(t) + \begin{bmatrix} K_1 \\ K_2 \end{bmatrix} u_t^+ + w_t^\perp, \qquad (17.154)$$

其中 $w_t^\perp$ 是一个与 $\check{x}(t)$ 和 u_t^+ 不相关的随机向量, 其中矩阵 K_1 和 K_2 是参数 (B, D) 的线性函数.

因此状态的实现涉及同样的矩阵对 (A, C) 和同样的 Kalman 滤波模型 (17.150) 的观测矩阵.

一旦 $\hat{\Omega}_\nu$ 被计算出来, 程序的第二步就是形成矩阵 $\hat{\Omega}_\nu^\dagger \hat{Y}_{[t,T]}$, 其中 $\dagger$ 表示 Moore-Penrose 伪矩阵. 假设在 SVD 步骤中的阶数估计是一致的, 当 $N \to \infty$ 时 $\hat{\Omega}_\nu$ 收敛到真实的观测矩阵 (用选好的基表示). 这个伪状态估计的显示表达式 $\hat{\Omega}_\nu^\dagger \hat{Y}_{[t,T]}$ 是

$$\Omega_\nu^\dagger \hat{Y}_{[t,T]} = \hat{X}_t + \Omega_\nu^\dagger H_d U_{[t,T]} + \Omega_\nu^\dagger H_s \tilde{E}_{[t,T]}, \qquad (17.155)$$

且它显示了影响 $\hat{X}_t$ 的虚构项. 这个估计可以强制满足一个形为 (17.154) 的线性递归, 也就是

$$\begin{bmatrix} \hat{\Omega}_{\nu-1}^\dagger \hat{Y}_{[t+1,T]} \\ Y_t \end{bmatrix} = \begin{bmatrix} A \\ C \end{bmatrix} \hat{\Omega}_\nu^\dagger \hat{Y}_{[t,T]} + \begin{bmatrix} K_1 \\ K_2 \end{bmatrix} U_{[t,T]} + E^\perp, \qquad (17.156)$$

其中 (A, C, K_1, K_2) 是待估参数. 尽管 K_1 和 K_2 是平稳系统参数的函数, 也依赖未知系统矩阵 (A, C), 这个关系不过被解释为线性回归, 犹如未知参数 (A, C) 和 (K_1, K_2) 是独立的. 随着无限多的数据 $(N \to \infty)$, $E^\perp$ 与 $U_{[t_0,T]}$ 的行跨矩和 $\hat{\Omega}_\nu^\dagger \hat{Y}_{[t,T]}$ 的行跨距是正交的. 因此回归问题 (17.156) 的最小二乘法提供了参数 (A, C) 和 (K_1, K_2) 的一致估计. 假设 N 足够大, 以至于 $\hat{\Omega}_\nu^\dagger \hat{Y}_{[t,T]}$ 和 $U_{[t,T]}$ 的行空间只有共同的零向量, 这些估计是 (17.156) [1] 左边的斜投影, 并且是在与 $U_{[t,T]}$ 的行空间平行的 $\hat{\Omega}_\nu^\dagger \hat{Y}_{[t,T]}$ 的行空间上, 以及与 $\hat{\Omega}_\nu^\dagger \hat{Y}_{[t,T]}$ 的行空间平行的 $U_{[t,T]}$ 上.

在实际中, 这个过程对于噪声是很敏感的, 因为它非常依赖斜投影的计算, 这就很受制约. 很明显地, 如果 $U_{[t,T]}$ 和 $\hat{\Omega}_\nu^\dagger \hat{Y}_{[t,T]}$ 的行空间差不多是平行的, 我们可以预料回归的参数 (A, C) 和 (K_1, K_2) 的估计将是病态的, 且参数估计将被巨大的误差所影响, 因为 "理论数据" 叠加的噪声放大. 这将在之后有清楚的分析.

---

[1]这里校正 $\Omega_{\nu-1}^\dagger \hat{Y}_{[t+1,T]}$ 的显示计算可以利用预测可观测矩阵上的一个 "平移不变性" 论述来避免, 见第 13.3 节.

为了补救这个不好的条件, 已经提出定义为未来输出 $Y_{[t,T]}$ 的正交 投影的一个预测矩阵 $\hat{Y}^c_{[t,T]}$, 且是投影到由矩阵

$$U^{\perp}_{[t,T]} := Z_{[t_0,t)} - E_N \left[Z_{[t_0,t)} \mid U_{[t,T]} \right]$$

的行张成的 "互补" 数据空间[2]. 这个运算同样消除了对未来输出的依赖性, 且得出一个很接近状态矩阵的线性函数. 再考虑奇异值分解:

$$\hat{Y}^c_{[t,T]} = USV' = \begin{bmatrix} U_1 & U_2 \end{bmatrix} \begin{bmatrix} S_1 & 0 \\ 0 & S_2 \end{bmatrix} \begin{bmatrix} V'_1 \\ V'_2 \end{bmatrix},$$

称 n_c "最重要的" 奇异值, 其中 U_1 包含着 U 的第一 n_c 列数, V_1 包含着 V 的第一 n_c 列数且 S_1 为 S 的左上角 $n_c \times n_c$ 矩阵部分. 忽略掉小的奇异值, 可以得到一个满秩因子分解

$$\hat{Y}^c_{[t,T]} = \hat{\Omega}^c_v \hat{X}^c_t, \tag{17.157}$$

其中

$$\hat{\Omega}^c_v = U_1 S_1^{1/2}, \qquad \hat{X}^c_t = S_1^{1/2} V_1^T. \tag{17.158}$$

因为表达式

$$
\begin{aligned}
\hat{Y}^c_{[t,T]} &= E_N \left[Z_{[t,T]} \mid U^{\perp}_{[t,T]} \right] \\
&= \Omega_v E_N \left[\hat{X}_t \mid U^{\perp}_{[t,T]} \right] + E_N \left[W^{\perp} \mid U^{\perp}_{[t,T]} \right]
\end{aligned}
\tag{17.159}
$$

中的最后一项趋近于零 (当 $N \to \infty$ 时), 并且, 由一致性条件 (17.144), (17.159) 的第一项的秩是等于 n (真正的状态维数), 所以 $\hat{Y}^c_{[t,T]}$ 和沿平行于 $U_{[t,T]}$ 行空间方向斜投影 $Y_{[t,T]}$ 渐进地趋近于同样的列空间, 由此得到同样的秩 n.

因此, 如果在因子分解 (17.157) 的秩确定步骤是统计学上一致的 (即渐进地 $n_c = n$), 在 (17.157) 中的两个因子都容纳一个极限, 在某种意义上变得准确, 正如下面的命题的描述.

命题 17.5.7 假设因子分解 (17.157) 的秩确定步骤是在统计上一致的, 那么在 $N \to \infty$ 的极限情况下, 互补预测 $\hat{Y}^c_{[t,T]}$ 的因子 (17.157) 在下面的意义下收敛. 有一个 $n \times n$ 非奇异矩阵 T 使得

$$\hat{\Omega}^c_v \to \Omega_v T^{-1}, \tag{17.160}$$

---

[2] "互补", 因为它是数据空间 $Z_{[t_0,t)} \vee U_{[t,T]}$ 中 $U_{[t,T]}$ 的正交补. 记号 $U^{\perp}_{[t,T]}$ 不是完全一致的, 因为这个补环绕空间随 t 的变化而变化.

并且尾矩阵 $\hat{X}_t^c$ 变成随机向量

$$\hat{x}^c(t) := T\,\mathrm{E}\left[\hat{x}(t) \mid \mathrm{U}_{[t,T]}^{\perp}\right] = T\left(\hat{x}(t) - \mathrm{E}\left[\hat{x}(t) \mid \mathrm{U}_{[t,T)}\right]\right), \tag{17.161}$$

称为系统的互补状态, 满足递归

$$\begin{bmatrix} \hat{x}^c(t+1) \\ y(t) \end{bmatrix} = \begin{bmatrix} A^c \\ C^c \end{bmatrix} \hat{x}^c(t) + \begin{bmatrix} B_1 \\ B_2 \end{bmatrix} u_t^+ + \tilde{e}^{\perp}, \tag{17.162}$$

其中

$$A^c = TAT^{-1}, \qquad C^c = CT^{-1}, \tag{17.163}$$

B_1 和 B_2 是生成数据系统的参数的合适矩阵函数, 并且 $\tilde{e}^{\perp}$ 是一个和数据空间 $\mathrm{Z}_{[t_0,t)} \vee \mathrm{U}_{[t,T]}$ 正交的随机向量. 在 (17.162) 右边的前两项是不相关的. 因此参数 (A^c, C^c) 是下面方程的解

$$\begin{bmatrix} A^c \\ C^c \end{bmatrix} \mathrm{E}\{\hat{x}^c(t)\hat{x}^c(t)'\} = \begin{bmatrix} \mathrm{E}\{\hat{x}^c(t+1)\hat{x}^c(t)'\} \\ \mathrm{E}\{y(t)\hat{x}^c(t)'\} \end{bmatrix}. \tag{17.164}$$

注意到互补状态的协方差是以一组变换基为模, 给定未来输出 u_t^+ 下, Kalman 状态 $\hat{x}(t)$ 的条件协方差, 即

$$\Sigma_{\hat{x}^c} = \mathrm{E}\{\hat{x}^c(t)\hat{x}^c(t)'\} = T\Sigma_{\hat{x}|u^+}T'. \tag{17.165}$$

(记号请查阅第 2.7 节.) 这是 (17.161) 的一个直接结果, 且会在后面用到.

17.5.4 子空间辨识中的条件

由 Jansson 和 Wahlberg 提出过一个反例, 其中的协方差矩阵 $\Sigma_{\hat{x}|u^+} = \Sigma_{\hat{x}^c}$ 是奇异的, 并且, 在这个例子中前面所述的子空间算法是不一致的. 很明显矩阵的奇异性只是不满足一致性条件 (17.144) 的表象, 因为在这种例子中两个子空间有一个非空的交集.

然而, 这不过是一个更一般情况的极限情形. 当子空间 $\mathrm{Z}_{[t_0,t)}$ 和 $\mathrm{U}_{[t,T]}$ 是几乎平行的时候, 条件协方差将会 $\Sigma_{\hat{x}^c}$ 是病态的. 如果 $\hat{X}_t \subset \mathrm{Z}_{[t_0,t)}$ (这并不可能), 前面结论会很明显, 但是, 可以看出斜投影仍是对数据噪声很敏感的操作, 且很大程度上放大了不可避免的随机误差.

命题 17.5.8 在任何确定的基 $\hat{x}(t)$ 下, 条件数 $\kappa(\Sigma_{\hat{x}|u^+})$ 只依赖由 u_t^+ 生成的未来输入子空间和状态子空间 $\hat{X}_t$ 之间的特征角. 事实上, 我们有以下的界

$$\kappa(\Sigma_{\hat{x}|u^+}) \leqslant \kappa(\Sigma_{\hat{x}})\frac{1 - \sigma_{min}^2(\hat{\Pi})}{1 - \sigma_{max}^2(\hat{\Pi})}, \tag{17.166}$$

其中 $\hat{\Pi}$ 是通过标准化合适的 Cholesky 因子的逆的互协方差矩阵 $L_x^{-1} \Sigma_{\hat{x}u+} (L'_{u+})^{-1}$, 且 $\sigma_{\max}$ 和 $\sigma_{\min}$ 分别表示最大和最小的奇异值. 特别地, 如果 $\hat{x}(t)$ 是模型 (17.150) 的状态空间的标准正交基, $\Sigma_{\hat{x}|u+}$ 的最大和最小的奇异值是 $1 - \sigma_{\min}^2(\hat{\Pi})$ 和 $1 - \sigma_{\max}^2(\hat{\Pi})$, 以及 $\kappa(\Sigma_{\hat{x}|u+})$ 等价于 (17.166) 的右边部分. 这个界是最好的, 即存在不等式 (17.166) 变成一个等式的情况.

17.5.5　带反馈的子空间辨识

为简单起见假设 $F(\infty) = 0$. 我们想构造倾斜预测空间, 在这个一般设置下, 它由斜投影 (17.72) 定义. 注意到由 (17.1) 有

$$y(t + k) = CA^k x(t) + \text{terms in } \mathrm{U}_t^+ + \text{terms in } \mathrm{W}_t^+, \quad k = 0, 1, \cdots,$$

其中在当前情形下 W 是新息空间 W_-. 因此由斜投影

$$\mathrm{E}_{\|\mathrm{U}_t^+}^{\mathrm{Z}_t^-} \mathrm{Y}_t^+,$$

构造的一般状态空间, 如标准算法 (N4SID, CVA, MOESP) 中实现的, 并不起作用, 因为消除噪声项需要条件 $\mathrm{W}^+ \perp \mathrm{U}^+$, 这只是从 y 到 u 的反馈缺失 (性质 17.4.2).

我们需要一个其他的方法来构造状态空间. 尤其我们需要一套程序来构造倾斜预测空间 X_-, 它不会遇到第 620 页提到的只会当开环系统是不稳定时才可能发生的困难. 这样一个方法是基于命题 17.3.15 和注释 17.3.16 的白化滤波器表示. 对于有限维模型, 必备的丰富性条件 (17.81) 需要 $\Gamma := A - KC$ 是严格稳定的, 即在单位元上没有零点 [3]. 然而, 没必要重新计算未来新息空间来获得倾斜预测空间, 正如从下面的结果所示, 它本质上是命题 17.3.13 的一个等价表达.

定理 17.5.9　假设联合过程满足充分条件 (17.81), 则倾斜预测空间 X_- 是由斜投影 $E_{\|\mathrm{Z}_{[0,k)}}^{\mathrm{H}^-} \mathrm{Y}_k$ 生成的, $k = 0, 1, \cdots, \infty$, 即

$$\mathrm{X}_- = \bigvee_{k=0}^{\infty} \mathrm{E}_{\|\mathrm{Z}_{[0,k)}}^{\mathrm{H}^-} \mathrm{Y}_k. \tag{17.167}$$

在有限维情形下, 当 $F(z)$ 和 $G(z)$ 是有理矩阵函数, 且 $k \geqslant n$ 时, 封闭的向量和计算就能停止, 其中 $n = \dim \mathrm{X}_-$ 是系统阶数. 在这种情形下, (17.81) 能用 $\mathrm{Z}_{[0,k)} \cap \mathrm{H}^- = 0$, $k = 0, 1, 2, \cdots$ 替代.

---

[3] 回想一下, 对于预测误差方法总是需要预测的严格稳定性 [212].

注意到方程 (17.167) 涉及计算未来输出 $y(k), k = 0, 1, 2, \cdots$ 的斜投影, 且映射到 (无限) 过去数据 $\mathbf{H}^-$ 以及平行于有限未来联合输入输出空间 $\mathbf{Z}_{[0,k)}$. 这可以得到另一种估计系统矩阵 (A, B, C) 的方法, 该方法需要用被截断的过去数据空间 $\mathbf{Z}_t^-$ 代替 (无限) 过去的数据空间 $\mathbf{H}_t^-$. 这种方法按下面的步骤进行.

(1) 计算斜投影

$$\mathrm{E}_{\|\mathbf{Z}_{[t,t+k-1]}}^{\mathbf{Z}_t^-} \mathbf{Y}_{t+k}, \quad k = 0, \cdots, K,$$

并找到预测空间 $\mathbf{X}_-(t)$ 作为由这些倾斜预测生成的空间的一个 "最好的" n-维[4] 逼近. 确定 $\mathbf{X}_-(t)$ 中一组合适的基.

(2) 转换时间 $t + 1$, 重复同样的过程获得 $\mathbf{X}_-(t+1)$ 中的一个 (一致) 基.

(3) 根据标准最小二乘法解决系统矩阵 (A, B, C).

这个过程能被下面的算法近似执行.

算法 (基于预测的辨识算法)

(1) 选择过去和未来时刻 $t - t_0$ 和 $T - t$, 计算对 $k = 1, 2, \cdots, m$, 倾斜预测

$$\hat{y}_k(t + i \mid t) := \mathrm{E}_{\|\mathbf{Z}_{[t,t+i-1]}}^{\mathbf{Z}_t^-} y_k(t + i), \quad i = 0, 1, \cdots, T - 1$$

和

$$\hat{y}_k(t + i \mid t + 1) := \mathrm{E}_{\|\mathbf{Z}_{[t+1,t+i]}}^{\mathbf{Z}_t^-} y_k(t + i), \quad i = 1, 2, \cdots, T.$$

(2) 这些预测分别在时间 t 和 $t + 1$ 生成状态空间, 正如从 (17.167) 可看出. 利用这些数据, 这两大类生成器将是满秩的, 并且可以采用基于 SVD 截断法的标准程序来找到 n 维一致基 $\hat{x}(t)$ 和 $\hat{x}(t + 1)$.

(3) 利用来自 (17.150) 的白化滤波器方程

$$\hat{x}(t + 1) = \Gamma(t)\hat{x}(t) + Bu(t) + \hat{K}(t)y(t),$$
$$\hat{e}(t) = -C\hat{x}(t) + y(t) \tag{17.168}$$

的线性回归来估计 A, B, C, 其中 $\Gamma(t) := A - \hat{K}(t)C$.

总之, 我们给出结论, 用传统子空间方法构造的状态空间有很大偏差, 如果数据是在闭环中收集的. 但是, 基于预测 或者等价地说, 白化滤波器 模型的子空间方法对反馈情形依然起作用, 当 $|\lambda(A - KC)| < 1$ 时, 预测模型也一直是稳定的. 理想情形下, 预测空间能在没有任意关于反馈信道的假设下构造出来, 尽管存在反馈时, 有限长度数据的效果会差一点.

---

[4]这里系统阶数 n 总假定是已知的. 当然, 在子空间识别中使用的任何一致的阶数估计过程将用于此目的. 在大多数子空间识别算法中, 阶数估计器采用在前面小节中讨论过的 (加权)SVD 截断方法.

§17.6 相关文献

关于反馈和因果性间联系的早期基础文章是 [123]. 在这之后, 在随机过程之间的反馈研究产生了大量的著作. 见 Caines 与 Chan[49, 50] 和论文 [11, 115, 116].Granger 对反馈缺失的定义是一个条件正交性 (或者更一般的, 一个条件独立性) 条件, 这几乎是明显的, 但是似乎并不被大家所接受.

带输入的随机模型构造的斜投影第一次在 [251, 255] 中被引进. 也可以查阅 [252] 的综述. 在这一章关于带输入随机实现的大部分材料是基于随后的文章 [55].

在 1990 年到 2010 年的二十年里, 子空间辨识 (无反馈情形) 吸引了很多人的研究. 早期参考 [178, 295–297]. 采用正交投影而不是斜投影的 N4SID 算法思想是在 [297] 和 [293] 中. 应该说最早期的文章强调矩阵算法且不提供一些关于计算内容的概率方法. 在本章中, 我们有提到 [168, 255], 尤其是 [58].

定理 17.5.4 能在 [295, p.79] 找到, 其中递归 (17.156) 也是可以得到的 (见第 5.3 节); 同样可见 [58, p. 579], 虽然命题 17.5.5 来源于 [58, p. 580]. 但是在命题 17.5.7 中描述的正交化程序的思想和算法本质上应归于 [297] ; 也可见 [296]. 命题 17.5.8 的证明能在 [58, p. 584] 中找到. 在第 650 页提到的一致性反例在 [149] 中有介绍.

许多方面没有覆盖到, 例如子空间估计的渐近方差的表达式 [26, 56, 57], 所谓的正交分解方法 [59, 167] 和最大化子空间辨识病态条件的 "探测输入" 的性质 [54].

在反馈存在下的辨识 (当然, 在反馈回路的其他任何具体信息缺失时) 已经暂时成为一个开放的问题, 过去, 这只能在时间序列辨识的意义下, 用联合过程 (y, u) 辨识来解决. 为解决这个问题, 基于白化滤波器或者等价预测模型的问题的新思想已经由 [61, 260] 独立提出, 并且在 [60] 中基于定理 17.5.9 给出了完整过程. 也可参考 [53]. 在 [60] 中能找到考虑 u 的动态影响的白化滤波器 (17.168) 的 "扰动形式", 其中对因为有限过去数据导致的偏差做了深入的分析.

附录 A

确定性实现理论的基本原理

我们回顾一下确定性实现理论, 它是第 7 章和第 13 章的必备条件. 建议不熟悉确定性实现理论的读者学习本章附录的内容.

§ A.1 实现理论

在这节中我们简略地回顾一下在确定性实现理论中状态空间构造的基本原理. 为此, 考虑定常线性系统 Σ, 描述为

$$(\Sigma) \quad \begin{cases} x(t+1) = Ax(t) + Bu(t), \\ y(t) = Cx(t) + Du(t), \end{cases} \tag{A.1}$$

其中 x 在状态空间 X 中取值, u 在输入空间 U 中取值, y 在输出空间 Y 中取值. 空间 X, U 和 Y 将分别视为与 $\mathbb{R}^n, \mathbb{R}^\ell$ 和 $\mathbb{R}^m$ 等同. 且 $A \in \mathbb{R}^{n \times n}$, $B \in \mathbb{R}^{n \times \ell}$, $C \in \mathbb{R}^{m \times n}$ 和 $D \in \mathbb{R}^{m \times \ell}$ 都是矩阵. Σ 的维数 被定义为状态空间 X 的维数, 即 $\dim \Sigma := n$.

假设系统 Σ 在时间 $t = 0$ 时是静止的, 即 $x(0) = 0$, 一个输入信号 $u(t) = u(0)\delta_{t0}$, 即一个在时刻 $t = 0$ 的脉冲[1], 得出一个输出信号 $y(t) = R_t u(0)$, 对 $t \geqslant 0$. 由 $m \times \ell$ 矩阵构成的序列

$$R_0, R_1, R_2, R_3, \cdots \tag{A.2}$$

叫做 Σ 的脉冲响应 . 显然,

$$R_0 = D, \quad R_k = CA^{k-1}B, \quad k = 1, 2, 3, \ldots, \tag{A.3}$$

---

[1] δ_{st} 是 Kronecker 符号, 表示当 $s = t$ 时为 1, 否则为 0.

所以 Σ 的传递函数

$$R(z) = \sum_{k=0}^{\infty} R_k z^{-k} \tag{A.4}$$

在无穷远处的邻域 (一个半径等于 A 的最大特征值的圆盘之外) 收敛到有理 $m \times \ell$ 矩阵函数

$$R(z) = C(zI - A)^{-1}B + D. \tag{A.5}$$

实现问题是确定一个给定传递函数 R 的系统 Σ 的逆问题. 这样一个 Σ 叫做 R 的一个实现. 一个实现 Σ 是最小的, 如果没有 R 的其他更小维数的实现. R 的 McMillan 度 $\deg R$ 是 R 的一个最小实现的维数.

换句话说, 给定一个带有脉冲响应 (A.2) 的线性时变输入/输出系统

$$\xrightarrow{\;u\;} \boxed{R(z)} \xrightarrow{\;y\;}$$

实现问题相当于确定矩阵 (A, B, C, D) 使得对应的系统 Σ 具有这个脉冲响应. 矩阵 D 可直接被视为 R_0, 所以余下真正要确定的是 (A, B, C). 由于时变性, 输入 $u(t) = u(s)\delta_{ts}$ 将得到输出 $y(t) = R_{t-s}u(s)$, 所以, 根据叠加, 我们可以获得一个由输入串 $\{u(-N), u(-N+1), \ldots, u(-1)\}$ 构成的输出

$$y(t) = \sum_{s=-N}^{-1} R_{t-s}u(s), \quad t \geqslant 0 \tag{A.6}$$

在实现理论中一个重要的工具是 Hankel 映射, 让一个有限输入串 $\{u(-N), u(-N+1), \cdots, u(-1)\}$ 穿过在初始时刻静止 $(x(-N) = 0)$ 的系统 Σ, 并且观测输出序列 $\{y(0), y(1), y(2), \cdots\}$ 可以得到这个映射. 这也恰好推出了 (A.6), 或者等价地, 块 Hankel 系统

$$\begin{bmatrix} y(0) \\ y(1) \\ y(2) \\ \vdots \end{bmatrix} = \begin{bmatrix} R_1 & R_2 & R_3 & \cdots \\ R_2 & R_3 & R_4 & \cdots \\ R_3 & R_4 & R_5 & \cdots \\ \vdots & \vdots & \vdots & \ddots \end{bmatrix} \begin{bmatrix} u(-1) \\ u(-2) \\ \vdots \\ u(-N) \\ 0 \\ \vdots \end{bmatrix}.$$

A.1.1 Hankel 因子分解

实现理论的基本思想是, 如果 R 有一个有限维实现 (A, B, C, D), Hankel 矩阵

$$\mathcal{H} := \begin{bmatrix} R_1 & R_2 & R_3 & \cdots \\ R_2 & R_3 & R_4 & \cdots \\ R_3 & R_4 & R_5 & \cdots \\ \vdots & \vdots & \vdots & \ddots \end{bmatrix} \tag{A.7}$$

有有限秩和因子分解

$$\mathcal{H} = \mathcal{O}\mathcal{R}, \tag{A.8}$$

其中 $\mathcal{R}$ 是可达矩阵

$$\mathcal{R} = \begin{bmatrix} B & AB & A^2B & \cdots \end{bmatrix}, \tag{A.9}$$

$\mathcal{O}$ 是可观矩阵

$$\mathcal{O} = \begin{bmatrix} C \\ CA \\ CA^2 \\ \vdots \end{bmatrix}. \tag{A.10}$$

事实上, 由 (A.3) 可以产生

$$\mathcal{H} := \begin{bmatrix} CB & CAB & CA^2B & \cdots \\ CAB & CA^2B & CA^3B & \cdots \\ CA^2B & CA^3B & CA^4B & \cdots \\ \vdots & \vdots & \vdots & \ddots \end{bmatrix} = \begin{bmatrix} C \\ CA \\ CA^2 \\ \vdots \end{bmatrix} \begin{bmatrix} B & AB & A^2B & \cdots \end{bmatrix}.$$

这个因子分解可以抽象地用可交换图解法来说明

$$\begin{array}{ccc} U & \xrightarrow{\mathcal{H}} & Y \\ \mathcal{R} \searrow & & \nearrow \mathcal{O}, \\ & X & \end{array}$$

其中 Y 是输出序列类使得 $y(t) = 0$ 对于 $t < 0$ 成立,U 是有限输入序列类使得

$u(t) = 0$ 对于 $t \geqslant 0$ 以及 $t < -N$(某些有限的 N) 成立. 事实上,

$$\mathcal{R} \begin{bmatrix} u(-1) \\ u(-2) \\ u(-3) \\ \vdots \end{bmatrix} = Bu(-1) + ABu(-2) + A^2Bu(-3) + \cdots = x(0),$$

和

$$\begin{bmatrix} y(0) \\ y(1) \\ y(2) \\ \vdots \end{bmatrix} = \begin{bmatrix} C \\ CA \\ CA^2 \\ \vdots \end{bmatrix} x(0) = \mathcal{O}x(0).$$

系统 Σ 被称为完全可达的, 如果

$$\operatorname{Im} \mathcal{R} = \mathrm{X}, \tag{A.11}$$

即 $\mathcal{R}$ 是满射的 (自身的) 和完全可观测的 , 如果

$$\ker \mathcal{O} = 0, \tag{A.12}$$

即 $\mathcal{O}$ 是单射的 (一对一). 为简单起见, 称 (A, B) 是可达的 当且仅当 (A.11) 成立; (C, A) 是可观测的 当且仅当 (A.12) 成立.

A.1.2   求解实现问题

为了从这样一个因子分解中确定 (A, B, C), 处理有限矩阵是更好的选择. R 是有理真分式的假设恰好让我们可以做这个事情. 事实上, 令

$$\rho(z) = z^r + a_1 z^{r-1} + \cdots + a_r \tag{A.13}$$

是 $R(z)$ 的元素中的最小公分母. 那么 $\rho(z)R(z)$ 是一个多项式. 所以识别下式中负幂次方项的系数

$$\rho(z)R(z) = (z^r + a_1 z^{r-1} + \cdots + a_r)(R_0 + R_1 z^{-1} + R_2 z^{-2} + R_3 z^{-3} + \cdots),$$

可知脉冲响应 (A.2) 必须满足有限性条件

$$R_{r+k} = -a_1 R_{r+k-1} - a_2 R_{r+k-2} - \cdots - a_r R_k, \quad k = 1, 2, 3, \cdots, \tag{A.14}$$

所以, 对于 $v \geqslant r$, 在

$$\mathcal{H}_v := \begin{bmatrix} R_1 & R_2 & \cdots & R_v \\ R_2 & R_3 & \cdots & R_{v+1} \\ \vdots & \vdots & \vdots & \ddots \\ R_v & R_{v+1} & \cdots & R_{2v-1} \end{bmatrix}, \quad v = 0, 1, 2, \cdots \tag{A.15}$$

中相继地增加分块行和分块列并不会增加秩. 因此有下面的引理.

引理 A.1.1 令 $\rho(z)$ 是 $R(z)$ 的元素中的最小公分母 (A.13), 那么

$$\operatorname{rank} \mathcal{H}_v = \operatorname{rank} \mathcal{H}, \quad \text{对所有的 } v \geqslant r,$$

其中 $r := \deg \rho$.

因此, 取代 (A.8), 考虑有限维因子分解问题:

$$\mathcal{H}_v = \mathcal{O}_v \mathcal{R}_v, \tag{A.16}$$

其中

$$\mathcal{O}_v = \begin{bmatrix} C \\ CA \\ \vdots \\ CA^{v-1} \end{bmatrix}, \quad \mathcal{R}_v = \begin{bmatrix} B & AB & \cdots & A^{v-1}B \end{bmatrix}. \tag{A.17}$$

由于 (A.14),$\mathcal{O}_v$ 和 $\mathcal{R}_v$ 分别与 $\mathcal{O}$ 和 $\mathcal{R}$ 有相同的秩, 从而下面成立.

引理 A.1.2 Σ 是一个 n 维系统 (A.1), 且 $v \geqslant r := \deg \rho$. 那么系统 Σ 是完全可观测的当且仅当 $\operatorname{rank} \mathcal{O}_v = n$; 系统 Σ 是完全可达的当且仅当 $\operatorname{rank} \mathcal{R}_v = n$.

从分解式 (A.16) 可以得出

$$\operatorname{rank} \mathcal{H} \leqslant n := \dim \Sigma, \tag{A.18}$$

因此 $\operatorname{rank} \mathcal{H}$ 是 McMillan 度 $\deg R$ 的一个下界. 我们将通过构造一个维数恰好为 $\operatorname{rank} \mathcal{H}$ 的实现来论证. 事实上 $\deg R = \operatorname{rank} \mathcal{H}$. 为此, 对于某些 $v > r := \deg \rho$, 进行 $\mathcal{H}_v$ 的一个 (最小) 秩分解 . 更准确地说, 给定 $p := \operatorname{rank} \mathcal{H}_v$, 确定两个维数分别为 $mv \times p$ 和 $p \times kv$ 的矩阵 Ω_v 和 Γ_v, 使得

$$\mathcal{H}_v = \Omega_v \Gamma_v. \tag{A.19}$$

这个因子分解可以用交换图表来说明

$$
\begin{array}{ccc}
\mathrm{U} & \xrightarrow{\;\mathcal{H}_\nu\;} & \mathrm{Y} \\
{}_{\Gamma_\nu}\searrow & & \nearrow{}_{\Omega_\nu}, \\
& \mathrm{X} &
\end{array}
$$

其中 $\dim \mathrm{X} = \mathrm{p} := \operatorname{rank}\mathcal{H}_\nu$. 其思想就是从这些因子中确定一个最小实现 (A, B, C, D). 为此, 需要一些记号. 给定一个 $m\nu \times p$ 矩阵 Ω_ν, 且 $\nu > r$, 记 $\sigma(\Omega_r)$ 表示通过移动第一个 $m\times p$ 分块行和最后一个 $\nu-1-r$ 分块行获得的转移 $mr\times p$ 矩阵. 此外, 让 $\sigma(\Gamma_r)$ 表示在 Γ_ν 的分块列上进行一个类似操作得到的 $p\times kr$ 矩阵. 最后, 让 $Q^\dagger$ 表示矩阵 Q 的 Moore-Penrose 伪逆, 并且

$$
E_k := \begin{bmatrix} I_k & 0 & \cdots & 0 \end{bmatrix}'
$$

表示由 r 个 $k\times k$ 维分块矩阵组成的 $rk\times k$ 矩阵, 其中第一个是单位矩阵, 其他的都是零矩阵.

定理 A.1.3　给定一个有理真分式 $m\times \ell$ 矩阵函数 $R(z)$, $\rho(z)$ 为 R 的元素中的最小公分母 (A.13). 此外, 对于某些 $\nu > r := \deg\rho$, 用 (A.19) 表示 Hankel 矩阵 (A.15) 的一个秩分解. 那么

$$
A = (\Omega_r)^\dagger \sigma(\Omega_r), \quad B = \Gamma_r E_\ell, \quad C = E_m'\Omega_r, \quad D = R_0 \tag{A.20}
$$

是 R 的一个实现, 且它的维数是 $\operatorname{rank}\mathcal{H}$. 对称地, A 也可以是

$$
A = \sigma(\Gamma_r)(\Gamma_r)^\dagger. \tag{A.21}
$$

而且, 相应的可观测和可达矩阵 (A.17) 为

$$
\mathcal{O}_r = \Omega_r, \qquad \mathcal{R}_r = \Gamma_r. \tag{A.22}
$$

证　首先注意到因子分解 (A.19) 能根据 ν 的不同选择持续进行, 使得 Ω_ν 和 Γ_ν 分别是 Ω_μ 和 Γ_μ 的子矩阵, 当 $\nu \leqslant \mu$ 时. 现在, 选择 ν 充分大, 可以通过分别在 Ω_μ 的开头部分删除 k 个分块和在 Γ_μ 的结尾部分删除 $\nu - k - r$ 个分块, 形成多重变换 $\sigma^k(\Omega_r)$ 和 $\sigma^k(\Gamma_r)$. 然后, 通过检验得

$$
\sigma^j(\Omega_r)\sigma^k(\Gamma_r) = \sigma^{j+k}(\mathcal{H}_r), \tag{A.23}
$$

其中

$$\sigma^k(\mathcal{H}_r) = \begin{bmatrix} R_{k+1} & R_{k+2} & \cdots & R_{k+r} \\ R_{k+2} & R_{k+3} & \cdots & R_{k+r+1} \\ \vdots & \vdots & \vdots & \ddots \\ R_{k+r} & R_{k+r+1} & \cdots & R_{k+2r-1} \end{bmatrix}. \tag{A.24}$$

因此, 取 $A := (\Omega_r)^\dagger \sigma(\Omega_r)$, 由于 Ω_r 是满列秩的,

$$A\sigma^k(\Gamma_r) = (\Omega_r)^\dagger \sigma(\Omega_r)\sigma^k(\Gamma_r) = (\Omega_r)^\dagger \Omega_r \sigma^{k+1}(\Gamma_r) = \sigma^{k+1}(\Gamma_r),$$

故 $(\Omega_r)^\dagger \Omega_r = I$. 这立即可以推出

$$A^k\Gamma_r = \sigma^k(\Gamma_r), \quad k = 0, 1, 2, \cdots. \tag{A.25}$$

特别地, 选择 $k = 1$, 可得 $A\Gamma_r = \sigma(\Gamma_r)$, 从而可以得到 (A.21). 同理, 有

$$\Omega_r A^k = \sigma^k(\Omega_r), \quad k = 0, 1, 2, \cdots, \tag{A.26}$$

给定 (A.20), 有

$$CA^{k-1}B = E'_m \Omega_r A^{k-1} \Gamma_r E_\ell,$$

又考虑到 (A.25) 和 (A.23), 可得

$$CA^{k-1}B = E'_m \Omega_r \sigma^{k-1}(\Gamma_r) E_\ell = E'_m \sigma^{k-1}(\mathcal{H}_r) E_\ell = R_k,$$

对于 $k = 1, 2, \cdots$. 因为 $D = R_0$ 是平凡的, 这就建立了 (A.3). 从 (A.25) 有 $A^k B = \sigma^k(\Gamma_r) E_\ell$, 从而可以得到

$$\begin{bmatrix} B & AB & \cdots & A^{r-1}B \end{bmatrix} = \Gamma_r,$$

即 $\mathcal{R}_r = \Gamma_r$, 正如定理所述. 同样, $\mathcal{O}_r = \Omega_r$ 来源于 (A.26). □

根据 (A.18) 和引理 A.1.1, 我们立刻有下面的推论.

推论 A.1.4 R 的 McMillan 度 $\deg R$ 等于 Hankel 矩阵 $\mathcal{H}$ 的秩.

作为另一个推论, 有下面在确定性实现理论中的基本事实.

定理 A.1.5 R 的一个实现 Σ 是最小的当且仅当它既是完全可达的又是完全可观的.

证 令 $n := \dim \Sigma$. 那么, 由推论 A.1.4 和引理 A.1.1, Σ 是 R 的一个最小实现当且仅当

$$\operatorname{rank} \mathcal{H}_r = n. \tag{A.27}$$

如果这个成立, 由 (A.16),

$$n = \operatorname{rank} \mathcal{H}_r \leqslant \min \left(\operatorname{rank} \mathcal{O}_r, \operatorname{rank} \mathcal{R}_r \right) \leqslant n,$$

因此

$$\operatorname{rank} \mathcal{O}_r = \operatorname{rank} \mathcal{R}_r = n, \tag{A.28}$$

根据引理 A.1.2, 这等价于 Σ 是完全可观的和完全可达的. 反过来, 如果 (A.28) 成立, $n \times n$ 矩阵 $\mathcal{O}'_r \mathcal{O}_r$ 和 $\mathcal{R}_r \mathcal{R}'_r$ 都有秩 n, 因此

$$\mathcal{O}'_r \mathcal{O}_r \mathcal{R}_r \mathcal{R}'_r = \mathcal{O}'_r \mathcal{H}_r \mathcal{R}'_r$$

也是如此. 但另一方面, $\mathcal{H}_r$ 必须具有秩为 n. □

一个 $n \times n$ 矩阵 A 被称为一个稳定矩阵, 如果它的所有特征值的模小于 1.

推论 A.1.6 Σ 是 R 的一个最小实现, 那么 A 是一个稳定矩阵当且仅当 $R_k \to 0$, 当 $k \to \infty$ 时.

证 由于 (A.3), 平凡地, $R_k \to 0$, 如果 A 是一个稳定矩阵. 反过来, 如果 $R_k \to 0$. 当 $k \to \infty$ 时, 则 $\mathcal{O}_r A^k \mathcal{R}_r \to 0$. 然而 $\mathcal{O}'_r \mathcal{O}_r A^k \mathcal{R}_r \mathcal{R}'_r \to 0$, 所以 $A^k \to 0$, 这样就证明了稳定性. □

推论 A.1.7 $(\hat{A}, \hat{B}, \hat{C}, \hat{D})$ 是 R 的任意最小实现. 那么有一个非奇异矩阵 T 使得

$$\left(\hat{A}, \hat{B}, \hat{C}, \hat{D} \right) = \left(TAT^{-1}, TB, CT^{-1}, D \right), \tag{A.29}$$

其中 (A, B, C, D) 的定义见定理 A.1.3. 反过来, 对于任意非奇异 T, (A.29) 是 R 的一个最小实现.

证 如果 (A, B, C, D) 和 $(\hat{A}, \hat{B}, \hat{C}, \hat{D})$ 是 R 的最小实现, 那么相应的可观矩阵和可达矩阵 $\mathcal{O}_r, \mathcal{R}_r$ 和 $\hat{\mathcal{O}}_r, \hat{\mathcal{R}}_r$ 分别是满秩的. 而且,

$$\mathcal{O}_r \mathcal{R}_r = \mathcal{H}_r = \hat{\mathcal{O}}_r \hat{\mathcal{R}}_r, \tag{A.30}$$

$$\mathcal{O}_r A \mathcal{R}_r = \sigma(\mathcal{H}_r) = \hat{\mathcal{O}}_r A \hat{\mathcal{R}}_r, \tag{A.31}$$

由 (A.30) 可以得到

$$\hat{\mathcal{R}}_r = T \mathcal{R}_r, \quad \hat{\mathcal{O}}_r = \mathcal{O}_r T^{-1},$$

其中

$$T = \left(\hat{\mathcal{O}}_r \right)^{\dagger} \mathcal{O}_r = \hat{\mathcal{R}}_r \left(\mathcal{R}_r \right)^{\dagger}.$$

特别地, 这意味着 $\hat{B} = TB$ 和 $\hat{C} = CT^{-1}$. 那么 $\hat{A} = TAT^{-1}$ 可以由 (A.31) 得出. 平凡地, 有 $\hat{D} = R_0 = D$. □

§ A.2　平衡

给定一个最小系统 (A.1) 的矩阵 (A, B, C), 设 $\mathcal{H}$ 由 (A.7) 定义, 对应的无限维 (分块)Hankel 矩阵. 因为 $\operatorname{rank} \mathcal{H} = n < \infty$, $\mathcal{H}$ 是紧的, 且在第 2.3 节中建立的伴随非负定矩阵 $\mathcal{H}^* \mathcal{H}$ 具有按非增顺序排列的非负实数特征值 $\sigma_1^2, \sigma_2^2, \sigma_3^2, \cdots$, 和一个正交向量序列 $(v_1, v_2, v_3, \dots)$; 即

$$\mathcal{H}^* \mathcal{H} v_k = \sigma_k^2 v_k, \quad k = 1, 2, 3, \cdots. \tag{A.32}$$

那么, $\sigma_1, \sigma_2, \sigma_3, \cdots$ 是 $\mathcal{H}$ 的奇异值, 因为 $\operatorname{rank} \mathcal{H} = n < \infty$, $\sigma_k = 0$, 对于 $k > n$. 根据 (A.8),

$$\mathcal{H}^* \mathcal{H} = \mathcal{R}^* \mathcal{O}^* \mathcal{O} \mathcal{R},$$

因此

$$\mathcal{R} \mathcal{H}^* \mathcal{H} = \mathcal{R} \mathcal{R}^* \mathcal{O}^* \mathcal{O} \mathcal{R} = PQ\mathcal{R},$$

其中, 可达 Gram 矩阵 $P := \mathcal{R} \mathcal{R}^*$ 和可观 Gram 矩阵 $Q := \mathcal{O}^* \mathcal{O}$ 是下面 Lyapunov 方程组的唯一解

$$P = APA' + BB', \tag{A.33a}$$

$$Q = A'QA + C'C. \tag{A.33b}$$

所以,

$$PQ\tilde{v}_k = \sigma_k^2 \tilde{v}_k, \quad k = 1, 2, \cdots, n,$$

其中 $\tilde{v}_k := \mathcal{R} v_k$; 即 $\sigma_1^2, \sigma_2^2, \cdots, \sigma_n^2$ 是 $n \times n$ 矩阵 PQ 的特征值. 因为 (A.1) 是完全可达的和完全可观的, 故 P 和 Q 是非奇异的, PQ 也是如此. 从而 PQ 的所有特征值都是正的.

令 $P = RR'$ 是 P 的一个 Cholesky 分解, 则 $R'QR$ 是对称的且与 PQ 有相同的特征值. 因此

$$R'QRu_k = \sigma_k^2 u_k, \quad k = 1, 2, \cdots, n,$$

其中特征值 $u_1, u_2, \dots, u_n$ 被看作是正交的, 即

$$U'R'QRU = \Sigma^2, \tag{A.34}$$

其中 $\Sigma := \operatorname{diag}(\sigma_1, \sigma_2, \cdots, \sigma_n)$ 且 $U := (u_1, u_2, \cdots, u_n)$ 是一个正交矩阵, 即 $U'U = UU' = I$.

系统 (A.1) 被称作是平衡的，如果

$$P = \Sigma = Q. \tag{A.35}$$

这样的系统有令人满意的数值和逼近性质，尤其是当讨论到模型降阶时；可以参考第 11 章. 为了平衡一个任意系统 (A.1)，我们需要找到一个变换 (A.29) 使得对应于 $(\hat{A}, \hat{B}, \hat{C}, \hat{D})$ 的系统是平衡的. 那么 T 被称为一个平衡变换.

命题 A.2.1 $P = RR'$ 是可达 Gram 矩阵的一个 Cholesky 分解，且

$$R'QR = U\Sigma^2 U' \tag{A.36}$$

是 $R'QR$ 的一个奇异值分解，其中 Q 是可观 Gram 矩阵，那么

$$T := \Sigma^{1/2}U'R^{-1} \tag{A.37}$$

是一个平衡变换，且有

$$TPT' = \Sigma = (T')^{-1}QT^{-1}, \qquad TPQT^{-1} = \Sigma^2. \tag{A.38}$$

证 首先注意到 (A.36) 和 (A.34) 是等价的. 直接进行计算可以得到 (A.38)，则应用变换 T 到 (A.33)，可得

$$\Sigma = \hat{A}\Sigma\hat{A}' + \hat{B}\hat{B}', \tag{A.39a}$$
$$\Sigma = \hat{A}'\Sigma\hat{A} + \hat{C}'\hat{C}, \tag{A.39b}$$

因此系统 $(\hat{A}, \hat{B}, \hat{C}, \hat{D})$ 是平衡的, 因为可达性 Gram 矩阵和可观性 Gram 矩阵都等于 Σ.

□

§A.3 相关文献

Kalman, Falb 和 Arbib 的论文 [163] 是关于确定性实现理论的标准参考文献. 另一个经典参考文献是 [36].

确定环境下的平衡是由 Moore [227] 引入的. 其他一些重要的参考文献有 Glover [119] 和 Pernebo, Silverman [245]. 所有这些文章都是处理连续时间系统, 离散时间系统的方法能在 [324, 第 21.8 节] 找到.

附录 B
线性代数与 Hilbert 空间简介

在本附录中我们回顾在本书中常用的一些话题. 我们主要是想给出一些基本概念而不追求完备性. 我们将在这里回顾本书中所需要的线性代数、矩阵论、Hilbert 空间理论及子空间代数的结论.

§ B.1 线性代数与矩阵论简介

本节将给出一些记号并总结一些基本的事实.

B.1.1 内积空间与矩阵范数

向量空间 V 上的一个内积 是一个函数

$$\langle \cdot, \cdot \rangle : V \times V \to \mathbb{C},$$

且有

(1) 线性性 (关于首变量)

$$\langle \alpha x + \beta y, x \rangle = \alpha \langle x, z \rangle + \beta \langle y, z \rangle, \quad x, y, z \in V;$$

(2) 反对称性

$$\langle y, x \rangle = \overline{\langle x, y \rangle},$$

其中上划线表示复共轭;

(3) 严格正

$$\|x\|^2 := \langle x, x \rangle > 0, \quad \text{对所有 } x \neq 0 \text{ 成立.}$$

其中 $\|x\|$ 被称为由内积 $\langle \cdot, \cdot \rangle$ 诱导的范数. 每个内积都满足 Schwartz 不等式

$$|\langle x, y \rangle| \leqslant \|x\| \|y\|.$$

易于验证 $\|\cdot\|$ 满足通常的范数公理, 尤其是三角不等式

$$\|x + y\| \leqslant \|x\| + \|y\|, \qquad x, y \in V.$$

一个典型的内积空间例子是 $\mathbb{C}^n$ (或 $\mathbb{R}^n$), 并赋有欧氏内积

$$\langle x, y \rangle := \sum_{i=1}^{n} \bar{x}_i y_i,$$

当元素 x, y 写为列向量形式时, 欧氏内积可写为 $\bar{x}'y$, 其中 $\bar{x}'$ 表示 x 的共轭转置. 更一般地, 对任意正定 Hermite 方阵 (Hermitian) Q, 其中 "Hermitian" 表示 $\bar{Q}' = Q$, 下面的双线性形式

$$\langle x, y \rangle_Q := \bar{x}'Qy$$

定义了 $\mathbb{C}^n$ 上的一个内积.

　　一个 $m \times n$ 矩阵可被看作一个线性算子 $A : \mathbb{C}^n \to \mathbb{C}^m$. $m \times n$ 矩阵的集合构成了一个赋有数乘与矩阵加法的向量空间. 这个向量空间可记为 $\mathbb{C}^{m \times n}$. 可由迹 算子引入这个空间的一个自然内积, 其中迹算子定义在方阵上, 即 $n \times n$ 矩阵上

$$\operatorname{trace} A := \sum_{k=1}^{n} a_{kk}.$$

在下面的命题中我们给出迹的性质.

　　命题 B.1.1　(1) 迹算子是线性的; 即对于 $A, B \in \mathbb{C}^{n \times n}$ 以及复数 α, β, 有

$$\operatorname{trace}(\alpha A + \beta B) = \alpha \operatorname{trace} A + \beta \operatorname{trace} B.$$

(2) 只要矩阵乘积有意义, 则

$$\operatorname{trace}(AB) = \operatorname{trace}(BA).$$

(3) 定义在 $\mathbb{C}^{n \times m} \times \mathbb{C}^{n \times m}$ 上的双线性形式

$$\langle A, B \rangle : (A, B) \mapsto \operatorname{trace}(A\bar{B}') = \operatorname{trace}(\bar{B}'A)$$

是一个定义在 $\mathbb{C}^{n \times m}$ 上的内积.

(4) 迹是特征根的和, 即

$$\operatorname{trace} A = \sum_{k=1}^{n} \lambda_k(A).$$

矩阵范数由上面内积所定义,

$$\|A\|_F := \langle A, A\rangle^{1/2} = [\operatorname{trace} A\bar{A}']^{1/2}, \tag{B.1}$$

称为 A 的 Frobenius 或弱 范数. 同时也有强 范数 (或谱范数) 的概念, 记为 $\|A\|_2$, 或在不致混淆时记为 $\|A\|$, 它是 A 的算子范数,

$$\|A\| := \max_{x\neq 0} \frac{\|Ax\|}{\|x\|}.$$

在附录 B.2 节中有对算子范数的一般定义, 特别可参考命题 B.2.2.

下面我们将把矩阵的奇异值分解的概念看作在第二章中讨论的概念. 我们可从在命题 B.2.2 中刻画的算子范数及从 (2.22) 直接得到

$$\|A\| = \sigma_{\max}(A), \tag{B.2}$$

其中 $\sigma_{\max}(A)$ 是最大的奇异值.

注意到对于 $\mathbb{C}^{n\times 1}$ 中的矩阵 (向量), 迹内积退化为欧氏内积, 因此 Frobenius 范数是欧氏范数对矩阵的自然推广. 不幸的是, Frobenius 范数没有算子范数的乘法性质, 即

$$\|AB\| \leqslant \|A\|\|B\|.$$

然而, 却有下面的不等式成立

$$\|AB\|_F \leqslant \|A\|\|B\|_F, \qquad \|AB\|_F \leqslant \|A\|_F\|B\|. \tag{B.3}$$

一般来说, 矩阵上的向量范数是不满足次可乘性的, 但是恰好这对于 Frobenius 范数是成立的. 不等式

$$\|AB\|_F \leqslant \|A\|_F\|B\|_F$$

实际上就是 Cauchy-Schwartz 不等式在欧式空间上的向量形式. 但是不等式 (B.3) 是很有用的, 它们在文献 [124] 引理 2.3 中被证明.

命题 B.1.2 令 $A \in \mathbb{C}^{n\times mN}$ 被分为 N 个 $n\times m$ 的列块; 即 $A = [A_1\, A_2\, \cdots\, A_N]$, 其中 $A_k \in \mathbb{C}^{n\times m}$, 则

$$\|A\|_F^2 = \sum_{k=1}^{N} \|A_k\|_F^2, \tag{B.4}$$

特别地, 对于 $m = 1, \|A\|_F^2$ 是这些列的欧氏范数的平方和. 若将行列互换, 结论仍成立.

从命题 B.1.1 的最后一个论断可看出一个重要的事实

$$\|A\|_F^2 = \sum_{k=1}^n \sigma_k(A)^2, \tag{B.5}$$

即 Frobenius 范数的平方是 A 奇异值的平方和. 下面会将它与 (B.2) 对比.

线性算子 $A : \mathbb{C}^n \to \mathbb{C}^m$ 的伴随算子 (记为 A^*) 是一个 $\mathbb{C}^m \to \mathbb{C}^n$ 的线性映射, 由下面关系定义

$$\langle y, Ax \rangle_{\mathbb{C}^m} = \langle A^* y, x \rangle_{\mathbb{C}^n}, \qquad x \in \mathbb{C}^n, \ y \in \mathbb{C}^m. \tag{B.6}$$

立即可验证

命题 B.1.3 若 $\langle x_1, x_2 \rangle_{\mathbb{C}^n} = \bar{x}_1' Q_1 x_2$ 且 $\langle y_1, y_2 \rangle_{\mathbb{C}^m} = \bar{y}_1' Q_2 y_2$, 其中 Q_1, Q_2 是 Hermite 正定矩阵, 则

$$A^* = Q_1^{-1} \bar{A}' Q_2, \tag{B.7}$$

其中 $\bar{A}'$ 是 A 的共轭转置.

B.1.2 Cholesky 分解

下面的结论是数值分析中的标准工具, 证明可参考 [121, 第 4.2 节].

定理 B.1.4 给定一个 Hermite 正定矩阵 A, 仅存在唯一一个对角线元素严格正的下三角矩阵 L, 使得 $A = LL^*$.

这被称为 A 的 Cholesky 分解. 反之显然成立: 即对任意一个下三角 (或上三角) 可逆矩阵 L, $A = LL^*$ 一定是 Hermitian 且正定的.

B.1.3 Sylvester 不等式

下面不等式的证明可以参考 [106, p.66].

命题 B.1.5 令 A 与 B 分别为 $m \times n$ 与 $n \times p$ 矩阵, 则

$$\operatorname{rank} A + \operatorname{rank} B - n \leqslant \operatorname{rank} AB \leqslant \min\{\operatorname{rank} A, \operatorname{rank} B\}.$$

B.1.4　Moore-Penrose 伪逆

令 $A \in \mathbb{C}^{m \times n}$，下面是一些基本概念.

- $\ker A$ 是 A 的核 或零空间, $\ker A = \{x \mid Ax = 0\}$.
- $\mathrm{Im}\, A$ 是 A 像 或值域空间 , $\mathrm{Im}\, A = \{y \mid y = Ax,\ x \in \mathbb{C}^m\}$.
- $(\ker A)^{\perp}$ 是 $\ker A$ 在 $\mathbb{C}^n$ 中的正交补.
- $(\mathrm{Im}\, A)^{\perp}$ 是 $\mathrm{Im}\, A$ 在 $\mathbb{C}^m$ 中的正交补.

正交补是关于 $\mathbb{C}^n$ 与 $\mathbb{C}^m$ 中的任意内积来说的. 下面的引理 (对于 Hilbert 空间上有界算子成立, 参考定理 B.2.5) 的证明不难, 留给读者.

引理 B.1.6　正交补满足

$$(\ker A)^{\perp} = \mathrm{Im}\, A^*, \qquad (\mathrm{Im}\, A)^{\perp} = \ker A^*. \tag{B.8}$$

下面一点对于推广矩阵的逆很关键.

命题 B.1.7　$A \in \mathbb{C}^{m \times n}$ 在它的零空间的正交补 $(\ker A)^{\perp} = \mathrm{Im}\, A^*$ 上的限制映射是一个映到值域 $\mathrm{Im}\, A$ 的双射.

证　令 y_1 为 $\mathrm{Im}\, A$ 中任意元素, 且对某 $x \in \mathbb{C}^n$ 满足 $y_1 = Ax$, 同时令 $x = x_1 + x_2$ 为关于正交分解 $\mathbb{C}^n = \mathrm{Im}\, A^* \oplus \ker A$ 的直和, 则 $y_1 = Ax_1$, 其中 $x_1 \in \mathrm{Im}\, A^*$ 一定是唯一的, 因为由 $A(x_1' - x_1'') = 0$ 可推出 $x_1' - x_1'' \in \ker A$, 它是与 $\mathrm{Im}\, A^*$ 正交的, 故 $x_1' - x_1'' = 0$. 因此 A 限制在 $\mathrm{Im}\, A^*$ 是单射. □

因此 A 在 $\mathrm{Im}\, A^*$ 上的限制映射是到 $\mathrm{Im}\, A$ 的满射, 因此有逆. 该逆被称为 A 的 Moore-Penrose 广义逆或简称为伪逆, 并记为 $A^{\dagger}$. 下面可由命题 B.1.7 得到 $A^{\dagger}$ 的刻画.

命题 B.1.8　伪逆 $A^{\dagger}$ 是满足下面两条件的唯一线性变换 $\mathbb{C}^m \to \mathbb{C}^n$

$$A^{\dagger}Ax = x \quad 对所有 \ x \in \mathrm{Im}\, A^* \ 成立, \tag{B.9a}$$

$$A^{\dagger}x = 0 \quad 对所有 \ x \in \ker A^* \ 成立, \tag{B.9b}$$

同时

$$\mathrm{Im}\, A^{\dagger} = \mathrm{Im}\, A^*, \qquad \ker A^{\dagger} = \ker A^*. \tag{B.9c}$$

证　等式 (B.9a) 可由 $A^{\dagger}$ 的定义 (即 A 在 $\mathrm{Im}\, A^*$ 上限制算子的逆) 直接得到. 为说明 (B.9b) 成立, 注意到 $A^{\dagger}$ 将 $\mathrm{Im}\, A$ 映满 $\mathrm{Im}\, A^*$, 且 $\ker A^* = (\mathrm{Im}\, A)^{\perp}$. 因为 (B.9a) 和 (B.9b) 在整个空间 $\mathbb{C}^m$ 上定义了 $A^{\dagger}$, 故可得唯一性. □

由 (B.9a) 我们也有 $AA^\dagger Ax = Ax$ 对所有 $x \in \text{Im } A^*$ 成立, 因此由命题 B.1.7 有

$$AA^\dagger y = y, \quad 对所有 y \in \text{Im } A 成立. \tag{B.10}$$

下面简单的事实可由基本关系式 (B.9a) 与 (B.9b) 直接得到.

推论 B.1.9　令

$$A = \begin{bmatrix} A_1 & 0 \\ 0 & 0 \end{bmatrix} \in \mathbb{C}^{m \times n},$$

其中 $A_1 \in \mathbb{C}^{p \times p}$ 可逆, 则

$$A^\dagger = \begin{bmatrix} A_1^{-1} & 0 \\ 0 & 0 \end{bmatrix}. \tag{B.11}$$

由 (B.9a), 在 A 是可逆方阵时, 即 $\text{Im } A^* = \mathbb{C}^n$ 时, 显然有 $A^\dagger$ 满足 $A^\dagger A = I$, 因而 $A^\dagger = A^{-1}$. 更一般地, 因为 (B.9a) 中每个 x 都可写为 $A^*v; v \in \mathbb{C}^m$, 所以

$$A^\dagger AA^*v = A^*v,, \quad \forall v \in \mathbb{C}^m.$$

若 $\text{rank } A = m$(线性无关行向量), 则 AA^* 是可逆的, 且我们有

$$\text{rank } A = m \Rightarrow A^\dagger = A^*(AA^*)^{-1}. \tag{B.12a}$$

对偶地有

$$\text{rank } A = n \Rightarrow A^\dagger = (A^*A)^{-1}A^*. \tag{B.12b}$$

(B.12) 中 $A^\dagger$ 的两种表示 (分别记作 A^{-R} 与 A^{-L}) 满足 $AA^{-R} = I_m$ 且 $A^{-L}A = I_n$, 所以它们分别是 A 的*右逆*与*左逆*, 每个都在适当的秩条件下存在. 一般来说, A 有无穷多个右逆或左逆. 特别注意到 A^{-R} 与 A^{-L} 依赖于 $\mathbb{C}^m$ 与 $\mathbb{C}^n$ 上的特定内积.

命题 B.1.10　由命题 B.1.3 中的赋权双线性形式定义内积, 则在 A 的适当的秩条件下, 我们有

$$A^{-L} = (\bar{A}'Q_2A)^{-1}\bar{A}'Q_2, \qquad A^{-R} = Q_1\bar{A}'(AQ_1\bar{A}')^{-1}. \tag{B.13}$$

反之, 我们可说明任意左逆或右逆都有形如 (B.13) 的表示.

命题 B.1.11　假设 $\text{rank } A = n$, 并令 A^{-L} 为 A 的任意左逆. 则有 Hermite 正定矩阵 Q 满足

$$A^{-L} = (\bar{A}'QA)^{-1}\bar{A}'Q; \tag{B.14}$$

在 $\text{rank } A = m$ 时, 对称的结论对于任意右逆也成立.

证　左逆的性质与 $\mathbb{C}^m$ 与 $\mathbb{C}^n$ 上的度量无关, 因此我们假设欧氏度量. 因为 A 有线性无关的列, 我们可写为 $A = R\tilde{A}$, 其中 $\tilde{A} := [I_n \ \ 0]'$ 且 $R \in \mathbb{C}^{m \times m}$ 是可逆的. 任意左逆 $\tilde{A}^{-L}$ 一定是形如 $\tilde{A}^{-L} = [I_n \ \ T]$ 的, 其中 T 是任意的. 定义 $m \times m$ 矩阵

$$\tilde{Q} = \begin{bmatrix} I_n & T \\ \bar{T}' & S \end{bmatrix},$$

其中只要求 $\bar{S}' = S > \bar{T}'T$. 那么 $\tilde{Q}$ 是 Hermite 正定矩阵. 同时 $\tilde{A}'\tilde{Q} = [I_n \ \ T]$ 以及 $\tilde{A}'\tilde{Q}\tilde{A} = I_n$. 因此, 任意左逆 $\tilde{A}^{-L}$ 都有表示

$$\begin{aligned} \tilde{A}^{-L} &= (\tilde{A}'\tilde{Q}\tilde{A})^{-1}\tilde{A}'\tilde{Q} \\ &= (\bar{A}'Q\bar{A})^{-1}\bar{A}'QR, \end{aligned} \tag{B.15}$$

其中 Q 是 Hermite 正定 $m \times m$ 矩阵 $Q := (\bar{R}')^{-1}\tilde{Q}R^{-1}$. 现在令 A^{-L} 为 A 的任意左逆, 则 $A^{-L}R\tilde{A} = I_n$, 故 $A^{-L}R$ 是 $\tilde{A}$ 的左逆, 因此它有表示 (B.15). 所以 (B.14) 成立. □

B.1.5　与最小二乘问题的联系

为了简单, 我们现在将注意力集中到实值矩阵 $A \in \mathbb{R}^{m \times n}$. 考虑下面的赋权最小二乘问题

$$若 \ \operatorname{rank} A = n, \qquad \min_{x \in \mathbb{R}^n} \|Ax - b_2\|_{Q_2}, \tag{B.16a}$$

$$若 \ \operatorname{rank} A = m, \qquad \min_{y \in \mathbb{R}^m} \|A'y - b_1\|_{Q_1}. \tag{B.16b}$$

其中 $b_1 \in \mathbb{R}^n$, $b_2 \in \mathbb{R}^m$ 是固定的向量, Q_1, Q_2 是对称正定矩阵. 下面给出著名的结论.

命题 B.1.12　问题 (B.16a) 有解 $x = A^{-L}b_2$, 其中 A^{-L} 是由下式给出的左逆

$$A^{-L} = (A'Q_2A)^{-1}A'Q_2,$$

同时问题 (B.16b) 有解 $y' = b_1'A^{-R}$, 其中 A^{-R} 是下式给出的右逆

$$A^{-R} = Q_1A'(AQ_1A')^{-1}.$$

对任意 A, 最小二乘问题 (B.16a) 与 (B.16b) 没有唯一解. 然而我们有下面的结论, 它给出了伪逆的一个刻画.

定理 B.1.13　向量 $x_0 := A^\dagger b$ 是最小二乘问题

$$\min_{x \in \mathbb{R}^n} \|Ax - b\|_{Q_2}$$

的极小解, 有最小的 $\|\cdot\|_{Q_1}$ 范数.

证　令 $V(x) := \|Ax - b\|_{Q_2}^2$, 令 L 与 M 为方阵, 满足 $L'L = Q_1$ 且 $M'M = Q_2$. 定义 $\hat{x} := Lx$, $\hat{A} := MAL^{-1}$ 且 $\hat{b} := Mb$, 我们可将问题转为欧氏范数下描述, 并记 $V(x) = \|\hat{A}\hat{x} - \hat{b}\|^2$, 其中 $\|\cdot\|$ 是欧氏范数. 同时, 令

$$\hat{x} = \hat{x}_1 + \hat{x}_2, \qquad \hat{x}_1 \in \ker \hat{A}, \ \hat{x}_2 \in \mathrm{Im}\,\hat{A}';$$

$$\hat{b} = \hat{b}_1 + \hat{b}_2, \qquad \hat{b}_1 \in \mathrm{Im}\,\hat{A}, \ \hat{b}_2 \in \ker \hat{A}'$$

为根据 (B.8) 的正交和分解. 那么,

$$\begin{aligned}
V(x) - V(x_0) &= \|\hat{A}(\hat{x}_1 + \hat{x}_2) - (\hat{b}_1 + \hat{b}_2)\|^2 - \|\hat{A}\hat{x}_0 - (\hat{b}_1 + \hat{b}_2)\|^2 \\
&= \|(\hat{A}\hat{x}_2 - \hat{b}_1) - \hat{b}_2\|^2 - \|(\hat{A}\hat{x}_0 - \hat{b}_1) - \hat{b}_2\|^2 \\
&= \|\hat{A}\hat{x}_2 - \hat{b}_1\|^2 + \|\hat{b}_2\|^2 - \left(\|\hat{A}\hat{x}_0 - \hat{b}_1\|^2 + \|\hat{b}_2\|^2\right) \\
&= \|\hat{A}\hat{x}_2 - \hat{b}_1\|^2 - \|\hat{A}\hat{A}^\dagger(\hat{b}_1 + \hat{b}_2) - \hat{b}_1\|^2 \\
&= \|\hat{A}\hat{x}_2 - \hat{b}_1\|^2 \geqslant 0,
\end{aligned}$$

其中最后的等式可由 (B.9b) 与 (B.10) 得到. 因此 $x_0 = L^{-1}\hat{x}_0$ 是 $V(x)$ 的最小值点. 然而所有 $\hat{x} = \hat{x}_1 + \hat{x}_2$ 都有 $\hat{A}\hat{x}_2 - \hat{b}_1 = 0$ 也是最小值点, 但这些解一定满足 $\hat{x}_2 = \hat{x}_0$. 实际上, 因为 $\hat{x}_0 = \hat{A}^\dagger \hat{b} = \hat{A}^\dagger \hat{b}_1$, 我们由 (B.10) 有 $\hat{A}\hat{x}_0 = \hat{b}_1$, 因此 $\hat{A}(\hat{x}_2 - \hat{x}_0) = \hat{A}\hat{x}_2 - \hat{b}_1 = 0$, 可推出 $\hat{x}_2 - \hat{x}_0 \in \ker \hat{A}$, 另一方面, 由定义可知 $\hat{x}_2 \in \mathrm{Im}\,\hat{A}' \perp \ker \hat{A}$, 所以由 (B.10) 同样结论对 $\hat{x}_0$ 也成立. 因此 $\hat{x}_2 - \hat{x}_0$ 是 0. 所以

$$\|\hat{x}\|^2 = \|\hat{x}_1 + \hat{x}_2\|^2 = \|\hat{x}_1 + \hat{x}_0\|^2 = \|\hat{x}_1\|^2 + \|\hat{x}_0\|^2 \geqslant \|\hat{x}_0\|^2,$$

它明显等价于 $\|x\|_{Q_1}^2 \geqslant \|x_0\|_{Q_1}^2$. □

下面关于正交投影算子的事实与最小二乘有关.

命题 B.1.14　下面的正交投影算子由伪逆 $A^\dagger$ 生成.

(1) $A^\dagger A$ 是 $\mathbb{C}^n$ 到 $\mathrm{Im}\,A^*$ 上的正交投影算子.

(2) $I - A^\dagger A$ 是 $\mathbb{C}^n$ 到 $\ker A$ 上的正交投影算子.

(3) $AA^\dagger$ 是 $\mathbb{C}^m$ 到 $\mathrm{Im}\,A$ 上的正交投影算子.

(4) $I - AA^\dagger$ 是 $\mathbb{C}^m$ 到 $\ker A^*$ 上的正交投影算子.

其中伴随与正交性是在 $\mathbb{C}^n$ 与 $\mathbb{C}^m$ 的内积结构上定义的.

证 为证明 (1), 令 $x = x_1 + x_2$ 为 x 对应于 $\mathbb{C}^n = \ker(A) \oplus \operatorname{Im}(A^*)$ 的正交分解. 则由 (B.9a),

$$A^\dagger A x = A^\dagger A x_2 = x_2.$$

则 (2) 是平凡的. 为证明 (3), 令 $b = b_1 + b_2$ 为对应于 $b \in \mathbb{C}^m = \ker(A^*) \oplus \operatorname{Im}(A)$ 的正交分解, 则由 (B.9b) 和 (B.10), 我们有

$$AA^\dagger b = AA^\dagger b_2 = b_2.$$

最后一部分也是平凡的. □

伪逆仅有逆的一部分性质. 下面的引理就是一个例子.

引理 B.1.15 令 $A \in \mathbb{C}^{m \times n}$, $T_1 \in \mathbb{C}^{m \times m}$ 且 $T_2 \in \mathbb{C}^{n \times n}$, 其中 T_1 与 T_2 是关于 $\mathbb{C}^m$ 与 $\mathbb{C}^n$ 中内积的正交矩阵, 则

$$(T_1 A T_2)^\dagger = T_2^{-1} A^\dagger T_1^{-1} = T_2^* A^\dagger T_1^*. \tag{B.17}$$

证 我们只需将 $\hat{A} := T_1 A T_2$ 与 $\hat{A}^\dagger := T_2^* A^\dagger T_1^*$ 代入, 验证 (B.9a), (B.9b) 成立即可. □

该结论对于任意可逆矩阵 T_1 与 T_2 一般是不成立的.

定理 B.1.16 令

$$A = \begin{bmatrix} U_1 & U_2 \end{bmatrix} \begin{bmatrix} \Sigma_1 & 0 \\ 0 & 0 \end{bmatrix} \begin{bmatrix} V_1^* \\ V_2^* \end{bmatrix}$$

为 A 的奇异值分解, 其中 $\begin{bmatrix} U_1 & U_2 \end{bmatrix}$ 与 $\begin{bmatrix} V_1 & V_2 \end{bmatrix}$ 是关于 $\mathbb{C}^m$ 与 $\mathbb{C}^n$ 内积正交的, 同时 Σ_1 是有非零奇异值的对角矩阵, 则

$$A^\dagger = \begin{bmatrix} V_1 & V_2 \end{bmatrix} \begin{bmatrix} \Sigma_1^{-1} & 0 \\ 0 & 0 \end{bmatrix} \begin{bmatrix} U_1^* \\ U_2^* \end{bmatrix}. \tag{B.18}$$

证 公式由推论 B.1.9 和引理 B.1.15 可得. □

下面的定理给出了一个关于 $A^\dagger$ 的著名的刻画. 其证明可参考 [29].

定理 B.1.17 任意 $A \in \mathbb{C}^{m \times n}$ 的伪逆 $A^\dagger$ 是 $\mathbb{C}^{n \times m}$ 中唯一满足下面 4 条性质的矩阵

$$A^\dagger A A^\dagger = A^\dagger, \quad AA^\dagger A = A, \quad (AA^\dagger)^* = AA^\dagger, \quad (A^\dagger A)^* = A^\dagger A. \tag{B.19}$$

B.1.6   矩阵求逆引理

假设下面所有矩阵逆存在, 则公式

$$(A + BCD)^{-1} = A^{-1} - A^{-1}B(DA^{-1}B + C^{-1})^{-1}DA^{-1} \tag{B.20}$$

对任意有相容维数的矩阵成立. 这可由直接计算得到.

B.1.7   矩阵的对数

若 $e^B = A$, 则方阵 B 是方阵 A 的对数.

命题 B.1.18   令 $A \in \mathbb{R}^{n \times n}$ 有正特征值, 则

$$\mathrm{trace}\,\log A = \log \det A. \tag{B.21}$$

证   若 $\lambda_1, \lambda_2, \cdots, \lambda_n$ 是 A 的特征值, 则 $\mathrm{trace}\,A = \sum_{k=1}^{n} \lambda_k$ 且 $\det A = \prod_{k=1}^{n} \lambda_k$, 并且 $\log A$ 的特征值是 $\log \lambda_1, \log \lambda_2, \cdots, \log \lambda_n$, 因此

$$\log \det A = \sum_{k=1}^{n} \log \lambda_k = \mathrm{trace}\,\log A.$$

$\square$

B.1.8   Lyapunov 方程

考虑离散 Lyapunov 方程

$$X = AXA' + Q. \tag{B.22}$$

它是 $\mathbb{R}^{n \times n} \to \mathbb{R}^{n \times n}$ 的线性映射.

命题 B.1.19   Lyapunov 方程 (B.22) 对任意 $Q \in \mathbb{R}^{n \times n}$ 有唯一解, 当且仅当 A 的谱不含互为倒数的元素, 即 λ 与 $1/\lambda$ 不能同时为特征值.

证   从 $\mathbb{R}^{n \times n}$ 映到自身的线性映射

$$X \mapsto X - AXA' \tag{B.23}$$

有特征值 $1 - \lambda_k \bar{\lambda}_j$, 其中 $\{\lambda_k\}$ 是 A 的特征值. 实际上, 若 a_k 是 A 对应于 λ_k 的特征向量, 则可知

$$X_{kj} = a_k a_j^*$$

是对应于特征值 $1 - \lambda_k \bar{\lambda}_j$ 的 (B.23) 的 "特征矩阵". 显然 (B.23) 是单射 (因而也是满射) 当且仅当它没有 0 特征值, 即 $1 - \lambda_k \bar{\lambda}_j \neq 0$.

$\square$

命题 B.1.20 令 $Q := BB'$, 考虑 Lyapunov 方程 (B.22), 则任意下面两点能推出剩下一点

(i) (A, B) 是可达对;

(ii) 矩阵 A 所有特征值都严格在单位圆内, 即 $|\lambda\{A\}| < 1$;

(iii) (B.22) 有对称正定解.

若 $|\lambda\{A\}| < 1$, 则 (B.22) 的解是唯一的, 且由下式给出

$$P = \sum_{k=0}^{\infty} A^k BB'(A')^k. \tag{B.24}$$

证 由命题 B.1.19, (B.22) 有唯一解, 只要条件 (ii) 成立. 由于此时 (收敛) 级数 (B.24) 是一个解, 它就是唯一解. 显然 (i) 与 (ii) 能推出 (iii), 因为 (B.24) 是 (A, B) 的可达 Gram 矩阵, 且由 (i) 它是正定的.

(i) 与 (iii) 能推出 (ii), 这可由反证法得出. 实际上, 假设 A 有一个特征值 λ_0 的模大于或等于 1, 且对应特征向量 a(一般是复的). 则由 (iii) 可得

$$a^* Pa = |\lambda_0|^2 \, a^* Pa + a^* BB'a,$$

即有

$$\left(1 - |\lambda_0|^2\right) a^* Pa = a^* BB'a, \tag{B.25}$$

其中左边项 $\leqslant 0$, 因为 $a^* Pa > 0$, 而右边项 $\geqslant 0$. 因此两边都一定是 0. 特别地, $a^* B = 0$, 所以有 A 的特征向量 a 与 B 的列向量正交. 这与 (A, B) 的可达性矛盾, 因此 $|\lambda_0|^2$ 一定小于 1.

类似地可说明 (ii) 与 (iii) 可推出 (i). 实际上, 假设存在向量 $a \neq 0$ 正交于 $[B \ AB \cdots A^{n-1}B]$ 的列向量, 易知通过 Cayley-Hamilton 定理, 对任意 k, a 一定与 $A^k B$ 的列向量正交, 因此,

$$a^* \sum_{k=0}^{+\infty} A^k BB'(A')^k a = a^* Pa = 0,$$

这与 P 的严格正矛盾. □

B.1.9　惯量定理

对于有 π 个正特征值, ν 个负特征值和 δ 个 0 特征值的 Hermite 矩阵 H, 我们称有序三元组

$$\text{In}\,(H) = (\pi, \nu, \delta)$$

为 H 的惯量. 一般来说, 对于 $n \times n$ 矩阵 A, 若它有 π 个特征根有正实部, ν 个有负实部, δ 为纯虚数, 我们称 (π, ν, δ) 为 A 的惯量, 并记为 $\mathrm{In}(A) = (\pi, \nu, \delta)$. 下面我们给出本书中会用到的几个惯量定理, 并省略证明. 证明可参考 [311, 312].

方阵 A 与 B 被称为相合 的, 若有一个可逆矩阵 S 满足 $SAS^* = B$. 相合性显然是一个等价关系. 迄今关于相合性最著名的结果是 Sylvester 惯量定律, 它描述了与相合性相关的一个重要不变量.

定理 B.1.21 (Sylvester) 令 A, B 为 Hermite 矩阵, 则 A 与 B 是相合的当且仅当它们有相同的惯量.

定理 B.1.22 (Wimmer) 令 H 为 Hermite 矩阵, 若

$$AH + HA^* = Q \geqslant 0,$$

且 (A, Q) 是可控对, 则 $\mathrm{In}(H) = \mathrm{In}(A)$. 特别地 $\delta(H) = \delta(A)$.

定义 B.1.23 假设 $A \in \mathbb{C}^{n \times n}$. 令 $n_<(A)$, $n_>(A)$, $n_1(A)$ 分别是 A 的 $|\lambda| < 1$, $|\lambda| > 1$ 和 $|\lambda| = 1$ 的特征值数, 我们称

$$\mathrm{In}_d(A) := (n_<(A), n_>(A), n_1(A))$$

为 A 的离散惯量.

对于离散 Lyapunov 方程, 我们有

定理 B.1.24 令 (A, B) 为可达对, 令 H 为离散 Lyapunov 方程的 Hermitian 解

$$H = AHA^* + BB^*.$$

则 $H > 0$ 当且仅当 $|\lambda(A)| < 1$, 即

$$\mathrm{In}(H) = (n, 0, 0) \quad \Leftrightarrow \quad \mathrm{In}_d(A) = (n, 0, 0),$$

且 $H < 0$ 当且仅当 $|\lambda(A)| > 1$, 即

$$\mathrm{In}(H) = (0, n, 0) \quad \Leftrightarrow \quad \mathrm{In}_d(A) = (0, n, 0),$$

同时 H 是非奇异的当且仅当 A 没有绝对值为 1 的特征值, 即

$$\delta(H) = 0 \quad \Leftrightarrow \quad n_1(A) = 0$$

实际上

$$\mathrm{In}(H) = \mathrm{In}_d(A).$$

注意到一个可逆 Hermite 矩阵 H 的逆 H^{-1} 与 H 有相同的惯量. 实际上, $H = HH^{-1}H = H^*H^{-1}H$.

§ B.2 Hilbert 空间

一个 Hilbert 空间是一个内积空间 $(H, \langle \cdot, \cdot \rangle)$，且在其内积诱导出的度量下是完备的. 换句话说，每个其中的 Cauchy 列都在 H 中有极限. 我们下面给出本书中几个常见的 Hilbert 空间的例子

(1) 平方可加 m 维序列空间 ℓ_m^2. 这个空间中的元素是实值或复值 m 维向量序列 $x = \{x(t)\}_{t \in \mathbb{Z}}$(我们一般将 $x(t)$ 写成行向量, 并用整参数 t 为下标), 满足

$$\|x\|^2 := \sum_{t=-\infty}^{+\infty} x(t)\, x(t)^* < \infty,$$

其中 $*$ 表示复共轭转置. 在信号过程中这个范数有时被称为信号 x 的"能量". 它由下面内积诱导

$$\langle x, y \rangle := \sum_{t=-\infty}^{+\infty} x(t)\, y(t)^*.$$

关于 ℓ_m^2 是完备的一个简单证明可以在例如 [321] 等基本教材中找到.

(2) Lebesgue 空间 L_m^2. 令 $[a, b]$ 为实轴上一个区间 (不需是有界的). 我们用 $L_m^2([a,b])$ 表示取值于 $\mathbb{C}^n$ (或 $\mathbb{R}^n$) 的函数空间, 这些函数在 $[a, b]$ 上关于 Lebesgue 测度平方可积. 函数值 $f(t)$ 也将写为行向量形式. 我们知道这个空间在下面的内积下是 Hilbert 空间

$$\langle f, g \rangle := \int_a^b f(t)\, g(t)^* \mathrm{d}t.$$

(3) 取值与 $\mathbb{C}^{m \times n}$ 的矩阵值函数空间, $L_{m \times n}^2([a,b])$, 它的内积是

$$\langle F, G \rangle := \int_a^b \mathrm{trace}\{F(t)G(t)^*\}\mathrm{d}t. \tag{B.26}$$

这是使 $L_{m \times n}^2([a,b])$ 为 Hilbert 空间的自然内积. 这个空间中的函数是在 $[a, b]$ 上关于 Lebesgue 测度平方可积的, 即

$$\|F\|^2 := \int_a^b \mathrm{trace}\{F(t)F(t)^*\}\mathrm{d}t < \infty.$$

(4) 二阶随机变量空间 $L^2(\Omega, \mathcal{A}, P)$. 这是本书中最重要的 Hilbert 空间. 它有内积

$$\langle \xi, \eta \rangle = \mathrm{E}\{\xi \bar{\eta}\},$$

其中 $\mathrm{E}\{\xi\} = \int_\Omega \xi \mathrm{d}P$ 表示数学期望.

本书中一个 Hilbert 空间 H 的子空间表示闭子空间. 给定两个子空间 X, Y ∈ H, 向量和 X ∨ Y 是包含 X 与 Y 的最小子空间, 即它是

$$X + Y := \{x + y \mid x \in X, y \in Y\}$$

的闭包. 实际上, 若 X 与 Y 都是无穷维的, X + Y 可能不是闭的, 在 [133, p. 28] 中可以找到一个经典的例子说明这一点. ∔ 用于表示直和, 即 X + Y = X ∔ Y 且 X ∩ Y = 0. 特别地, 当 X ⊥ Y 时, 我们有一个正交直和, 写为 X ⊕ Y. 子空间的正交直和总是闭的. 由一族元素 $\{x_\alpha\}_{\alpha \in \mathbb{A}} \subset H$ 生成的线性向量空间, 记为 span$\{x_\alpha \mid \alpha \in \mathbb{A}\}$, 它当中的元素都是生成器 $\{x_\alpha\}$ 的有限线性组合. 由 $\{x_\alpha\}_{\alpha \in \mathbb{A}}$ 生成的子空间是该线性向量空间的闭包, 记为 $\overline{\text{span}}\{x_\alpha \mid \alpha \in \mathbb{A}\}$.

ℓ_m^2 子空间的重要例子是 (信号处理语言中) 因果信号子空间 ℓ_m^{2+}, 它满足 $f(t) = 0$, $t < 0$, 也有反因果信号子空间 ℓ_m^{2-}, 它有 $f(t) = 0$, $t > 0$. 这两个子空间有同构于 $\mathbb{R}^m$ (或 $\mathbb{C}^m$) 的非空的交. ℓ_m^2 中 ℓ_m^{2+} 的正交补 $\ell_m^{2+\perp}$ 是严格反因果函数子空间, 即对 $t = 0$ 函数值为 0. 显然我们有正交分解:

$$\ell_m^2 = \ell_m^{2+} \oplus \ell_m^{2+\perp}. \tag{B.27}$$

我们经常要处理正交随机变量的级数. 下面给出了一个关于这类级数收敛的简单却基础的结论.

引理 B.2.1　Hilbert 空间中一列正交元素

$$\sum_{k=0}^{\infty} x_k, \quad x_k \perp x_j, \quad k \neq j,$$

收敛当且仅当

$$\sum_{k=0}^{\infty} \|x_k\|^2 < \infty \tag{B.28}$$

即这些元素的范数平方的级数收敛.

证　实际上该级数收敛当且仅当在 $n, m \to \infty$ 时,

$$\left\| \sum_{k=0}^{m} x_k - \sum_{k=0}^{n-1} x_k \right\| \to 0,$$

即 $\left\| \sum_{k=n}^{m} x_k \right\|^2 \to 0$, 这又等价于在 $n, m \to \infty$ 时, $\sum_{k=n}^{m} \|x_k\|^2 \to 0$.　　□

令 $\{e_k\}$ 为 Hilbert 空间 H 中一个标准正交列, 因为对任意 $x \in H$, "逼近误差"

$$\left\| x - \sum_{k=0}^{N} \langle x, e_k \rangle e_k \right\|^2 \leqslant \|x\|^2 - \sum_{k=0}^{N} |\langle x, e_k \rangle|^2$$

是非负的, 我们有

$$\sum_{k=0}^{N} |\langle x, e_k \rangle|^2 \leqslant \|x\|^2, \qquad \text{对所有的 } N \text{ 成立},$$

因此级数 $\sum_{k=0}^{\infty} \langle x, e_k \rangle e_k$ 收敛. 从而立即可得 Fourier 系数序列 $f(k) := \langle x, e_k \rangle$, $k = 1, \cdots$ 属于 ℓ^2.

B.2.1 算子与伴随算子

一个从 Hilbert 空间 H_1 映到另一个 Hilbert 空间 H_2 的线性算子 T 是两个空间之间的线性映射. 一般来说, T 并不定义在 H_1 全体上, 例如 L_m^2 中的微分算子, 此时我们说 T 定义在 H_1 上. 最简单的线性算子是连续 或有界 算子, 它们定义在整个空间上, 且对于某个常数 k, 满足如下形式的不等式

$$\|Tx\|_2 \leqslant k\|x\|_1, \qquad x \in H_1.$$

下标说明了两个 Hilbert 空间范数的不同. 我们可看出, 一个连续线性算子实际上是一致连续的. 使不等式成立的所有 k 的下确界被称为算子 T 的范数, 并记为 $\|T\|$.

命题 B.2.2 令 $T : H_1 \to H_2$ 为有界算子, 则

$$\|T\| = \sup \left\{ \frac{\|Tf\|}{\|f\|}, \quad f \in H_1 \right\},$$

或等价地

$$\|T\| = \sup \left\{ \frac{|\langle Tf, g \rangle|}{\|f\|\|g\|}, \quad f \in H_1, g \in H_2 \right\}.$$

若 T 是有界的, 易于验证存在唯一一个有界线性算子 $T^* : H_2 \to H_1$, 它满足

$$\langle Tx, z \rangle_2 = \langle x, T^*z \rangle_1, \qquad \forall x \in H_1, z \in H_2.$$

算子 T^* 被称为 T 的伴随 算子. 易知 $\|T^*\| = \|T\|$, 所以一个有界算子与它的伴随算子有相同的范数. 在适当的条件下 (一般来说涉及该算子到更大空间的一个扩张), 无界算子也有伴随算子. 一个从 H 映到它自身的线性算子, 若满足 $T^* = T$, 则被称为自伴随. 在一个有限维空间上, 伴随对应着在一组标准正交基下表示该算子的矩阵的转置 (或 Hermite 共轭).(注意, 若基不是标准正交的, 则这一点不正确.)

乘法算子 是 L^2 空间上线性算子的一个重要例子. 为此我们需要回顾 L^∞ 空间的定义.

定义 B.2.3　一个定义在区间 $[a, b]$ 上的标量可测函数 f 是本质有界的 (关于 Lebesgue 测度 μ), 若存在某常量 $\alpha < \infty$ 满足 $|f(t)| \leqslant \alpha$ 几乎处处成立, 即仅在测度为 0 的点集中的点 t 上不成立. 最小的这样的常数记为

$$\operatorname{ess\,sup}_{t \in [a,b]} f := \inf \alpha$$

被称为 f 在 $[a, b]$ 上的本性上确界.

满足

$$\|F\|_\infty := \operatorname{ess\,sup}_{t \in [a,b]} \|F(t)\| < \infty$$

的 $\mathbb{C}^{m \times n}$ 值矩阵函数 F 的向量空间, 是一个在范数 $\|\cdot\|_\infty$(如上定义) 下的 Banach 空间. 该 Banach 空间记为 $L^\infty_{m \times n}([a, b])$.

注意到, 我们在定义中选定了矩阵 $F(t)$ 的算子范数. 因为有限维向量空间上的任意两个范数都是等价的, 故对矩阵范数的选择并不影响空间 $L^\infty_{m \times m}([a, b])$ 的定义. 当我们把 F 在 $L^2_m([a, b])$ 中函数上的作用看作线性乘法算子

$$M_F : L^2_m([a, b]) \to L^2_n([a, b]), \qquad M_F : f \mapsto fF$$

时, 这个选择会带给我们一些方便.

命题 B.2.4　由 $\mathbb{C}^{m \times n}$ 值矩阵函数 F 确定的 $L^2_m([a, b])$ 上乘法算子 M_F 是到 $L^2_n([a, b])$ 的有界线性算子, 当且仅当 $F \in L^\infty_{m \times n}([a, b])$. 此时算子 M_F 的范数是

$$\|M_F\| = \|F\|_\infty. \tag{B.29}$$

由乘法不等式 (B.3) 可得到该界, 因为

$$\langle f(t)F(t), f(t)F(t) \rangle = \operatorname{trace}(f(t)F(t)F(t)^* f(t)^*) = \operatorname{trace}(F(t)F(t)^* f(t)^* f(t))$$
$$\leqslant \|F(t)F(t)^*\| \|f(t)f(t)^*\|_F = \|F(t)\|^2 \|f(t)\|^2.$$

算子 $T : \mathrm{H}_1 \to \mathrm{H}_2$ 的像 或值域 是一个线性流形 $\operatorname{Im} T := \{Tx \mid x \in \mathrm{H}_1\}$. 这个线性流形不需要是闭的, 即 H_2 的子空间, 但若是闭的, 则称 T 有闭值域. 算子 T 的核 或零空间 $\ker T := \{x \mid Tx = 0\}$ 总是闭的. 算子若满足 $\overline{\operatorname{Im} T} = \mathrm{H}_2$, 则被称为稠密映满的. 下面简单又重要的结论有时被称为 Fredholm 择一律.

定理 B.2.5　令 $T : \mathrm{H}_1 \to \mathrm{H}_2$ 为从 Hilbert 空间 H_1 到 Hilbert 空间 H_2 的有界算子, 则

$$\mathrm{H}_1 = \ker T \oplus \overline{\operatorname{Im} T^*}, \tag{B.30a}$$
$$\mathrm{H}_2 = \ker T^* \oplus \overline{\operatorname{Im} T}. \tag{B.30b}$$

一个有界算子 T 是左可逆的, 若存在一个有界算子 S 使得 $ST = I_1$；称其为右可逆的, 若存在一个有界算子 R 使得 $TR = I_2$. 显然, 右可逆可推出 T 是满射 (即到 H_2 上的映射), 而左可逆可推出 T 是单射 (即一对一). 实际上我们可看出, 一个有界算子 T 是右可逆的当且仅当它是满射. 然而对左可逆的对偶结论却一般不成立.

定理 B.2.6 从一个 Hilbert 空间到另一个 Hilbert 空间的有界线性算子是左可逆的, 当且仅当它是单射且有闭值域.

若 T 同时是左右可逆的, 则称为可逆 的. 注意到左右逆通常是不唯一的. 然而逆是唯一的.

在两个 Hilbert 空间保持内积, 即满足

$$\langle Tx, Ty \rangle_2 = \langle x, y \rangle_1, \qquad x, y \in \mathrm{H}_1$$

的线性映射 T, 则被称为等距映射. 等距映射总是单射. 下面的结论将在本书中反复应用, 其证明可参考 [270, p.14-15].

定理 B.2.7 每个定义在 Hilbert 空间 H 中元素族 $\{x_\alpha \mid \alpha \in \mathbb{A}\}$ 上的等距映射可连续且线性地扩张到整个 Hilbert 空间 $\overline{\mathrm{span}}\{x_\alpha \mid \alpha \in \mathbb{A}\}$, 它由 $\{x_\alpha\}$ 族线性生成, 并保持等距性. 这个等距扩张是唯一的.

注意到等距算子满足 $\langle x, T^*Tx \rangle_1 = \langle x, x \rangle_1$, 且 $T^*T = I_1$. 若 T 是满射 ($T\mathrm{H}_1 = \mathrm{H}_2$), 我们可知

$$T^* = T^{-1}.$$

一个等距满射被称为酉算子. 两个线性算子 $A : \mathrm{H}_1 \to \mathrm{H}_1$ 与 $B : \mathrm{H}_2 \to \mathrm{H}_2$ 若满足

$$A = T^{-1}BT$$

其中 T 是酉的, 则它们被称为酉等价的. 酉等价是保持线性算子基本特性的关系. 第 3 章中定义的 Fourier 变换是酉算子的一个例子.

一个子空间 $\mathrm{X} \subset \mathrm{H}$ 关于算子 T 是不变的 , 若有 $T\mathrm{X} \subset \mathrm{X}$. 若子空间 X 是关于 T 不变的, 我们用 $T_{|\mathrm{X}}$ 来表示 T 在子空间 X 上的限制算子. 一个子空间 X 被称为关于线性算子 T 的约化子空间, 若它对 T 是不变的, 且有补子空间 Y 满足直和分解

$$\mathrm{H} = \mathrm{X} \dotplus \mathrm{Y},$$

且也是不变的. 这时, T 有关于分解 $\mathrm{H} = \mathrm{X} \dotplus \mathrm{Y}$ 的矩阵表示

$$T = \begin{bmatrix} T_{|\mathrm{X}} & 0 \\ 0 & T_{|\mathrm{Y}} \end{bmatrix}.$$

引理 B.2.8 令 T 为 Hilbert 空间 H 上的线性算子, 则

$$TX \subset X \Leftrightarrow T^*X^\perp \subset X^\perp.$$

若 T 是自伴随的, 则 X 与 $X^\perp$ 都是关于 T 约化的.

证 注意到 X 是 T-不变的当且仅当 $\langle Tx, y \rangle = 0$ 对所有 $x \in X$ 以及 $y \in X^\perp$ 成立, 则只需应用伴随的定义即可. □

§B.3 子空间代数

本节我们考虑一般向量空间的子空间. 因此, 我们不像 Hilbert 空间一样假设子空间是闭的. 易知一个向量空间的子空间族构成一个关于交 ($\cap$) 与向量和 ($\vee$) 的格. 尽管 Boole 算子总是满足分配律, 即对任意 A, B, C, 有 $(A \cup B) \cap C = (A \cap C) \cup (B \cap C)$, 但在将集合论中的并替换为向量和后, 这一点不再成立.

我们知道向量空间子空间的格不满足分配律的. 若向量空间是有限维的, 这个格是模块化的, 即若 A, B, C 是子空间, 且 $A \supset B$, 则

$$A \cap (B \vee C) = (A \cap B) \vee (A \cap C) = B \vee (A \cap C). \tag{B.31}$$

该模块化条件中明显可以交换 C 与 B, 并令 $A \supset C$, 此时 (B.31) 中最后一项应换为 $(A \cap B) \vee C$. 对任意子空间, (B.31) 中左边都包含 $(A \cap B) \vee (A \cap C)$, 但不一定相等. 在 $\mathbb{R}^2$ 中易于构造反例.

无穷维空间中的非模块化与两个子空间的和不一定是闭的这一事实有关, 参考 [132, p. 175]. 通过将 "和" 替换为 "向量和", 我们可得到更一般的结论.

命题 B.3.1 令 A, B, C 为 (不需是闭的) 向量子空间, 若它们中的一个包含于另一个, 则分配律

$$A \cap (B + C) = (A \cap B) + (A \cap C) \tag{B.32}$$

成立. 特别地, 当 B 与 C 是互相正交的闭子空间时, 将和替换为正交直和后, 类似的结论也成立.

证 首先注意到, 若 $B \subset C$ 或 $B \supset C$, 我们明显有 $A \cap (B + C) = (A \cap B) + = (A \cap C)$, 因为最后一个和式中两个子空间必有一个包含于另一个.

现在, 假设 $A \supset B$. 若 $\alpha \in A \cap (B + C)$, 则 $\alpha = \beta + \gamma$ 对某 $\beta \in B$ 及 $\gamma \in C$ 成立. 因为 β 属于 A, $\gamma = \alpha - \beta \in A$, 由此 $\alpha = \beta + \gamma \in (A \cap B) + (A \cap C)$. 因此我们有 (B.32) 的左边包含于右边, 因此 (B.32) 成立.

接下来, 假设 $A \subset B$, 则

$$A = A \cap B \subset A \cap (B + C) \subset A.$$

由此有 $A = A \cap (B+C)$. 另一方面, $A = A + (A \cap C)$ 等价于 $A = (A \cap B) + (A \cap C)$. 替换前面等式, 我们可得到 $(A \cap B) + (A \cap C) = A \cap (B + C)$. 因为在上文中, B 与 C 可以互换, 故第一部分的证明已经完成. 因为正交直和是子空间和的特例, 故后面部分也成立. □

推论 B.3.2 令 A, B, C 为闭子空间. 若它们之中某一个包含于另一个, 且其中一个是有限维的, 则分配律

$$A \cap (B \vee C) = (A \cap B) \vee (A \cap C) \tag{B.33}$$

成立.

证 我们仅需说明在 $A \supset B$ 时, 若 A, B, C 中某一子空间是有限维的, 则 (B.32) 可推出 (B.33). 若 B 或 C 是有限维的, 则它们的和是闭的且与 $B \vee C$ 相同, 从而所需的条件成立. 若 A 是有限维的, 则 B 自然也是有限维的, 从而所需的条件也成立. □

格的对偶表示可由交换 $\cap$ 与 $\vee$ 并换序 (即在每一处替换 $\subset$ 为 $\supset$) 得到. 特别地, 等号是保持的. 若一个格等式是成立的, 则其对偶等式也成立. 例如, 下面两个等式都表示幺模块化法则互为对偶

$$A \cap ((A \cap B) \vee C) = (A \cap B) \vee (A \cap C),$$
$$(A \vee B) \cap (A \vee C) = A \vee ((A \vee B) \cap C).$$

命题 B.3.1 的对偶表述是

$$A \vee (B \cap C) \subset (A \vee B) \cap (A \vee C).$$

若 A, B, C 中某一子空间包含于另一个, 且某一个是有限维的, 则该式取等号.

当向量空间是 Hilbert 空间 H 时, H 的 (闭) 子空间族构成了一个有正交补的格. 涉及正交补的对偶关系将在下面的命题中描述.

命题 B.3.3 对于 Hilbert 空间中的任意子空间族 $\{X_\alpha\}$, 有下面的等式成立

$$(\vee_\alpha X_\alpha)^\perp = \cap_\alpha X_\alpha^\perp, \qquad (\cap_\alpha X_\alpha)^\perp = \vee_\alpha X_\alpha^\perp. \tag{B.34}$$

下面的引理描述了某种弱的分配律成立的其他情形.

引理 B.3.4　令 A, B, C 为线性向量空间的子空间, 且有 A∩C = 0 及 B∩C = 0, 则

$$A \cap (B + C) = A \cap B, \tag{B.35}$$

$$(A + C) \cap (B + C) = (A \cap B) + C. \tag{B.36}$$

假设向量空间是 Hilbert 空间, 且 A ⊥ C, B ⊥ C, 则 (B.35) 与 (B.36) 在正交直和 ⊕ 替换直和后成立.

证　为证明第一点, 注意到 (B.35) 中左边明显包含 A∩B. 现在, 左边项中所有元素都是向量 $\alpha \in A$, 且可写为 $\alpha = \beta + \gamma$, $\beta \in B$, $\gamma \in C$, 故 $\alpha - \beta = \gamma$, 即 $\gamma \in A + B$. 但这仅在 $\gamma = 0$ 时可能发生, 因为 C 中唯一能与 A + B 中相同的向量是 0. 因此, 第一项中的所有元素都是 A 中向量, 且对某 $\beta \in B$ 有 $\alpha = \beta$. 由此得到 (B.35).

为证明第二个等式, 我们显然有左边包含右边的表示. 对于反向的包含关系, 注意到任何 $\lambda \in (A+C) \cap (B+C)$ 一定是形如 $\lambda = \alpha + \xi_1 = \beta + \xi_2$, ξ_1, $\xi_2 \in C$, 故 $\alpha - \beta = \xi_2 - \xi_1 \in C$. 然而因为 $(A \vee B) \cap C$ 是 0, 我们一定有 $\alpha = \beta$ 和 $\xi_1 = \xi_2 = \xi$, 故 $\lambda = \alpha + \xi \in (A \cap B) + C$.　　□

B.3.1　子空间上的移位作用

我们下面将给出一些简单却又有用的事实来说明酉算子何时与称为 Hilbert 空间上最常用的子空间运算可交换.

命题 B.3.5　令 $\mathcal{U}$ 为作用于 Hilbert 空间 H 的一个酉算子, 令 X, Y , Z 为 H 的子空间, 则

(i)　$X \subset Y \Leftrightarrow \mathcal{U}X \subset \mathcal{U}Y$.

(ii)　对任意子空间族 $\{X_\alpha\}$,

$$X = \cap_{\alpha \in A} X_\alpha \Leftrightarrow \mathcal{U}X = \cap_{\alpha \in A} \mathcal{U}X_\alpha.$$

(iii)　对元素 $x_\alpha \in H$ 的任意族,

$$\overline{\mathrm{span}}\{\mathcal{U}x_\alpha \mid \alpha \in A\} = \mathcal{U}\,\overline{\mathrm{span}}\{x_\alpha \mid \alpha \in A\}.$$

(iv)　对任意子空间族 $\{X_\alpha\}$,

$$X = \vee_{\alpha \in A} X_\alpha \Leftrightarrow \mathcal{U}X = \vee_{\alpha \in A} \mathcal{U}X_\alpha.$$

如果将向量和替换为直和或正交直和, 上面的结论也成立.

证 (i) 中 $\Rightarrow$ 是平凡的. $\mathcal{U}^*$ 对应的推导可得到其逆. (ii) 中结论可由任意函数 f 的原像 f^{-1} 的一般性质得到. 更准确地说 f^{-1} 是一个集合论运算下的 Boole 代数同构, 特别地,

$$f^{-1}(\cap_{\alpha \in A} X_\alpha) = \cap_{\alpha \in A} f^{-1}(X_\alpha)$$

对任意集合 X_α 的族成立. (iii) 就是指 $\mathcal{U}$ 有闭值域, 因为 $\|\mathcal{U}x\| = \|x\|$, 故是显然的. (iv) 中右边的等式显然成立, 因为向量空间由 X_α 线性生成. 在前面的结论下, 它可扩张到闭包上. □

§ B.4 相关文献

Gantmacher [106] 及 Golub 与 Laub [121] 是很好的矩阵论文献. 关于伪逆的基本文献可参考 [29].[323] 的附录中清晰地给出了伪逆的几何构造. 命题 B.1.11 可参考 [57]. 多数关于 Lyapunov 方程的内容来自 [313]. 定理 B.1.21 与 B.1.22 的证明可参考 [311, 312].

有大量关于 Hilbert 空间理论的书籍. 其中有些与本书的视角相似, 如 [321] 及 [104]. 关于子空间代数, 可参考 [22].

参考文献

[1] Adamjan V M, Arov D Z, Kreĭn M G. Analytic properties of the Schmidt pairs of a Hankel operator and the generalized Schur-Takagi problem. Mat Sb (N S), 1971, 86(128):34-75.

[2] Adamjan V M, Arov D Z, Kreĭn M G. Infinite Hankel block matrices and related problems of extension. Izv Akad Nauk Armjan SSR Ser Mat, 1971, 6(2-3):87-112.

[3] Adamjan V M, Arov D Z, Kreĭn M G. Infinite Hankel block matrices and related extension problems. Amer Math Soc Transl, 1978, 111(133):133-156.

[4] Ahlfors L V. Complex analysis. An introduction to the theory of analytic functions of one complex variable. New York-Toronto-London: McGraw-Hill Book Company Inc, 1953.

[5] Akaike H. A new look at the statistical model identification. IEEE Transactions on Automatic Control, 1974, 19:716-722.

[6] Akaike H. Markovian representation of stochastic processes by canonical variables. SIAM J Control, 1975, 13:162-173.

[7] Akaike H. Canonical correlation analysis of time series and the use of an information criterion. In: System Identification: Advances and Case Studies, Academic Press, 1976, 27-96.

[8] Akhiezer N I. The Classical Moment Problem. New York: Hafner, 1965.

[9] Akhiezer N I, Glazman I M. Theory of linear operators in Hilbert space. Vol. I. Translated from the Russian by Merlynd Nestell. New York: Frederick Ungar Publishing Co, 1961.

[10] Anderson B D O. The inverse problem of stationary covariance generation.

J Statist Phys, 1969, 1:133-147.

[11] Anderson B D O, Gevers M R. Identifiability of linear stochastic systems operating under linear feedback. Automatica, 1982, 18(2):195-213.

[12] Anderson B D O, Gevers M R. Optimal Filtering. Prentice-Hall Inc Englewood Cliffs, N J, 1979.

[13] Aoki M. State Space Modeling of Time Series. Springer-Verlag, 1987.

[14] Arun K S, Kung S Y. Generalized principal components analysis and its application in approximate stochastic realization. In: Desai U B, editor, Modelling and Applications of Stochastic Processes, 75-104. Kluwer, B, V, Deventer, The Netherlands, 1986.

[15] Aubin J-P. Applied functional analysis. New York-Chichester-Brisbane: John Wiley & Sons, 1979. Translated from the French by Carole Labrousse, With exercises by Bernard Cornet and Jean-Michel Lasry.

[16] Avventi E. Spectral Moment Problems: Generalizations, Implementation and Tuning. PhD thesis, Royal Institute of Technology, 2011.

[17] Badawi F A, Lindquist A. A stochastic realization approach to the discrete-time Mayne-Fraser smoothing formula. In: Frequency domain and state space methods for linear systems (Stockholm, 1985), 251-262. Amsterdam: North-Holland, 1986.

[18] Badawi F A, Lindquist A, Pavon M. On the Mayne-Fraser smoothing formula and stochastic realization theory for nonstationary linear stochastic systems. In: Proceedings of the 18th IEEE Conference on Decision and Control (Fort Lauderdale, Fla. , 1979), Vol. 1, 2, 505-510A, New York, IEEE, 1979.

[19] Badawi F A, Lindquist A, Pavon M. A stochastic realization approach to the smoothing problem. IEEE Trans Automat Control, 1979, 24(6):878-888.

[20] Baras J S, Brockett R W. H^2-functions and infinite-dimensional realization theory. SIAM J Control, 1975, 13:221-241.

[21] Baras J S, Dewilde P. Invariant subspace methods in linear multivariable-distributed systems and lumped-distributed network synthesis. Proc IEEE,

1976, 64(1):160-178. Recent trends in system theory.

[22] Basile G, Marro G. Controlled and conditioned invariant subspaces in linear system theory. Journal Optim Theory Appl, 1973, 3:306-316.

[23] Basile G, Marro G. Controlled and Conditioned Invariants in Linear System Theory. Englewood Cliffs, NJ: Prentice Hall, 1992.

[24] Bauer F L. Ein direktes Iterationsverfahren zur Hurwitz Zerlegung eines Polynoms. Arch Elektr Ubertr, 1955, 9:285-290.

[25] Bauer D. Order estimation for subspace methods. Automatica, 2001, 37:1561-1573.

[26] Bauer D. Asymptotic properties of subspace estimators. Automatica, March 2005, 41:359-376.

[27] Bekker P A. Identification in restricted factor models and the evaluation of rank conditions. J Econometrics, 1989, 41(1):5-16.

[28] Bekker P A, de Leeuw J. The rank of reduced dispersion matrices. Psychometrika, 1987, 52(1):125-135.

[29] Ben-Israel A, Greville T N E. Generalized inverses: theory and applications. New York: Wiley, 1977.

[30] Beurling A. On two problems concerning linear transformations in Hilbert space. Acta Math, 1948, 81:17.

[31] Birman M Sh, Solomjak M Z. Spectral theory of selfadjoint operators in Hilbert space. Mathematics and its Applications (Soviet Series). (Translated from the 1980 Russian original by Khrushchëv S, Peller V.) Reidel D Publishing Co, Dordrecht, 1987.

[32] Bissacco A, Chiuso A, Soatto S. Classification and recognition of dynamical models: The role of phase, independent components, kernels and optimal transport. IEEE Trans. on Pattern Analysis and Machine Intelligence, 2007, 29:1958-1972.

[33] Blomqvist A, Lindquist A, Nagamune R. Matrix-valued NevanlinnaPick interpolation with complexity constraint: an optimization approach. IEEE Trans Automat Control, 2003, 48(12):2172-2190.

[34] Bode H W, Shannon C E. A simplified derivation of linear least-squares

smoothing and prediction theory. Proceedings of the IRE, 1950, 38:417-425.

[35] Brillinger D. Fitting cosines: some procedures and some physical examples. In: MacNeill I B, Umphrey G J, editors, Applied Statistics, Stochastic Processes and Sampling Theory. Reidel, Dordrecht, 1987.

[36] Brockett R W. Finite Dimensional Linear Systems. John Wiley and Sons, 1970.

[37] Brown A, Halmos P R. Algebraic properties of Toeplitz operators. J reine angew Math, 1963, 231:89-102.

[38] Bryson A E, Frazier M. Smoothing for linear and nonlinear dynamic systems. In: Proceedings of the Optimum System Synthesis Conference, 353-364. USA, Ohio, Wright-Patterson AFB, 1963.

[39] Byrnes C I, Enqvist P, Lindquist A. Cepstral coefficients, covariance lags and pole-zero models for finite data strings. IEEE Transactions on Signal Processing, 2001, 50:677-693.

[40] Byrnes C I, Enqvist P, Lindquist A. Identifiability and well-posedness of shaping-filter parameterizations: A global analysis approach. SIAM J Control and Optimization, 2002, 41:23-59.

[41] Byrnes C I, Gusev S V, Lindquist A. A convex optimization approach to the rational covariance extension problem. SIAM J Control and Optimization, 1999, 37:211-229.

[42] Byrnes C I, Gusev S V, Lindquist A. From finite covariance windows to modeling filters: A convex optimization approach. SIAM Review, 2001, 43:645-675.

[43] Byrnes C I, Lindquist A. On the partial stochastic realization problem. IEEE Transactions on Automatic Control, 1997, AC-42:1049-1069.

[44] Byrnes C I, Lindquist A. On the duality between filtering and Nevanlinna-Pick interpolation. SIAM J Control and Optimization, 2000, 39:757-775.

[45] Byrnes C I, Lindquist A. Important moments in systems and control. SIAM J Control and Optimization, 2008, 47:2458-2469.

[46] Byrnes C I, Lindquist A. The moment problem for rational measures:

convexity in the spirit of Krein. In Modern Analysis and Application: Mark Krein Centenary Conference, Vol. I: Operator Theory and Related Topics, volume 190 of Operator Theory Advances and Applications, Birkhäuser, 2009: 157-169.

[47] Byrnes C I, Lindquist A, Gusev S V, Matveev A S. A complete parameterization of all positive rational extensions of a covariance sequence. IEEE Transactions on Automatic Control, 1995, AC-40:1841-1857.

[48] Caines P. Linear Stochastic Systems. John Wiley and Sons, 1988.

[49] Caines P E, Chan C. Feedback between stationary stochastic processes. Automatic Control, IEEE Transactions on, 1975, 20(4):498-508.

[50] Caines P E, Chan C W. Estimation, identification and feedback. In: Mehra R, Lainiotis D, editors, System Identification: Advances and Case Studies. Academic Press, 1976: 349-405.

[51] Caines P E, Delchamps D. Splitting subspaces, spectral factorization and the positive real equation: structural features of the stochastic realization problem. In: Proceedings of the 19th IEEE Conference on Decision and Control, Albuquerque, NM, 1980: 358-362.

[52] Carli F P, Ferrante A, Pavon M, Picci G. A maximum entropy solution of the covariance extension problem for reciprocal processes. Automatic Control, IEEE Transactions on, 2011, 56(9):1999-2012.

[53] Chiuso A. On the relation between cca and predictor-based subspace identification. Automatic Control, IEEE Transactions on, 2007, 52(10):1795-1812.

[54] Chiuso A, Picci G. Probing inputs for subspace identification (invited paper). In: Proceedings of the 2000 Conference on Decision and Control, pages paper CDC00-INV0201, Australia, Sydney, Dec 2000.

[55] Chiuso A, Picci G. Geometry of oblique splitting, minimality and Hankel operators. In: Rantzer A, Byrnes C, editors, Directions in Mathematical Systems Theory and Optimization, number 286 in Lect Notes in Control and information Sciences. N Y, Springer, 2002:85-124, .

[56] Chiuso A, Picci G. The asymptotic variance of subspace estimates. Journal of Econometrics, 2004, 118(1-2): 257-291.

[57]　Chiuso A, Picci G. Asymptotic variance of subspace methods by data orthogonalization and model decoupling: A comparative analysis. Automatica, 2004, 40(10): 1705-1717.

[58]　Chiuso A, Picci G. On the ill-conditioning of subspace identification with inputs. Automatica, 2004, 40(4): 575-589.

[59]　Chiuso A, Picci G. Subspace identification by data orthogonalization and model decoupling. Automatica, 2004, 40(10):1689-1703, 2004.

[60]　Chiuso A, Picci G. Consistency analysis of some closed-loop subspace identification methods. Automatica: special issue on System Identification, 2005, 41:377-391.

[61]　Chiuso A, Picci G. Constructing the state of random processes with feedback. In: Proceedings of the IFAC International Symposium on System Identification (SYSID-03), Rotterdam, August 2003.

[62]　Choudhuri N, Ghosal S, Roy A. Contiguity of the Whittle measure for a Gaussian time series. Biometrika, 2004, 91(1):211-218.

[63]　Chung K L. A course in Probability Theory (2nd Ed.). N Y, Academic Press, 1974.

[64]　Cramér H. On the theory of stationary random processes. Annals of Mathematics, 1940, 41:215-230.

[65]　Cramér H. On harmonic analysis in certain function spaces. Ark Mat Astr Fys, 1942, 28B:17.

[66]　Cramér H. A contribution to the theory of stochastic processes. In: Proceedings of the Second Berkeley Symposium on Mathematical Statistics and Probability, 1950, 329-339, Berkeley and Los Angeles, 1951. University of California Press.

[67]　Cramér H. On some classes of nonstationary stochastic processes. In: Proc 4th Berkeley Symp. on Math Stat and Prob. California, Berkeley, 1961, 2: 57-78.

[68]　Cramér H. On the structure of purely non-deterministic stochastic processes. Ark Mat, 1961, 4:249-266.

[69]　Cramér H. A contribution to the multiplicity theory of stochastic processes.

In: Proc Fifth Berkeley Sympos Math Statist and Probability (Berkeley, Calif. , 1965/66), Vol. II: Contributions to Probability Theory, Part 1. Berkeley, Calif:Univ California Press, 1967:215-221.

[70] Cramér H. On the multiplicity of a stochastic vector process. Ark Mat, 1978, 16(1):89-94.

[71] Deistler M, Peternell K, Scherrer W. Consistency and relative efficiency of of subspace methods. Automatica, 1995, 31:1865-1875.

[72] Dempster A P. Covariance selection. Biometrics, Mar, 1972, 28(1):157-175.

[73] Desai U B, Pal D. A realization approach to stochastic model reduction and balanced stochastic realization. In: Proc 21st Decision and Control Conf, 1105-1112, 1982.

[74] Desai U B, Pal D. A transformation approach to stochastic model reduction. IEEE Trans. Automatic Control, 1984, 29:1097-1100.

[75] Desai U B, Pal D, Kirkpatrick R D. A realization approach to stochastic model reduction. Intern J Control, 1985, 42:821-839.

[76] Dieudonné J. Foundations of modern analysis. Pure and Applied Mathematics, Vol X. New York: Academic Press, 1960.

[77] Doob J L. Stochastic processes. Wiley Classics Library. New York: John Wiley & Sons Inc, 1990. Reprint of the 1953 original, A Wiley-Interscience Publication.

[78] Douglas R G, Shapiro H S, Shields A L. Cyclic vectors and invariant subspaces for the backward shift operator. Ann Inst Fourier (Grenoble), 1970, 20(fasc. 1):37-76.

[79] Dunford N, Schwartz J T. Linear operators. Part II. New York: Wiley Classics Library. John Wiley & Sons Inc, 1988. Spectral theory. Self-adjoint operators in Hilbert space, With the assistance of William G. Bade and Robert G. Bartle, Reprint of the 1963 original, A Wiley-Interscience Publication.

[80] Durbin J. The fitting of time-series models. Rev Intern Inst Statistics, 1960, 28:233-244.

[81] Duren P L. Theory of H^p spaces. Pure and Applied Mathematics, Vol 38. New York: Academic Press, 1970.

[82] Dym H, McKean H P. Gaussian processes, function theory, and the inverse spectral problem. Academic Press [Harcourt Brace Jovanovich Publishers], Probability and Mathematical Statistics, New York, 1976, 31.

[83] Dynkin E B. Necessary and sufficient statistics for a family of probability distributions. Selected Translations on Mathematical Statistics and Probability, 1961: 23-40.

[84] Enqvist P. Spectral Estimation by Geometric, Topological and Optimization Methods. PhD thesis, Royal Institute of Technology, 2001.

[85] Enqvist P. A convex optimization approach to ARMA(n, m) model design from covariance and cepstrum data. SIAM J Control and Optimization, 2006, 43:1011-1036.

[86] Faurre P. Réalisations Markoviennes de processus stationnaires. Technical Report 13, INRIA(LABORIA), Le Chesnay, France, March 1973.

[87] Faurre P, Chataigner P. Identification en temp réelle et en temp différé par factorisation de matrices de Hankel. In: Colloque Franco-Suédois sur la Conduit ede Procédés. IRIA, October 1971.

[88] Faurre P, Clerget M, Germain F. Opérateurs rationnels positifs, Méthodes Mathématiques de l'Informatique [Mathematical Methods of Information Science]. Dunod, Paris, 1979. Application à l'hyperstabilité et aux processus aléatoires.

[89] Favaro M, Picci G. Consistency of subspace methods for signals with almost-periodic components. Automatica, 2012, 48(3):514-520.

[90] Ferrante A, Pavon M. Matrix Completion à la Dempster by the Principle of Parsimony. IEEE Transactions on Information Theory, 2011, 57(6):3925-3931.

[91] Ferrante A, Picci G. Minimal realization and dynamic properties of optimal smoothers. Automatic Control, IEEE Transactions on, 2000, 45(11):2028-2046.

[92] Ferrante A, Picci G. A Complete LMI/Riccati Theory from Stochastic

Modeling. In: 21st International Symposium on Mathematical Theory of Networks and Systems (MTNS), Groningen, The Netherlands, 2014, 1367-1374.

[93] Ferrante A, Picci G, Pinzoni S. Silverman Algorithm and the structure of Discrete-Time Stochastic Systems. Linear Algebra and Its Applications, 2002, 351-352:219-242.

[94] Fisher R A. On the mathematical foundations of theoretical statistics. Philosophical Transactions of the Royal Society A, 1922, 222:309-368.

[95] Fisk D L. Quasi-martingales. Trans Amer Math Soc, 1965, 120:369-389.

[96] Foiaş Ciprian, Frazho A E. A note on unitary dilation theory and state spaces. Acta Sci Math (Szeged), 1983, 45(1-4):165-175.

[97] Foias C, Frazho A, Sherman P J. A geometric approach to the maximum likelihood spectral estimator for sinusoids in noise. IEEE Transactions on Information Theory, 1988, IT-34:1066-1070.

[98] Foias C, Frazho A, Sherman P J. A new approach for determining the spectral data of multichannel harmonic signals in noise. Math Control Signals Systems, 1990, 3:31-43.

[99] Fraser D C. A new technique for optimal smoothing of data. Cambridge USA, MIT, 1967.

[100] Fraser D, Potter J. The optimum linear smoother as a combination of two optimum linear filters. Automatic Control, IEEE Transactions on, 1969, 14(4):387-390.

[101] Frazho A E. Models for noncommuting operators. J Funct Anal. 1982, 48(1):1-11.

[102] Frazho A E. On minimal splitting subspaces and stochastic realizations. SIAM J Control Optim, 1982, 20(4):553-562.

[103] Fuhrmann P A. On realization of linear systems and applications to some questions of stability. Math Systems Theory, 1974/75, 8(2):132-141.

[104] Fuhrmann P A. Linear systems and operators in Hilbert space. New York: McGraw-Hill International Book Co, 1981.

[105] Fuhrmann P A, Hoffmann J. Factorization theory for stable inner functions.

Journal of Mathematical Systems Estimation and Control, 1997, 7:383-400.

[106] Gantmacher F R. The theory of matrices. Vol 1. (Translated from the Russian by Hirsch K A, Reprint of the 1959 translation.) AMS Chelsea Publishing, Providence, RI, 1998.

[107] Garnett J B. Bounded analytic functions, volume 96 of Pure and Applied Mathematics. New York: Academic Press Inc. [Harcourt Brace Jovanovich Publishers], 1981.

[108] Gel'fand I M, Yaglom A M. Calculation of the amount of information about a random function contained in another such function. American Mathematical Society, 1959.

[109] Georgiou T T. Partial realization of covariance sequences. CMST, Univ Florida, 1983.

[110] Georgiou T T. Realization of power spectra from partial covariances. IEEE Trans Acoustics, Speech and Signal Processing, 1987, 35:438-449.

[111] Georgiou T T. Relative entropy and the multivariable multidimensional moment problem IEEE Trans. Inform. Theory, 2006, 52(3):1052-1066.

[112] Georgiou T T. The Caratheodory-Fejer-Pisarenko decomposition and its multivariable counterpart. IEEE Transactions on Automatic Control, 2007, 52(2):212-228.

[113] Georgiou T T, Lindquist A. Kullback-Leibler approximation of spectral density functions. IEEE Trans Information Theory, 2003, 49:2910-2917.

[114] Geronimus L Ya. Orthogonal Polynomials. New York: Consultant Bureau, 1961.

[115] Gevers M R, Anderson B D O. Representations of jointly stationary stochastic feedback processes Internat J Control, 1981, 33(5):777-809.

[116] Gevers M R, Anderson B D O. On jointly stationary feedback-free stochastic processes. IEEE Trans Automat Contr, 1982, 27:431-436.

[117] Gikhman I I, Skorokhod A V. Introduction to the theory of random processes. (Translated from the Russian by Scripta Technica), Inc W B Saunders Co, Philadelphia, Pa, 1969.

[118] Gikhman I I, Skorokhod A V. The theory of stochastic processes. I. Classics

in Mathematics. Berlin, Springer-Verlag, 2004. Translated from the Russian by Kotz S, Reprint of the 1974 edition.

[119] Glover K. All optimal Hankel-norm approximations of linear multivariable systems and their L_∞ bounds. Internat J Control, 1984, 29:1115-1193.

[120] Glover K, Jonckheere E. A comparison of two Hankel-norm methods in approximating spectra. In: Byrnes C I, Lindquist A, editors, Modelling, Identification and Robust Control, Amsterdam, North-Holland, 1986, 297-306.

[121] Golub G H, Van Loan C F. Matrix computations. Johns Hopkins Studies in the Mathematical Sciences. Baltimore, MD, third edition, Johns Hopkins University Press, 1996.

[122] Gragg W B, Lindquist A. On the partial realization problem. Linear Algebra Appl, 1983, 50:277-319.

[123] Granger C W J. Economic processes involving feedback. Information and Control, 1963, 6:28-48.

[124] Gray R M. Toeplitz and Circulant Matrices: A Review. Stanford University, http://ee.standord.edu/ gray/toeplitz.pdf, 2002.

[125] Green M. Balanced stochastic realization. Linear Algebra Appl, 1988, 98:111-247.

[126] Green M. A relative-error bound for balanced stochastic truncation. IEEE Trans Automatic Control, 1988, 33:961-965.

[127] Grenander U, Szegö G. Toeplitz forms and their applications. University of California Press, Berkeley-Los Angeles, 1958.

[128] Hadamard J. Sur les correspondances ponctuelles. Oeuvres, Editions du Centre Nationale de la Researche Scientifique, Paris, 1968, 383-384.

[129] Hájek J. On linear statistical problems in stochastic processes. Czechoslovak Mathematical Journal, 1962, 12(6):404-444.

[130] Halmos P R. Measure Theory. New York: D Van Nostrand Company, Inc, 1950.

[131] Halmos P R. Shifts on Hilbert spaces. Journal für die reine un angewandte Mathematik, 1961, 208:102-112.

[132] Halmos P R. A Hilbert space problem book, volume 19 of Graduate Texts in Mathematics. Encyclopedia of Mathematics and its Applications, 17. New York, Springer-Verlag, second edition, 1982.

[133] Halmos P R. Introduction to Hilbert space and the theory of spectral multiplicity. AMS Chelsea Publishing, Providence, RI, 1998. Reprint of the second (1957) edition.

[134] Halmos P R, Savage L J. Application of the Radon-Nikodym Theorem to the theory of sufficient statistics. Ann Math Stat, 1949, 20:225-241.

[135] Hannan E J. The general theory of canonical correlation and its relation to functional analysis. Journal of The Australian Mathematical Society, 1961:2.

[136] Hannan E J, Deistler M. The statistical theory of linear systems. N Y: John Wiley, 1988.

[137] Hannan E J, Poskitt D S. Unit canonical correlations between future and past. Ann Statist, 1988, 16:784-790.

[138] Helson H. Lectures on invariant subspaces. New York: Academic Press, 1964.

[139] Helson H, Lowdenslager D. Prediction theory and Fourier series in several variables II. Acta Math. 1961, 106:15-38.

[140] Helton J W. Discrete time systems, operator models, and scattering theory. J Functional Analysis, 1974, 16:15-38.

[141] Helton J W. Systems with infinite-dimensional state space: the Hilbert space approach. Proc IEEE, 1976, 64(1):145-160. Recent trends in system theory.

[142] Hida T. Canonical representations of Gaussian processes and their applications. Mem Coll Sci Univ Kyôto, 1960, 33:109-155.

[143] Hille E. Analytic function theory, Vol I. New York: Blaisdell (Ginn & Co), 1962.

[144] Ho B L, Kalman R E. Effective construction of linear state-variable models from input/output data. Regelungstechnik, 1966, 12:545-548.

[145] Hoffman K. Banach spaces of analytic functions. N J: Prentice-Hall Series

in Modern Analysis. Prentice-Hall Inc, 1966.

[146] Hotelling H. Relations between two sets of variants. Biometrika, 1936, 28:321-377.

[147] Ibragimov I A, Rozanov Y A. Gaussian random processes, volume 9 of Applications of Mathematics. (Translated from the Russian by Aries A B.) New York: Springer-Verlag, 1978.

[148] Ikeda N, Watanabe S. Stochastic differential equations and diffusion processes. Dordrecht, North Holland, 1981.

[149] Jansson M, Wahlberg B. On consistency of subspace methods for system identification. Automatica, 1998, 34:1507-1519.

[150] Jewell N P, Bloomfield P. Canonical correlations of past and future for time series: definitions and theory. The Annals of Statistics, 1983:837-84.

[151] Jewell N P, Bloomfield P, Bartmann F C. Canonical correlations of past and future for time series: bounds and computation. The Annals of Statistics, 1983:848-855.

[152] Harshavaradhana P, Jonckheere E A, Silverman L M. Stochastic balancing and approximation-stability and minimality. IEEE Trans Autom Control, 1984, AC-29:744-746.

[153] Kailath T. Linear systems. Prentice-Hall Information and System Sciences Series. N J: Prentice-Hall Inc, Englewood Cliffs, 1980.

[154] Kailath T, Frost P A. An innovations approach to least-squares estimation - Part II: Linear smoothing in additive noise. IEEE Trans. on Autom. Control, 1968, AC-13:655-660.

[155] Kalman R E. A new approach to linear filtering and prediction problems. Trans A S M E, J of Basic Engineering, 1960, 82:35-45.

[156] Kalman R E. Lyapunov functions for the problem of Lur e in automatic control. Proc Nat Acad Sci U S A, 1963, 49:201-205.

[157] Kalman R E. Linear stochastic filtering theory—reappraisal and outlook. In: Proc Sympos. on System Theory (New York, 1965), N Y: Polytechnic Press, Polytechnic Inst. Brooklyn, 1965, 197-205.

[158] Kalman R E. On minimal partial realizations of a linear input/output map.

In: in Aspects of Network and System Theory (R. E. Kalman and N. de Claris, eds.), USA, New York, Holt, Rinehart and Winston, 1971:385-408.

[159] Kalman R E. Realization of covariance sequences. In: Proc Toeplitz Memorial Conference. Israel: Tel Aviv, 1981.

[160] Kalman R E. System identification from noisy data. In: Bednarek A, Cesari L, editors, Dynamical Systems II. New York: Academic Press, 1982.

[161] Kalman R E. Identifiability and modeling in econometrics. In: Developments in statistics, Vol. 4, volume 4 of Develop. in Statist. New York: Academic Press, 1983.

[162] Kalman R E. A theory for the identification of linear relations. In: Frontiers in pure and applied mathematics. Amsterdam, North-Holland, 1991, 117-132.

[163] Kalman R E, Falb P L, Arbib M A. Topics in mathematical system theory. New York: McGraw-Hill Book Co, 1969.

[164] Karhunen K. Zur Spektraltheorie stochastischer Prozesse. Ann Acad Sci Fennicae Ser A I Math-Phys, 1946, 1946(34):7.

[165] Karhunen K. Über lineare Methoden in der Wahrscheinlichkeitsrechnung. Ann Acad Sci Fennicae Ser A I Math-Phys, 1947(37): 79.

[166] Katayama T. Subspace methods for system identification. New York: Springer Verlag, 2005.

[167] Katayama T, Kawauchi H, Picci G. Subspace Identification of Closed Loop Systems by Orthogonal Decomposition. Automatica, 2005, 41: 863-872.

[168] Katayama T, Picci G. Realization of Stochastic Systems with Exogenous Inputs and Subspace System Identification Methods. Automatica, 1999, 35(10):1635-1652.

[169] Kavalieris L, Hannan E J. Determining the number of terms in in a trigonometric regression. Journal of Time Series Analysis, 1994, 15(6):613-625.

[170] Kolmogoroff A. Interpolation und Extrapolation von stationären zufälligen Folgen. Bull Acad Sci URSS Sér Math [Izvestia Akad. Nauk. SSSR], 1941, 5:3-14.

[171] Kolmogoroff A N. Sur l'interpolation et extrapolation des suites station-

naires. C R Acad Sci Paris, 1939, 208:2043-2045.

[172] Kolmogoroff A N. Stationary sequences in Hilbert's space. Bolletin Moskovskogo Gosudarstvenogo Universiteta. Matematika, 2:40pp, 1941.

[173] Kolmogorov A N. Foundations of the theory of probability. (Translation edited by Morrison N, with an added bibliography by Bharuch-Reid A T.) New York: Chelsea Publishing Co, 1956.

[174] Kreĭn M G. On a basic approximation problem of the theory of extrapolation and filtration of stationary random processes. Doklady Akad. Nauk SSSR , 1954, 94:13-16.

[175] Kullback S. Information theory and statistics. New York: John Wiley and Sons, Inc, 1959.

[176] Kung S Y. A new identification and model reduction algorithm via singular value decomposition. In: Proc 12th Asilomar Conf Circuit, Systems and Computers, 1978:705-714.

[177] Lancaster P, Rodman L. Algebraic Riccati Equations. Oxford: Clarendon Press, 1995.

[178] Larimore W E. System identification, reduced-order filtering and modeling via canonical variate analysis. In: Proc American Control Conference, 1983:445-451.

[179] Lax Peter D. Translation-invariant subspaces. Acta Mathematica, 1959, 101(5):163-178.

[180] Lax P D, Phillips R S. Scattering theory, volume 26 of Pure and Applied Mathematics. second edition, Boston, MA: Academic Press Inc, 1989.(With appendices by Morawetz C S and Schmidt G.)

[181] Ledermann W. On the rank of the reduced correlation matrix in multiple factor analysis. Psychometrika, 1937, 2:85-93.

[182] Ledermann W. On a problem concerning matrices with variable diagonal elements. Proc, Royal Soc, Edinburgh, 1939, XL:1-17.

[183] Levinson N. The Wiener r. m. s. (root means square) Error criterion in filter design and prediction. J Math Phys, 1947, 25:261-278.

[184] Lévy P. Sur une classe de courbes de l'espace de Hilbert et sur une équation

intégrale non linéaire. Annales scientifiques de l'École Normale Supérieure, 1956, 73(2):121-156.

[185] Lewis F L. Applied Optimal Control & Estimation. Englewood Cliffs, NJ, Prentice-Hall, 1992.

[186] Lindquist A. A theorem on duality between estimation and control for linear stochastic systems with time delay. Journal of Mathematical Analysis and Applications, 1972, 37(2):516-536.

[187] Lindquist A. A new algorithm for optimal interpolation of discrete-time stationary processes. SIAM J Control, 1974, 12:736-746.

[188] Lindquist A. On Fredholm integral equations, Toeplitz equations and Kalman-Bucy filtering. Appl Math Optim, 1974/75, 1(4):355-373.

[189] Lindquist A. Linear least-squares estimation of discrete-time stationary processes by means of backward innovations. In:Control theory, numerical methods and computer systems modelling (Internat Sympos, IRIA LA-BORIA, Rocquencourt, 1974), 44-63. Lecture Notes in Econom. and Math, Systems, Vol, 107. Berlin:Springer, 1975.

[190] Lindquist A. Some reduced-order non-Riccati equations for linear least-squares estimation: the stationary, single-output case. Internat J Control, 1976, 24(6):821-842.

[191] Lindquist A and Michaletzky G. Output-induced subspaces, invariant directions and interpolation in linear discrete-time stochastic systems. SIAM J Control and Optimization, 1997, 35:810-859.

[192] Lindquist A, Michaletzky Gy, Picci G. Zeros of spectral factors, the geometry of splitting subspaces, and the algebraic Riccati inequality. SIAM J Control Optim, 1995, 33(2):365-401.

[193] Lindquist A, Pavon M. On the structure of state-space models for discrete-time stochastic vector processes. IEEE Trans Automat Control, 1984, 29(5):418-432.

[194] Lindquist A, Pavon M, Picci G. Recent trends in stochastic realization theory. In:Prediction theory and harmonic analysis, Amsterdam, North-Holland, 1983:201-224.

[195] Lindquist A, Picci G. On the structure of minimal splitting subspaces in stochastic realization theory. In:Proceedings of the 1977 IEEE Conference on Decision and Control (New Orleans La , 1977), Vol 1. New York: Inst Electrical Electron. Engrs, 1977:42-48.

[196] Lindquist A, Picci G. A Hardy space approach to the stochastic realization problem. In: Proceedings of the 1978 IEEE Conference on Decision and Control (San Diego, Ca, 1978). New York: Inst Electrical Electron Engrs, 1978:933-939.

[197] Lindquist A, Picci G. A state-space theory for stationary stochastic processes. In: Proceedings of the 21st Midwestern Symposium on Circuits and Systems, Ames Iowa, 1978:108-113.

[198] Lindquist A, Picci G. On the stochastic realization problem. SIAM J. Control Optim, 1979, 17(3):365-389.

[199] Lindquist A, Picci G. Realization theory for multivariate Gaussian processes I: State space construction. In: Proceedings of the 4th International Symposium on the mathematical Theory of Networks and Systems (Delft, Holland), 1979:140-148.

[200] Lindquist A, Picci G. Realization theory for multivariate Gaussian processes: II: State space theory revisited and dynamical representations of finite-dimensional state spaces. In: Second International Conference on Information Sciences and Systems (Univ. Patras, Patras, 1979), Vol II, 1980: 108-129. Reidel, Dordrecht.

[201] Lindquist A, Picci G. State space models for stochastic processes. In:Hazewinkel M, Willems J. editors, Stochastic Systems: The Mathematics of Filtering and Identification and Applications, volume C78 of NATO Advanced Study Institutes Series. Holland:Reidel Publ Co, Dordrecht, 1981:169-204.

[202] Lindquist A, Picci G. On a condition for minimality of Markovian splitting subspaces. Systems Control Lett, 1981/82, 1(4):264-269.

[203] Lindquist A, Picci G. Infinite-dimensional stochastic realizations of continuous-time stationary vector processes. In:Topics in operator theory systems and networks (Rehovot, 1983), volume 12 of Oper Theory Adv

Appl. Basel, Birkhäuser, 1984:335-350.

[204] Lindquist A, Picci G. Forward and backward semimartingale models for Gaussian processes with stationary increments. Stochastics, 1985, 15(1):1-50.

[205] Lindquist A, Picci G. Realization theory for multivariate stationary Gaussian processes. SIAM J Control Optim, 1985, 23(6):809-857.

[206] Lindquist A, Picci G. A geometric approach to modelling and estimation of linear stochastic systems. J Math Systems Estim Control, 1991, 1(3):241-333.

[207] Lindquist A, Picci G. Canonical correlation analysis, approximate covariance extension, and identification of stationary time series. Automatica J IFAC, 1996, 32(5):709-733.

[208] Lindquist A, Picci G. Geometric methods for state space identification. In Identification, Adaptation, Learning: The Science of Learning Models from Data, volume F153 of NATO ASI Series. Berlin:Springer Verlag, 1996:1-69.

[209] Lindquist A, Picci G. The circulant rational covariance extension problem: the complete solution. IEEE Transactions on Automatic Control, 2013, 58:2848-2861.

[210] Lindquist A, Picci G, Ruckebusch G. On minimal splitting subspaces and Markovian representations. Math Systems Theory, 1979, 12(3):271-279.

[211] Liptser R S, Shiryayev A N. Statistics of random processes. II. Applications, Translated from the Russian by Aries A B, Applications of Mathematics, Vol. 6. New York:Springer-Verlag, 1978.

[212] Ljung L. System Identification; Theory for the User, 2nd ed. Upper Saddle River, N J:Prentice Hall, 1999.

[213] Ljung L, Kailath T. Backwards Markovian models for second-order stochastic processes (Corresp). Information Theory, IEEE Transactions on, 1976, 22(4):488-491.

[214] Ljung L, Kailath T. A unified approach to smoothing formulas. Automatica, 1976, 12(2):147-157.

[215] Gray R M. Toeplitz and Circulant Matrices: A Review. Stanford University,

http://ee. stanford. edu/ gray/toeplitz. pdf, 2002.

[216] MacFarlane A G J. An eigenvector solution of the optimal linear regulator problem. J Electron Control, 1963, 14:496-501.

[217] Mårtensson K. On the matrix Riccati equation. Inform Sci, 1971, 3:17-49.

[218] Masani P. Isometric flows on Hilbert space. Bull Amer Math Soc, 1962, 68:624-632.

[219] Masani P. On the representation theorem of scattering. Bull Amer Math Soc, 1968, 74:618-624.

[220] Mayne D Q. A solution of the smoothing problem for linear dynamic systems. Automatica, 1966, 4:73-92.

[221] McKean Jr H P. Brownian motion with a several-dimensional time. Teor Verojatnost i Primenen, 1963, 8:357-378.

[222] Michaletzky Gy. Zeros of (non-square) spectral factors and canonical correlations. In:Proc. 11th IFAC World Congress, Tallinn, Estonia, volume 3, 1991, 167-172.

[223] Michaletzky Gy. A note on the factorization of discrete-time inner functions. Journal of Mathematical Systems Estimation and Control, 1998, 4:479-482.

[224] Michaletzky Gy, Bokor J, Várlaki P. Representability of stochastic systems. Budapest:Akadémiai Kiadó, 1998.

[225] Michaletzky Gy, Ferrante A. Splitting subspaces and acausal spectral factors. J Math Systems Estim Control, 1995, 5(3):1-26.

[226] Miranda M, Tilli P. Asymptotic spectra of Hermitian block-Toeplitz matrices and preconditioning results. SIAM J Matrix Anal Appl, 2000, 21:867-881.

[227] Moore B C. Principal component analysis in linear systems: Controllability, observability and model reduction. IEEE Trans. Automatic Control, 1981, 26:17-32.

[228] Moore J B, Anderson B D O, Hawkes R M. Model approximation via prediction error identification. Automatica, 1978, 14:615-622.

[229] Moore III B, Nordgren E A. On quasi-equivalence and quasi-similarity. Acta Sci Math (Szeged), 1973, 34:311-316.

[230] Musicus B R, Kabel A M. Maximum entropy pole-zero estimation. Technical Report 510, MIT Research Laboratory of Electronics, 1985.

[231] Natanson I P.Theory of functions of a real variable.(Translated by Boron Leo F with the collaboration of Hewitt E.) New York: Frederick Ungar Publishing Co, 1955.

[232] Natanson I P. Theory of functions of a real variable. Vol II. Translated from the Russian by Boron Leo F. New York:Frederick Ungar Publishing Co, 1961.

[233] Neveu J. Discrete-parameter martingales. (Translated from the French by Speed T P, North-Holland Mathematical Library,Vol.10.)Amsterdam:North-Holland Publishing Co, revised edition, 1975.

[234] Ober R. Balanced parameterization of classes of linear systems. SIAM J Control Optim, 1991, 29:1251-1287.

[235] Oppenheim A V, Shafer R W. Digital Signal Processing. London:Prentice Hall, 1975.

[236] Tilli P. Singular values and eigenvalues of non-hermitian block-Toeplitz matrices. Linear Algebra and its Applications, 1998, 272:59-89.

[237] Paige C C, Saunders M A. Least-Squares Estimation of Discrete Linear Dynamical Systems using Orthogonal Transformations. SIAM Journal Numer Anal, 1977, 14:180-193.

[238] Paley R E A C, Wiener N. Fourier transforms in the complex domain, volume 19 of American Mathematical Society Colloquium Publications. American Mathematical Society, Providence, RI, 1987. Reprint of the 1934 original.

[239] Pavon M. Stochastic realization and invariant directions of the matrix Riccati equation. SIAM J Control and Optimization, 1980, 28:155-180.

[240] Pavon M. A new algorithm for optimal interpolation of discrete-time stationary processes. In:Analysis and Optimization of Systems. Springer, 1982:699-718.

[241] Pavon M. Canonical correlations of past inputs and future outputs for linear stochastic systems. Systems & control letters, 1984, 4(4):209-215.

[242] Pavon M. New results on the interpolation problem for continuous-time stationary increments processes. SIAM Journal on Control and Optimization, 1984, 22(1):133-142.

[243] Pavon M. Optimal interpolation for linear stochastic systems. SIAM Journal on Control and Optimization, 1984, 22(4):618-629.

[244] Peller V V, Khrushchëv S V. Hankel operators, best approximations and stationary Gaussian processes. Uspekhi Mat Nauk, 1982, 37(1(223)):53-124, 176.

[245] Pernebo L, Silverman L M. Model reduction via balanced state space representations. IEEE Trans Automatic Control, 1982, AC-27:382-387.

[246] Peternell K. Identification of linear dynamic systems by subspace and realization-based algorithms. PhD thesis, Vienna:Technical University, 1995.

[247] Peternell K, Scherrer W, Deistler M. Statistical analysis of novel subspace identification methods. Signal Processing, 1996, 52:161-178.

[248] Picci G. Stochastic realization of Gaussian processes. IEEE, 1976, 64(1):112-122. Recent trends in system theory.

[249] Picci G. Some connections between the theory of sufficient statistics and the identifiability problem. SIAM Journal on Applied Mathematics, 1977, 33:383-398.

[250] Picci G. Parametrization of Factor-Analysis models. Journal of Econometrics, 1989, 41:17-38.

[251] Picci G. Oblique Splitting Subspaces and Stochastic Realization with Inputs. In:Prätzel-Wolters D, Helmke U, Zerz E, editors, Operators, Systems and Linear Algebra. Teubner, Stuttgart, 1997:157-174.

[252] Picci G. Stochastic Realization and System Identification. In: Katayama T and Sugimoto I, editors, Statistical Methods in Control and Signal Processing. NY:M. Dekker, 1997:205-240.

[253] Picci G. A module theoretic interpretation of multiplicity and rank of a stationary random process. Linear Algebra Appl, 2007, 425:443-452.

[254] Picci G. Some remarks on discrete-time unstable spectral factorization.

In: Hüper K, Trumpf J, editors, Mathematical System Theory, Festschrift in Honor of Uwe Helmke on the Occasion of his Sixtieth Birthday, 2013: 301-310.

[255] Picci G, Katayama T. Stochastic realization with exogenous inputs and "Subspace Methods" Identification. Signal Processing, 1996, 52:145-160.

[256] Picci G, Pinzoni S. Acausal models and balanced realizations of stationary processes. Linear Algebra Appl, 1994, 205/206:957-1003.

[257] Polderman J W, Willems J C. Introduction to mathematical system theory: a behavioral approach. New York: Springer, 1997.

[258] Popov V M. Hyperstability and optimality of automatic systems with several control functions. Rev Roumaine Sci Tech Ser Electrotech Energet, 1964, 9:629-690.

[259] Potter J E. Matrix quadratic solutions. SIAM J Appl Math, 1966, 14:496-501.

[260] Qin S J, Ljung L. Closed-loop subspace identification with innovation estimation. In: Proceedings of SYSID 2003, Rotterdam, August 2003.

[261] Ran A C M, Trentelman H L. Linear quadratic problems with indefinite cost for discrete time systems. SIAM journal on matrix analysis and applications, 1993, 14(3):776-797.

[262] Rappaport D. Constant directions of the Riccati equation. Automatica J IFAC, 1972, 8:175-186.

[263] rappaport D, Bucy R S, Silverman L M. Correlated noise filtering and invariant directions for the Riccati equation. IEEE Trans on Autom Control, 1970, AC-15:535-540.

[264] Rappaport D, Silverman L M. Structure and stability of discrete-time optimal systems. IEEE Trans on Autom Control, 1971, AC-16:227-232.

[265] Rauch H E, Tung F, Striebel C T. Maximum likelihood estimates of linear dynamic systems. AIAA Journal, 1965, 3:1445-1450.

[266] Rishel R. Necessary and sufficient dynamic programming conditions for continuous-time stochastic optimal control. SIAM J Control, 1970, 8(4):559-571.

[267]　Rissanen J. Algorithms for triangular decomposition of block Hankel and Toeplitz matrices with application to factoring positive matrix polynomials. J Math Comput, 1973, 27:147-154.

[268]　Robinson E A. Multichannel time series analysis with digital computer programs. Holden-Day series in time series analysis, San Fransisco, 1967.

[269]　Robinson E A. Statistical Communication and Detection with Spectral Reference to Digital Data Processing of Radar and Seismic Signals. New York: Hafner, 1967.

[270]　Rozanov Yu A. Stationary random processes. Translated from the Russian by Feinstein A. San Francisco, Calif: Holden-Day Inc, 1967.

[271]　Ruckebusch G. Representations markoviennes de processes gaussiens stationaires et applications statistiques. In: Springer Lecture Notes in Mathematics, vol 636. Berlin Heidelberg:Springer, 1978:115-139.

[272]　Ruckebusch G. Representations Markoviennes de Processus Gaussiens Startionaires. PhD thesis, l'Universite de Paris VI, 1975.

[273]　Ruckebusch G. Representations markoviennes de processus gaussiens startionaires. C R Acad Sc Paris, Series A, 1976, 282:649-651.

[274]　Ruckebusch G. Factorisations minimales de densites spectrales et representations markoviennes. In: Proc Colloque AFCET-SMF. France: Palaiseau, 1978.

[275]　Ruckebusch G. On the theory of Markovian representation. In Measure theory applications to stochastic analysis (Proc Conf, Res Inst Math, Oberwolfach, 1977), volume 695 of Lecture Notes in Math. Berlin: Springer, 1978:77-87.

[276]　Ruckebusch G. A state space approach to the stochastic realization problem. In: Proceedings of the 1978 International Symposium on Circuits and Systems, New York, 1978.

[277]　Ruckebusch G. Theorie geometrique de la representation markovienne. Ann Inst H Poincare Sect B(N S), 1980, 16(3):225-297.

[278]　Ruckebusch G. Markovian representations and spectral factorizations of stationary Gaussian processes. In:Prediction theory and harmonic analysis,

Amsterdam: North-Holland, 1983:275-307.

[279] Ruckebusch G. On the structure of minimal Markovian representations. In Nonlinear stochastic problems(Algarve, 1982), volume 104 of NATO Adv In Nonlinear stochastic problems(Algarve, 1982), volume 104 of NATO Adv Sci Inst Ser C Math Phys Sci. Dordrecht:Reidel, 1983:111-122.

[280] Rudin W. Real and complex analysis. 2nd Edition. New York: McGraw-Hill series in higher mathematics. McGraw-Hill Inc, 1974.

[281] Sand J-A. Zeros of discrete-time spectral factors, and the internal part of a markovian splitting subspace. Journal of Mathematical Systems, Estimation, and Control, 1996:351-354.

[282] Shiryaev A N. Probability. Second Edition. New York: Springer, 1995.

[283] Sidhu G S, Desai U B. New smoothing algorithms based on reversed-time lumped models. IEEE Trans on Autom Control, 1976, AC-21:538-541.

[284] Silverman L M, Meadows H E. Controllability and observability in time-variable linear systems. SIAM J Control, 1967, 5(1):64-73.

[285] Soderstrom T, Stoica P. System Identification. New York: Prentice Hall, 1989.

[286] Steinberg J. Oblique projections in Hillbert spaces. Integral Equations and Operator Theory, 2000, 38(1):81-119.

[287] Stewart G W, Sun J. Matrix perturbation theory. Boston: Academic Press, 1990.

[288] Stoorvogel A A, Schuppen van J H. System identification with information theoretic criteria. In: Bittanti S , Picci G, editors, Identification, Adaptation, Learning: The Science of Learning Models from Data, volume 153 of Series F:Computer and System Sciences. Berlin:Springer-Verlag, 1996:289-338.

[289] Stricker C. Une characterisation des quasimartingales. In Seminaire des Probabilites IX, Lecture Notes in Mathematics. Berlin: Springer, 1975:420-424.

[290] Sz. -Nagy B, Foias C. Harmonic analysis of operators on Hilbert space. Translated from the French and revised. Amsterdam: North-Holland Pub-

lishing Co, 1970.

[291] Tether A. Construction of minimal state variable models from input-output data. IEEE Transactions on Automatic Control, 1971, AC-15:427-436.

[292] Tyrthyshnikov E E. A unifying approach to some old and new theorems on distribution and clustering. Linear Algebra and its Applications, 1968, 232:1-43.

[293] van Overschee P, De Moor B. Choice of state-space basis in combined deterministic-stochastic subspace identification. Automatica, 1995, 31(12):1877-1883.

[294] van Overschee P, De Moor B. Subspace algorithms for stochastic identification problem. Automatica, 1993, 29:649-660.

[295] van Overschee P, De Moor B. N4SID:Subspace algorithms for the identification of combined deterministic-stochastic systems. Automatica, 1994, 30:75-93.

[296] van Overschee P, De Moor B. Subspace Identification for Linear Systems. Kluwer Academic Publications, 1996.

[297] Verhaegen M. Identification of the deterministic part of MIMO state space models given in innovations form from input-output data. Automatica, 1994, 30:61-74.

[298] von Neumann J. Functional Operators Vol. II: The Geometry of Orthogonal Spaces. Number 22 in Annals of Math. Studies. NJ, Princeton: Princeton University Press, 1950.

[299] Wang W, Safanov M. A tighter relative-error bound for balanced stochastic truncation. Systems Control Letters, 1990, 14:307-317.

[300] Wang W, Safanov M. Relative-error bound for discrete balanced stochastic truncation. Int J Control, 1991, 54(3):593-612.

[301] Weinert H L, Desai U B. On completementary models and fixed-interval smoothing. IEEE Trans on Autom Control, 1981, AC-26.

[302] Whittle P. Gaussian estimation in stationary time series. Bull Inst Internat Statist, 1962, 39(livraison 2):105-129.

[303] Whittle P. On the fitting multivariate autoregressions and the approxi-

mate canonical factorization of a spectral density matrix. Biometrika, 1963, 50:129-134.

[304] Wiener N. Differential space. Journal of Math Physics, 1923, 2:131-174.

[305] Wiener N. General harmonic analysis. Acta Mathematica, 1930, 55:117-258.

[306] Wiener N. The extrapolation, interpolation and smoothing of stationary time series. volume 1942 of Report of the Services 19, Project DIC-6037, MIT. New York: John Wiley and Sons, Inc, 1949. (Later published in book form with the same title.)

[307] Wiener N, Masani P. The prediction theory of multivariate stochastic processes I. The regularity condition. Acta Math, 1957, 98:111-150.

[308] Wiener N, Masani P. The prediction theory of multivariate stochastic processes II. The linear predictor. Acta Math, 1958, 93-137.

[309] Wiggins R A, Robinson E A. Recursive solutions to the multichannel filtering problem. J Geophys Res, 1965, 70:1885-1891.

[310] Willems J C. Least squares stationary optimal control and the algebraic Riccati equation. IEEE Trans Automatic Control, 1971, AC-16:621-634.

[311] Wimmer H K. On the Ostrowski-Schneider intertia theorem. J Math Analysis and Applications, 1973, 41:164-169.

[312] Wimmer H K. A parametrization of solutions of the discrete-time algebraic Riccati equation based on pairs of opposite unmixed solutions. SIAM J. Control and Optimization, 2006, 44(6):1992-2005.

[313] Wimmer H K, Ziebur A D. Remarks on inertia theorems for matrices. Czechoslovak Mathematical Journal, 1975, 25(4):556-561.

[314] Wold H. A study in the analysis of stationary time series. Almqvist and Wiksell, Stockholm, 1954. 2d ed, With an appendix by Whittle P.

[315] Wong E, Hajek B. Stochastic processes in engineering systems. Springer Texts in Electrical Engineering. New York: Springer-Verlag, 1985.

[316] Wonham W M. Linear Multivariable Control: A Geometric Approach. 3rd edition edition. New York: Springer-Verlag, 1985.

[317] Yakubovich V A. The solution of some matrix inequalities encountered in automatic control theory. Dokl Akad Nauk SSSR, 1962, 143:1304-1307.

[318] Yosida K. Functional analysis. Die Grundlehren der Mathematischen Wissenschaften, Band 123. New York:Academic Press Inc, 1965.

[319] Yosida K. Functional analysis. volume 123 of Grundlehren der Mathematischen Wissenschaften [Fundamental Principles of Mathematical Sciences]. Berlin:Springer-Verlag, sixth edition, 1980.

[320] Youla D C. On the factorization of rational matrices. IRE Trans, 1961, IT-7:172-189.

[321] Young N. An Introduction to Hilbert Space. Cambridge: Cambridge University Press, 1988.

[322] Zachrisson L E. On optimal smoothing of continuous time Kalman processes. Information Sciences, 1969, 1(2):143-172.

[323] Zadeh L A, Desoer C A. Linear System Theory: The State Space Approach. Mc Graw-Hill, 1963.

[324] Zhou K, Doyle J C, Glover K, et al. Robust and optimal control, volume 272. New Jersey: Prentice Hall, 1996.

索　引